中等职业教育机电类专业改革创新系列教材

CAD 三维建模技术——Pro/Engineer Wildfire 5.0 软件应用基础实训

主　编　曾凡亮
参　编　邓树光　杨新强

机 械 工 业 出 版 社

本书是根据广东省中等职业学校数控技术应用专业教学指导方案及相关教学大纲编写而成的。本书以Pro/Engineer Wildfire 5.0为软件平台，以知识模块为主线，以任务引领模式进行内容的组织。本书主要内容包括CAD/CAM技术常识、Pro/Engineer 2D草绘、Pro/Engineer实体建模、Pro/Engineer曲面建模、Pro/Engineer装配设计和Pro/Engineer工程图创建6个模块。

本书可作为中等职业教育数控技术应用及相关专业的教材，也可作为职业院校老师以及企业工程技术人员进行Pro/Engineer软件学习和产品设计技术基础训练用书。

图书在版编目（CIP）数据

CAD三维建模技术：Pro/Engineer Wildfire 5.0软件应用基础实训/曾凡亮主编．—北京：机械工业出版社，2013.6（2024.1重印）

中等职业教育机电类专业改革创新示范教材

ISBN 978-7-111-42270-9

Ⅰ.①C… Ⅱ.①曾… Ⅲ.①机械设计—计算机辅助—设计—应用软件—中等专业学校—教材 Ⅳ.①TH122

中国版本图书馆CIP数据核字（2013）第083949号

机械工业出版社（北京市百万庄大街22号 邮政编码100037）
策划编辑：汪光灿 责任编辑：汪光灿 王莉娜
版式设计：潘 蕊 责任校对：刘怡丹
封面设计：陈 沛 责任印制：邓 博
北京盛通数码印刷有限公司印刷
2024年1月第1版第7次印刷
184mm×260mm · 18.5印张 · 452千字
标准书号：ISBN 978-7-111-42270-9
定价：49.80元

电话服务	网络服务
客服电话：010-88361066	机 工 官 网：www.cmpbook.com
010-88379833	机 工 官 博：weibo.com/cmp1952
010-68326294	金 书 网：www.golden-book.com
封底无防伪标均为盗版	机工教育服务网：www.cmpedu.com

出 版 说 明

为了适应广东省社会发展和经济建设的需求，结合广东省劳动力市场数控、模具人才的需求状况，以提高学生的职业能力和职业素养，广东省教育厅从2006年开始组织研究相关专业教学指导方案，构建与产业和行业发展相适应的、能体现广东省职教特色的课程体系。2008年广东省中等职业学校数控技术应用专业教学指导方案（试行）正式颁布执行。该教学指导方案对中等职业学校数控技术应用专业课程体系和课程教学提出了新的要求。

专业课程改革亟待改变以学科理论知识为主线的课程模式，教学改革必须结合职业学校学生的认知水平，根据学校的教学条件，采取灵活多样的、实用高效的教学模式和教学方法。数控专业本着科学严谨、务实创新的原则，对数控加工企业的人才结构、专业发展、人才需求、职业岗位等方面进行了系统的调研，经过认真分析总结，确立了采用"大专业、小专门化"的课程模式，以专业职业能力结构中通用的基础部分构筑能力平台，根据专业技术发展方向和职业岗位的不同要求，设置不同的专业技能专门化方向，用灵活的学分管理制度，构建开放的课程体系，满足学生的不同要求，适应学生个性化发展的需要。新的专业教学指导方案以行动为导向，开展专业教学和技能训练，坚持专业教学与职业资格标准相衔接，技能训练与职业资格考证相结合，树立理论为实践服务的思想，专业理论以实用、够用为度，采取理论与实践相结合的一体化教学方式，以项目式、案例式教学模式提高教学效果的中等职业教育课程改革新思路。

为了进一步推动广东省中等职业教育数控技术应用专业的教学改革与教材建设，把教学改革形成的课程理念及专业课程新模式贯穿于教学中，2011年由机械工业出版社牵头，组织召开了广东省中等职业学校数控技术应用专业教材建设工作研讨会。会议确定编写广东省中等职业学校数控技术应用专业三个专门化方向（数控编程加工技术方向、CAD/CAM一体化技术方向、模具数控加工技术方向）的教材，以适应新的教学要求。

在广东省各中职学校的大力支持下，广东省中等职业学校一批专业骨干教师参加了教材编写。书稿几经论证和修改，现终于付梓成书了。新的教材并不是职业技术教育课程改革与教材建设的全部，而只是典型的示范性教材。但是，这些教材代表着新的思想、新的教法和学法。希望通过这些教材给大家一些启迪，同时也希望广大专家和读者对新的教材提出宝贵意见。

在编写教材的过程中，得到了各方面的大力支持，特别是参与教材编写的老师为此付出了辛勤的劳动。在此，向他们表示诚挚的感谢！

前　言

随着制造业的发展，CAD/CAM 技术已成为现代制造技术的核心，掌握三维设计技术已成为对高新技术人才和工程设计人员的基本素质要求，中职学校已把 CAD/CAM 技术作为提升学生专业素质的主要方向，高职院校已把 CAD 三维设计技术作为工程专业的主干课程。

Pro/Engineer 是美国 PTC 公司开发的集 CAD/CAM/CAE 等功能为一体的高端产品设计软件。Pro/Engineer 软件进入中国已有十余年的历史，在国内制造业中得到了广泛的认可和应用，特别是其参数化设计模式，给工程设计带来了全新的概念。

本书以 Pro/Engineer Wildfire 5.0 为软件平台，以任务引领模式进行编写，内容包括 6 个模块。每个模块设置了多个实训任务，包括基础实训、拓展训练和思考练习等学习内容，任务实训过程中还包括基础知识、相关知识和知识小结等基本常识的学习环节。

本书的模块是以软件基本功能为依据、以 CAD 三维设计工作流程为主线进行设置的。每个模块的教学目标如下：

1. CAD/CAM 技术常识主要让学生了解 CAD/CAM 技术的发展和 Pro/Engineer 软件的特点及应用领域。

2. Pro/Engineer 2D 草绘是三维建模的基础，主要让学生体验 Pro/Engineer 尺寸驱动的二维草绘模式。

3. Pro/Engineer 实体建模是 Pro/Engineer 软件基础应用的核心模块，主要让学生熟悉软件的基本操作和建模方法。

4. Pro/Engineer 曲面建模属于软件应用进阶内容，让学生初步体验曲面建模的高级方法和设计效果。

5. Pro/Engineer 装配设计是产品设计的必须环节，主要让学生熟悉产品装配的基本操作和装配环境下的特征建模操作。

6. Pro/Engineer 工程图创建是工程设计的重要内容，主要使学生熟悉零件工程图和装配工程图的创建操作。

本书由广东省顺德梁銶琚职业技术学校曾凡亮任主编并完成了主要内容的编写，广东省理工职业技术学校的邓树光和广东省顺德郑敬怡职业技术学校的杨新强参与了部分内容的编写。

由于编者水平有限，书中难免有错误和不当之处，恳求广大读者不吝指正。

编　者

目　　录

模块一

CAD/CAM 技术常识

知识导入

Pro/Engineer 软件是美国 PTC（Parametic Technology Corporation，参数技术公司）于 1988 年推出的，简称 Pro/Engineer 软件。经过二十几年的发展，Pro/Engineer 软件现在广泛用于航空、航天、汽车、船舶、机械、电子、家电、模具等行业。它集零件设计、装配设计、模具设计、钣金设计、逆向工程、机构仿真、应力分析、加工制造以及产品数据管理等功能模块于一体，是一个功能非常强大的产品设计、分析、制造软件。

PTC 公司在 Pro/Engineer 2001 版本的基础上于 2003 年上半年发布 Pro/Engineer Wildfire 软件（Pro/Engineer 野火）。Pro/Engineer 野火界面实现了全图标化，操作更显智能化，特征建模的鼠标点击率大大降低，大大提高了建模的效率。经过几年的研发和应用，Pro/Engineer 野火已推出 5 个版本，本书中的实例均以 Pro/Engineer 野火 5.0 为软件平台进行讲解。如图 1-1 所示为用 Pro/Engineer 野火 5.0 设计的台式风扇。

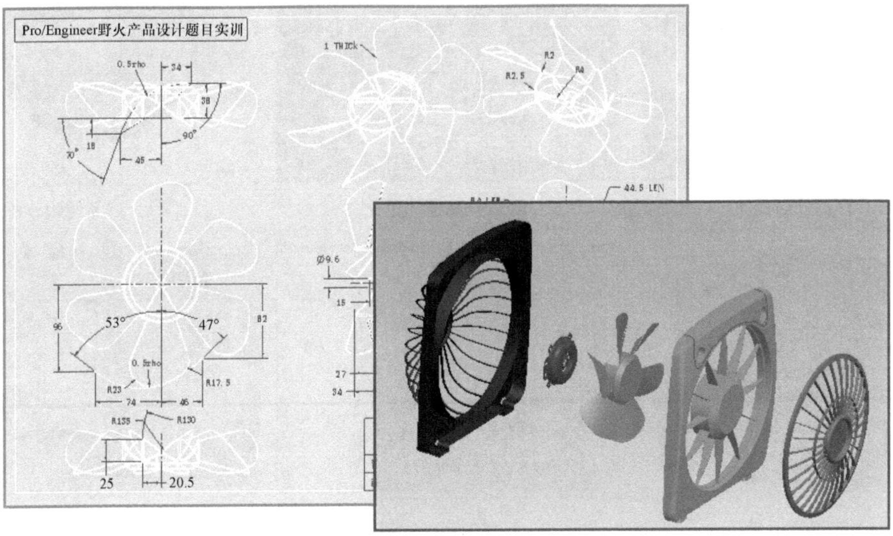

图 1-1　用 Pro/Engineer 野火设计的台式风扇

模块主题

1. CAD/CAM 技术常识。
2. Pro/Engineer 软件的应用特点。

任务一　了解 CAD/CAM 技术

学习内容

1. CAD/CAM 的技术特点。
2. CAD/CAM 技术应用的一般操作流程。

实训任务

1. 上网收集 CAD/CAM 的技术资料。
2. 调查企业的 CAD/CAM 技术应用情况。

基础知识

1. CAD/CAM 技术

CAD/CAM 即 Computer Aided Design（计算机辅助设计）和 Computer Aided Manufacture（计算机辅助制造）的简称。CAD/CAM 技术是现代制造的核心技术，是集计算机综合应用、高新软件辅助设计和机床控制技术为一体的工程设计和制造技术方法。图 1 - 2 所示为 CAD/CAM 技术的应用。

a）产品外观设计　b）产品结构设计　c）产品结构分析

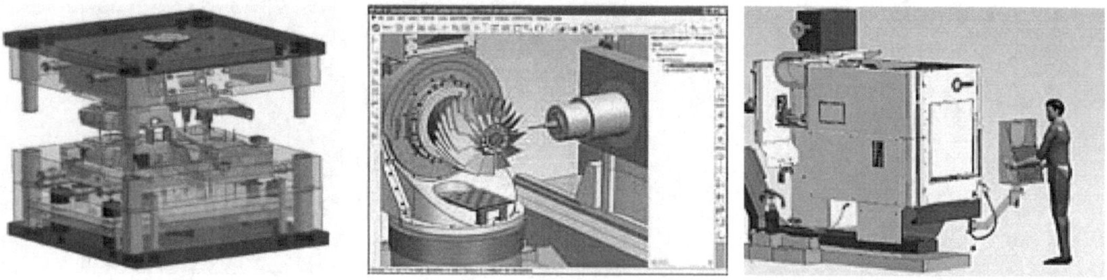

d）产品模具设计　e）加工程序编制　f）产品数控加工

图 1 - 2　CAD/CAM 技术的应用

2. CAD/CAM 技术的发展

CAD/CAM 技术是为了适应高精密加工要求孕育而生的，是伴随计算机技术的应用而发展的，其发展经历了 5 个阶段。

（1）20 世纪 50 年代——CAD/CAM 技术的准备和酝酿阶段

20 世纪 40 年代，制造业提出采用数字控制进行机械加工的想法。20 世纪 50 年代，随着电子技术的应用，出现了坐标镗床、示波器图形显示仪和三坐标数控铣床，并开始采用 APT 语言进行程序的编制。1958 年，美国的 Calcomp 研制出了平板绘图仪。我国的第一台三坐标数控铣床是由清华大学和北京第一机床厂联合研制成功的。

（2）20 世纪 60 年代——CAD/CAM 技术的初步应用阶段

1962 年，美国 MTI 林肯实验室提出了“计算机图形学”的概念，并提交了“计算机辅助设计系统的要求提纲”，首次提出 CAD 的概念，随后又在计算机图形学理论上进行了映射、放样、旋转、消隐等算法问题的研究。1965 年，美国洛克希德（Lockhead）飞机制造公司在 IBM 公司的支持下推出了全球第一套基于大型机的商品化 CAD/CAM 系统。1967 年，英国 Molins 公司推出世界上第一条柔性制造系统（FMS）。

（3）20 世纪 70 年代——CAD/CAM 技术的广泛使用阶段

20 世纪 70 年代，随着存储器、光笔、光栅扫描显示器、图形输入板等 CAD/CAM 硬件系统开始进入商品化市场，图形输入输出设备和相应的 CAD/CAM 软件相继产生。见表 1-1，早期的 CAD 软件都是依托大型制造业公司并针对具体产品零件的加工而产生的，CAD 建模技术主要是基于线框、平面的几何造型。

表 1-1 早期的 CAD/CAM 软件

软　件	开发及支持公司
UG	美国麦道（MD）公司开发
I-DEAS	美国国家航空及宇航局（NASA）支持
CV	美国波音（Boeing）公司支持
CALMA	美国通用电气（GE）公司开发
CADAM	美国洛克希德（Lockhead）公司支持
CATIA	法国达索（Dassault）公司开发

（4）20 世纪 80 年代——CAD/CAM 技术走向成熟的阶段

20 世纪 80 年代后，PC 机和工作站的出现，大大降低了 CAD/CAM 技术的硬件门槛，促进了 CAD/CAM 技术的迅速普及，表现为 CAD/CAM 技术由军工业向民用工业扩展，由大型企业向中小企业推广，由高新技术领域向普通产品普及，由发达国家向发展中国家输出。20 世纪 80 年代后期，实体建模技术趋于成熟，CAD 技术在航空、航天、船舶、汽车、模具等领域得到广泛应用。

1982 年，美国 AutoDesk 公司推出了基于 PC 平台的 AutoCAD 二维绘图软件。由于 AutoCAD 软件的开放式特性和免费复制使用，使其在二维工程图绘图中被广泛使用。1985 年，美国 PTC 提出参数化特征造型的概念，1988 年推出 Pro/Engineer 软件，为 CAD 三维设计树立了新的技术标准。同期，美国波音公司和 GE 公司联合制定了数据交换规范 IG-

ES，解决了不同 CAD/CAM 软件之间的数据接口问题，使 CAD/CAM 技术真正形成了一个系统集成。

（5）20 世纪 90 年代——CAD/CAM 技术向标准化、集成化、智能化发展的阶段

20 世纪 90 年代，随着 PC 机 + Windows 操作系统以及网络的普及应用，促成了 CAD 技术集成化思路，CAD 软件集 CAD/CAE/CAPP/CAM/CAQ/PDM 为一体，为企业提供了一体化解决方案，虚拟设计、虚拟制造、虚拟企业的概念应运而生。

进入 21 世纪后，CAD/CAM 技术已成为一个含有高度智能的人类创造性活动领域，数字化设计和数字化制造向各领域推进，资源共享、异地协同、虚拟设计和制造开始成为现实。

3. CAD/CAM 系统的组成

CAD/CAM 一体化技术包括 CAD 和 CAM 两大部分，CAD 部分即产品的设计，CAM 部分即产品的制造。随着计算机技术的发展，工程数据的管理已成为生产制造的重要内容。现代 CAD/CAM 一体化技术实际上是设计人员、工艺人员、工程管理人员在计算机系统的辅助之下，根据产品流向进行设计、制造和管理的一项一体化的系统工作。

CAD/CAM 一体化技术系统即为适用于某一类产品的设计和制造的软硬件技术平台，包括硬件系统和软件系统两大部分。图 1-3 所示为 CAD/CAM 系统的组成。

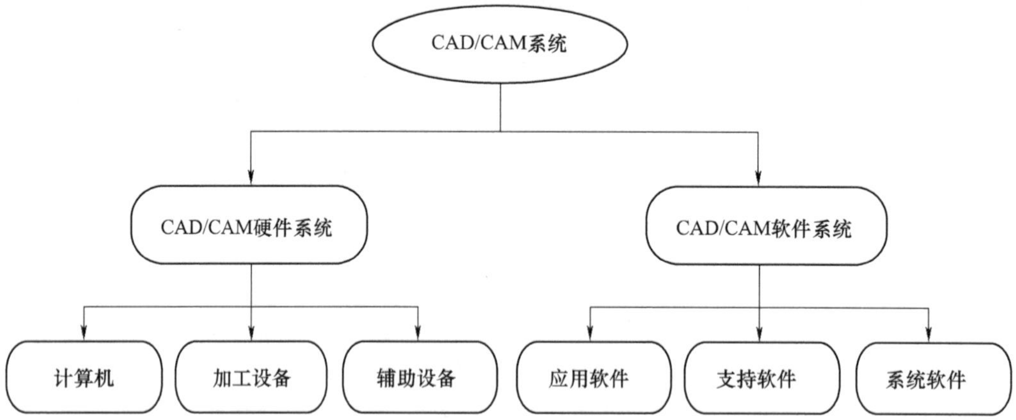

图 1-3 CAD/CAM 系统的组成

4. CAD/CAM 一体化技术流程

产品开发是一个系统工程，包括产品的市场分析和功能定位（构思和创意）、产品外观设计（工业造型）、产品结构设计（三维 CAD 建模）、产品手板加工和模具制造（CAM 数控加工）、产品的生产加工等环节，其中最核心的技术就是产品的 CAD 三维设计和 CAM 数控加工。当前，3D 打印概念的提出为产品制造提供了新的思路。3D 打印技术的逐渐成熟和普及推广，将给产品加工和模具制造带来一次新的革命。图 1-4 所示为产品开发的 CAD/CAM 一体化技术流程。

产品开发对工程技术人员的要求很高，整个开发过程不是一个人能完成的，是必须由产品创意设计师、产品结构工程师、模具制造技术人员以及产品生产工人、销售服务人员等密切配合与相互协作才能完成的系统工程，而 CAD 三维建模主要由产品结构工程师来完成。

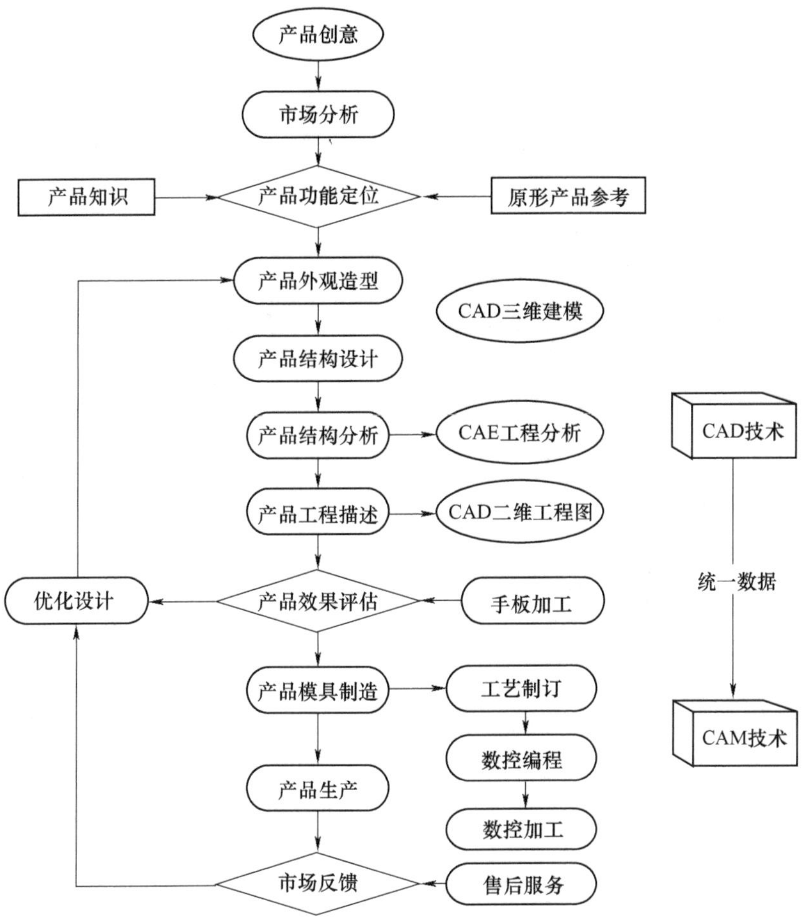

图 1-4 产品开发的 CAD/CAM 一体化技术流程

产品设计要求产品结构工程师具备较丰富的某一类产品的相关知识，熟悉目前市场上该类产品的常见结构和要求，既要懂得模具结构，又要具备相当的产品生产和模具制造工艺知识。图 1-5所示为产品设计与模具制造的技术流程。

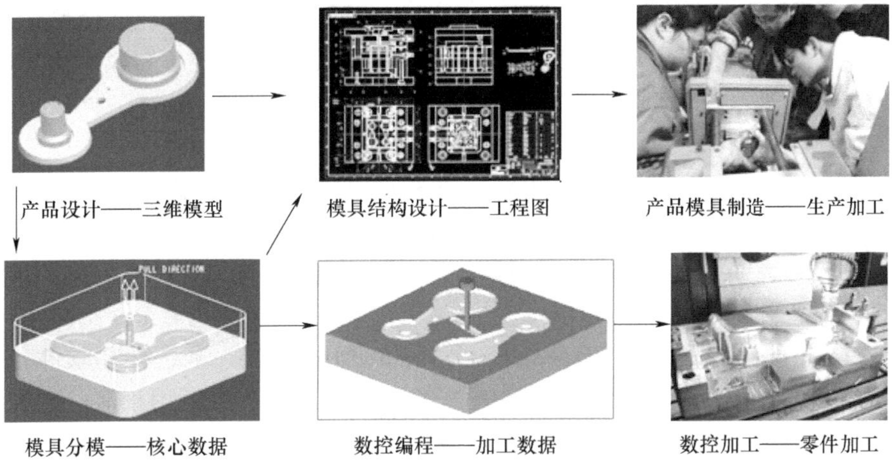

图 1-5 产品设计与模具制造的技术流程

任务实施

1）上网收集 CAD/CAM 技术资料，了解 CAD/CAM 技术的应用和发展。当前 CAD/CAM 技术网站很多，各有特色，如图 1-6 所示的 CAD/CAM 之家 http：//www. caxhome. com/ 和图 1-7 所示的智造网 http：//www. idnovo. com. cn/。

图 1-6　CAD/CAM 之家网站的 LOGO

图 1-7　智造网的 LOGO

2）到企业参观调查，了解当地企业的 CAD/CAM 技术应用情况。

相关知识

1. CAD 技术发展的 4 次革命

CAD 技术的形成和发展已有 60 多年的历史，经历了 4 次技术革命。

（1）第一次 CAD 技术革命——曲面造型

20 世纪 70 年代，CAD 绘图技术由线框造型转换为三维曲面造型，标志着计算机辅助设计技术从单纯模仿工程图样的三视图模式解放出来，首次实现了用计算机完整描述产品零件的主要信息，有效地表达了零件曲面几何数据之间的拓扑关系。

（2）第二次 CAD 技术革命——实体造型

1979 年，由美国国家航空及航天局支持的 I－DEAS 软件首次实现了基于实体造型的 CAD 设计技术。实体造型技术更能精确地表达零件的全部属性，给设计带来了很大的方便。

（3）第三次 CAD 技术革命——参数化技术

20 世纪 80 年代中期，由 PTC 公司提出的参数化建模技术给零部件设计带来了极大的方便。20 世纪 90 年代，参数化设计技术越来越成熟，逐渐成为了 CAD 业界的技术标准。

（4）第四次 CAD 技术革命——变量化技术

由于计算机技术的不断成熟，加上图形接口和图形功能日趋标准化，使 CAD 技术系统具有了更好的开放性。智能 CAD 实现了把工程数据库及其管理系统、知识库及其专家系统、拟人化用户接口管理系统集于一体。

2. CAD/CAM 软件

随着 CAD/CAM 技术的不断应用和发展，CAD/CAM 软件的功能也越来越强大和完善。早期的 CAD/CAM 软件一般是依托大型企业而成长，随着市场的竞争，众多的 CAD/CAM 软件都经历了不断强大或被淘汰的过程。目前，主流的 CAD/CAM 软件都在不同的领域有自己独特的技术特点，并得到了广泛应用。

1）CATIA 软件：法国达索（Dassault）公司的 CAD/CAE/CAM 一体化软件，采用变量和参数化混合建模，并基于其独特的 DMU 电子样机模块功能，广泛用于航空航天、汽车制造、机械制造、电子电器和消费品等领域，居世界 CAD/CAE/CAM 技术领域的领导地位。

2）Pro/Engineer 软件：美国参数化技术公司开发的集 CAD/CAE/CAM 于一体的软件，

以单一数据库、参数化、基于特征、全相关的 CAD 建模概念，改变了 CAD/CAM 的传统观念，成为了当前机械 CAD/CAE/CAM 领域新的技术标准。

3）UG 软件：美国 UniGraphicsSolutions 公司的拳头产品，采用参数化和变量化混合建模技术，与传统的实体、表面、线框建模结合起来，加工模块功能强大，能更好地实现产品设计和零件加工的一体化操作。

4）I－DEAS 软件：美国 SDRC 公司开发的 CAD/CAE/CAM 软件，采用基于特征、几何造型的建模方法，在单一的数字模型中可以完成从产品设计、仿真分析到数控加工的产品研发全过程。该软件含有结构分析、热力分析、耐久性分析、优化设计等高级分析功能，国外很多著名的公司，如波音、三星、索尼、福特公司都是 SDRC 公司的合作伙伴。

5）Cimatron 软件：以色列 Cimatron 公司的 CAD/CAM 产品，采用几何和特征混合建模方法，加工功能很强大。CimatronE 版本的电极功能非常方便实用，主要用于模具制造行业。

6）SolidWorks 软件：美国生信国际有限公司推出的基于 Windows 的机械设计软件，采用参数化设计，功能包括产品设计、结构分析、运动分析、工程数据管理和数控加工，广泛用于中小型机械制造企业。

7）CAXA 系列软件：国产 CAD/CAM 系列软件，由 CAXA 公司推出，包括 CAXA 电子图板、CAXA 实体设计、CAXA 制造工程师等系列软件。CAXA 电子图板是一个二维绘图软件，绘图思维和标准更接近国家制图标准，标准件库非常丰富。CAXA 实体设计的拖放式和三维球操作，是 CAD 建模操作的新方式，操作直观、效率高。

8）其他软件：其他企业应用比较多的 CAD/CAM 软件，如主要用于数控加工的美国的 MasterCAM 软件和 PowerMill 软件，用于钣金件设计的 Solidedge 软件等。

知识小结

1）CAD/CAM 技术是现代制造的核心技术，CAD 建模技术经历了 60 多年的应用和发展，从线框模型到曲面模型、再到实体模型，从几何造型到特征建模和参数化设计，从简单的 CAD/CAM 技术到集成化的智能 CAD，CAD/CAM 技术得到了快速的发展。

2）CAD/CAM 一体化技术已成为当前产品设计制造的主要技术平台，产品开发是集设计、制造、生产、营销为一体的系统工程。在工程实施中，工程设计的协同、工程数据的管理、设计资源的共享、虚拟设计和制造是当前 CAD/CAM 技术的发展方向。

3）当前 CAD/CAM 软件很多，不同的软件有不同的特点，应用的领域各有不同。高性能的 CAD/CAM 软件已逐渐成为一个智能工具，提供了一个一体化的技术平台，但要高效合理地完成产品设计，除了要选择好软件外，更重要的是要熟悉软件的应用，要具备相关的专业知识。

思考练习

1. 简述 CAD/CAM 技术发展的几个阶段。
2. 简述 CAD/CAM 一体化技术的流程。
3. 简述 CAD 技术发展的 4 次重大革命。
4. 目前有哪些企业主流的 CAD/CAM 软件？

任务二　认识 Pro/Engineer 软件

学习内容

1. Pro/Engineer 软件的特点。
2. Pro/Engineer 软件的安装和设置。

实训任务

安装并启动 Pro/Engineer 野火 5.0 软件。

基础知识

1. Pro/Engineer 软件

1985 年，PTC 公司成立于美国波士顿，开始参数化建模软件的研究，1988 年发布了 Pro/Engineer V1.0。经过 20 余年的发展，Pro/Engineer 从工作站移植到 PC 机，用于 PC 机的版本从 20 版、2000 版、2000i 版、2000i^2 版、2001 版、Pro/Engineer wildfire 野火 1.0、野火 2.0、野火 3.0、野火 4.0 到野火 5.0，目前最新版本是野火 5.0 的 Creo elements 版本，图 1-8 所示为其启动界面。

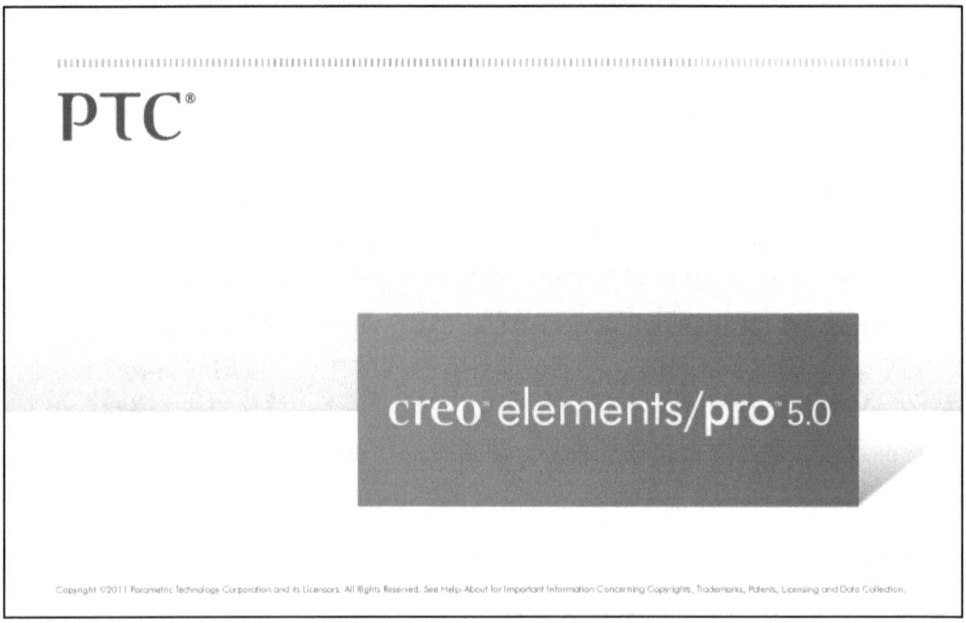

图 1-8　野火 5.0Creo elements 版本的启动界面

2. Pro/Engineer 软件的主要特点

（1）参数化设计　1985 年，PTC 公司提出参数化设计概念，给传统的几何建模带来了突破性的革命。历经 10 余年的发展，到 20 世纪 90 年代末期，参数化设计技术日趋成熟，成为了 CAD 三维设计技术的新标准。目前，采用全参数化设计的 CAD/CAM 软件并不多，除 Pro/Engineer 外，UG 等大型的 CAD/CAM 软件采用的是参数化和变量化混合建模方式。

（2）基于特征建模　Pro/Engineer 是基于特征的实体模型化建模系统，工程设计人员采用具有智能特性的基于特征的参数化功能去生成模型，可以随意勾画草图，轻易改变模型，这一功能特性给工程设计者带来了在设计上从未有过的简易和灵活。

（3）单一的数据库　Pro/Engineer 软件采用单一的数据库解决特征的相关性问题，而传统的 CAD/CAM 系统是建立在多个数据库上的。所谓单一数据库，就是工程中的数据资料全部来自同一个数据库，草绘、零件设计、装配设计以及工程图中的零件特征数据都是相关的，不论在哪一个功能模块上对数据进行修改，其他模块中的产品数据都会做相应的改变。

3. Pro/Engineer 软件的主要功能模块

Pro/Engineer 是集 CAD/CAE/CAM 为一体的功能非常强大的产品开发设计软件，包括很多个功能模块，其主要的功能模块有工业设计模块（CAID）、机械设计模块（CAD）、功能仿真模块（CAE）、加工制造模块（CAM）、数据管理模块（PDM）和数据交换模块（Geometry Translator）等。

Pro/Engineer 是软件包，并非模块，是软件系统的基本部分，其功能包括参数化定义、实体零件及装配设计、实体渲染和线框显示、模型的缩放平移和旋转、机构动画、工程图创建等。Pro/Engineer 是一个功能定义系统，即造型是通过各种不同的设计专用功能来实现的，如筋（Ribs）、槽（Slots）、倒角（Chamfers）和抽壳（Shells）等。采用这种手段来建模更自然直观。Pro/Engineer 系统的参数化功能是采用符号来赋予形体的尺寸，而不是直接用固定数值指定于形体，这样就可任意建立形体，设计优化更趋完美。

4. Pro/Engineer 软件的安装

对于大型的 CAD/CAM 软件，软件安装是一件比较麻烦的事情，Pro/Engineer 也不例外。CAD/CAM 技术都是由大型的工作站移植到 PC 机上。由于软件对硬件的要求很高，硬件的配置也非常讲究。

（1）Pro/Engineer 野火 5.0 对计算机配置的要求　见表 1-2（参考）。

表 1-2　Pro/Engineer 野火 5.0 对计算机配置的要求

配置项目	配置要求
操作系统	Microsoft Windows XP 或 Windows Vista-32-bit
内存	512MB（推荐 1GB 或更高）
可用硬盘空间	2GB（Pro/Engineer），3GB（Pro/Engineer & Pro/M）
交换硬盘空间	500MB（推荐 2048MB 或更高）
CPU	Pentium Ⅲ 700MHz（推荐 1GB 或更高）
显卡	独立显卡，支持 OpenGL
显示器	分辨率 1024×768（或更高），颜色 24 位或更高
文件系统	NTFS
网络	Microsoft TCP/IP 以太网适配器

（2）Pro/Engineer 野火 5.0 安装要点　Pro/Engineer 不同的版本安装方法不一样，应参照安装说明进行软件的安装。

Pro/Engineer 安装最关键是要导入有效的 license 许可文件，不同的版本 license 的导入方式会不同，单机版和网络版的安装方式也会不一样。图 1-9 所示为 Pro/Engineer 野火 5.0 教育版的 license 导入界面。

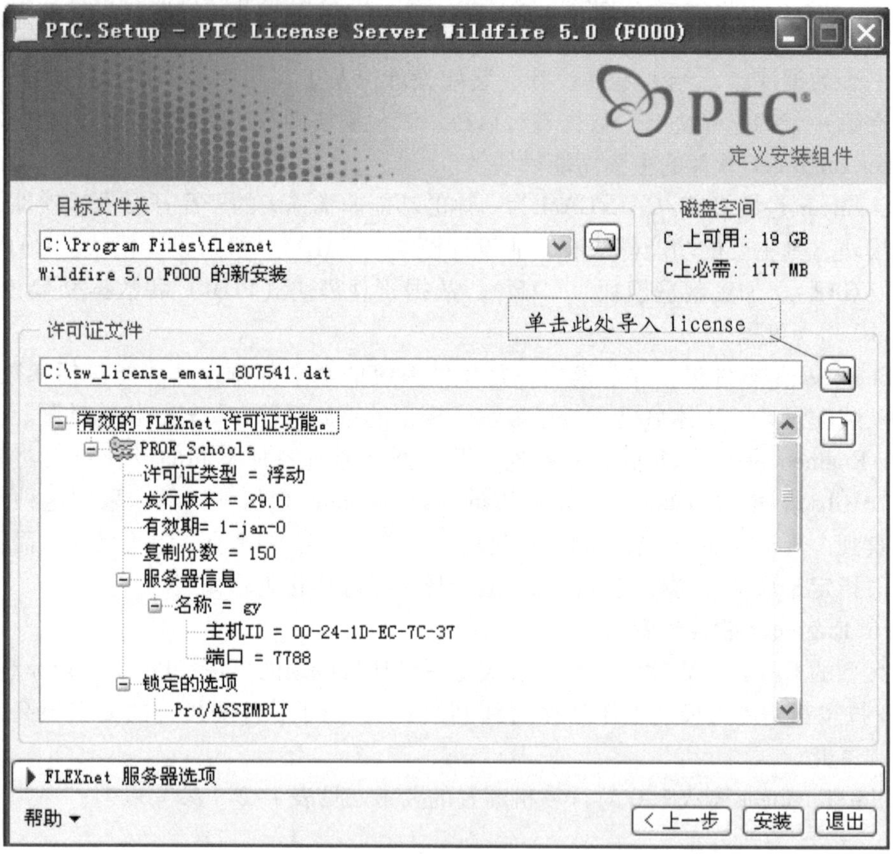

图 1-9　Pro/Engineer 野火 5.0 教育版的 license 导入界面

5. Pro/Engineer 产品设计的基本流程

产品设计是一个系统工程，如图 1-4 所示。在产品设计中，产品的三维结构设计是产品设计的必须环节和重要内容。

以 Pro/Engineer 软件为平台进行产品设计，基本的设计流程为零件设计→装配设计→产品分析→创建工程图等内容，产品功能和结构符合要求后，再进行模具设计等内容。图 1-10 所示为 Pro/Engineer 产品设计的基本设计流程。

因为 Pro/Engineer 软件是全相关参数化设计软件，在产品设计过程中能很好地实现产品数据的统一，产品修改非常方便，加上软件的功能非常强大，设计界面比较简洁，能很好地实现设计者的设计意图，操作的人性化效果感觉很好。

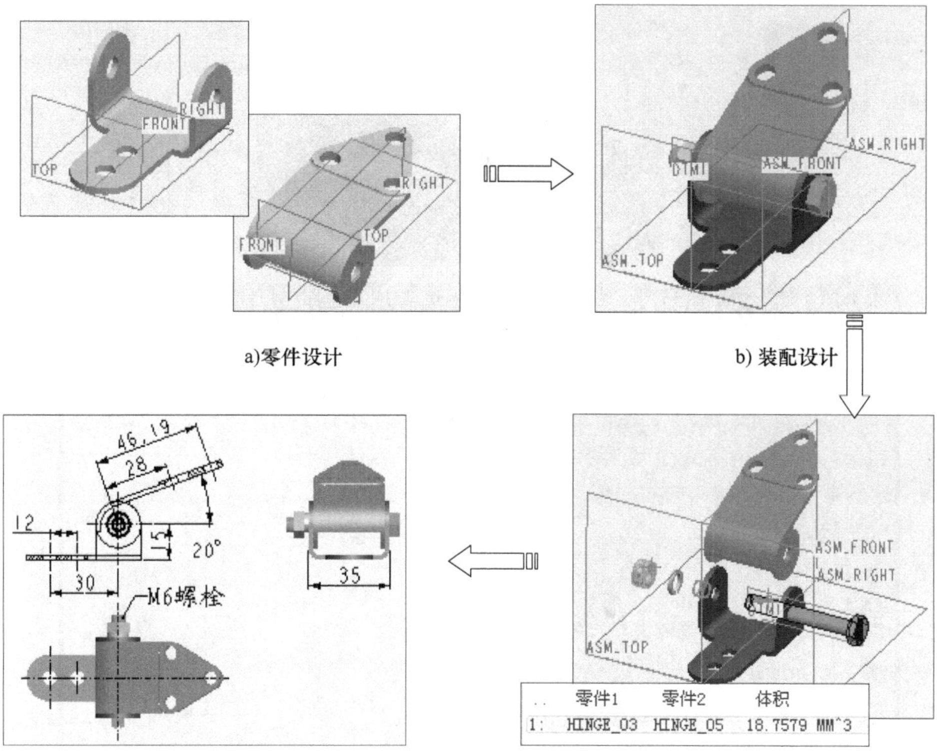

a)零件设计　b) 装配设计

c) 创建工程图　d) 产品分析

图 1-10　Pro/Engineer 产品设计的基本设计流程

任务实施

1. 安装软件

安装 Pro/Engineer 野火 5.0 软件，注意安装路径最好不要设置在系统盘上，这样当系统重装或恢复系统时，只要重装 Pro/Engineer 的 license 许可文件就可以了。

2. 启动软件

双击桌面的快捷图标 proe.exe 启动 Pro/Engineer，进入 Pro/Engineer 野火 5.0 操作主界面，如图 1-11 所示。

3. 软件界面操作

1）设置窗口背景。

2）设置工作目录。

4. 软件操作体验

打开一个现有的模型文件，进行软件的简单建模操作。

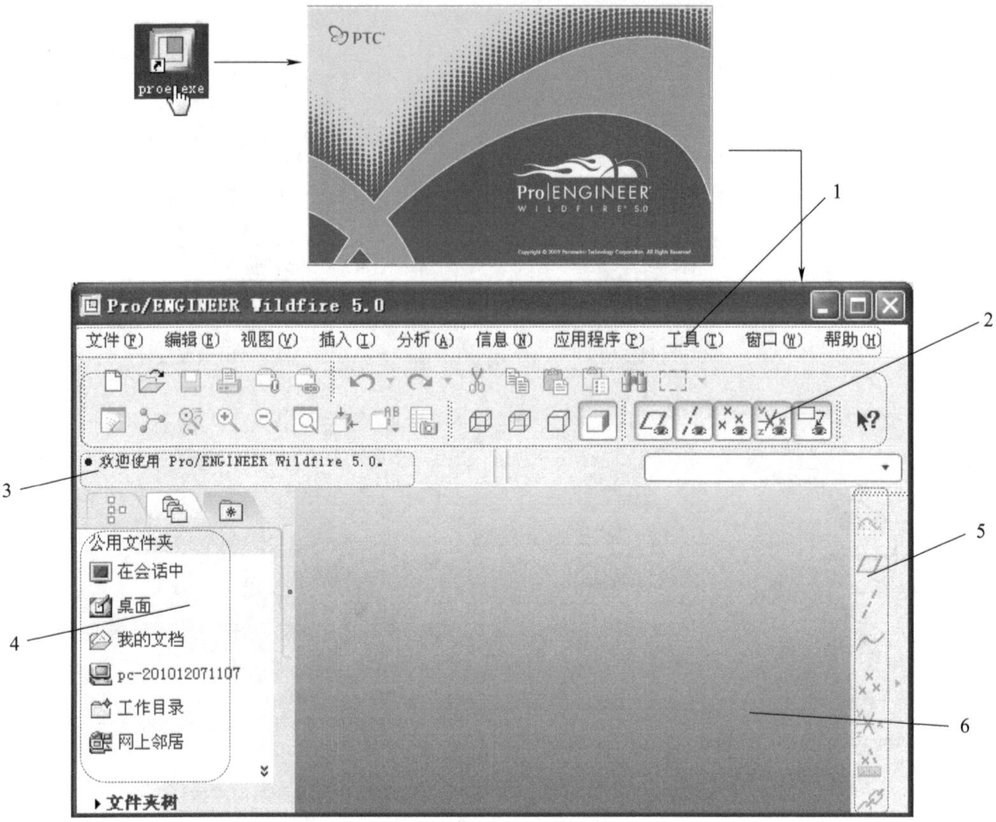

图 1-11 Pro/Engineer 野火 5.0 操作主界面

1—主菜单 2—基本操作图标 3—提示区 4—文件夹树 5—建模图标 6—显示区

相关知识

1. 工作目录的设置

在 Pro/Engineer 建模操作中，工作目录是一个非常重要的概念。工作目录即当前的文件保存或调用的工作路径。Pro/Engineer 采用单一的数据库，使产品数据是唯一的，这样实现了产品数据的相关性。所以，进入 Pro/Engineer 后，首先要进行的操作便是设置工作目录，以便于产品数据的管理和文件的操作。工作目录设置好后，文件保存路径自动指向工作目录。

设置工作目录有两种方法，一种是通过单击 Pro/Engineer 操作界面主菜单中的“文件”→“设置工作目录”项，弹出“选取工作目录”窗口，选择已创建好的文件夹为工作目录，如：F：\Proe 项目实训，如图 1-12 所示；另一种是通过文件夹浏览器进行工作目录的设置，即单击模型树旁的文件夹浏览器，选取 Pro/Engineer 文档的储存文件夹（工作目录文件夹），单击鼠标右键，选取快捷菜单“设置工作目录”。

2. 窗口背景颜色的设置

Pro/Engineer 野火 5.0 系统默认的窗口背景颜色为混合的灰蓝色，如果你不喜欢这种背景颜色，可以进行修改。

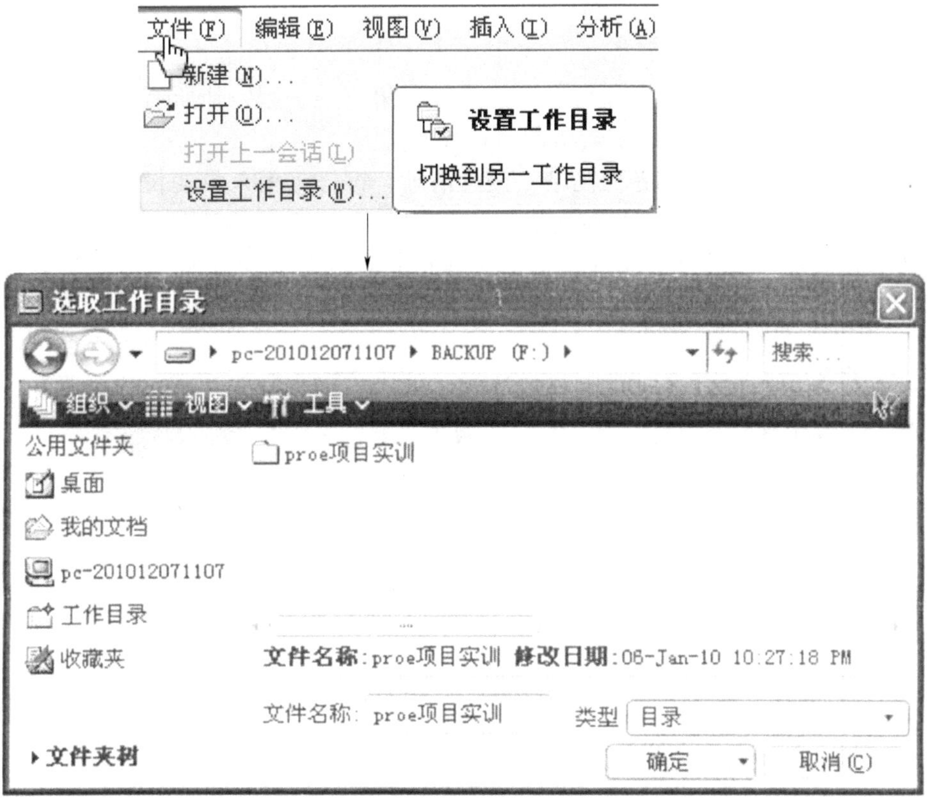

图 1-12 新建文件夹为工作目录

单击主菜单中的“视图”→“显示设置”→“系统颜色”项，弹出“系统颜色”窗口，单击“布置”，可以选取已配置好的系统颜色模板，如“使用 Pre - Wildfire 方案”，窗口底色便改成深蓝色了，如图 1-13 所示。或者单击窗口“图形”页下方的“编辑”项，在弹出的“混合颜色”窗口中能设置自己喜欢的颜色。

可更改窗口不同页下相应的项目颜色，如单击“用户界面”页下“文本”颜色设置框，并选取红色为文本颜色，可以看到窗口中所有的文本均改为红色，如图 1-14 所示。

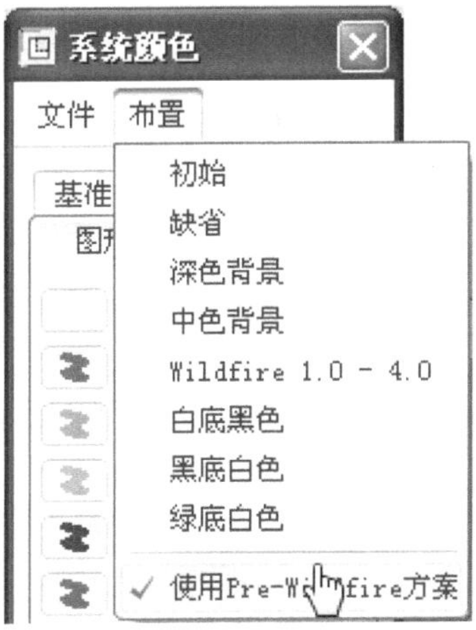

图 1-13 选用系统颜色模板

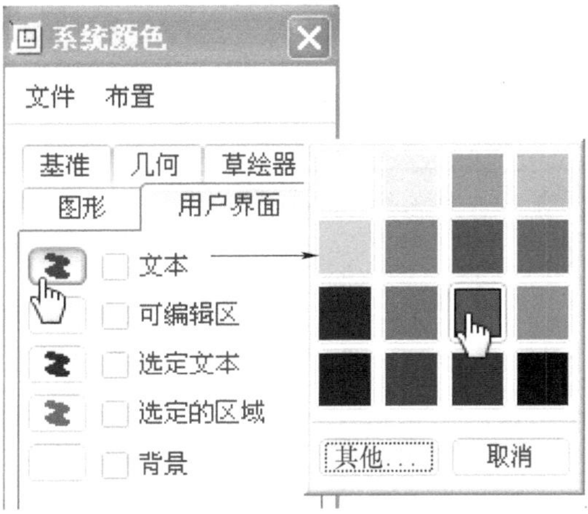

图 1-14 更改文本颜色

知识小结

1）Pro/Engineer 软件能将设计至生产的全过程集成到一起，让所有的用户能够同时进行同一产品的设计制造工作，即实现所谓的并行工程。

2）Pro/Engineer 系统用户界面简洁，概念清晰，符合工程人员的设计思想与习惯，整个系统建立在统一的数据库上，具有完整而统一的模型。

3）参数化对设计提出了很高的要求，建模时特征参数要求非常严格，初学 Pro/Engineer 需要养成严谨规范的设计思路和操作习惯。

思考练习

1. Pro/Engineer 软件有哪些主要特点，主要用于哪些领域的产品设计？
2. Pro/Engineer 软件产品设计的基本流程包括哪些环节？
3. 登陆 PTC 公司网站 http：//www. ptc. com，了解 Pro/Engineer 软件的应用情况。

模块二

Pro/Engineer 2D 草绘

知识导入

2D 截面草绘是 Pro/Engineer 特征建模的一项最基本内容，掌握 2D 截面草绘技巧是熟练进行特征建模的基本要求。2D 截面绘制的熟练程度将直接影响建模速度，2D 截面图元之间的关系直接影响模型的参数化修改，所以在学习 Pro/Engineer 特征建模之前，掌握 2D 截面草绘的操作技巧是非常重要的。

Pro/Engineer 2D 草绘是在参数化基础上的二维截面绘制，与常用的二维绘图软件的绘图概念完全不同。AutoCAD 等常规二维绘图软件在绘制图元时必须准确输入图元的形状尺寸和位置尺寸，而 Pro/Engineer 2D 草绘是以尺寸驱动图形，可以先按形状“随意”绘制出截面图形，然后通过修改图形的尺寸来改变图形的大小和位置，不但绘图效率提高，而且熟练掌握 Pro/Engineer 的 2D 草绘技巧后，可以感受到一种“随心所欲”的绘图境地。图 2-1 所示为 Pro/Engineer 的 2D 截面。

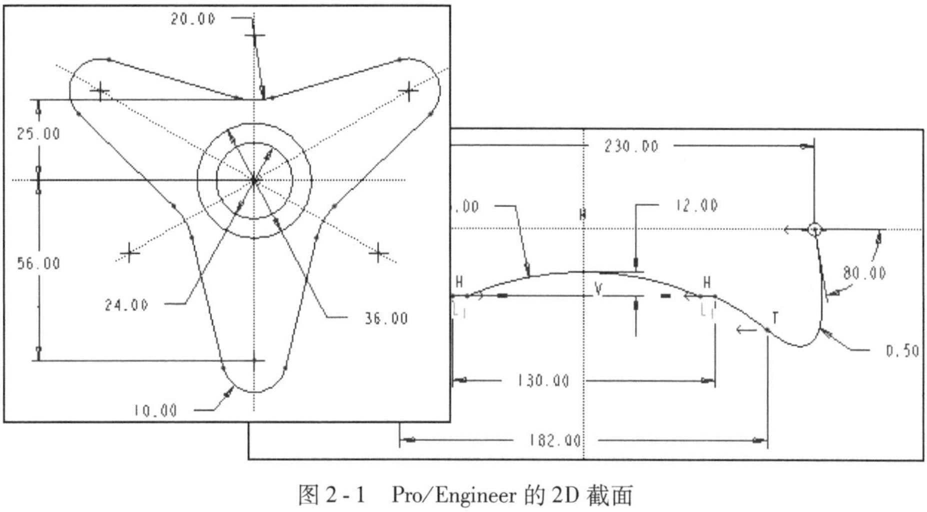

图 2-1　Pro/Engineer 的 2D 截面

模块主题

1. Pro/Engineer 2D 草绘的特点。
2. 2D 草绘的一般原则和思路。
3. 2D 绘图和图形编辑操作。

任务一　尺寸驱动草绘模式——绘制凸轮截面

学习内容

1. Pro/Engineer 2D 草绘模式。
2. 基本操作：创建 2D 草绘文件。
3. 草绘方法：中心线、圆、相切线、两点直线。
4. 图形编辑：尺寸标注和修改，图元修剪。

实训任务

绘制如图 2-2 所示的凸轮截面。

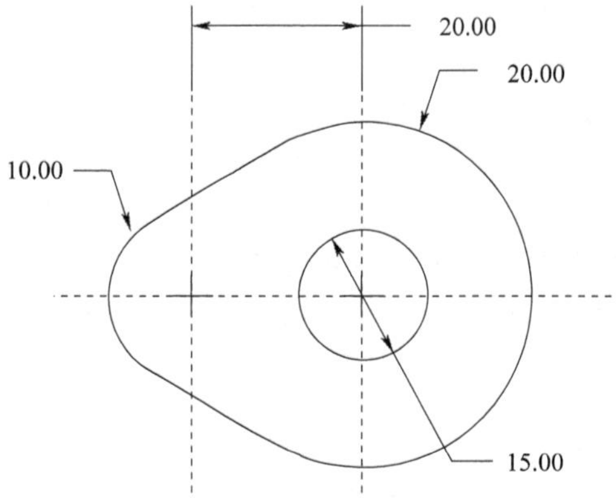

图 2-2　凸轮截面

基础知识

1. 2D 草绘界面

启动 Pro/Engineer 野火软件后，打开或新建草绘文件，进入如图 2-3 所示的 2D 草绘界面。在 2D 草绘界面中，布置了 2D 草绘的专用工具图标，包括绘图工具、图形编辑工具和图形信息显示工具等。

2. 2D 草绘工具和图形编辑工具

在 Pro/Engineer 2D 草绘窗口绘图区的右侧布置了绘图工具和图形编辑工具。绘图工具包括直线、矩形、圆、圆弧、样条线等图元的绘制命令图标，而在绘图工具图标旁有二级工具按钮 ▸，单击该按钮，就可弹出二级绘图工具。图 2-4 所示为 Pro/Engineer 野火 2D 绘图工具。

Pro/Engineer 的图形编辑工具包括图元选取、尺寸标注、约束、修改、调色板和修剪等，单击图形编辑工具后的二级工具按钮 ▸，可弹出二级图形编辑工具。图 2-5 所示为 Pro/Engineer 野火 2D 图形编辑工具。

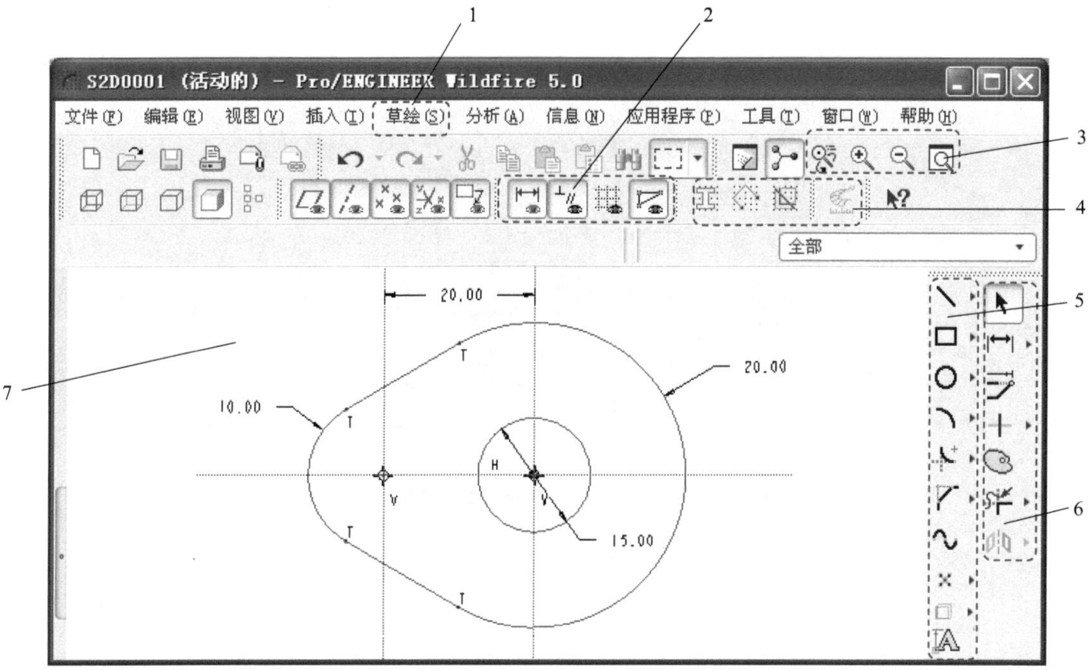

图 2-3　Pro/Engineer 2D 草绘界面

1—草绘菜单　2—显示工具　3—缩放工具　4—诊断工具　5—绘图工具　6—图形编辑工具　7—绘图区

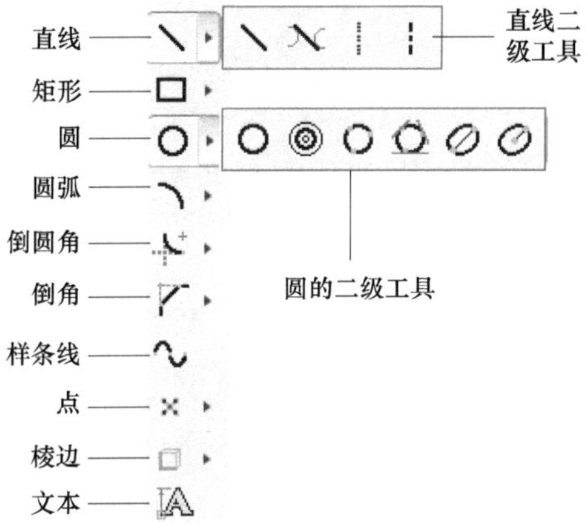

图 2-4　绘图工具

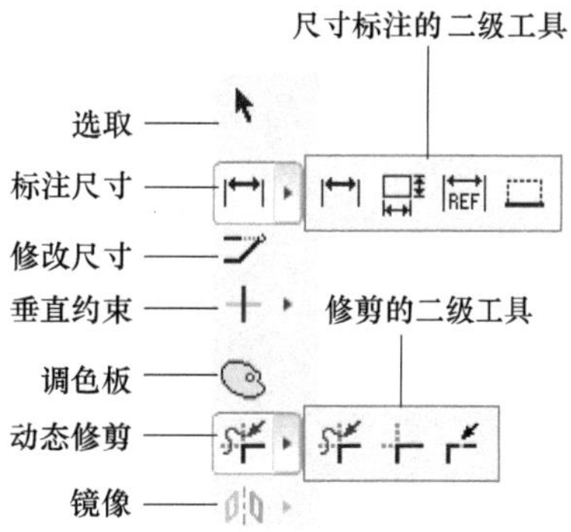

图 2-5　图形编辑工具

要点提示：Pro/Engineer 野火界面已全部实现图标化，使界面更加简洁，操作效率更高，当鼠标移动至某图标上时，系统会自动显示该图标的操作说明，帮助设计人员理解图标工具的含义。

3. 草绘主菜单

如图 2-6 所示，在草绘界面的主菜单栏中有“草绘”菜单，该菜单中包括了所有的草绘命令和图形编辑命令，各命令与绘图窗口右侧的绘图工具和编辑工具对应的图标功能完全一致。

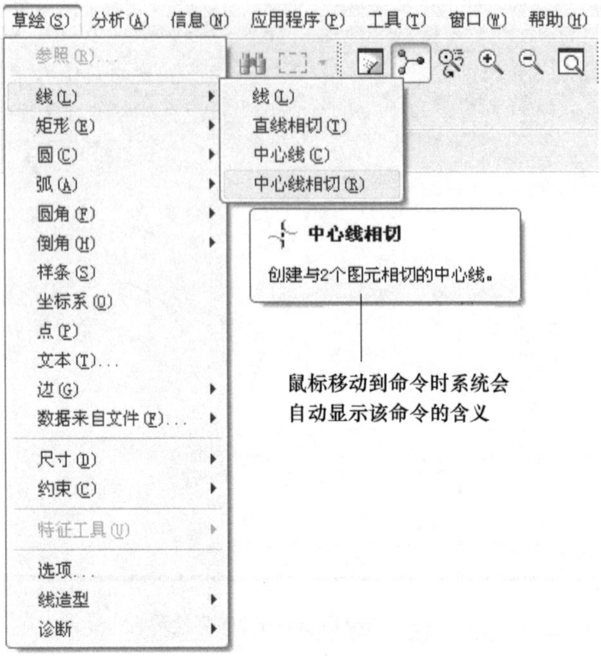

图 2-6　草绘菜单命令

任务分析

1. 图形结构分析

如图 2-7 所示，凸轮截面包括 3 条中心线、一个圆、两段圆弧和两条与圆弧相切的直线。

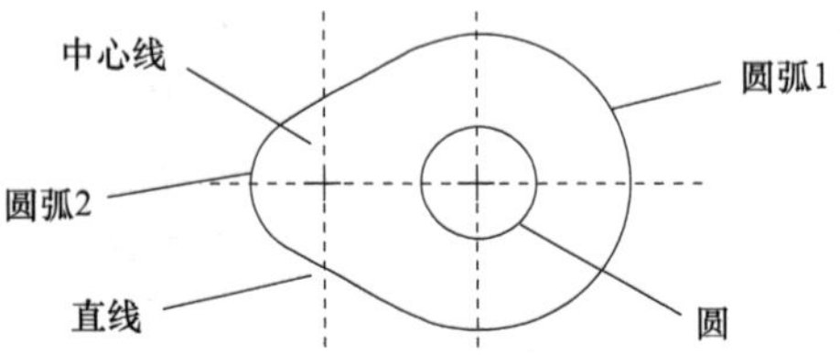

图 2-7　凸轮截面结构分析

2. 绘图步骤

图 2-8 所示为凸轮截面的草绘步骤。

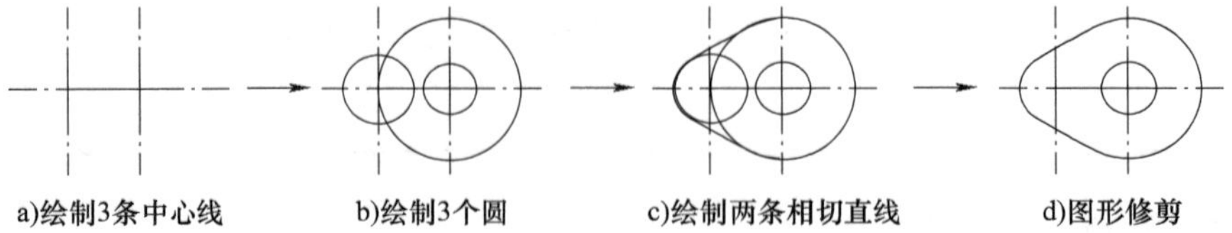

图 2-8　凸轮截面的绘图步骤

任务实施

1）设置工作目录为 F：\Proe 项目实训\2D 草绘。

2）新建草绘文件。如图 2-9 所示，单击新建文件工具，弹出文件“新建”对话框，选择文件类型为“草绘”，输入文件名为 S2d0001_ A，单击“确定”按钮，进入 2D 草绘界面。

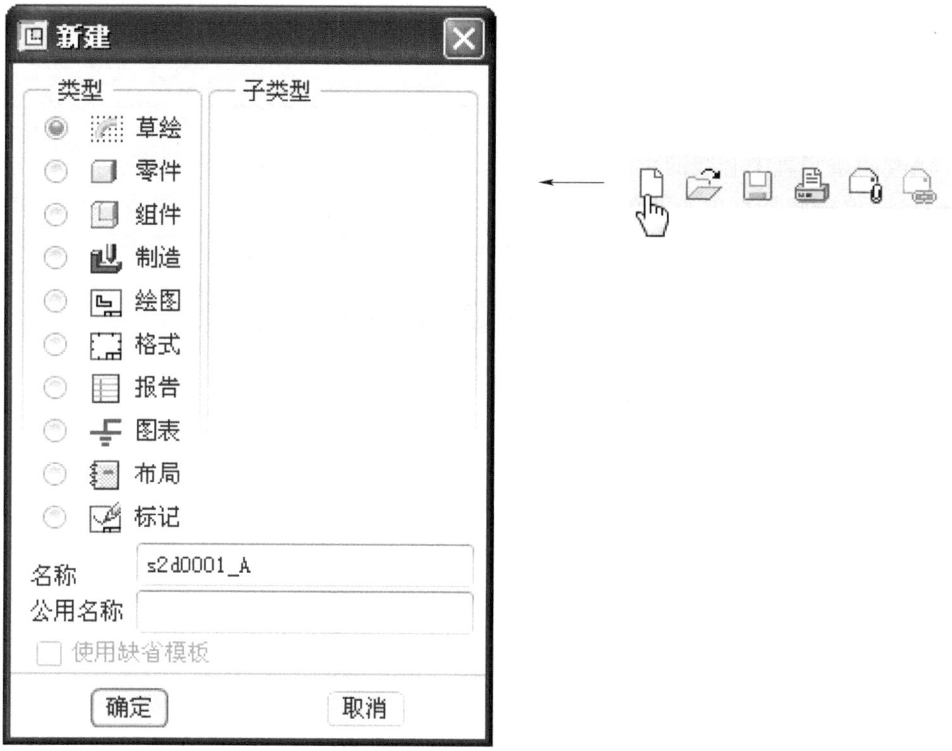

图 2-9 新建草绘文件

3）绘制 3 条中心线，如图 2-10 所示。

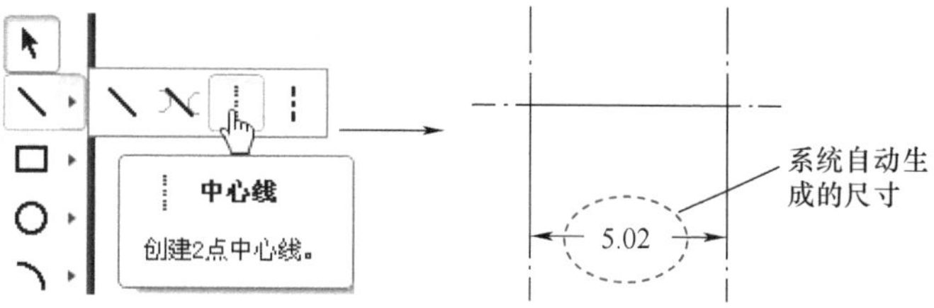

图 2-10 绘制 3 条中心线

① 点取命令：单击两点直线工具＼右侧的‣按钮，弹出直线二级工具选项，单击中心线工具┆。

② 绘制水平中心线：在绘图区中间的适当位置单击鼠标左键，确定第一点，然后沿水平方向拖动鼠标，显示水平约束符号 H 后，再次单击鼠标左键，确定第二点。

③ 绘制竖直中心线 1：在绘图区中间的适当位置单击鼠标左键，确定第一点，然后沿竖直

直方向拖动鼠标，显示竖直约束符号 V 后，再次单击鼠标左键，确定第二点。

④ 用同样的方法绘制竖直中心线 2。可以看到，两条竖直中心线之间显示一个距离尺寸。

⑤ 单击鼠标中键，退出绘图状态。

要点提示：两条竖直中心线的距离尺寸呈暗色显示，这类尺寸称为弱尺寸，可以理解为还不确定的系统随机的尺寸。读者操作时显示的尺寸大小与图 2-10 中的尺寸不一定相同，因为绘制时两条竖直中心线的位置是随机的。

4）修改两条竖直中心线的距离为 20，如图 2-11 所示。单击修改工具 ，弹出“修改尺寸”窗口，单击两竖直中心线的距离尺寸，并在“修改尺寸”窗口中输入新尺寸为 20，单击窗口中的“再生”图标 ✔，可以看到两条竖直中心线的位置发生了变化。

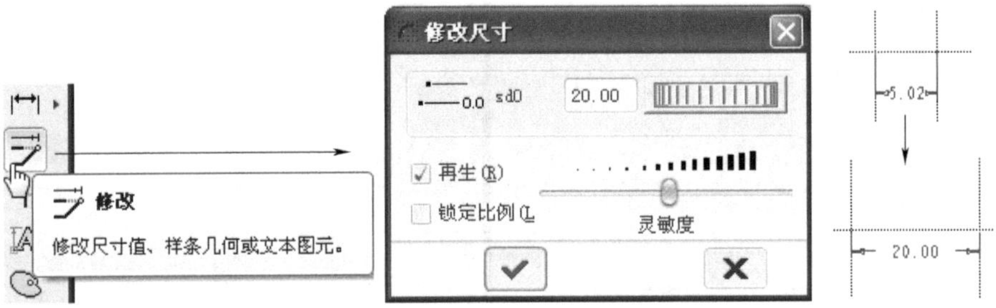

图 2-11　修改两条竖直中心线的距离

5）绘制 3 个圆，如图 2-12 所示。

① 点取命令：单击圆工具 ○，进入绘制圆状态。

② 绘制圆 1：在水平中心线与右侧竖直中心线的交点（交点 1）处单击，确定圆心点，然后拖动鼠标到适当位置，单击鼠标左键，绘制圆 1。

③ 以同样的方法，分别在交点 1 和交点 2 处绘制圆 2 和圆 3。

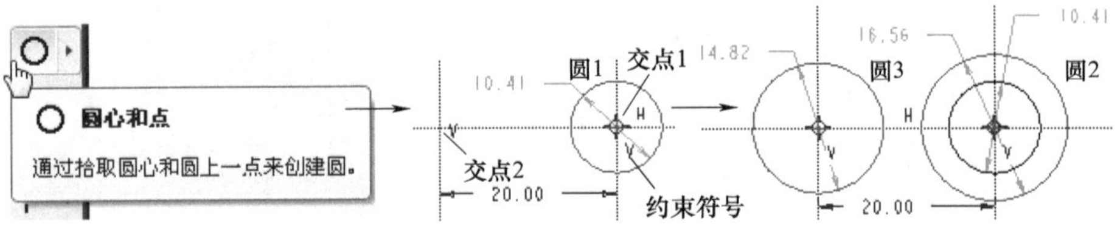

图 2-12　绘制 3 个圆

6）修改圆直径尺寸，如图 2-13 所示。

① 单击选取工具 ，退出绘图状态。

② 将鼠标移动到圆 1 的直径数字处，双击鼠标左键，在尺寸输入框中输入新尺寸 15，按键盘的“Enter”键，可以看到圆 1 的直径尺寸发生了变化，圆的大小也发生了变化。

③ 以同样的方法，修改圆 2 和圆 3 的直径尺寸（分别为 40 和 20）。

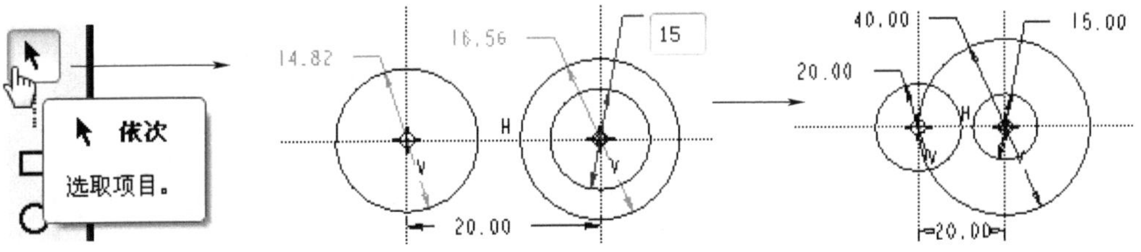

图 2-13 修改圆尺寸

7）绘制两条相切直线，如图 2-14 所示。

① 隐藏尺寸和约束：单击显示尺寸工具和显示约束工具，使图标弹起，可以看到图形中的尺寸和约束符号不再显示。

② 绘制切线 1：单击直线绘制二级工具中的相切直线工具，在图形中单击圆 2 和圆 3，注意在两个圆的同侧单击，绘制切线 1。

③ 以同样的方法，在图形的同侧方向单击圆 2 和圆 3，绘制切线 2。

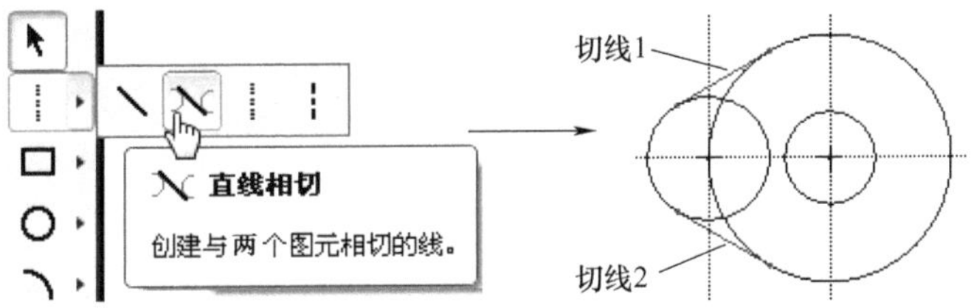

图 2-14 绘制两条相切直线

8）图形修剪，如图 2-15 所示。

① 放大图形：往后滚动鼠标中间滚轮，使图形适当放大。

② 点取修剪命令：单击删除段工具，进入修剪状态。

③ 修剪图素：将鼠标移动到要修剪的图元上，单击鼠标左键，图素便被剪掉。

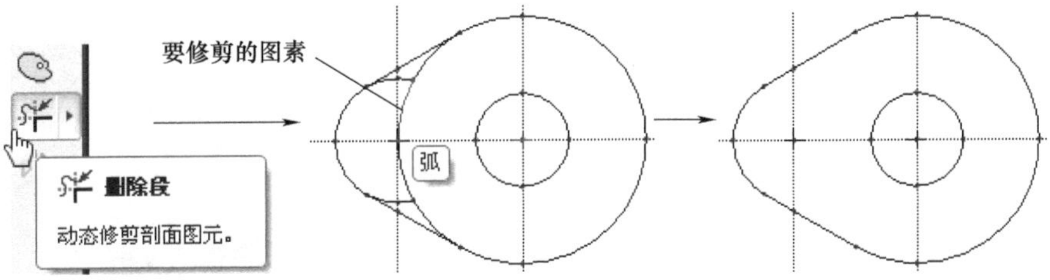

图 2-15 图形修剪

9）标注圆弧半径尺寸，如图 2-16 所示。

① 显示尺寸：单击显示尺寸工具显示尺寸。

② 标注尺寸：单击尺寸标注工具，单击圆弧 1，点鼠标中键，可以看到新增加圆弧的半径尺寸，同时弹出“草绘解决”窗口，系统提示圆弧半径和直径尺寸发生冲突，即圆弧标注半径和直径两个尺寸过约束，系统提示只能标注一个，要你选择。

③ 在“草绘解决”窗口单击直径尺寸（尺寸 40），单击窗口中的“删除”按钮，退出“草绘解决”窗口，然后按键盘的“Enter”键，以确认半径尺寸。

④ 以同样的方法，标注圆弧 2 的半径尺寸。

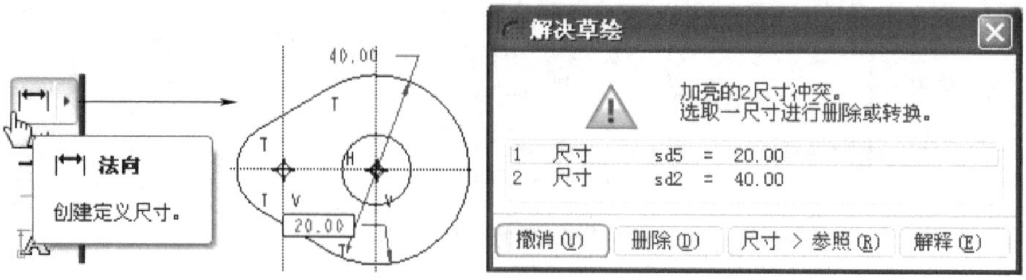

图 2-16　标注圆弧半径尺寸

10）调整尺寸位置，使图形清晰，如图 2-17 所示。

① 单击选取工具，将鼠标移动到要调整位置的尺寸数字上，按下鼠标左键，拖动鼠标到适当位置后，松开鼠标左键。

② 单击顶点显示工具，使其弹起，使顶点（图元之间的交点）隐藏。

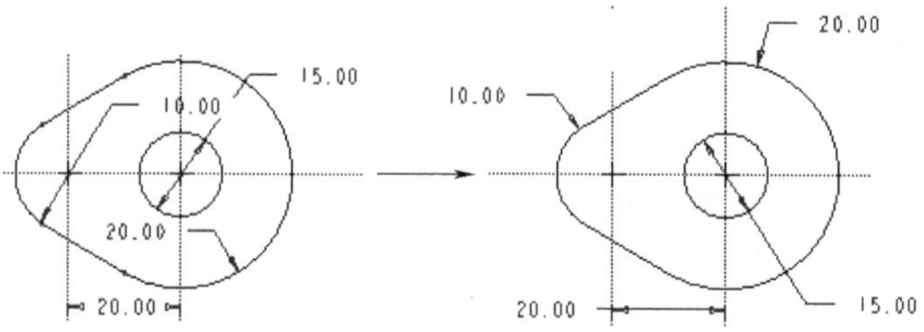

图 2-17　调整尺寸位置

相关知识

1. 2D 截面图形信息

Pro/Engineer 二维截面图形信息包括截面图元（直线、圆弧、样条线、文字等）、尺寸和约束符号等，通过截面信息可以知道截面图元之间的关系。图 2-18 所示为 2D 截面图形信息。

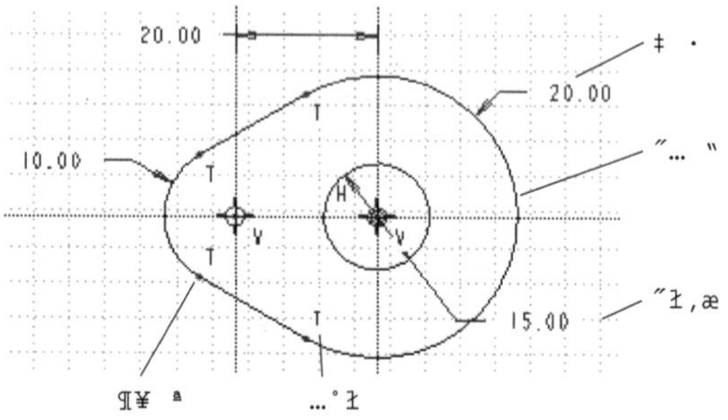

图 2-18　2D 截面图形信息

2. 图形显示工具

尺寸、约束等截面信息可以根据需要，通过显示工具的“开”/“关”切换，使其显示或不显示。图形显示工具包括尺寸显示工具（）、约束显示工具（）、网格显示工具（）和顶点显示工具（）。在图 2-3 中，区域 2 为图形信息显示工具。

3. 图形缩放和平移

2D 草绘时经常要对图形进行缩放和平移，以进行整体和局部显示，便于观察和编辑图形。图形缩放工具包括框选放大工具、按比例缩小工具和全屏显示工具。图 2-3 中区域 3 所示为图形缩放工具。

Pro/Engineer 2D 截面图形也可以通过鼠标键盘联合操作进行动态缩放和平移。

1）图形缩放：滚动鼠标中间滚轮，或按下鼠标中键，同时按住键盘的“Ctrl”键，拖动鼠标。

2）图形平移：按住鼠标中键，拖动鼠标。

拓展训练

1. 实训任务

绘制如图 2-19 所示的音箱控制面板外轮廓截面（S2d0001_ B）。

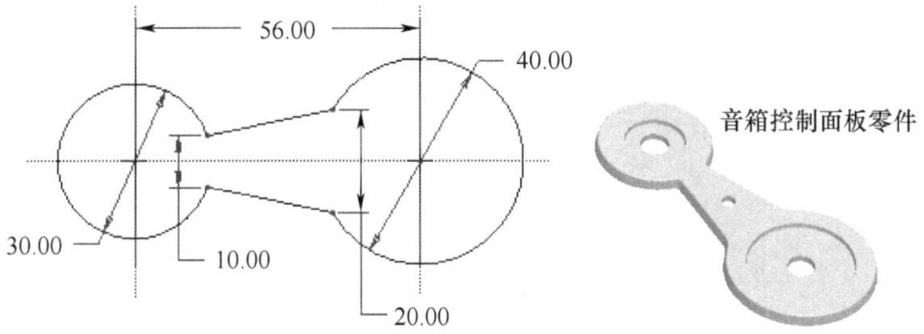

图 2-19 音箱控制面板外轮廓截面

2. 绘图步骤（参考）

图 2-20 所示为音箱控制面板外轮廓截面的绘图步骤。

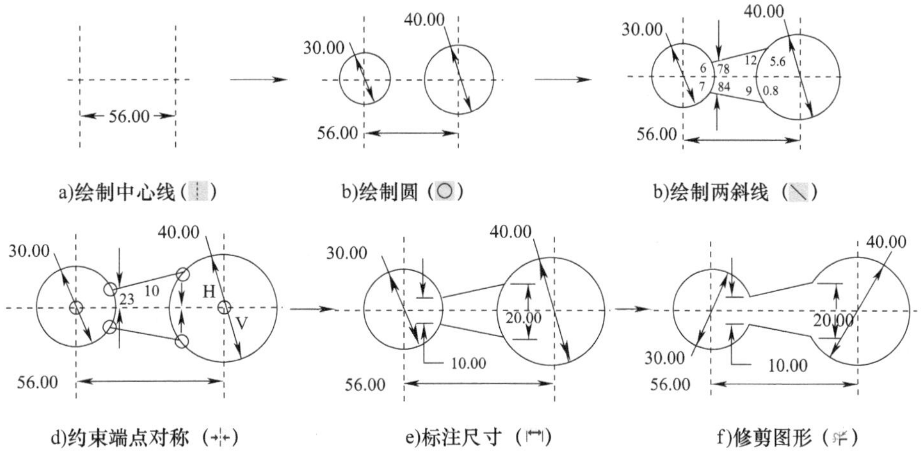

图 2-20 音箱控制面板外轮廓截面绘图步骤

知识小结

1）Pro/Engineer 2D 草绘与 AutoCAD 等二维绘图软件的操作完全不同。Pro/Engineer 2D 草绘为尺寸驱动模式，即绘图时系统自动显示图形位置和大小，然后通过修改输入新的形状和位置尺寸，图形再生后便按新的尺寸发生变化，这种以尺寸来驱动图形的草绘方式即尺寸驱动模式。

2）尺寸修改有两种方式，一种即通过修改工具 对单个尺寸进行修改，或对多个尺寸同时进行修改；另一种方式便是双击尺寸数字进行修改。

3）Pro/Engineer 2D 截面尺寸有强尺寸和弱尺寸之分，强尺寸即亮色显示的尺寸，弱尺寸即暗色显示的尺寸。强尺寸与弱尺寸的区别除了颜色显示的区别外，在尺寸标注时，多余弱尺寸会自动删除，而新标注尺寸与现有的强尺寸发生冲突时，系统会弹出“解决草绘”窗口进行提示。

思考练习

1. 比较 Pro/Engineer 2D 草绘与 AutoCAD 等二维绘图软件有哪些操作区别。
2. 如图 2-21 所示，完成法兰盘截面的草绘。

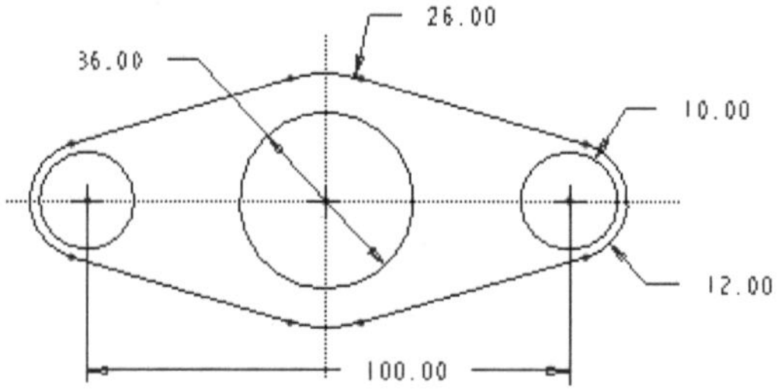

图 2-21 法兰盘截面

任务二 2D 草绘约束的应用——绘制正六边形截面

学习内容

1. 正多边形的绘图思路。
2. 草绘方法：参照图元的修改。
3. 图形约束：相等、对称、水平、竖直。

实训任务

绘制如图 2-22 所示的正六边形截面。

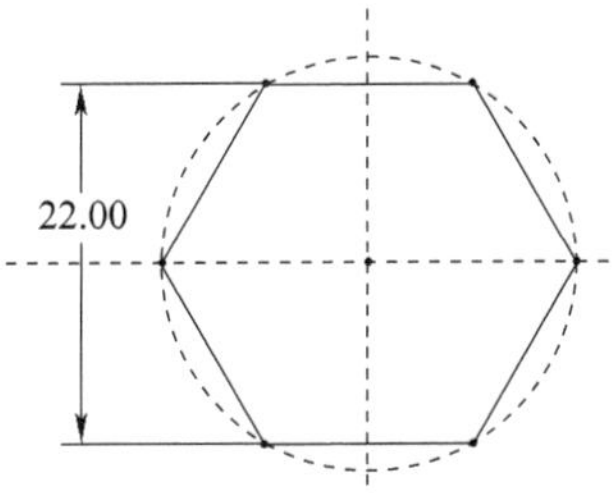

图 2-22 正六边形截面

基础知识

1. 图形约束

在 Pro/Engineer 2D 截面绘制中，常用约束来定义图元之间的相互关系。约束类型有平行（//）、相切（⚲）、相等（=）、对齐（⊙）、对称（→|←）、竖直（+）、水平（+）和中点（⟍）等。

图 2-23 所示为 Pro/Engineer 2D 草绘约束工具和正六边形截面中的约束符号。

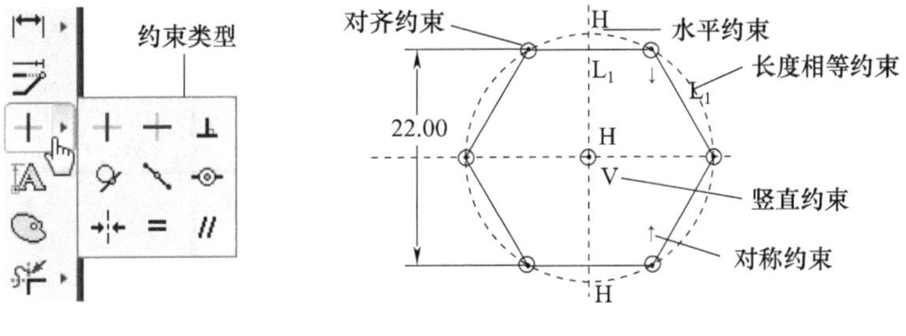

a) 草绘约束工具　　b) 正六边形截面中的约束符号

图 2-23 草绘约束工具和约束符号

2. 图元删除

Pro/Engineer 2D 截面图元的删除有 3 种方式。第一种方式是先点取要删除的图元，然后单击键盘的“Del”键进行删除。第二种方式是先点取要删除的图元，然后单击鼠标右键，弹出快捷命令，选择“删除”。第三种方式是先单击要删除的图元，单击主菜单中的“编辑”→“删除”。

图 2-24 所示为通过快捷命令对图元进行删除。如果要一次对多个图元进行删除，选择图元时要按下键盘的“Ctrl”键，可选取多个图元。

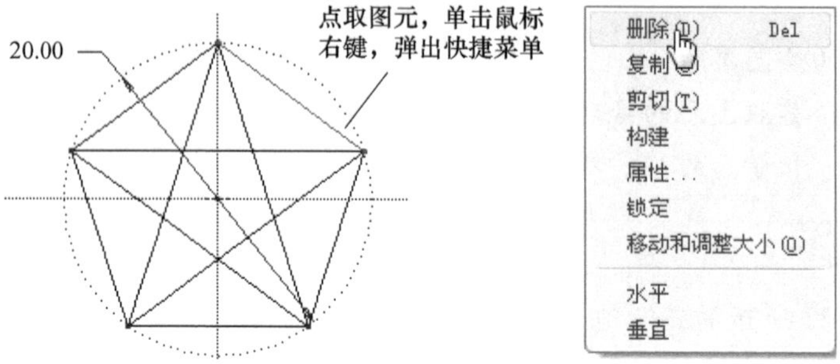

图 2-24　通过快捷命令对图元进行删除

3. 插入图形

通过调色板，可以从系统图库中插入图形，如多边形等。图 2-25 所示为插入正五边形的操作，图中①~④为操作步骤。

① 单击调色板工具，弹出“草绘器调色板”窗口。

② 切换到“多边形”页，点取五边形图形，按下鼠标左键，拖动鼠标到绘图窗口，弹出“移动和调整大小”窗口。

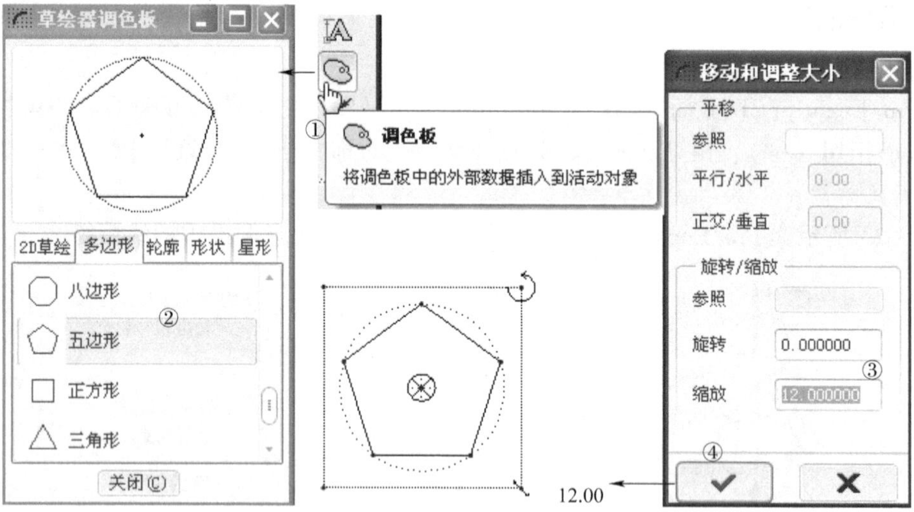

图 2-25　插入正五边形

③ 输入旋转角度和缩放比例（当缩放比例为 1 时，生成的正五边形边长为 1mm）。

④ 单击“移动和调整大小”窗口中的✔。

任务分析

1. 图形结构分析

如图 2 - 26 所示，正六边形截面包括两条中心线、1 个构建圆和 5 条相等的直线，其中两条直线呈水平放置。

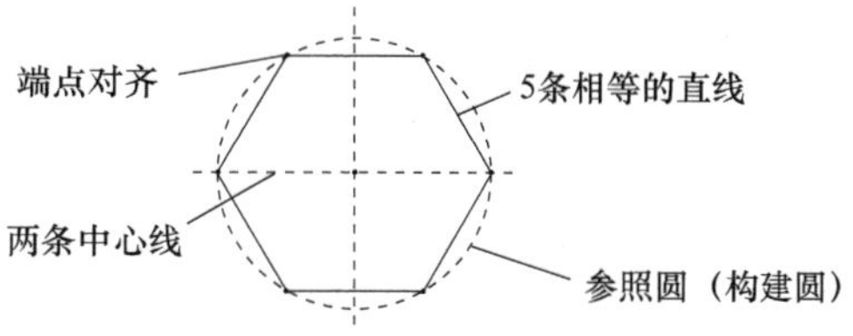

图 2 - 26 正六边形截面分析

2. 绘图步骤

图 2 - 27 所示为正六边形截面的草绘步骤。

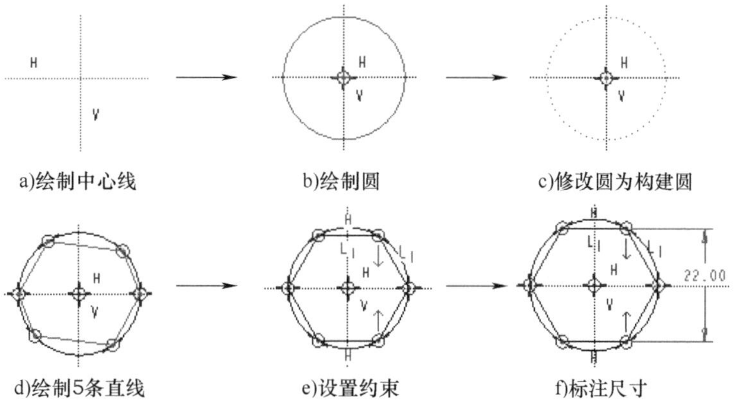

图 2 - 27 正六边形截面的绘图步骤

任务实施

1）设置好工作目录后，新建草绘文件，文件名为 S2d0002_ A。

2）单击中心线工具 ┆，分别绘制水平中心线和竖直中心线。

3）绘制构建圆，如图 2 - 28 所示。

① 单击圆工具○，以两条中心线交点为圆心，绘制圆，圆的直径大小不必修改。

② 单击选取工具↖，点取圆（使圆呈亮色显示），单击鼠标右键，弹出快捷菜单，选取“构建”，修改圆为构建圆。

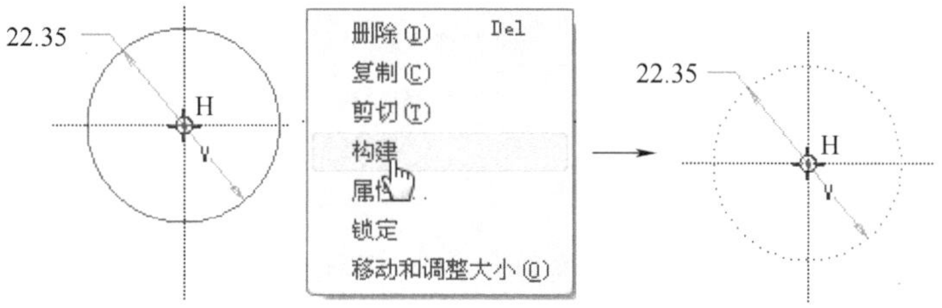

图 2 - 28 绘制构建圆

要点提示：在Pro/Engineer 2D草绘中，经常要绘制构建线，构建线即绘图参照线，只是为方便绘图和图元定位而设置，并不算作截面图线。

4）绘制5条首尾相接的直线，如图2-29所示。点取两点直线工具╲，将鼠标移动到构建圆的点1处，等系统自动约束对齐后，单击鼠标左键，然后移动鼠标到点2位置单击，形成直线1。接着单击点3，形成直线2；单击点4，形成直线3；连续单击到点7，共形成5条首尾相接的直线，点7和点1重合，点3和点6位于水平中心线上。

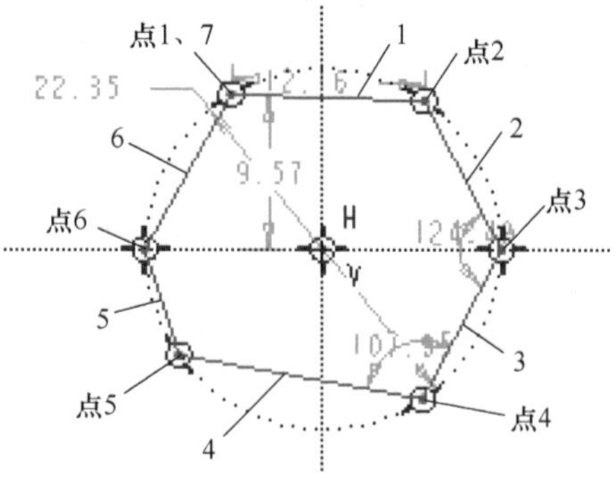

图2-29 绘制5条直线

要点提示：要求5条直线的端点要首尾相接，而且6个端点要对齐到构建圆上。绘图时如果没有对齐到圆上，可以用对齐工具-◎-进行约束。

5）对图形进行约束，如图2-30所示。

① 相等约束：单击相等约束工具＝，在图形中单击直线1和直线2，其位置和大小便发生了变化，如图2-30a所示。

② 对称约束：单击对称约束工具→←，在图形中单击端点2、端点4和对称中心线，端点1和端点2便进行对称布置，如图2-30b所示。

③ 水平约束：单击水平约束工具＋，在图形中单击直线1和直线4，约束两直线水平，如图2-30c所示。

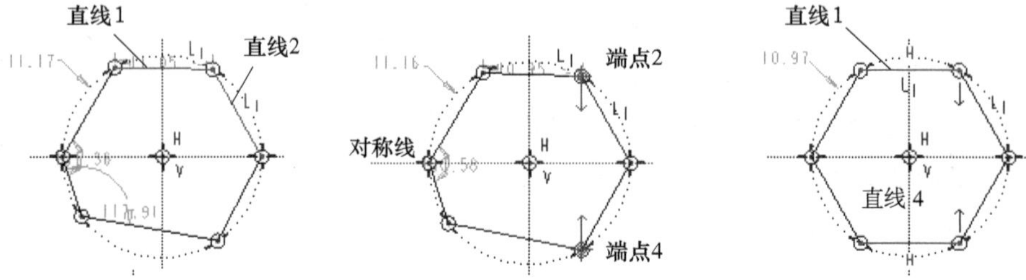

a)相等约束　b)对称约束　c)水平约束

图2-30 设置约束

要点提示：从图2-29可以看到，绘制5条直线后产生了很多暗色尺寸（弱尺寸），这些暗色尺寸是5条直线定形和定位必需的尺寸，而图形进行约束后，暗色尺寸会自动删除，最后只剩下构建圆的外径尺寸，因为5条直线已通过约束重新进行了定形和定位。

6）标注正六边形高度尺寸，如图 2-31 所示。单击法向尺寸标注工具，在图形中单击直线 1 和直线 4，把鼠标移动到两直线之间，单击鼠标中键，输入新尺寸为22mm，然后按下键盘的“Enter”键，确认输入的尺寸，可以看到图形按新输入的尺寸发生变化，而且外接圆的直径尺寸自动删除。

7）文件存盘。

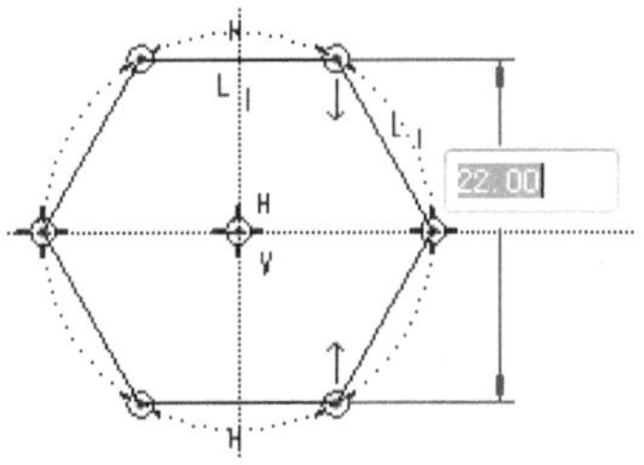

图 2-31 标注正六边形高度尺寸

相关知识

1. 选取类型设置

如图 2-32 所示，在绘图区的右上角，有选取切换栏，可以设置不同的选取类型，以方便对图元进行筛选。

2. 选取方式设置

为了更方便地选取图元，可以设置不同的选取方式，常用的选取方式有点选、框选、穿透和多边形等。图 2-33 所示为主菜单下方常用工具图标中的不同选取方式设置工具。

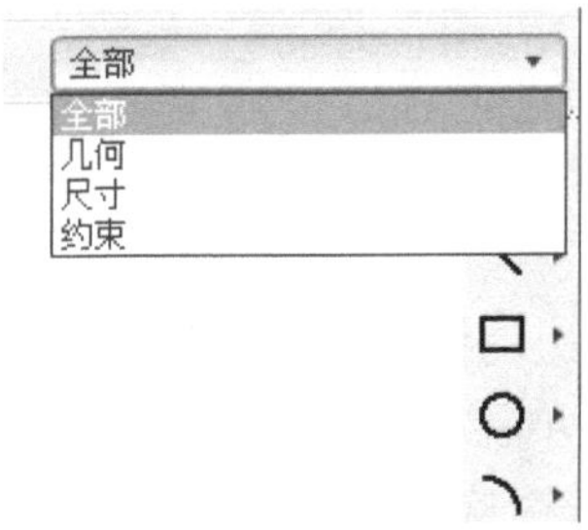

图 2-32 选取类型设置

图 2-33 选取方式设置

3. 多选操作

在点取模式下，一次只能点取一个图元，点取下一个图元时，上一个已点取的图元会自动取消，如果要点选多个图元，需要按下键盘的“Ctrl”键。

拓展训练

1. 实训任务

绘制如图 2-34 所示的五角星截面（S2d0002_ B）。

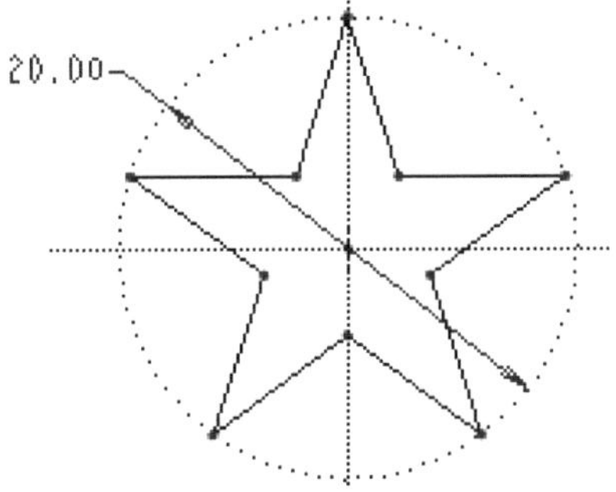

图 2-34 五角星截面

2. 绘图步骤分析（参考）

图 2-35 所示为五角星截面的绘图步骤。

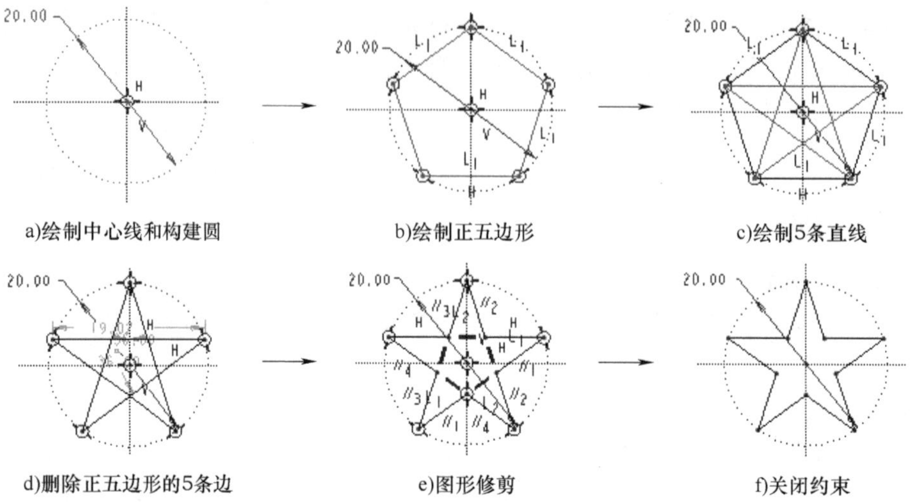

图 2-35 五角星截面的绘图步骤

知识小结

1）绘制正六边形时，可以采用相等约束设置六条边均相等，则可以不设置对称约束。

2）拓展训练中的正五边形与正六边形绘制思路和步骤相同，都是通过约束对多边形的边进行定形和定位，所有正多边形的截面绘制均可以采用这样的绘图思路。

3）通过调色板不但可以插入图库中的图形，也可把绘制好的截面图形放入到调色板中，以备下次调用。

思考练习

1. Pro/Engineer 草绘中常用的约束类型有哪些？
2. 绘制如图 2-36 所示的扳手截面。

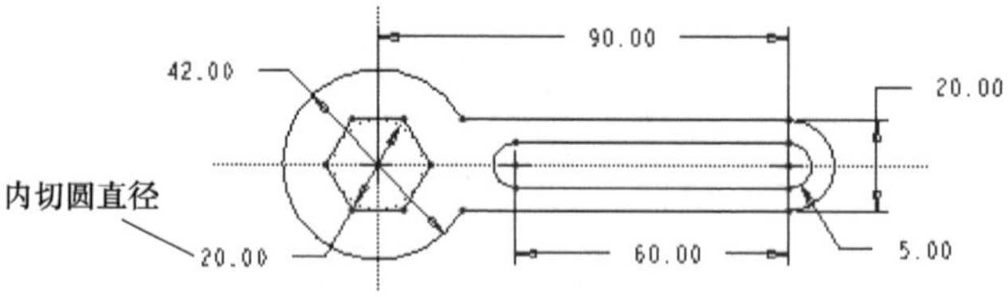

图 2-36 扳手截面

任务三 图形镜像和移动——绘制三叉角截面

学习内容

1. 2D 截面的一般绘图步骤和原则。
2. 草绘方法：倒圆角。
3. 图形编辑：镜像、移动、打断、修剪。

实训任务

绘制如图 2-37 所示的三叉角截面。

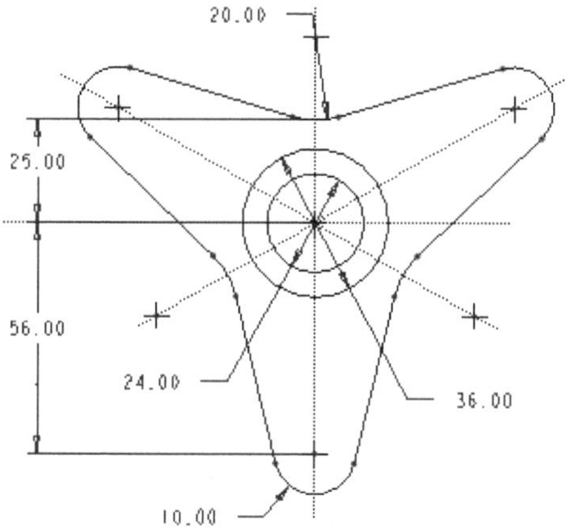

图 2-37 三叉角截面

基础知识

1. 倒圆角和倒角

倒圆角即两图元以圆弧方式连接，圆角形式有圆弧形圆角（ ）和椭圆形圆角（ ）两种方式。图 2-38 所示为倒圆角工具。

倒角即倒斜角，有倒角修剪（ ）和倒角并创建构造线延伸（ ）两种方式。图 2-39 所示为倒角工具。

2. 图形镜像和移动

在 2D 截面绘制中，经常要对图形进行镜像（ ）、移动（ ）等复制操作，移动包括平移和旋转。图 2-40 所示为镜像和移动工具。

镜像和移动工具图标一般呈暗色显示，即表示命令没有激活（不可用），单击鼠标时不会有反应。要激活命令，必须先单击要进行镜像或移动操作的图元，图标才会呈亮色显示，即被激活。

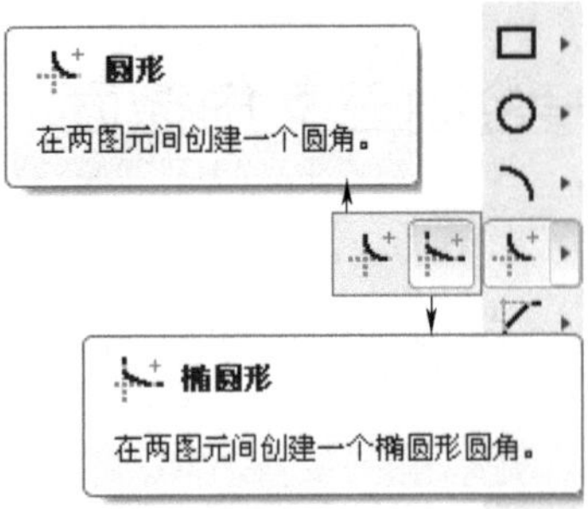

图 2-38　倒圆角工具

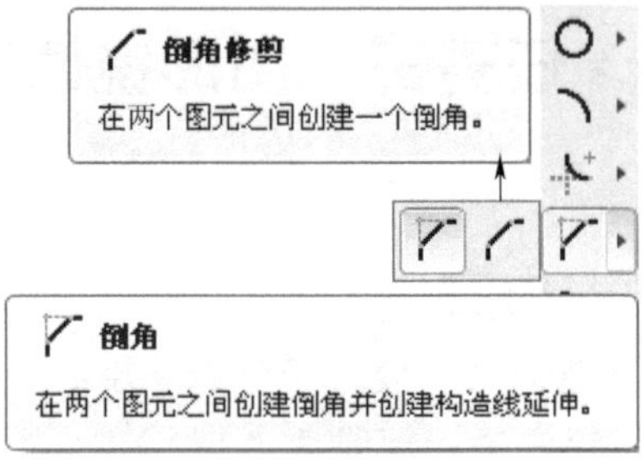

图 2-39　倒角工具

3. 矩形工具

矩形是 2D 截面的基本图形。图 2-41 所示为矩形工具，Pro/Engineer 野火 5.0 在原来矩形工具的基础上新增加了斜矩形和平行四边形工具，给绘图带来了更大的灵活性。

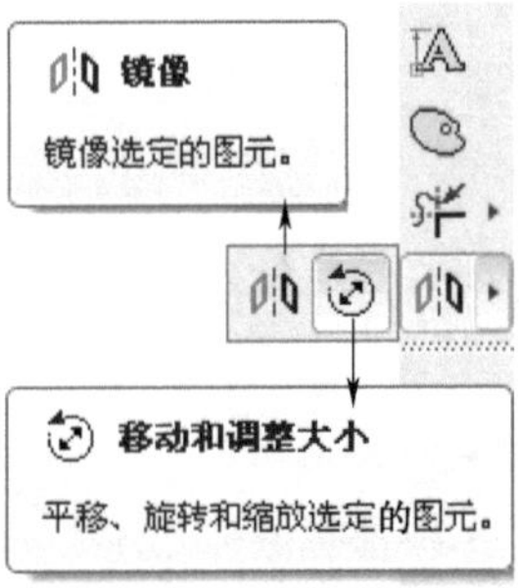

图 2-40　镜像和移动工具

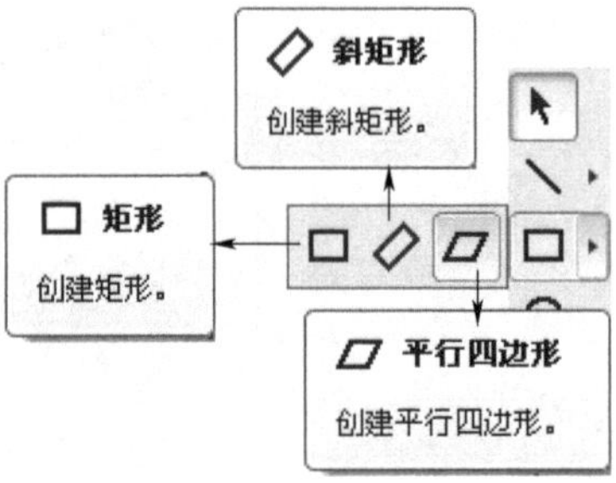

图 2-41　矩形工具

任务分析

1. 图形结构分析

如图 2-42 所示，三叉角截面的特点是有 3 个呈 120°均匀分布的叉形角，其结构包括 4 条中心线、两个中心圆、3 个凸圆弧、3 个凹圆弧（倒角圆弧）和 6 条相切直线。

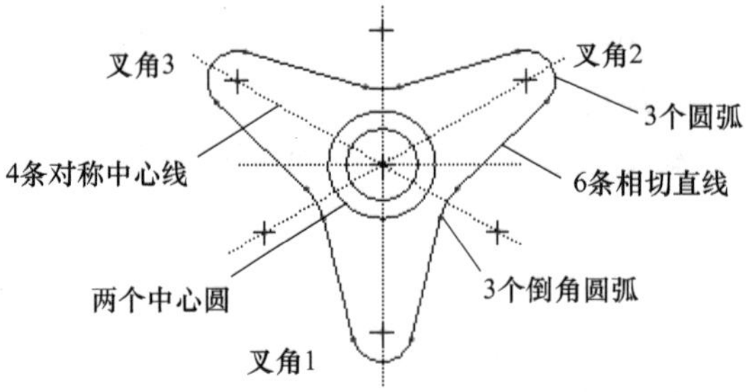

图 2-42　三叉角截面分析

2. 绘图步骤

图 2-43 所示为三叉角截面的草绘步骤。

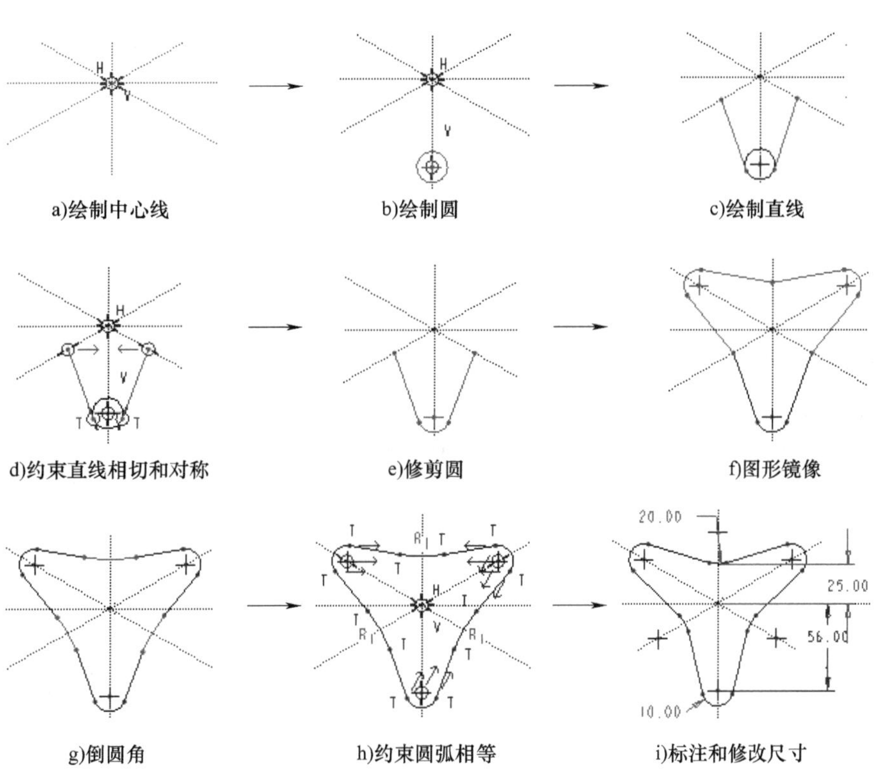

图 2-43 三叉角截面的绘图步骤

任务实施

1）设置好工作目录，新建草绘文件，文件名为 S2d0003_ A。

2）绘制 4 条中心线，如图 2-44 所示。

① 单击中心线工具 ，先绘制水平中心线和竖直中心线。

② 绘制两条倾斜中心线，注意绘制时先单击水平中心线和竖直中心线的交点为第一点。

③ 标注并修改两条倾斜中心线的角度。

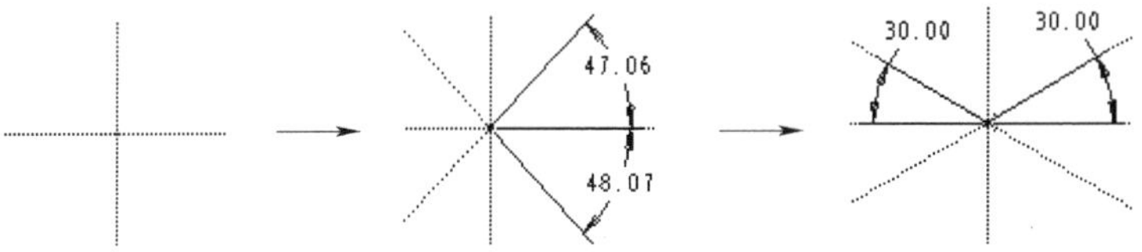

图 2-44 绘制中心线

3）绘制圆，并双击圆的定形和定位尺寸进行修改，如图 2-45 所示。

4）绘制两条直线，直线的一个端点对齐到倾斜中心线上，另一点对齐到圆上，如图 2-46 所示。

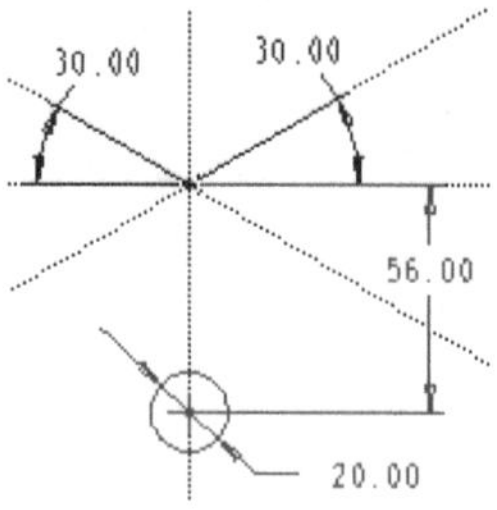

图 2-45　绘制圆并修改圆的尺寸

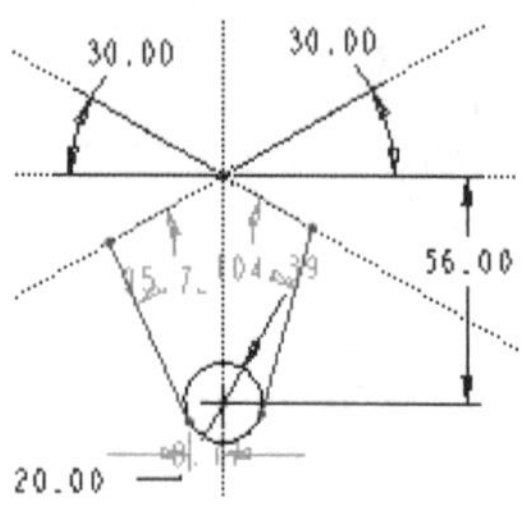

图 2-46　绘制两条直线

5）对直线设置约束，如图 2-47 所示。

① 相切约束：单击相切约束工具，在图形中单击直线和圆，如图 2-47a 所示。

② 对称约束：单击对称约束工具，在图形中单击端点 1、端点 2 和中心线，对端点 1 和端点 2 进行对称约束，如图 2-47b 所示。

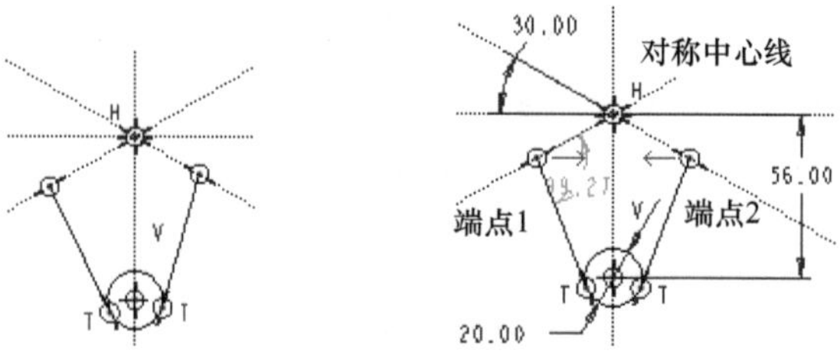

a)相切约束　　b)对称约束

图 2-47　设置约束

要点提示： 进行对称约束时，系统会弹出“解决草绘”窗口，提示约束与倾斜中心线角度尺寸发生冲突，然后，单击一个角度尺寸进行删除。

6）修剪圆弧，完成叉角 1 的绘制，如图 2-48 所示。

① 单击分割工具，在圆上的适当位置单击，把圆打断成圆弧，如图 2-48a 所示。

② 单击拐角工具，单击直线和圆弧（单击圆弧需要保留的部分），对圆弧进行修剪，如图 2-48b 所示。

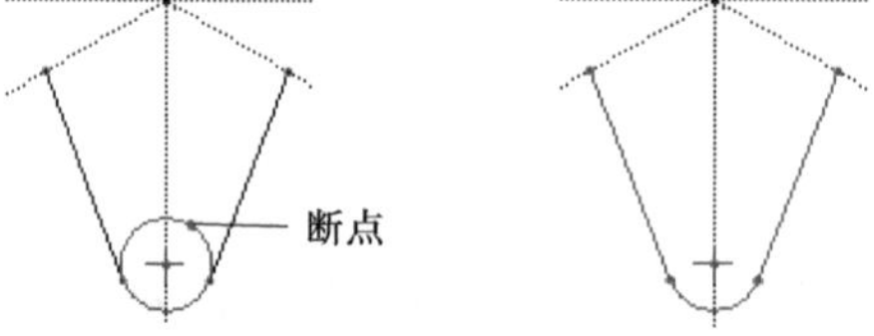

a)打断圆　　b)修剪圆

图 2-48　修剪圆弧

7）图形镜像，如图 2-49 所示。

① 选取镜像图元：单击选取工具，框选需要进行镜像操作的图元，单击镜像中心线 1，完成叉角 2 的镜像，如图 2-49a 所示。

② 单击镜像中心线 2，完成叉角 3 的镜像，如图 2-49b 所示。

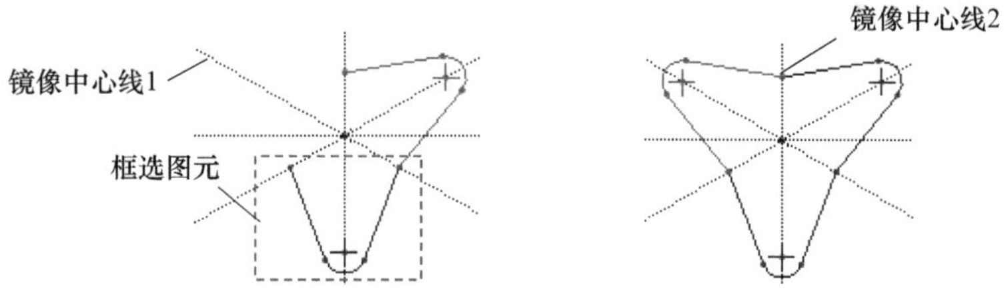

a)叉角2的镜像　　b)叉角3的镜像

图 2-49　图形镜像

要点提示：

1）通常情况下，镜像图标呈暗色显示，需要先选取镜像图元，才可激活命令，即图标呈亮色显示。

2）框选操作：把鼠标移动到合适位置，单击鼠标左键不松开，移动鼠标到另一端合适位置，把需要选取的图元全部框住，松开鼠标左键。

3）在叉角 3 的镜像中，没有选取镜像图元，是因为叉角 2 镜像后，被系统自动列为了已选取对象（叉角 2 的图元呈红色显示），此时仍处于镜像操作状态，只要点取镜像中心线即可完成镜像。

8）倒圆角，如图 2-50 所示。单击圆形倒圆角工具，单击右侧两条直线，完成倒圆角 1。按同样方法，完成倒圆角 2 和倒圆角 3 的操作。

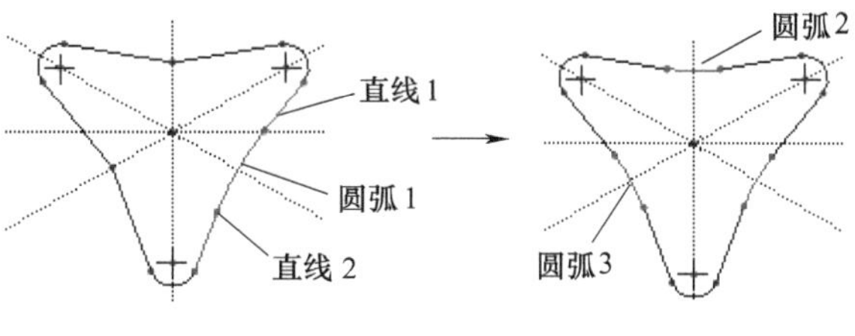

图 2-50　倒圆角（3 处）

9）约束倒圆角圆弧半径相等，如图 2-51 所示。

① 单击相等约束工具 =，单击圆弧 1 和圆弧 2，约束圆弧 1 和圆弧 2 半径相等。

② 单击圆弧 1 和圆弧 3，约束圆弧 1 和圆弧 3 半径相等。

③ 单击鼠标中键，退出约束定义状态，系统自动进入选取状态。

要点提示： 通常情况下，单击选取图标，可以退出图形绘制或图形编辑状态，也可单击鼠标中键退出图形绘制或图形编辑状态，有时单击鼠标中键即可完全退出，进入选取状态，有时需要双击。

10）修改圆弧半径为 20，如图 2-52 所示。

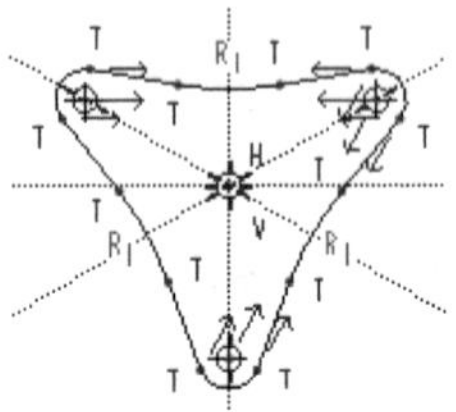

图 2-51　约束圆角半径相等

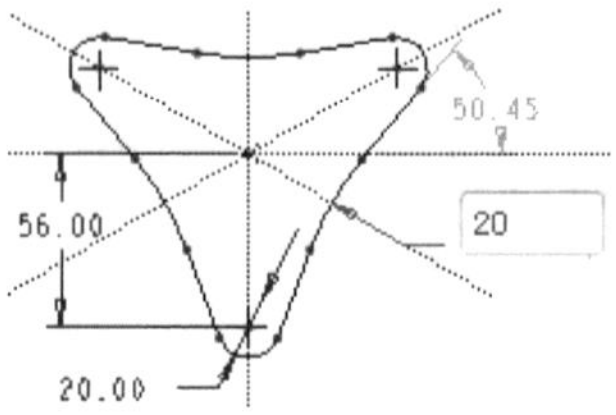

图 2-52　修改圆弧半径

11）标注尺寸，如图 2-53 所示。

① 单击法向尺寸标注工具，单击水平中心线和圆弧 2，单击鼠标中键，输入新尺寸为 25。

② 单击圆弧 1，单击鼠标中键，弹出“解决草绘”窗口，删除圆弧的直径尺寸。

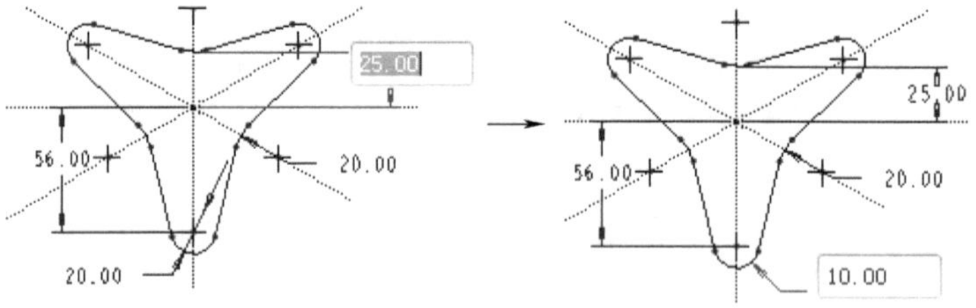

图 2-53　标注尺寸

12）绘制两个中心圆，并修改圆的尺寸，如图 2-54 所示。

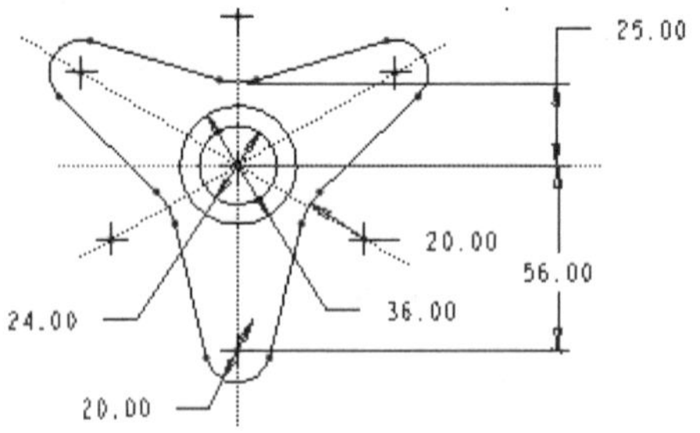

图 2-54　绘制中心圆

13）文件存盘。

相关知识

1. 草绘快捷菜单

为了方便绘图和进行图形编辑，Pro/Engineer 2D 草绘提供了快捷操作菜单。

将鼠标移动到绘图区的空白处，单击鼠标右键，会弹出绘图快捷菜单，如图 2 - 55a 所示。当点取某图元后，单击鼠标右键，会弹出编辑快捷菜单，如图 2 - 55b 所示。

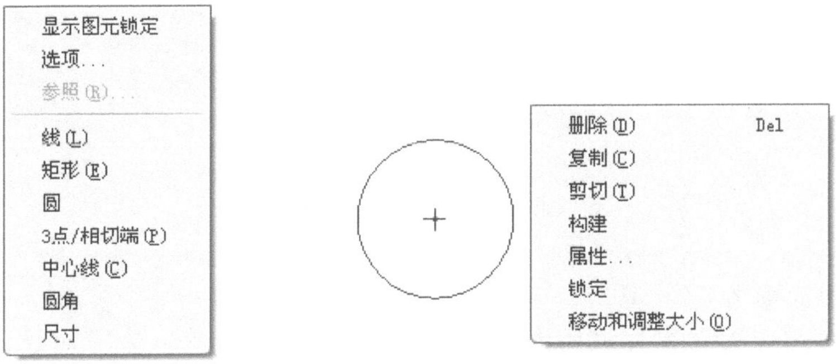

a)绘图快捷菜单　　b)编辑快捷菜单

图 2 - 55　Pro/Engineer 2D 草绘快捷菜单

2. 截面诊断工具

Pro/Engineer 是完全参数化设计软件，对 2D 截面的要求很高，在特征建模时，如果截面有多线、不封闭、图线重合等现象，系统会提示截面不完整，特征也就难以生成。为了快速地检查截面，Pro/Engineer 2D 草绘提供了截面诊断功能。

图 2 - 56 所示为截面诊断工具，包括截面封闭显示工具（）、开放端点显示工具（）和重叠几何显示工具（）。图 2 - 57 所示为对三叉角截面进行截面封闭诊断和开放端点显示。

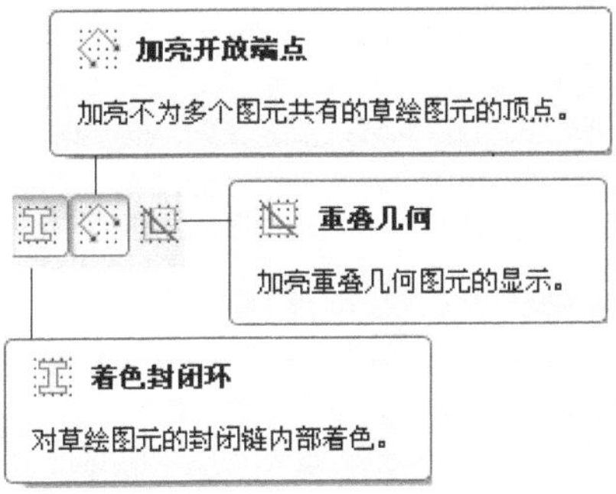

图 2 - 56　截面诊断工具

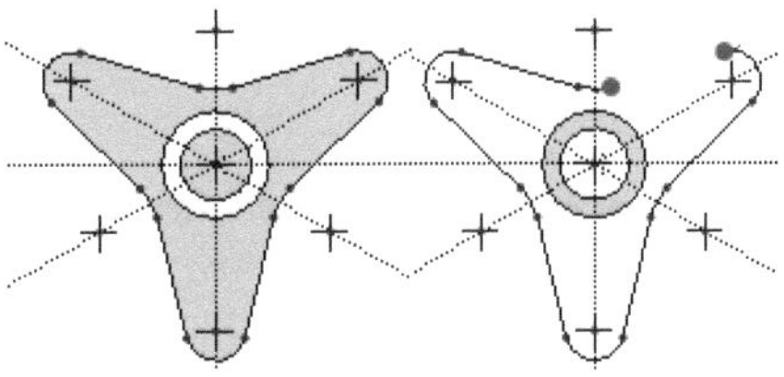

图 2 - 57　三叉角截面诊断

拓展训练

1. 实训任务

绘制如图 2 - 58 所示的连接阀截面（S2d0003_ B）。

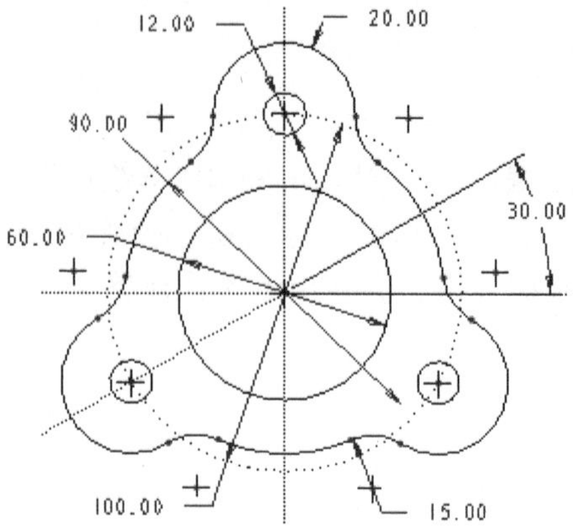

图 2 - 58　连接阀截面

2. 绘图步骤（参考）

图 2 - 59 所示为连接阀截面的绘图步骤。

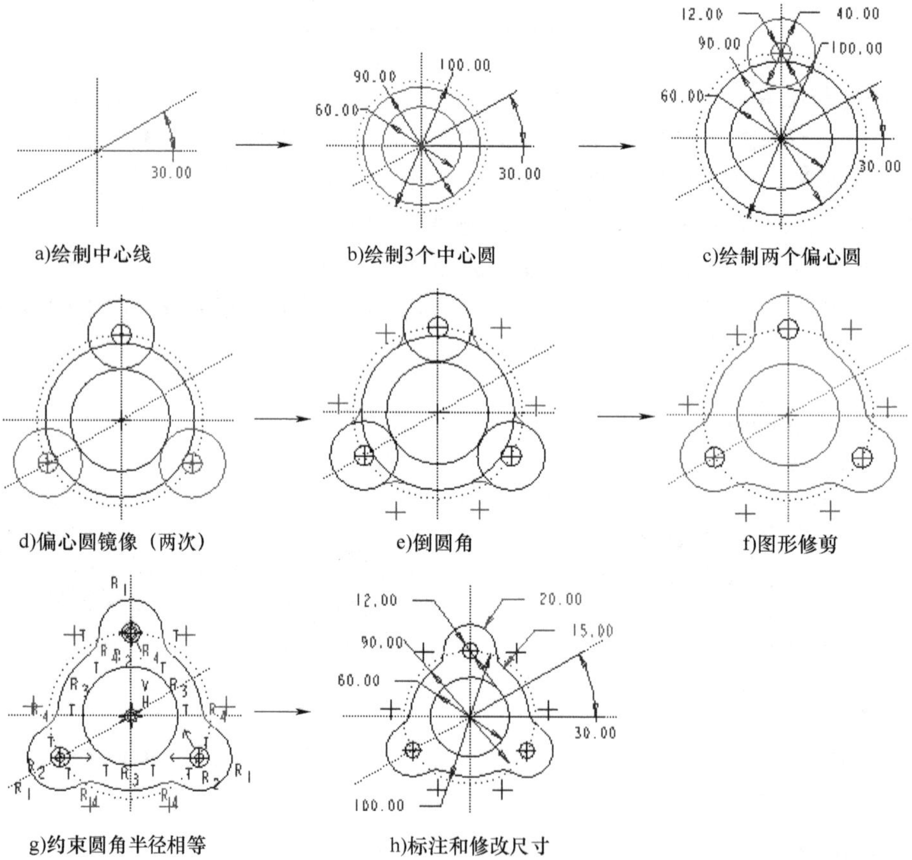

a)绘制中心线　b)绘制3个中心圆　c)绘制两个偏心圆

d)偏心圆镜像（两次）　e)倒圆角　f)图形修剪

g)约束圆角半径相等　h)标注和修改尺寸

图 2 - 59　连接阀截面的绘图步骤

知识小结

1）Pro/Engineer 2D 截面绘制的一般原则是分步绘制、局部修改，即截面绘制时不要一下绘制太多图元，而是绘制一部分后，马上修改尺寸，待局部形状符合要求后，再绘制其他部分。如果把所有图线绘制完再进行尺寸修改，因为图元之间的约束关系，图形修改会很困难。

2）三叉角截面绘制时，叉角 2 和叉角 3 采用了镜像的方法进行复制，也可采用移动（⟳）的方法进行复制，读者不妨一试。

思考练习

1. 复杂 2D 截面绘制时应遵循哪些基本的绘图操作原则？
2. 绘制如图 2-60 所示的四圆角对称截面。

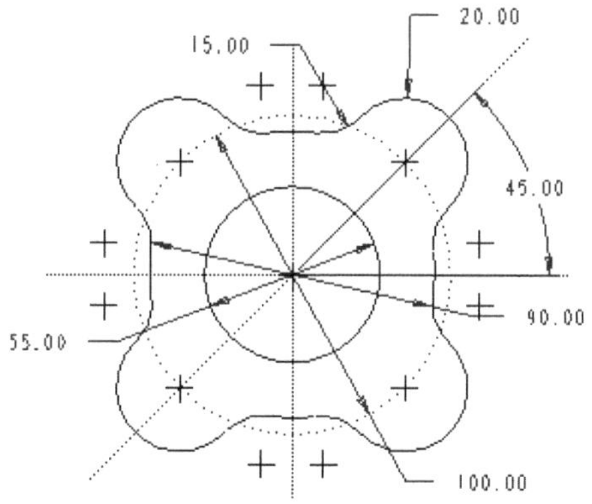

图 2-60 四圆角对称截面

任务四　Conic 曲线和样条曲线——绘制风扇面板装饰线截面

学习内容

1. 绘图方法：三点圆弧、同心圆弧、圆锥曲线、样条曲线。

2. 图形编辑：圆锥曲线的形状控制。

3. 尺寸标注：对称尺寸标注、圆锥曲线端点角度尺寸标注、样条曲线端点角度尺寸标注。

实训任务

绘制如图 2-61 所示的风扇面板装饰线截面。

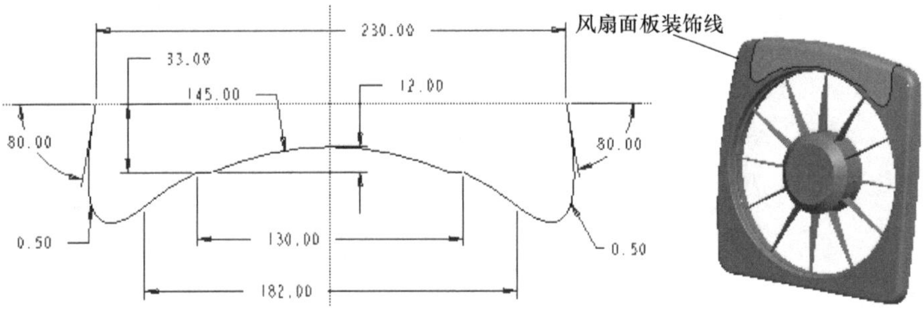

图 2-61　风扇面板装饰线截面

基础知识

1. 圆锥曲线

Pro/Engineer 2D 草绘提供了 4 种绘制圆弧线的方法，即三点圆弧（ ）、同心圆弧（ ）、圆心和点圆弧（ ）和三切圆弧（ ）以及圆锥曲线（ ）。

圆锥曲线即 Conic 曲线，其形状类似于抛物线，是工业造型中常用的曲线。圆锥曲线可以通过曲线形状系数和端点角度来调整曲线的形状。图 2-62 所示为圆锥曲线绘制工具和圆锥曲线。

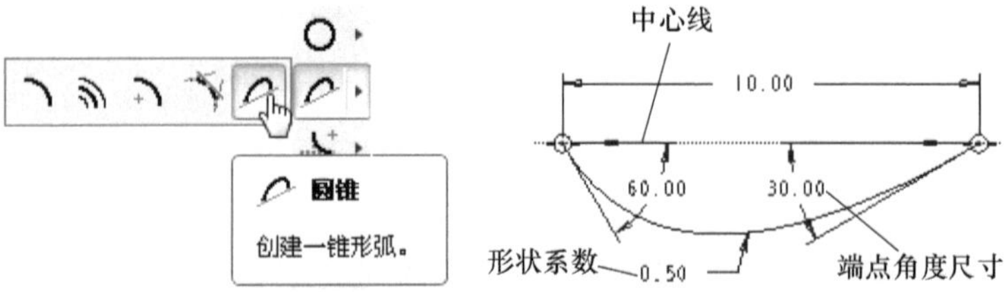

图 2-62　圆锥曲线绘制工具和圆锥曲线

2. 样条曲线

样条曲线也是工业造型中常用的曲线，特别在产品的外观造型中，可通过样条曲线的形状修改来调整产品外观曲面的形状。样条曲线可以通过中间控制点和端点角度尺寸来调整曲线的形状，而中间控制点可以不标注具体的尺寸。图 2 - 63 所示为样条曲线绘制工具和样条曲线。

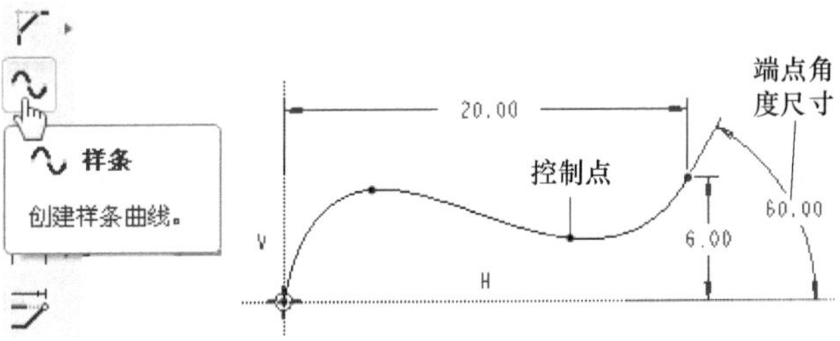

图 2 - 63　样条曲线绘制工具与样条曲线

3. 圆锥曲线和样条曲线端点角度尺寸的标注

圆锥曲线和样条曲线都可以通过端点角度尺寸来调整曲线的形状。端点角度尺寸即曲线在端点处切线方向与参照基准的夹角。端点角度尺寸标注与普通角度尺寸标注不同，圆锥曲线和样条曲线端点角度尺寸有曲线、端点和参照基准 3 个标注参照，标注时必须点取 3 个参照，然后把鼠标移动到角度尺寸放置位置（即角度尺寸所在象限），单击鼠标中键。

样条曲线中间控制点可用具体尺寸来表达位置，也可标注角度尺寸，通过修改角度尺寸改变曲线的形状。

图 2 - 64 所示为圆锥曲线端点角度尺寸的标注，图 2 - 65 所示为样条曲线中间控制点的角度尺寸标注。

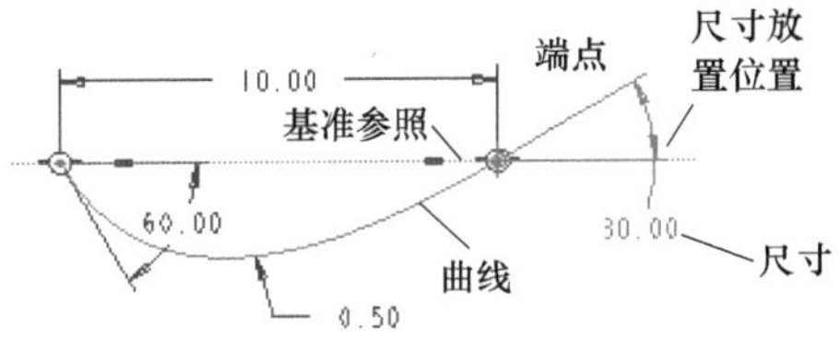

图 2 - 64　圆锥曲线端点角度尺寸标注

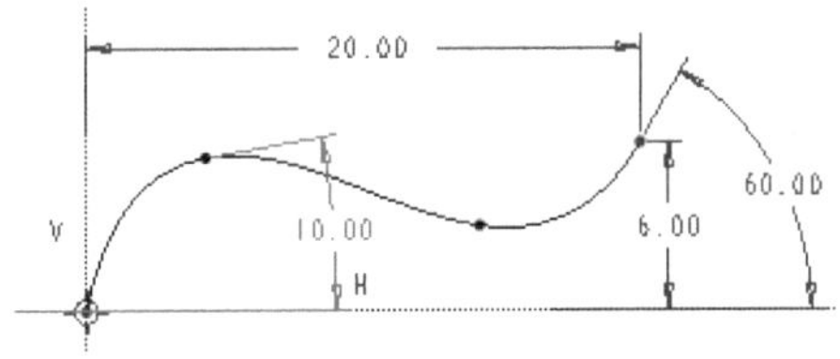

图 2 - 65　样条曲线中间控制点的角度尺寸标注

任务分析

1. 图形结构分析

如图 2 - 66 所示，风扇面板装饰线为对称图形，由两条中心线、两条圆锥曲线（Conic 曲线）、一段大圆弧、两段小的圆弧和两段水平线组成，两段小圆弧与大圆弧是同心圆弧。

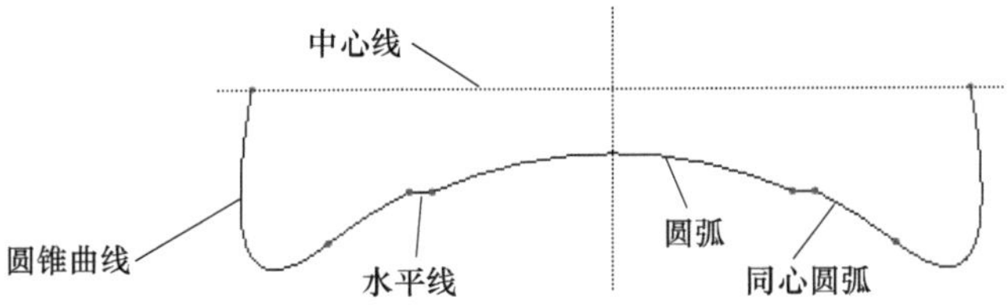

图 2 - 66　风扇面板装饰线截面分析

2. 绘图步骤

图 2 - 67 所示为风扇面板装饰线的草绘步骤。

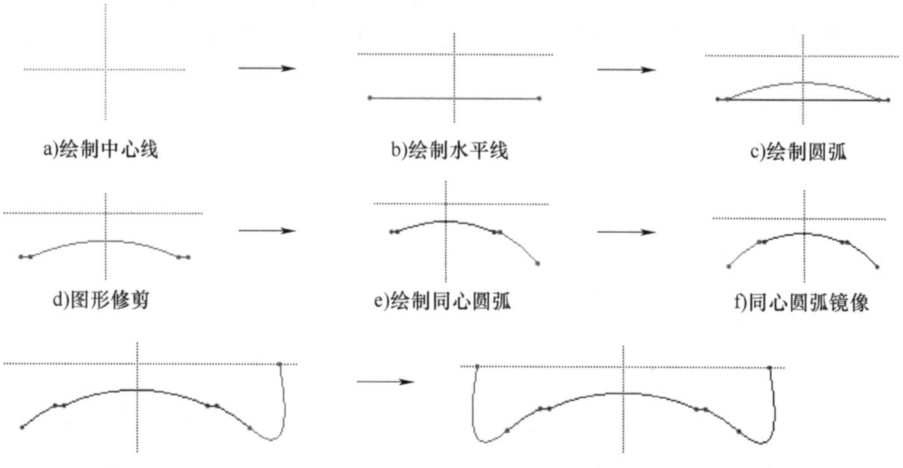

图 2 - 67　风扇面板装饰线截面的绘图步骤

任务实施

1）设置工作目录，新建草绘文件，文件名为 s2d0004_ A。

2）绘制水平中心线和竖直中心线，如图 2 - 68 所示。

3）绘制水平线段，并约束线段两端点对称，修改线段的长度为 130、线段离水平中心线的距离为 33，如图 2 - 69 所示。

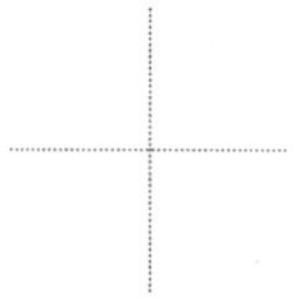

图 2 - 68　绘制中心线

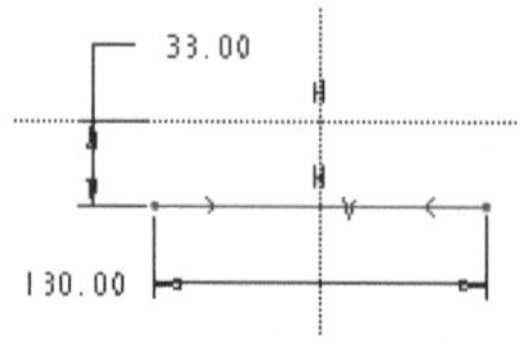

图 2 - 69　绘制水平线段

4）绘制中间圆弧，如图 2 - 70 所示。

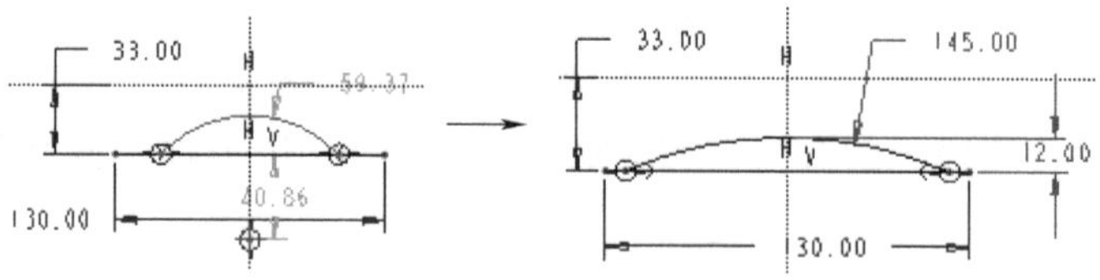

图 2 - 70　绘制圆弧并标注、修改圆弧尺寸

① 点取圆心和端点创建圆弧工具，在竖直中心线上的适当位置单击，确定圆弧中心位置，移动鼠标到水平直线段上左侧适当位置单击，确定圆弧的左端点，拖动鼠标在水平直

线段右侧单击，确定圆弧的右端点。

② 单击法向尺寸标注工具，点取圆弧和水平直线段，单击鼠标中键，输入尺寸数值为 12，按键盘的“Enter”键，然后单击鼠标中键，退出尺寸标注状态，进入选取状态。

③ 双击圆弧半径尺寸（双击尺寸数值），修改圆弧尺寸为 145。

5）对直线进行修剪，如图 2-71 所示。

① 单击删除段工具，单击水平直线中间段进行修剪，如图 2-71a 所示。可以看到，原来的水平直线段长度尺寸 130 被自动删除，而增加了左端的小线段长度尺寸 7.24。

② 单击法向尺寸标注工具，标注端点 1 和端点 2 的距离尺寸，并删除尺寸 7.42，如图 2-71b 所示。

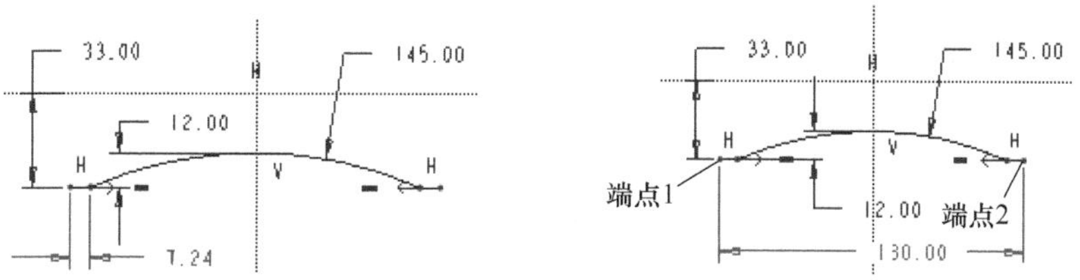

a)修剪图形　　b)标注尺寸

图 2-71　修剪水平直线并重新标注尺寸

6）绘制两侧的同心圆弧，如图 2-72 所示。

① 绘制同心圆弧：单击同心圆弧工具，在图形中单击中间圆弧（指定中间圆弧为同心参照），移动鼠标到右侧直线段的外端点处单击，确定圆弧的第一个端点，向右下角拖动鼠标到适当位置单击，确定圆弧的第二个端点，完成右侧同心圆弧的绘制。按同样的方法，移动鼠标到左侧直线段左端点处单击，向左下方拖动鼠标到适当位置单击，完成左侧同心圆弧的绘制，如图 2-72a 所示。

② 约束左右同心圆弧端点对称：单击对称约束工具，在图形中先后单击左侧同心圆弧的端点、右侧同心圆弧的端点和竖直中心线，如图 2-72b 所示。

③ 单击法向尺寸标注工具，标注两同心圆弧外侧端点距离尺寸为 180，如图 2-72c 所示。

7）绘制圆锥曲线，如图 2-73 所示。

① 单击圆锥曲线工具，单击右侧同心圆弧外侧端点，移动鼠标到水平中心线上右端适当位置单击，然后拖动鼠标，调整好曲线的形状后，再次单击鼠标左键，如图 2-73a 所示。

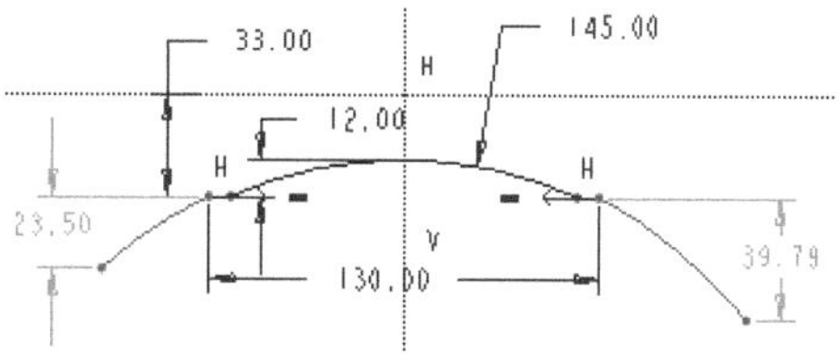

a)绘制同心圆弧

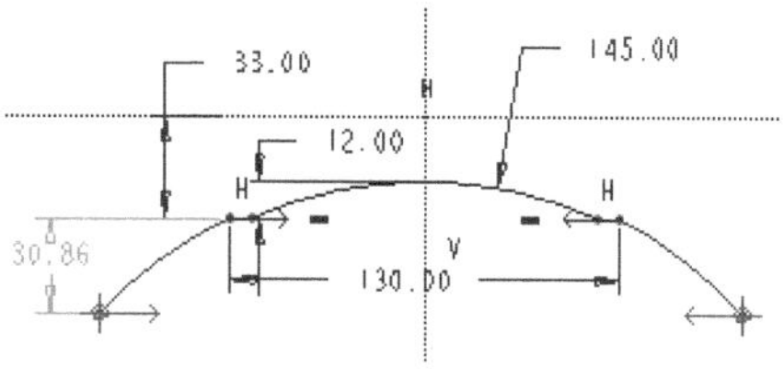

b)约束同心圆弧端点对称

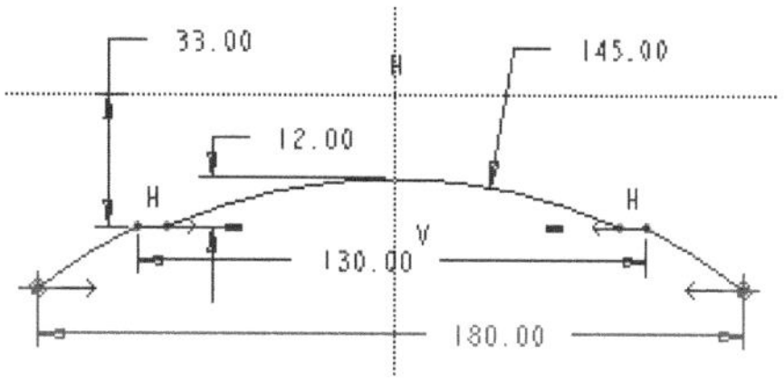

c)标注同心圆弧端点距离尺寸

图 2-72　绘制同心圆弧

② 删除圆锥曲线的中心线：单击选取工具，单击圆锥曲线的中心线，单击鼠标右键，选取快捷命令“删除”，如图 2-73b 所示。

③ 约束圆锥曲线与同心圆弧相切：单击相切约束工具，单击圆锥曲线和右侧的同心圆弧，如图 2-73c 所示。

④ 标注圆锥曲线端点距离尺寸（对称标注）：单击尺寸法向标注工具，单击端点 1，单击竖直中心线，然后再次单击端点 1，单击鼠标中键，如图 2-73d 所示。

⑤ 标注圆锥曲线端点角度尺寸：单击法向尺寸标注工具，依次单击圆锥曲线、圆锥曲线的端点 1 和水平中心线，将鼠标移动到水平中心线下方圆锥曲线右侧位置（第 4 象限），单击鼠标中键，如图 2-73e 所示。

⑥ 修改圆锥曲线形状系数尺寸为强尺寸：单击选取工具，单击圆锥曲线形状系数尺寸 0.5，单击鼠标右键，选取快捷命令“强”，如图 2-73f 所示。

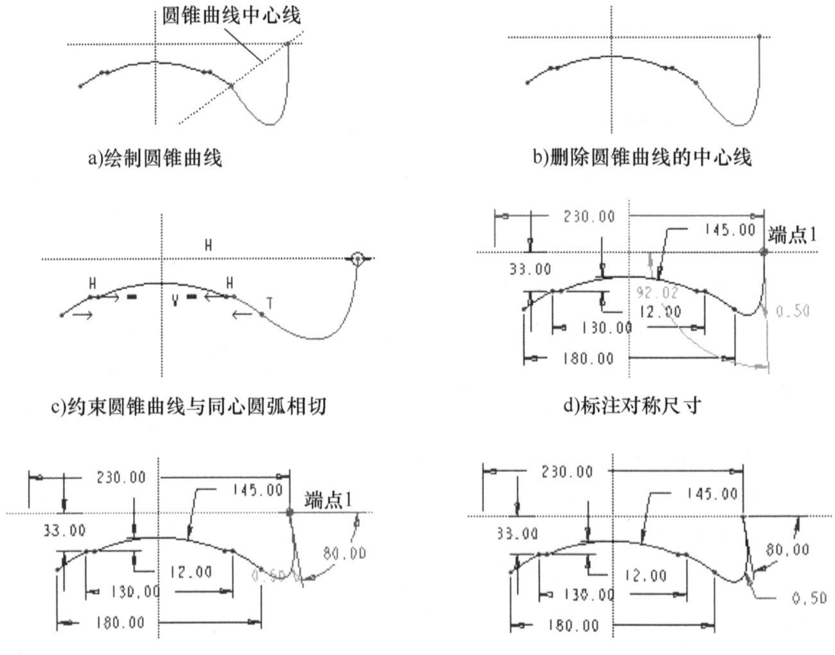

a)绘制圆锥曲线　b)删除圆锥曲线的中心线

c)约束圆锥曲线与同心圆弧相切　d)标注对称尺寸

e)标注角度尺寸　f)修改形状系数尺寸为强尺寸

图 2-73　绘制圆锥曲线

8）圆锥曲线镜像，如图 2-74 所示。

① 镜像圆锥曲线，如图 2-74a 所示。从图中可以看到，左侧的圆锥曲线增加了暗色尺寸。

② 约束圆锥曲线与左侧同心圆弧相切，如图 2-74b 所示。

③ 标注圆锥曲线端点角度尺寸，如图 2-74c 所示。

④ 修改形状系数尺寸为强尺寸，如图 2-74d 所示。

9）文件存盘。

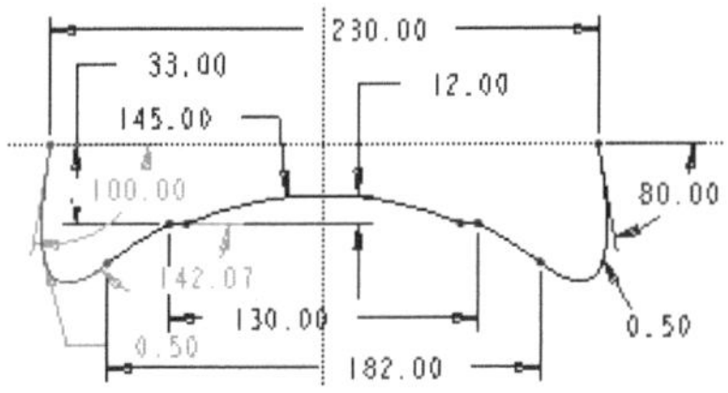

a)镜像圆锥曲线

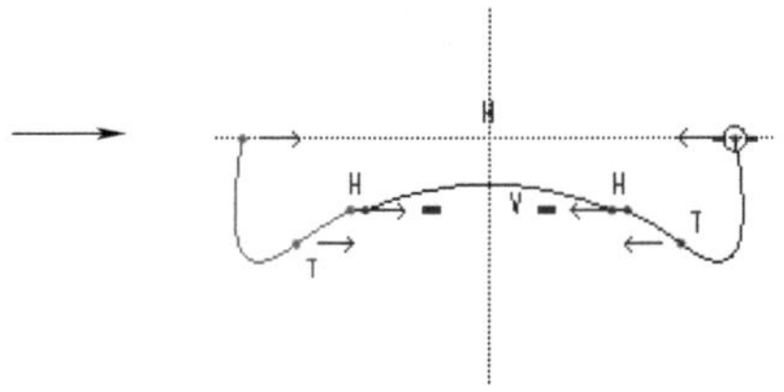

b)约束与同心圆弧相切

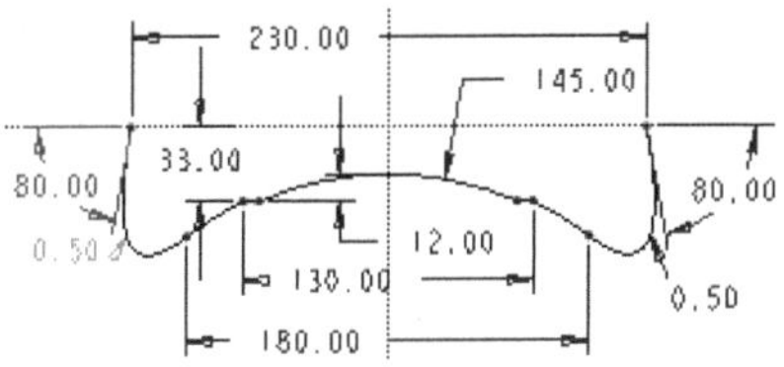

c)标注端点角度尺寸

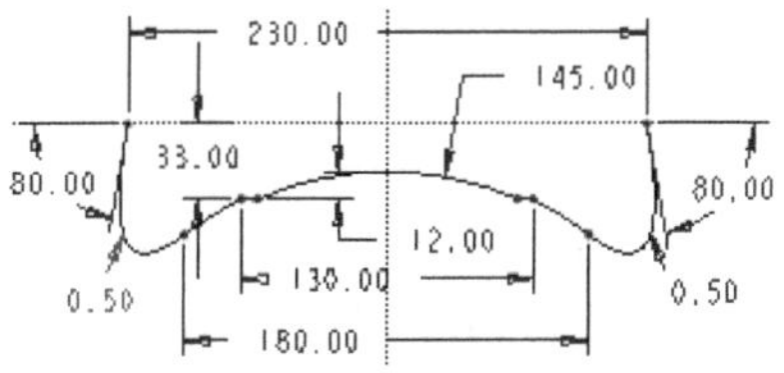

d)修改形状系数尺寸为强尺寸

图 2-74 圆锥曲线镜像

相关知识

1. 斜矩形和平行四边形的绘制

斜矩形和平行四边形是二维截面中常见的图形结构，在以前的 Pro/Engineer 版本中，这类图形绘制比较繁琐，需要绘制多条直线，然后进行约束。有了斜矩形和平行四边形工具后，可以轻松操作。图 2-75 所示为斜矩形和平行四边形工具，图 2-76 所示为斜矩形和平行四边形图形。

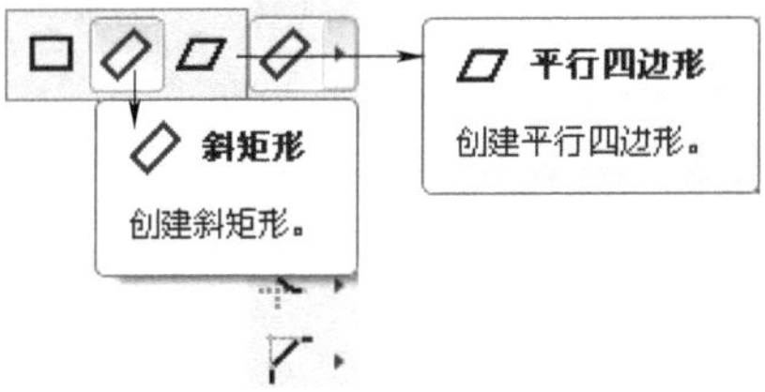

图 2-75 斜矩形和平行四边形工具

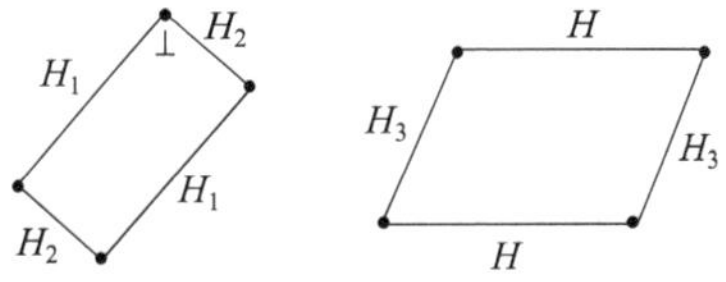

图 2-76 斜矩形和平行四边形图形

2. 斜椭圆绘制

椭圆绘制有以轴端点绘制椭圆、中心和轴绘制椭圆两种方式，这两种方式均可以绘制斜椭圆，使椭圆绘制更为灵活自如。图 2-77 所示为绘制椭圆工具。

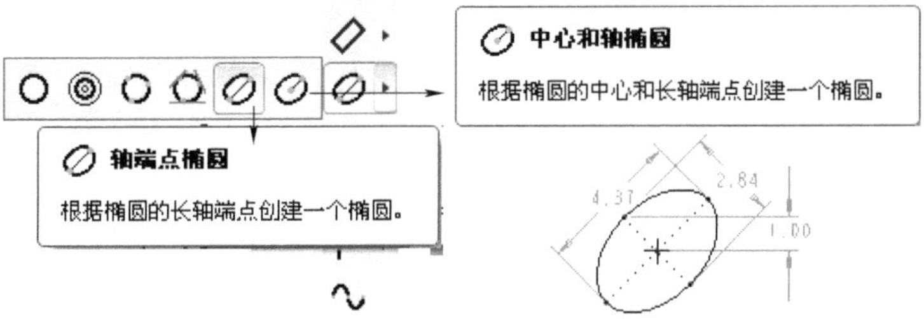

图 2-77 绘制椭圆工具

3. 草绘几何点和几何坐标系

在 Pro/Engineer 野火 5.0 以前的版本，草绘中只可插入点（ ）和坐标系（ ），这样的点和坐标系只是截面绘制的参照，在零件特征中不会形成点和坐标系。Pro/Engineer 野火 5.0 草绘中可以插入几何点（ ）和几何坐标系（ ），它不同于原来草绘界面下的点和坐标系，草绘中如果插入几何点和几何坐标系，在零件设计中会自动转换成基准点特征和坐标系特征。图 2-78 所示为创建几何点和几何坐标系工具。

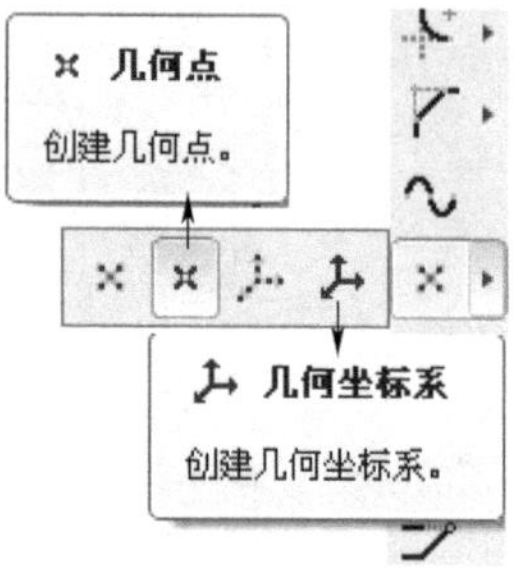

图 2-78　创建几何点和几何坐标系工具

4. 曲线加厚

Pro/Engineer 野火 5.0 的 2D 草绘新增加了边界或曲线的加厚功能 ，即通过边界或曲线的双侧偏移来创建封闭或开放的图形截面，可以大大方便创建各种槽型拉伸和筋的操作。图 2-79 所示为曲线加厚工具及操作。

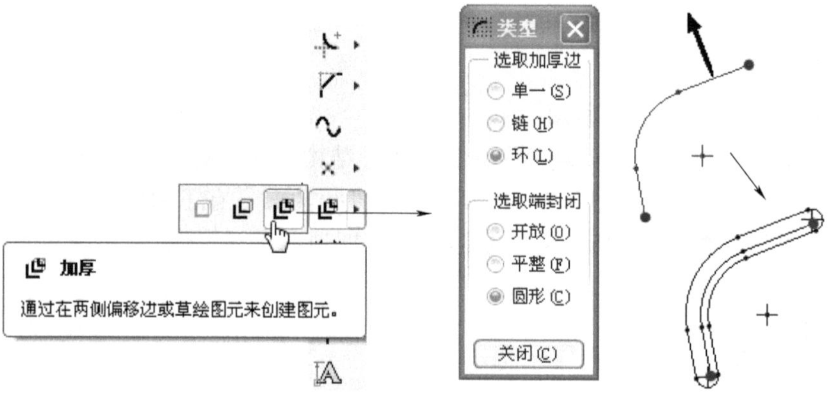

图 2-79　曲线加厚工具

拓展训练

1. 实训任务

绘制如图 2-80 所示的汤勺轮廓截面（S2d0004_ B）。

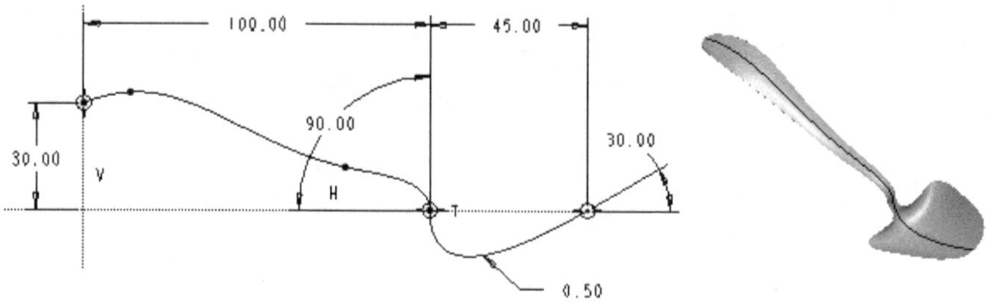

图 2-80　汤勺轮廓截面

2. 绘图步骤（参考）

图 2-81 所示为汤勺轮廓截面的绘图步骤。

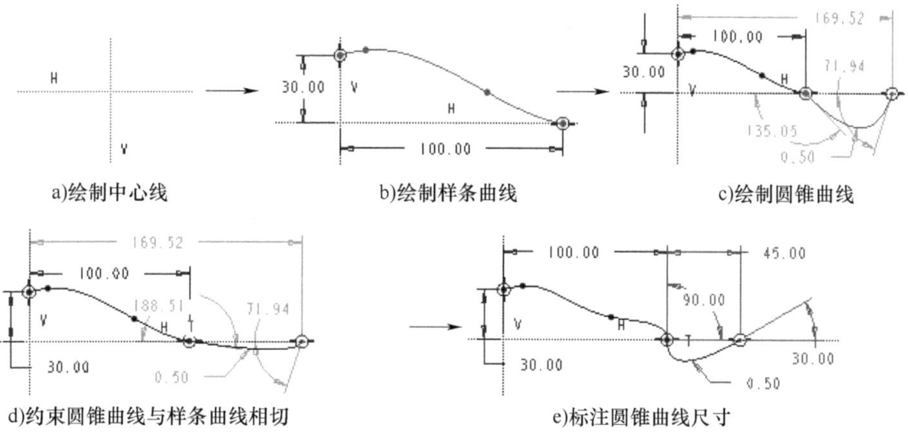

a)绘制中心线 b)绘制样条曲线 c)绘制圆锥曲线

d)约束圆锥曲线与样条曲线相切 e)标注圆锥曲线尺寸

图 2-81 汤勺轮廓截面绘图步骤

知识小结

1）样条曲线和圆锥曲线是产品外观造型中常用的曲线类型，其特点是曲线的形状可以通过控制点和形状系数来调整，而不需要用具体的曲线方程或曲线尺寸来表达。

2）在样条曲线和圆锥曲线的绘制中，经常要进行端点角度尺寸的标注，操作时用鼠标单击曲线、端点和参照基准线，然后把鼠标移动到角度所在的象限，单击鼠标中键，创建角度尺寸。标注时，曲线、端点和参照基准线的单击顺序没有关系。

3）通过风扇面板装饰线截面和汤勺轮廓截面的绘制，进一步体验了 Pro/Engineer 2D 草绘分步绘制、局部修改的一般原则，即截面绘制时不要一下绘制太多图元，而是绘制一部分后，马上修改尺寸，待局部形状符合要求后，再绘制其他部分。

思考练习

1. 简述样条曲线端点角度尺寸的标注步骤。
2. 绘制如图 2-82 所示的叉架形截面。

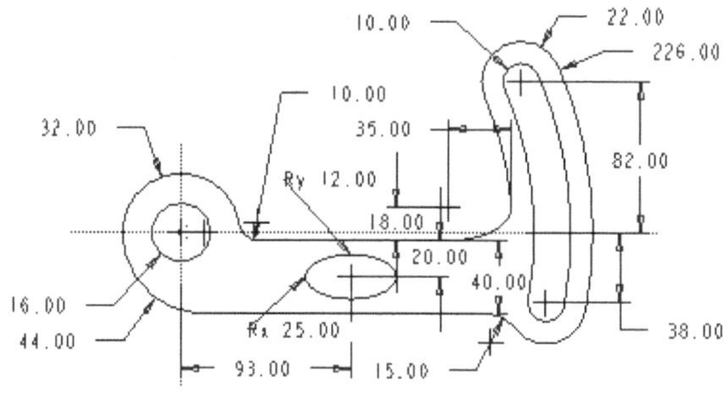

图 2-82 绘制叉架形截面

模块三

Pro/Engineer 实体建模

知识导入

产品的三维电子模型是由一个个特征构建而成的，产品设计的一个主要内容便是特征建模。特征是 Pro/Engineer 零件模型中的最小组成部分，按照特征的类型和性质可以分为实体特征、曲面特征、基准特征和应用特征等。图 3-1 所示为铰链支架板零件及零件模型树，从模型树中可以看到该零件由很多特征按一定的顺序组成。

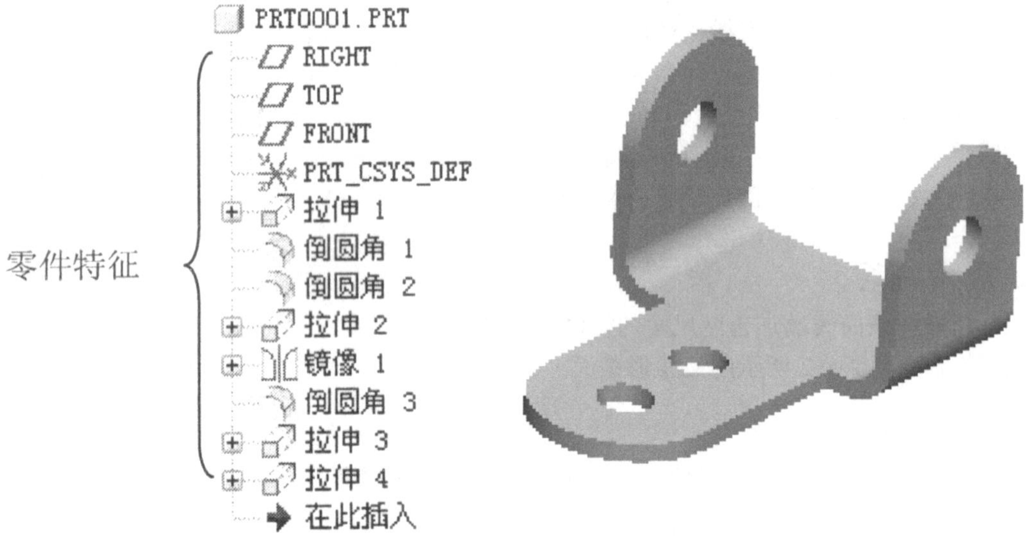

图 3-1　铰链支架板零件及零件模型树

零件的建模即通过创建零件的特征来完成零件的结构设计。Pro/Engineer 的特征建模方法很多，包括拉伸、旋转、扫描、混成和曲面构建等。而根据特征类型和操作特点，特征建模又可分为实体建模、曲面建模以及点、线、面、实体综合建模。灵活应用各种建模方法，熟悉各种建模方法的操作步骤，掌握其操作的技术要点，是应用 Pro/Engineer 进行零件设计的关键。

从本模块开始，我们将通过具体零件的建模来介绍 Pro/Engineer 野火的不同建模方法，通过实例练习，熟悉 Pro/Engineer 野火零件设计的基本操作，掌握各种建模方法的操作步骤和技术要点。本模块主要学习 Pro/Engineer 的实体建模操作。

模块主题

1. 软件界面基本操作。
2. 实体建模方法和操作要点。
3. 特征编辑操作。
4. 零件的建模思路。

任务一　拉伸造型——设计铰链支架板

学习内容

1. 基本操作：工作目录设置、创建零件文件、单位制式设置。
2. 基本概念：特征、基准、参照。
3. 建模方法：拉伸、倒圆角、镜像。

实训任务

设计如图 3-2 所示的铰链支架板零件。

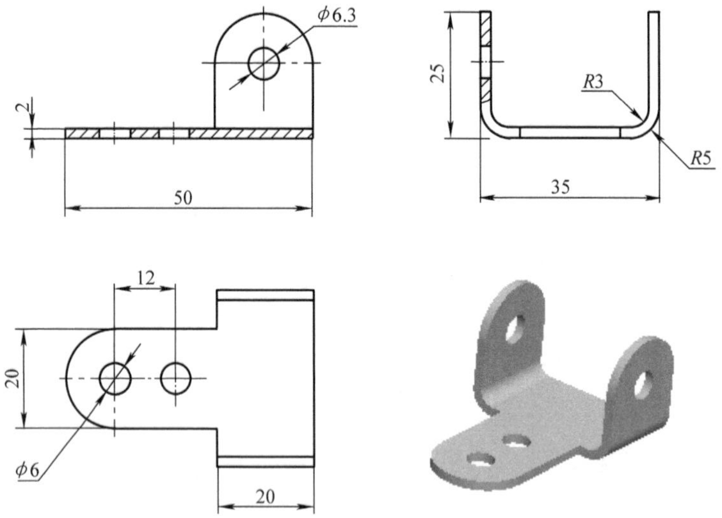

图 3-2　铰链支架板

基础知识

1. Pro/Engineer 野火 5.0 零件设计界面

启动 Pro/Engineer 软件后，打开或新建零件文件，进入如图 3-3 所示的零件设计界面。Pro/Engineer 野火 5.0 零件设计界面与主操作界面基本相同，只是增加了建模图标，文件夹树切换成了模型树。

2. 基础特征建模方法——拉伸

（1）拉伸特征定义　拉伸是由一个二维截面沿法线方向伸展形成的三维形体（特征）。拉伸可以生成实体，也可以拉伸曲面，还可以是薄壁拉伸。拉伸截面可以封闭也可以开放，不同类型的拉伸特征对截面的要求不同。

（2）拉伸特征参数　图 3-4 所示为拉伸特征参数。

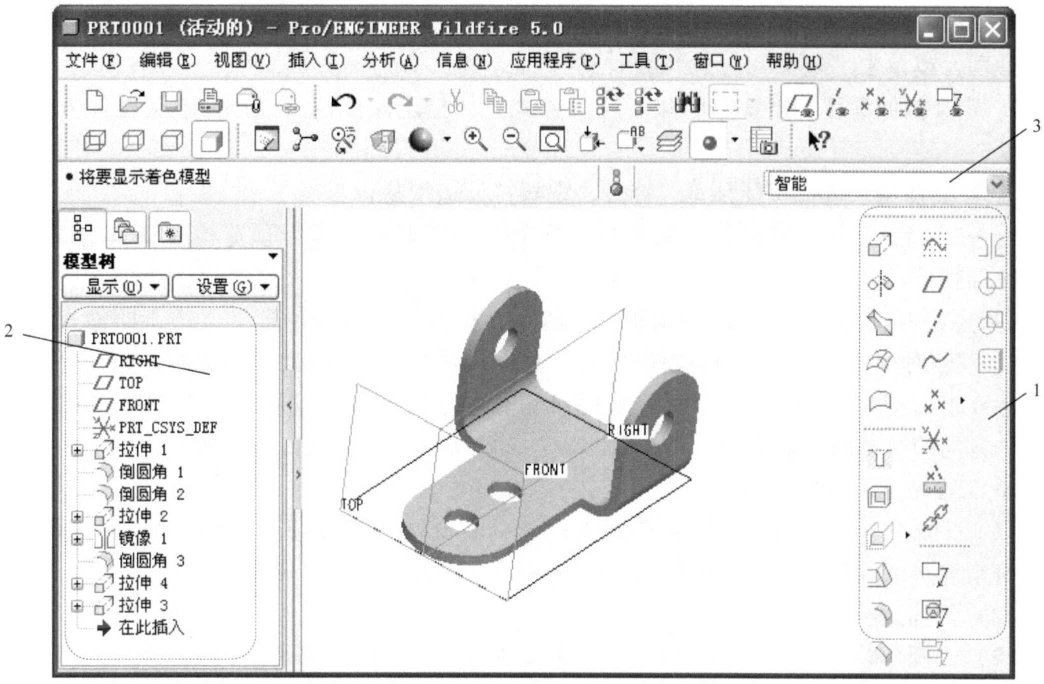

图 3-3 Pro/Engineer 野火 5.0 的零件设计界面

1—特征建模图标 2—模型树 3—选取类型设置区

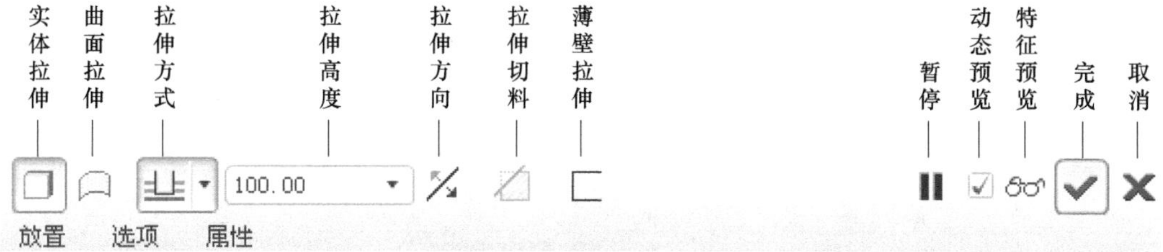

图 3-4 拉伸特征参数

（3）拉伸特征定义的操作步骤 图 3-5 中①～⑥为操作步骤。

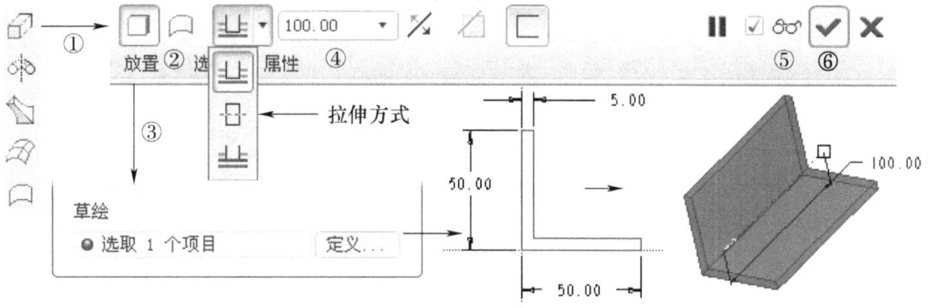

图 3-5 拉伸特征定义的操作步骤

① 进入特征定义状态：单击拉伸工具，在窗口提示区位置弹出拉伸特征定义栏。

② 设置拉伸方式：设置拉伸是实体拉伸还是曲面拉伸，是加料还是切料，是否为薄壁拉伸。

③ 定义拉伸截面：单击特征定义栏中的“放置”，在图形中点取已绘制好的草绘截面为拉伸截面，或单击“定义”，然后绘制拉伸截面。

④ 定义拉伸深度：设置拉伸深度定义方式，如指定深度值（），定义拉伸方向和拉伸深度。

⑤ 特征预览：进行特征预览（），观察特征造型是否正确。

⑥ 完成特征建模：单击定义栏中的预览图标，对特征进行预览检查，单击图标✔，创建拉伸特征。

（4）拉伸高度的定义方式　如图 3-5 所示，拉伸高度有 3 种定义方式，即输入高度值（）、双侧对称拉伸（）和拉伸到指定参照（）。采用什么样的拉伸方式，要根据特征拉伸要求和实际情况而定，有时要采用双侧非对称拉伸，可以从定义栏中的“选项”进行两个方向的拉伸高度定义。

3. 工程特征——倒圆角

（1）倒圆角定义　倒圆角即把非圆滑过渡的相交棱边通过圆弧相切连接。倒圆角的类型（圆滑连接方式）很多，要根据具体情况和要求进行操作。

（2）倒圆角特征参数（见图 3-6）

（3）倒圆角特征定义的操作步骤　图 3-6 中①～⑤为操作步骤。

① 进入特征定义状态：单击倒圆角工具，弹出倒圆角定义栏。

② 选取倒圆角的棱边：在模型中选取倒圆角的棱边，如果是多条棱边倒圆角（圆角半径相同），按下键盘的“Ctrl”键进行多选。

③ 设置倒圆角方式：选择集模式（）或者过渡模式（），圆形还是圆锥等。

④ 输入倒圆角参数：输入圆角半径值。

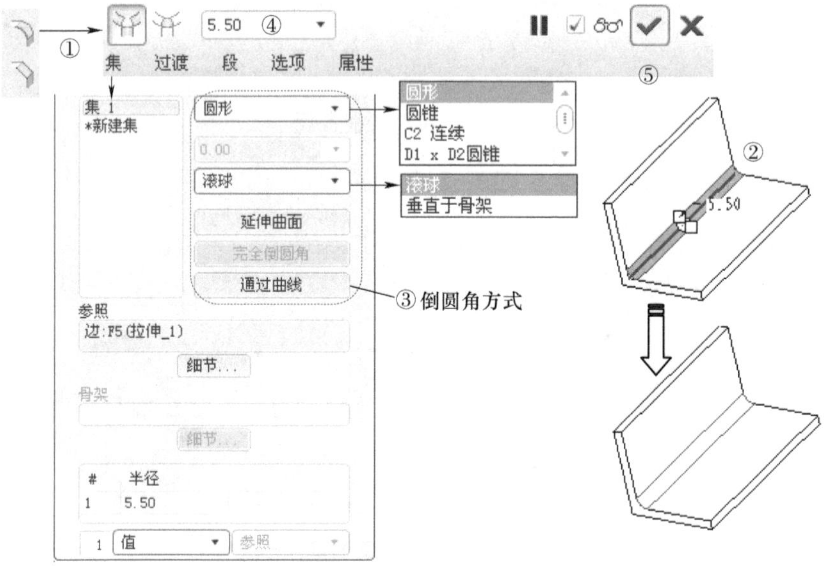

图 3-6　倒圆角特征定义参数及操作步骤

⑤ 完成特征定义：单击定义栏中的预览图标，对特征进行预览检查，单击图标✔，

创建圆角特征。

4. 特征编辑方法——镜像

（1）镜像定义　镜像即对图形特征进行对称复制。镜像形成的特征属于编辑特征，编辑特征即对现有特征进行镜像、阵列等编辑操作，生成与原有特征相关联的新的特征。特征编辑工具图标通常是暗色的（未激活状态），必须先点取要进行编辑操作的特征，才能激活（图标呈亮色）。

（2）特征镜像操作的步骤　图 3-7 中的①～④为操作步骤。

① 激活镜像命令：单击要镜像操作的特征，激活镜像命令。

② 进入特征定义状态：单击镜像工具，弹出镜像操作定义栏。

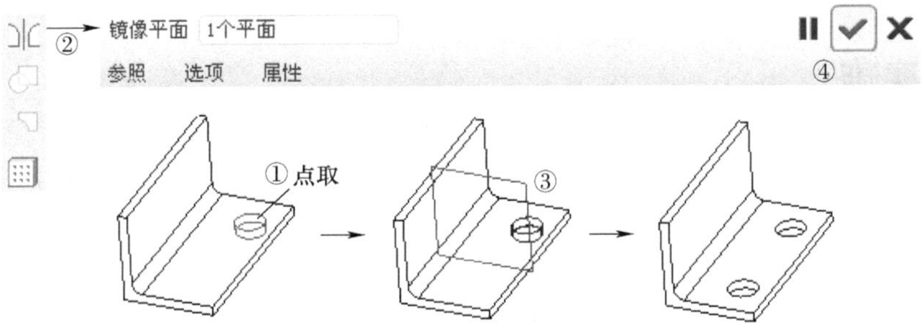

图 3-7　特征镜像操作步骤

③ 点取镜像平面：在模型中点取基准面为镜像平面。

④ 完成特征定义：单击定义栏中的图标✔，完成特征镜像操作。

任务分析

1. 零件结构分析

图 3-8 所示为铰链支架板结构。

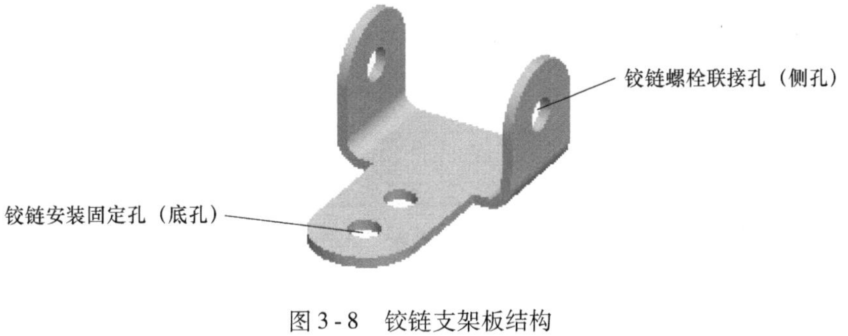

图 3-8　铰链支架板结构

2. 零件建模分析

铰链支架板属于钣金类零件，由于其结构简单，可用实体造型方法来建模，其建模流程如图 3-9 所示。

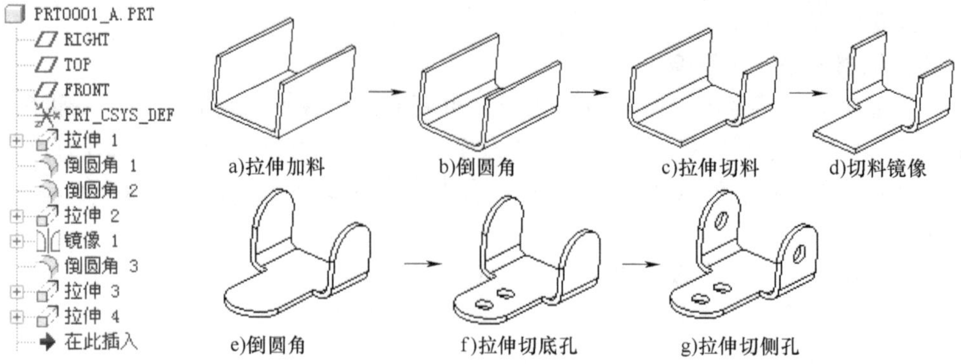

图3-9 铰链支架板的建模流程图

任务实施

1）启动软件后，设置工作目录为F:\Proe项目实训\实体建模。

2）新建零件文件，如图3-10所示。单击主菜单中的“文件”→“新建”选项，弹出“新建”窗口，选择文件类型为“零件”，输入文件名称为prt0001_A，取消“使用缺省模板”，单击“确定”按钮，弹出“新文件选项”窗口，选择模板为“mmns_part_solid”，单击“确定”按钮。

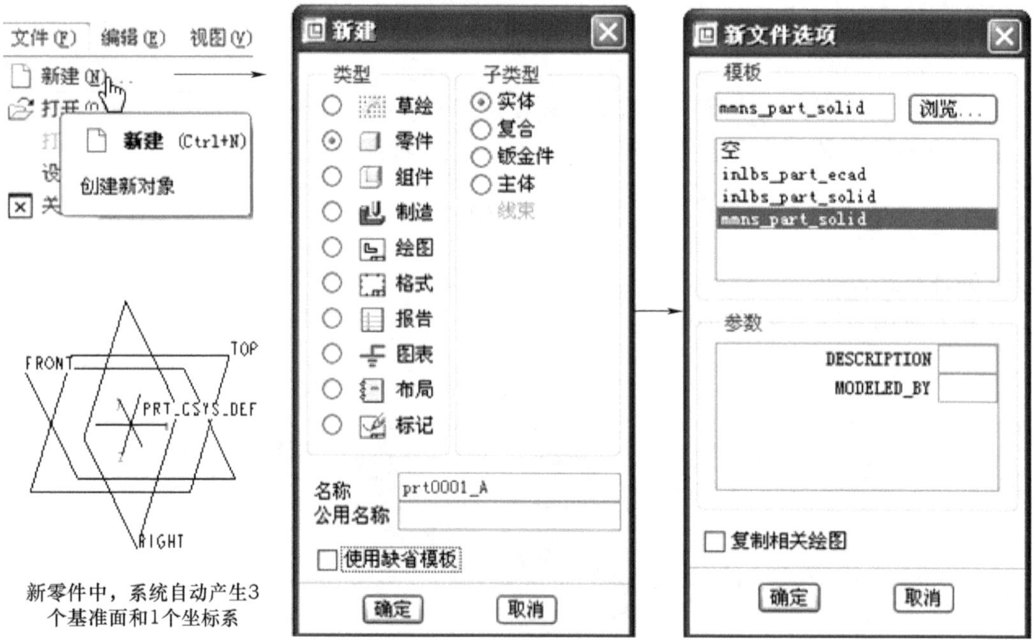

图3-10 新建零件文件

要点提示：在Pro/Engineer中，系统默认的零件单位制式（缺省模板）为“inlbs_part_solid”（英制），而我国使用的是米制，所以在新建文件时要取消“使用缺省模板”选项，重新选取单位制式。

3）拉伸槽形底板，如图 3 - 11 所示。单击拉伸工具，弹出拉伸定义栏，单击加厚草绘图标，定义拉伸方式为薄壁拉伸，单击“放置”→“定义”，以 FRONT 面为草绘平面，绘制拉伸截面，设置拉伸高度为，输入拉伸高度为 50，薄壁厚度为 2，并单击，调整薄壁拉伸方向为单侧向内。

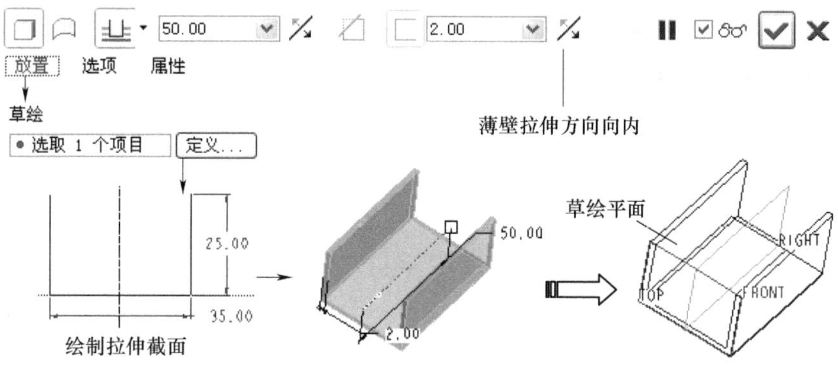

图 3 - 11　拉伸槽形底板

要点提示：

1）实体拉伸时，截面一般要求封闭；曲面拉伸和薄壁拉伸时，截面可以开放，但一般只能有一个开放口。本步骤为薄壁拉伸，截面开放。

2）薄壁加料方向有 3 种形式，即向内、向外和对称，单击，可以在 3 种方式之间进行切换。

4）槽形底板根部棱边和底面棱边倒圆角。单击倒圆角工具图标，弹出倒圆角定义栏，单击槽形底板根部棱边（两条）为倒圆角棱边，输入圆角半径为 3，单击定义栏中的图标✔，创建圆角特征，如图 3 - 12 所示。以同样的方法，对底面棱边倒圆角 *R*5，形成倒圆角 2 特征，如图 3 - 13 所示，在模型树中可以看到两个倒圆角特征。

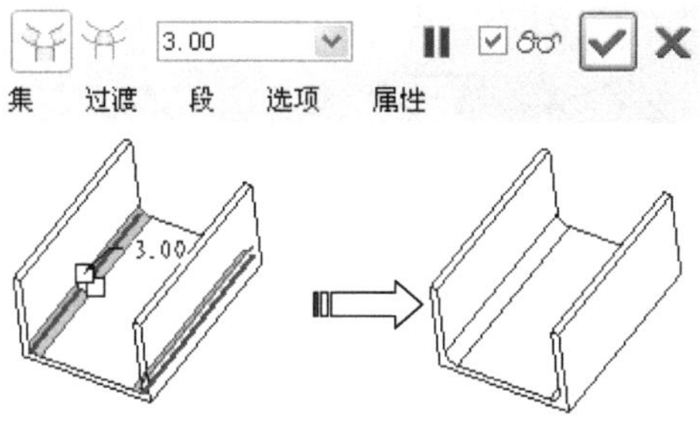

图 3 - 12　槽形底板根部倒圆角

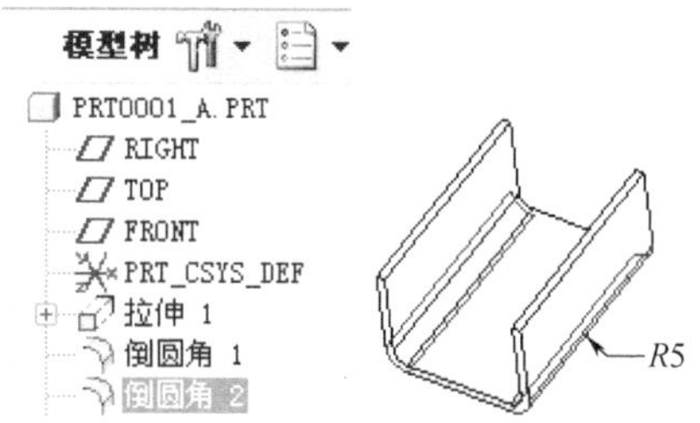

图 3 - 13　底面棱边倒圆角

要点提示：在 Pro/Engineer 中要选取多个图元素时，要按下键盘的“Ctrl”键进行选取。本步骤中要点取两条棱边为倒圆角边，点取一条边后，按下键盘的“Ctrl”键，再点选另一条边，使两条边的圆角定义在一个圆角集中，否则会产生两个圆角集。

5）切除槽形底板前端的侧面。单击拉伸工具，弹出拉伸定义栏，单击移除材料图标，定义拉伸方式为拉伸切料，然后单击“放置”→“定义”选项，以TOP面为草绘面，绘制拉伸截面，设置好拉伸高度、切料方向和切料区域方向，切除槽形底板前端的侧面，如图3-14所示。

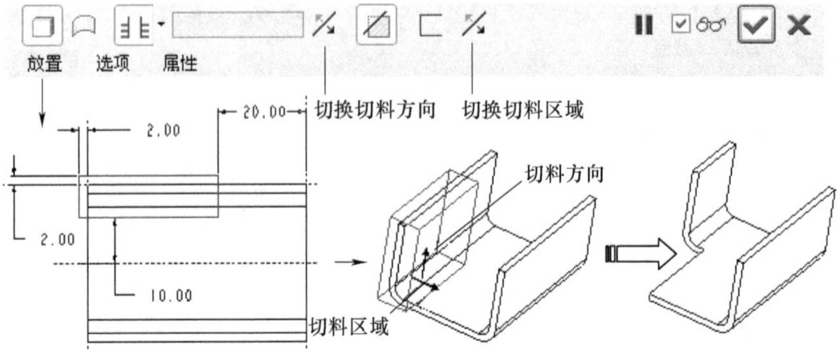

图3-14 切除槽形底板前端的侧面

要点提示：本步骤中的拉伸与步骤3）中的拉伸不同之处为拉伸方式为拉伸切料，拉伸高度为“穿透”，注意切料方向和切料区域的切换操作。

6）特征镜像，形成对称切口，如图3-15所示。点取步骤5）中的切料特征，单击镜像工具，在图形中点取RIGHT面为镜像平面，单击图标✔，创建对称切口。

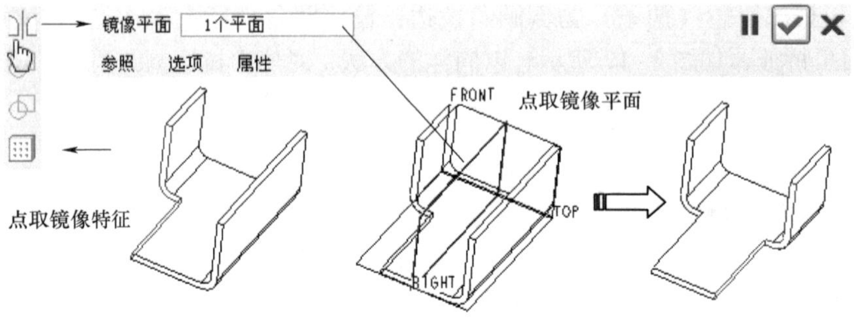

图3-15 底板前端侧面切口镜像

要点提示：本步骤操作中，需要先单击步骤5）的拉伸切料特征，激活镜像工具，然后才可以进行镜像操作。

7）三凸耳完全倒圆角，如图3-16所示。本步骤的操作与步骤3）倒圆角不同，本步骤圆角特征为“完全倒圆角”，即倒出来的圆角为半圆，而且有3组圆角（3个圆角集），每组圆角中有两对对应棱边为倒圆角的边。操作时先选取棱边 1，按下键盘的“Ctrl”键选取对应的棱边 2，选取倒圆角方式为“完全倒圆角”，然后松开键盘的“Ctrl”键，选取棱边 3，按下键盘的“Ctrl”键选取对应的棱边 4，选取倒圆角方式为“完全倒圆角”，然后再松开键盘的“Ctrl”键，选取棱边 5，按下键盘的“Ctrl”键选取对应的棱边 6，选取倒圆角方式为“完全倒圆角”。

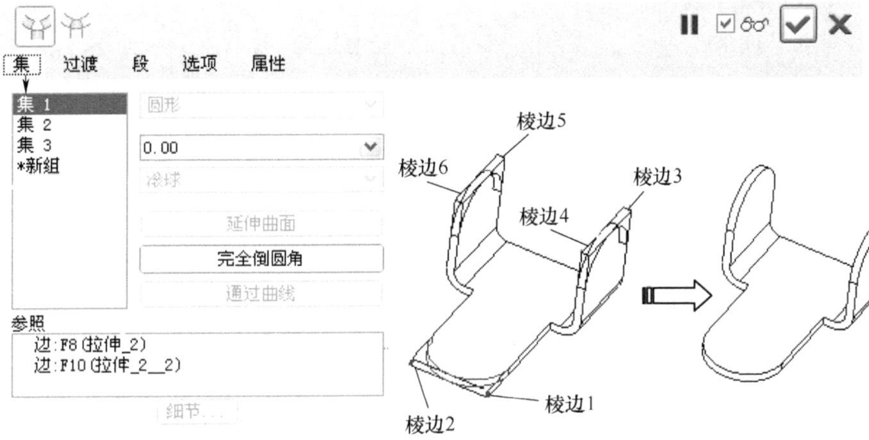

图 3-16　三凸耳完全倒圆角

8）拉伸切底孔，如图 3-17 所示。选取 TOP 面为草绘平面，绘制拉伸截面，切料深度为（穿透），切除两安装圆孔。

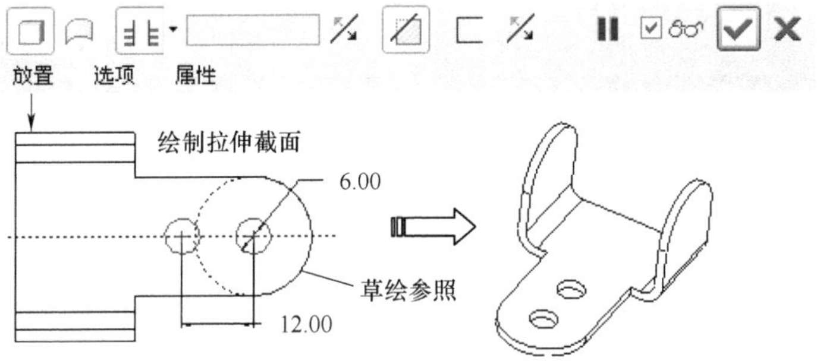

图 3-17　创建底面安装通孔

要点提示：在草绘时要选取底面凸耳半圆弧为参照，操作步骤为：在草绘界面单击主菜单中的“草绘”→“参照”选项，弹出“参照”窗口，在模型中点选底面凸耳半圆弧。

9）拉伸切侧孔，如图 3-18 所示。以 RIGHT 面为草绘平面，绘制拉伸截面，创建侧面两凸耳上的螺栓安装通孔，拉伸高度为双侧拉伸。单击定义栏中的“选项”，在“深度”定义栏中单击图标，分别定义侧1和侧2为“穿透”。

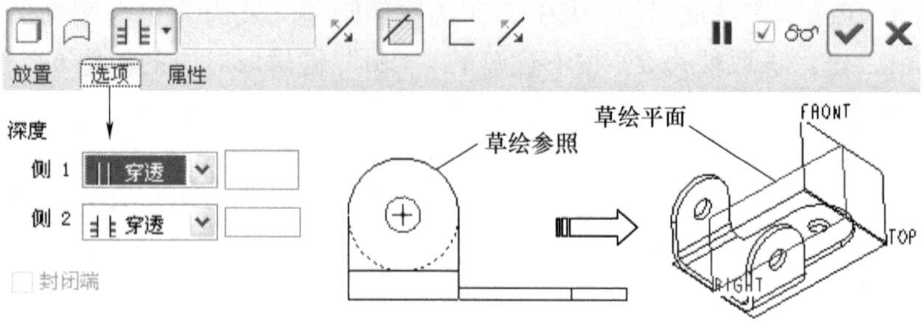

图3-18 拉伸切侧孔

10）单击保存工具，保存文件到工作目录中。

相关知识

1. 特征类型

特征是三维模型的最基础组成单位，根据特征的作用不同和建模方式特点，Pro/Engineer特征可分为基础特征、工程特征、基准特征、注释特征和编辑特征等类型。图3-19所示为零件设计窗口的特征建模图标区中的特征类型。

2. 特征建模方法

如图3-20所示，常用的基础特征建模方法有拉伸、旋转、扫描和混合等，常见的工程特征有孔、抽壳、筋、拔模、倒圆角和倒斜角等。

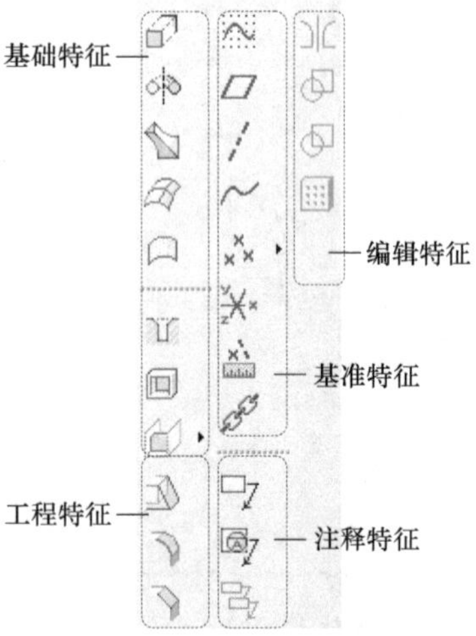

图3-19 特征类型

图3-20 特征建模方法

图3-21所示为铰链支架板零件的特征类型和特征树。

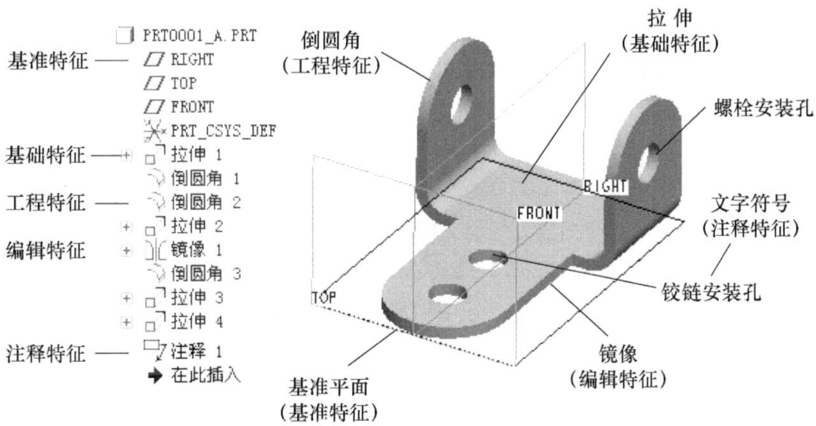

图 3-21 铰链支架板零件的特征类型和特征树

拓展训练

1. 实训任务

设计如图 3-22 所示的铰链连接板（文件名为：Prt0001_ B)。

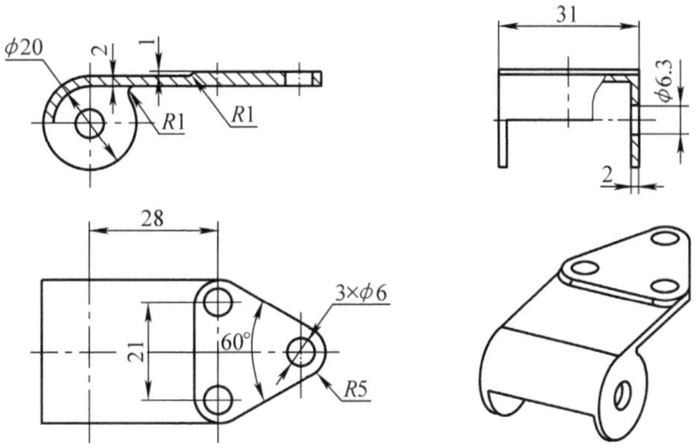

图 3-22 铰链连接板

2. 建模步骤（参考）

图 3-23 所示为铰链连接板的建模流程图。

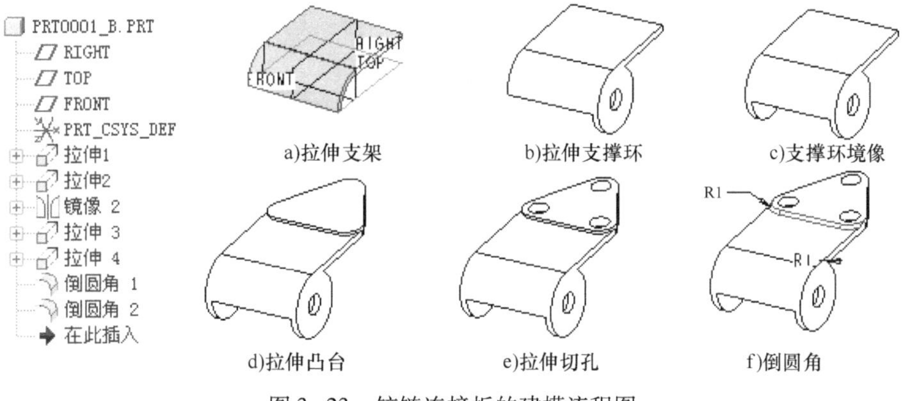

图 3-23 铰链连接板的建模流程图

3. 重点提示

1）拉伸支架时，以 FRONT 面为草绘面，双侧对称拉伸（ ），这样以 FRONT 面为对称面，可作为支撑环的镜像平面。图 3-24 所示为支架的拉伸截面，可以用偏移方式（ ）进行图形的构建。

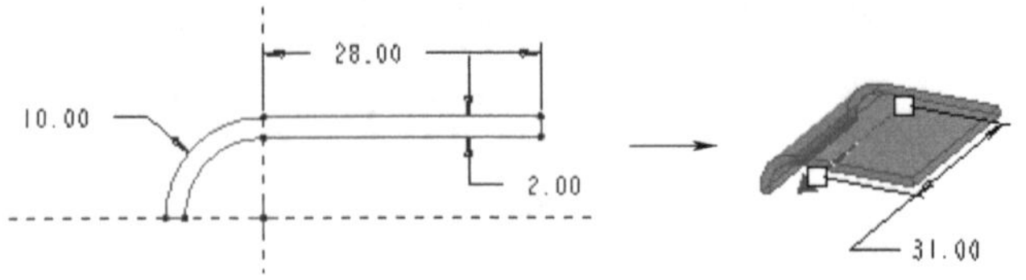

图 3-24 拉伸支撑板

2）拉伸支撑环时以支架外侧面为草绘平面，草绘时单击主菜单的“草绘”→“参照”选项，点取支架上表面圆弧轮廓线为参照，以确定截面圆的圆心，并在“参照”定义窗口中删除系统原有的参照（基准面参照）。图 3-25 所示为支撑环拉伸。

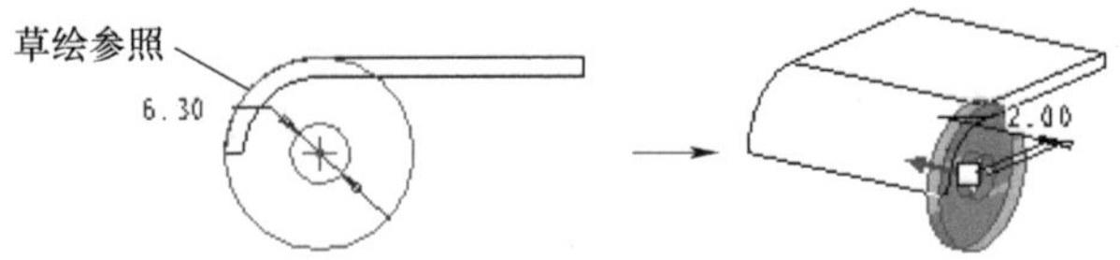

图 3-25 支撑环拉伸

3）凸台拉伸时可选用支架上表面为草绘面，拉伸高度为双侧，向上拉伸 1（ 盲孔），向下拉伸到支架的下表面（ 到选定项），也可用支架的下表面为草绘平面，拉伸高度为单侧拉伸，高度值为 3mm。拉伸截面绘制需要一定的技巧，要充分利用约束。先绘制上、下方的两个圆，约束圆与支架侧边相切，修改圆直径，然后绘制左侧竖直切线，再绘制右侧圆，约束圆直径相等，最后绘制两侧边切线，约束侧边切线与竖直切线相等，修剪圆弧，重新标注圆弧半径即可。图 3-26 所示为凸台拉伸。

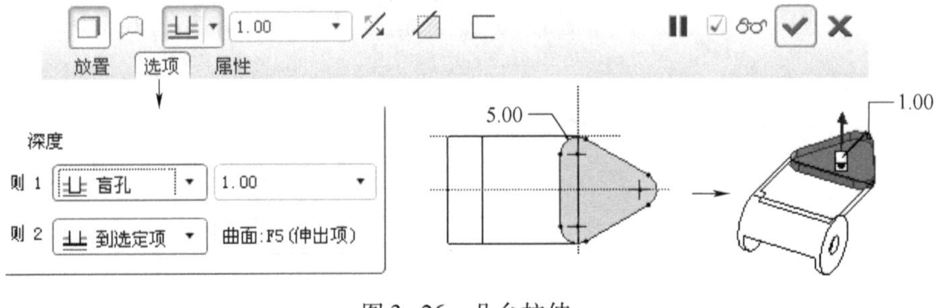

图 3-26 凸台拉伸

知识小结

1）拉伸截面绘制要点：拉伸是最基本的特征造型方法，拉伸实体一般要求截面封闭，薄壁拉伸和曲面拉伸时，截面可开放，但只可一处开放。

2）拉伸高度的定义方式很多，要根据特征定义的实际情况选择合适的方式。

3）特征建模时，草绘面的选择非常重要，要根据特征的具体情况合理选择草绘面，不一定每个特征的草绘面均选用基准平面，在很多情况下都采用模型的实体表面为草绘平面。

4）草绘中经常要选取已有的模型棱边、点、轴、曲线等为参照，可以单击主菜单的“草绘”→“参照”选项，在“参照”定义窗口进行参照的添加和删除。

5）镜像特征属于编辑特征，操作前一般要通过点取要镜像操作的特征，激活镜像命令。

思考练习

1. Pro/Engineer 的模型特征分哪些类型？
2. 设计如图 3-27 所示的叉架零件。

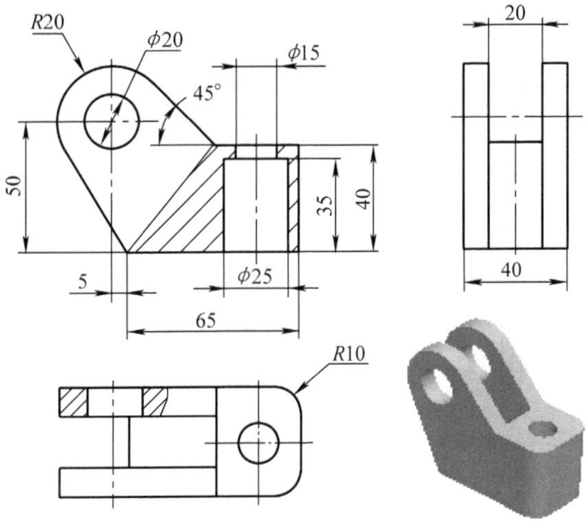

图 3-27 叉架零件

任务二　旋转造型——设计豆浆机搅拌器

学习内容

1. 零件建模的基本思路和操作。
2. 基本操作：模型树、层树。
3. 建模方法：旋转、放置孔。

实训任务

设计如图3-28所示的豆浆机搅拌器。

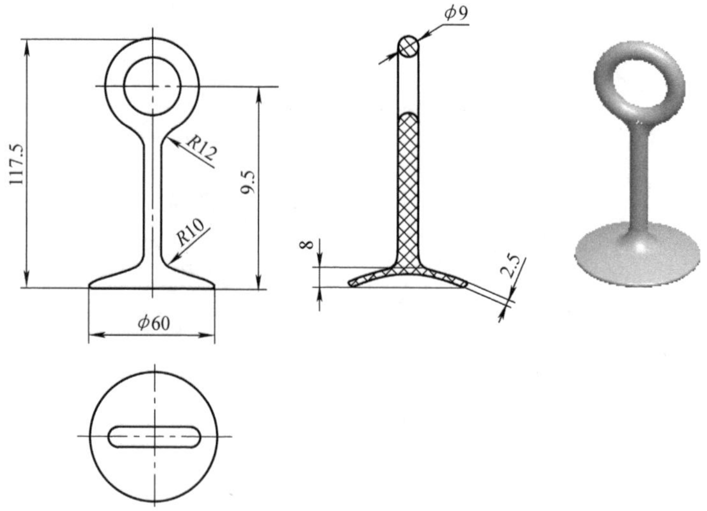

图3-28　豆浆机搅拌器

基础知识

1. 基础特征建模方法——旋转

(1) 旋转的定义　旋转是一个二维截面绕着一条中心轴线旋转一定的角度，从而形成三维形体（特征）。旋转可以形成实体特征，也可以形成曲面特征，可以加料也可以切料。

(2) 旋转特征参数　单击旋转工具，在窗口提示区位置弹出旋转特征定义栏，旋转特征定义参数如图3-29所示。

(3) 旋转特征定义的操作步骤　图3-30中①~⑤为其操作步骤。

① 进入特征定义状态：单击旋转工具，弹出旋转特征定义栏。

② 设置旋转方式：设置实体旋转还是曲面旋转，加料还是切料，是否为薄壁旋转。

③ 定义旋转截面：单击特征定义栏中的“放置”，在图形中点取已绘制好的草绘截面为旋转截面，或单击“定义”，然后绘制旋转截面。

图 3-29 旋转特征定义参数

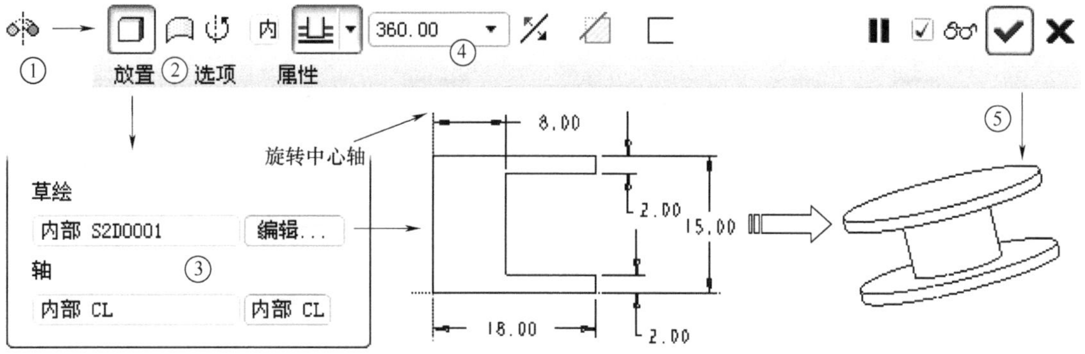

图 3-30 旋转特征定义的操作步骤

④ 定义旋转角度：设置旋转角度定义方式，如双侧对称，输入旋转角度。

⑤ 完成特征建模：单击定义栏中的预览图标，对特征进行预览检查，单击图标，创建旋转特征。

2. 工程特征——孔

（1）孔特征定义 孔是机械零件中常见的结构，包括光孔、不规则旋转孔和螺纹孔等。在 Pro/Engineer 中，孔作为一种标准的结构，可以通过放置方式进行插入和定位。

（2）孔特征参数（见图 3-31）

（3）孔特征放置的操作步骤 图 3-32 中的①～⑥为其操作步骤。

① 进入特征定义状态：单击孔工具，弹出孔特征定义栏。

② 选择孔的类型：简单孔（）或标准孔（）。

③ 设置孔的尺寸：输入孔径，选择孔深定义方式，并输入孔的深度值。

④ 选择孔的放置面：单击“放置”，在图形中单击孔的放置面。

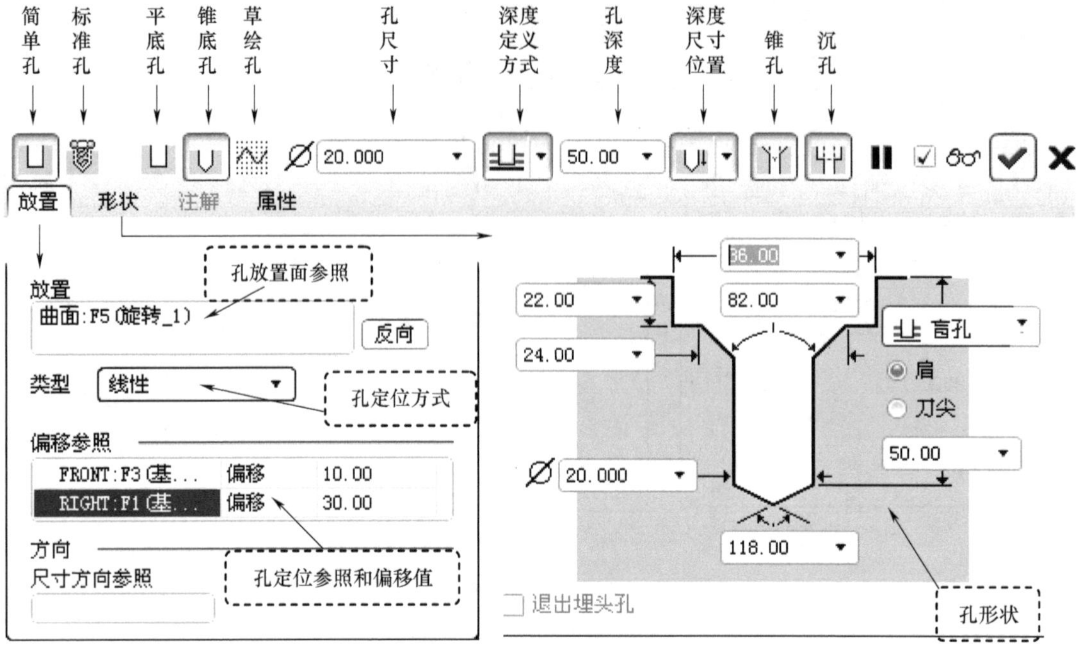

图 3-31　孔特征定义参数

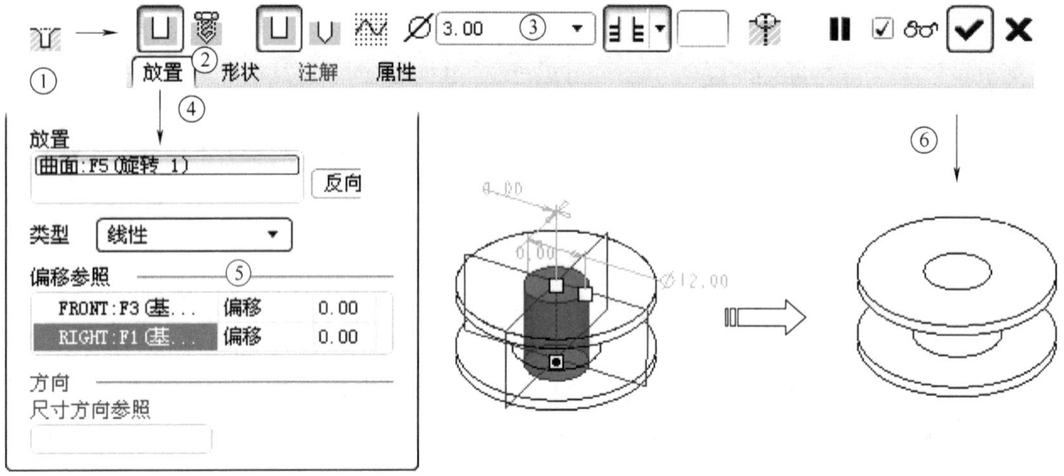

图 3-32　孔特征放置的操作步骤

⑤ 定义孔的位置：选择放置类型，在图形中点取孔的偏移参照（位置参照），并输入偏移值。

⑥ 完成特征建模：单击定义栏中的预览图标󠀠，对特征进行预览检查，单击图标✔，完成孔特征定义。

任务分析

1. 零件结构分析

如图 3-33 所示，豆浆机搅拌器的结构由手柄、连接杆和搅拌部位组成，各部分连接处以圆弧连接。

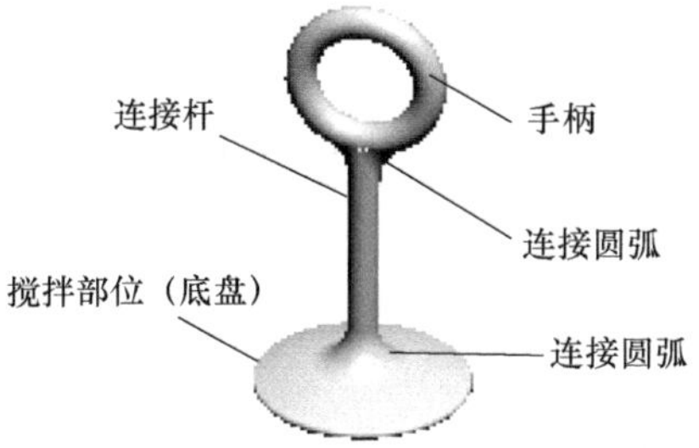

图 3 - 33　豆浆机搅拌器的结构

2. 零件建模分析

豆浆机搅拌器属于塑料零件，其结构为旋转体，用旋转方法来建模，其建模流程图如图 3 - 34 所示。

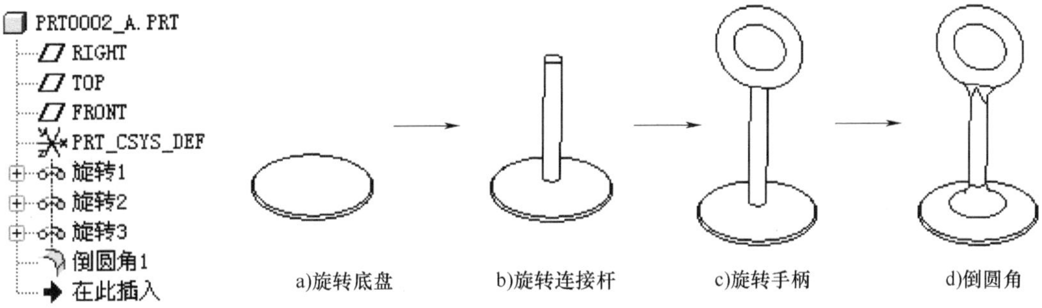

图 3 - 34　豆浆机搅拌器建模流程图

任务实施

1）启动软件后，设置工作目录为：F:\ Proe 项目实训 \ 实体建模。

2）新建零件文件 prt0002_ A，单位制式为 “mmns_ prt_ solid”。

3）旋转底盘，如图 3 - 35 所示。单击旋转工具，弹出旋转特征定义栏。单击定义栏中的 “放置” → “定义”，以 FRONT 面为草绘平面，绘制旋转截面。注意绘制旋转中心线，输入旋转角为 360°，单击定义栏中的完成图标。

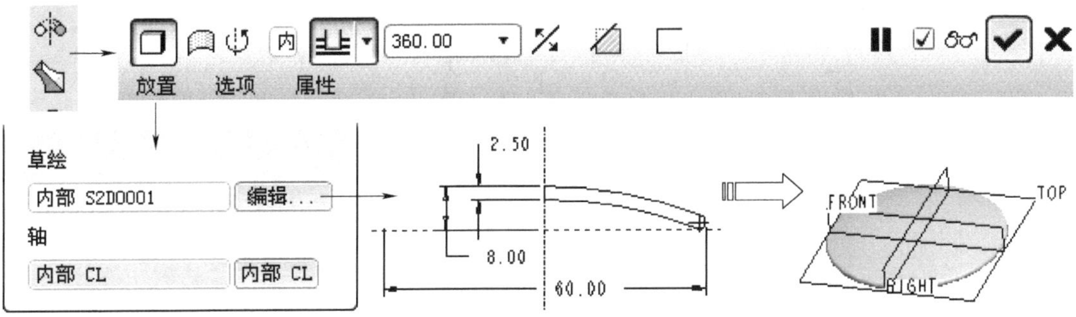

图 3 - 35　旋转底盘

要点提示：

1）Pro/Engineer旋转建模时，系统默认截面草绘的第一条中心线为旋转中心线，所以绘制旋转截面时，先绘制旋转中心线，然后才绘制其他的图元，而且其他的图元必须位于旋转中心线的一侧。

2）旋转特征类型为实体时，一般要求截面封闭，曲面旋转和薄壁旋转截面可以开放，但一般只能有一个开放口。

4）旋转连接杆，如图3-36所示。以FRONT面为草绘平面，绘制旋转截面，旋转截面不绘制旋转中心线。退出草绘后，单击“放置”下的“轴”的空白框（选项框），然后在图形中点取底盘的中心线A_ 1为旋转中心线。

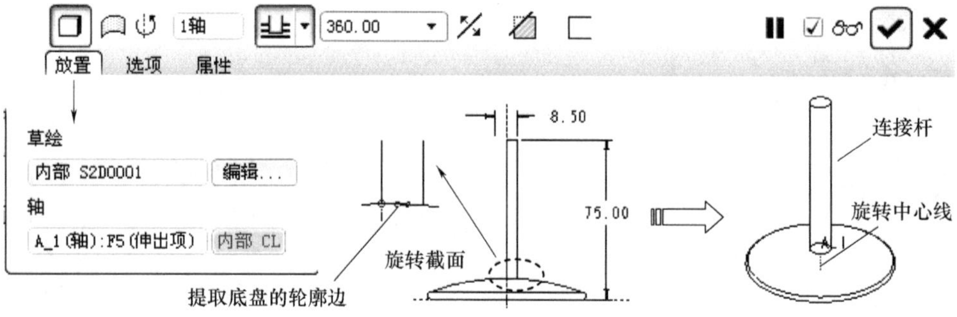

图3-36 旋转连接杆

要点提示：

1）本步骤中，底板和连接杆可以一起旋转，即在一个旋转特征中完成，但截面绘制会稍微复杂些。

2）如果草绘截面中没有绘制中心线，退出草绘后，可以在图形中点取已有的中心线为旋转中心线。

5）旋转手柄，注意旋转中心线的位置，如图3-37所示。

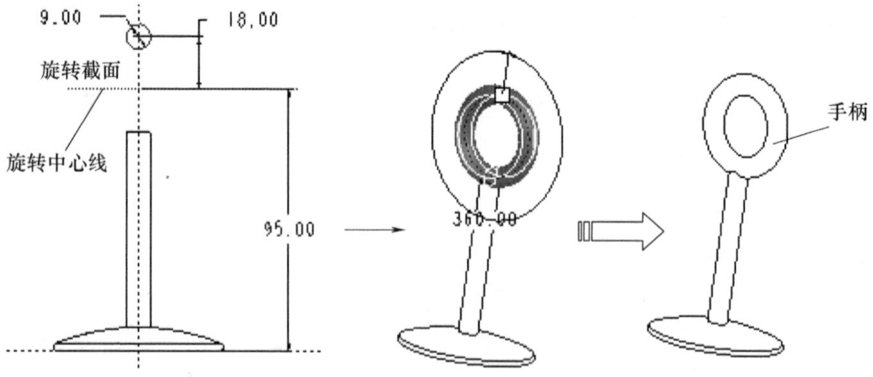

图3-37 旋转手柄

6）底盘与连接杆连接处倒圆角 $R10$，手柄与连接杆连接处倒圆角 $R12$，如图 3-38 所示。单击倒圆角工具，弹出倒圆角定义栏。在图形中单击手柄与连接杆的相交棱边为倒圆角棱边，输入圆角半径值为 12mm。单击底盘与连接杆的相交棱边，输入圆角半径为 10mm。

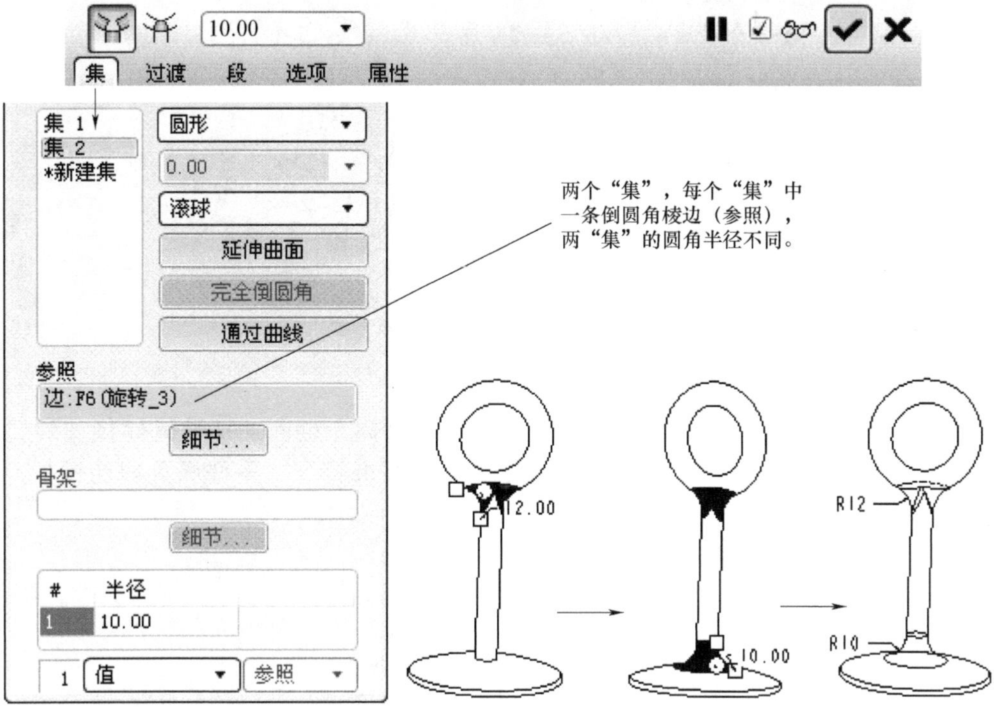

图 3-38　倒圆角

要点提示：

1）在圆角特征中，可以设置多个“集”，一个“集”中可以有几个参照（如多条棱边），但一个“集”只可设置一个圆角半径，也就是说，可以把圆角半径相同的倒圆角棱边放置在同一个“集”中（按下键盘的“Ctrl”键进行多选）。

2）本步骤中虽然有两个集，每个集圆角半径不同，但每个集只有一个倒圆角棱边，所以选择第二条棱边倒圆角时不要按下键盘的 Ctrl 键，只要点取棱边后修改圆角半径即可。

7）单击保存图标，保存文件到工作目录中。

相关知识

1. 从模型树分析零件建模步骤

模型树位于窗口界面的左侧，在模型树中可以看到模型特征的建模方法和顺序。图 3-39所示为豆浆机搅拌器零件的模型树，从模型树中可以看到，该零件由 4 个基准特征（3 个基准平面和一个坐标系）、3 个旋转特征和一个倒圆角特征组成。单击模型树中的某个特征，在模型中呈亮色显示该特征结构。

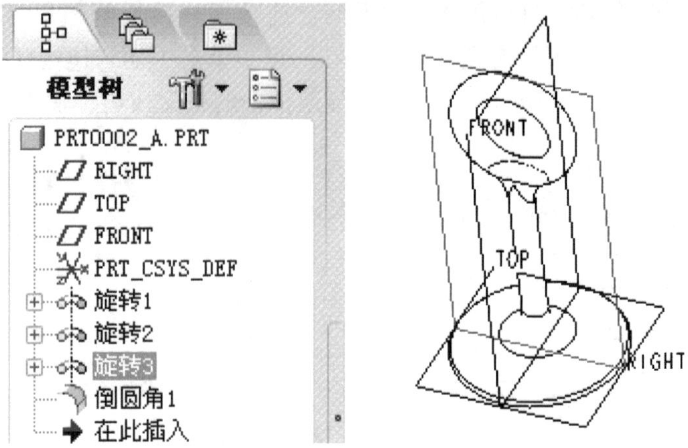

图 3-39　豆浆机搅拌器的模型树

2. 模型树拖放插入操作

单击模型树末尾的红色小箭头 ➔在此插入，按下鼠标左键向上拖动鼠标移动到“旋转2”特征后，可以看到模型显示的变化，只显示 4 个基准特征、零件底盘和连接杆，如图 3-40所示，当红色小箭头拖回末尾后，零件特征又全部显示。

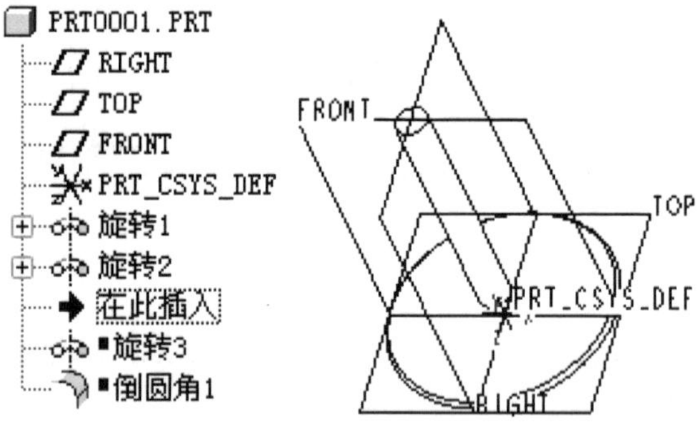

图 3-40　模型树的拖放插入

3. 插入特征

拖动模型树末尾的红色小箭头 ➔在此插入 到某特征后面，便可在该特征后插入新的特征，如图 3-41 所示，在豆浆机搅拌器零件旋转 2 后插入倒圆角 *R*10mm。

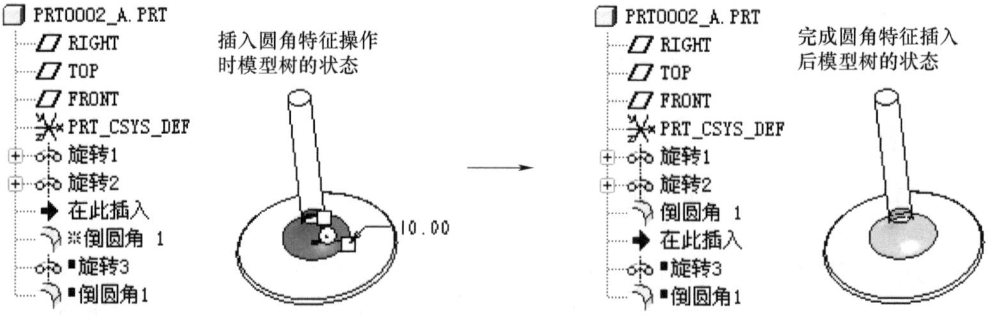

图 3-41　插入特征

拓展训练

1. 实训任务

用旋转、孔、拉伸等建模方法设计如图 3-42 所示的机床挂挡手柄（文件名 prt0002_ B）。

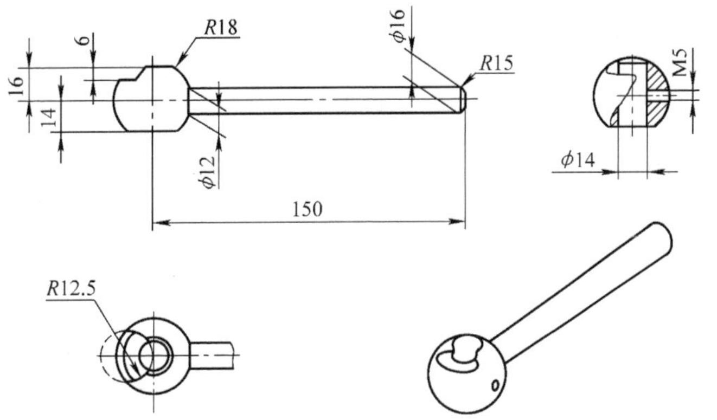

图 3-42 机床挂挡手柄

2. 建模步骤（参考）

图 3-43 所示为机床挂挡手柄建模流程图。

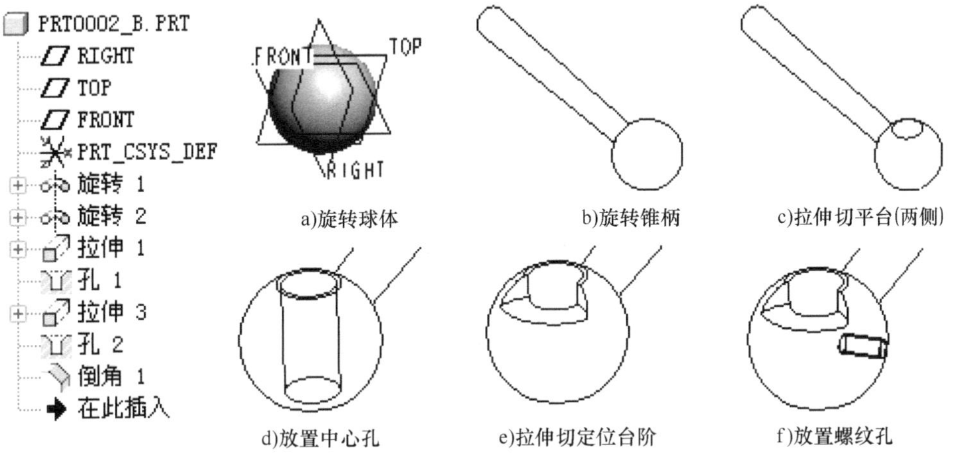

图 3-43 机床挂挡手柄建模流程图

3. 重点提示

1）旋转锥柄，如图 3-44 所示，注意截面的绘制和对称尺寸的标注。

2）在球体中心插入 ϕ14mm 的中心孔，如图 3-45 所示。单击孔工具，弹出孔特征定义栏。选择孔的类型为简单孔（），输入孔直径为 ϕ14mm，定义孔的深度为穿透，然后单击定义栏中的“放置”，进行孔的放置定位。

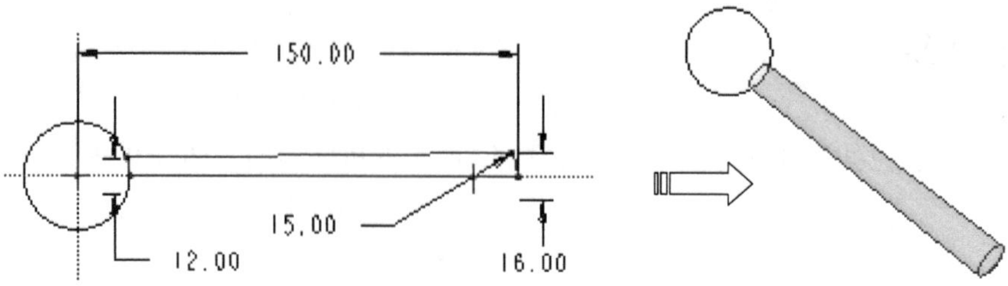

图 3-44　旋转锥柄

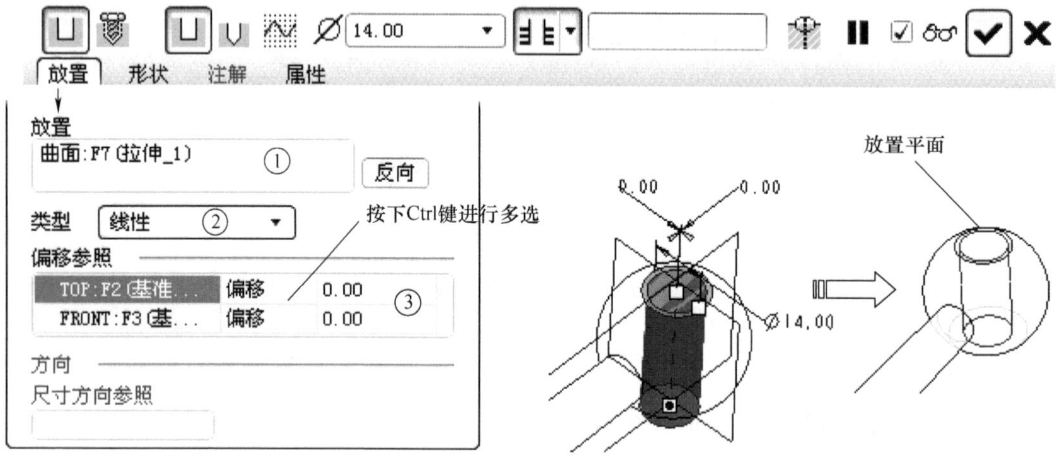

图 3-45　插入中心孔

要点提示：在孔特征操作中，对孔的放置定位是操作的要点，一般的初学者不容易掌握，如图 3-45 所示，图中①～③步骤的操作如下。

① 单击“放置”下的空白栏，使该空白栏变黄色（系统默认颜色），然后在图形中点取放置平面。

② 选择定位方式，如步骤中的“线性”。

③ 单击“偏移参照”下的空白栏，使该空白栏变黄色，在图形中点取第一个参照，如步骤中的 TOP 面，然后按下键盘的“Ctrl”键，点取第二个参照，如步骤中的 FRONT 面，接着设置参照关系为偏移或对齐，偏移时要输入偏移值。

3）放置 M5 的螺纹孔（全螺纹），如图 3-46 所示。选择孔的类型为标准孔（ ），并添加攻螺纹（ ），螺纹孔标准为 ISO，螺纹孔尺寸为 M5 ×0.5，设置螺纹形状为“全螺纹”，孔深为通孔（ ）。

知识小结

1）旋转是特征建模的主要方式之一，主要用于旋转体特征建模。

2）旋转特征建模最关键的是旋转截面的绘制。旋转截面要求首先绘制旋转中心线，截

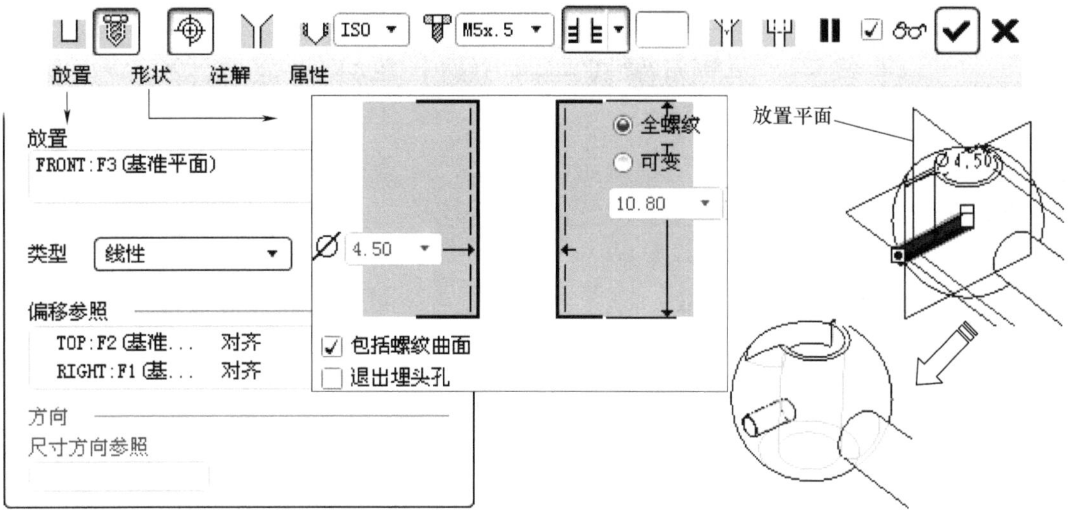

图 3-46　放置螺纹孔

面必须在旋转中心线的一边。如果旋转特征为实体，截面要求封闭，如图旋转特征为曲面或薄壁特征，截面可以开放，但只可有一个开放点。

3）孔是零件中最常见的结构，圆孔可以用拉伸切料方式构建，也可用放置孔方式构建。放置孔操作关键要明确放置平面、偏移参照的含义，选择偏移参照时要借助键盘的“Ctrl”键进行多选。

4）螺纹孔通过放置方式构建，并不形成真实的螺纹结构，只是示意结构。

思考练习

1. 旋转特征截面绘制要注意哪些要点？
2. 设计如图 3-47 所示的连接头零件。

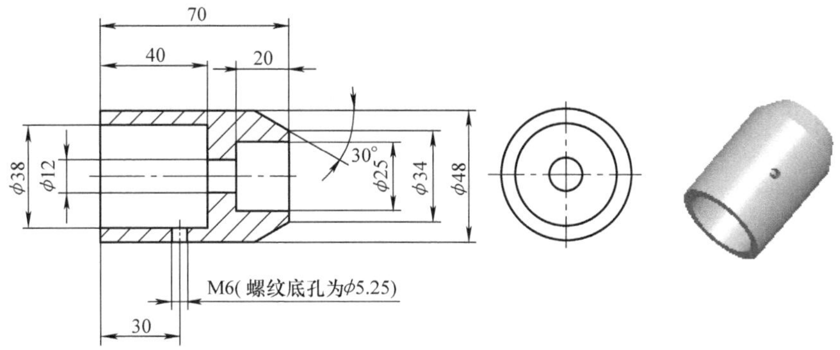

图 3-47　连接头零件

任务三　装饰螺纹——设计连杆锁紧螺栓

学习内容

1. 基本概念：装饰特征、螺纹参数。
2. 建模方法：倒角、装饰螺纹。

实训任务

设计如图3-48所示的连杆锁紧螺栓。

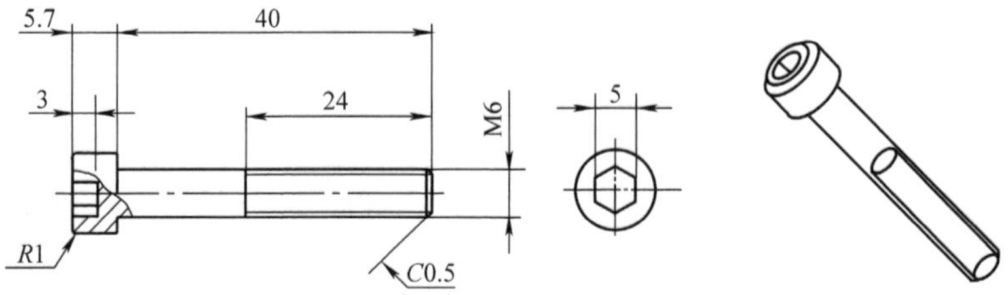

图3-48　连杆锁紧螺栓

基础知识

1. 工程特征——倒角

（1）倒角的定义　倒角就是把相交表面通过斜面过渡，即倒斜角。倒角的方式有等距离倒角（$D \times D$）、不等距离倒角（$D1 \times D2$）、角度距离倒角（角度 $\times D$）和45°倒角（$45 \times D$）等几种形式，建模时要根据具体情况和要求选择不同的形式。

（2）倒角特征参数　单击倒角工具，弹出倒角特征定义栏，其特征参数如图3-49所示。

（3）倒角特征定义的一般操作步骤　图3-49中的①~⑤为其操作步骤。

① 进入特征定义状态：单击倒角工具图标，弹出倒角定义栏。

② 选取倒角的棱边：在图形中点取倒角的棱边，如果是多条棱边倒角（倒角宽度相同），按下键盘的“Ctrl”键进行多选。

③ 设置倒圆角方式：集模式（）或者过渡模式（），$D \times D$、$D1 \times D2$、角度 $\times D$ 或 $45 \times D$ 等选项的设置。

④ 输入倒角参数：输入倒角的宽度值。

⑤ 完成特征定义：单击定义栏中的预览图标，对特征进行预览检查，单击图标，创建倒角特征。

2. 装饰特征——螺纹

（1）装饰螺纹定义　装饰特征不是真实结构。装饰螺纹与螺纹孔一样，只是表达螺纹的一个样式，实际零件结构中并不存在。螺纹孔只能表达内螺纹（孔的螺纹），不能表达外

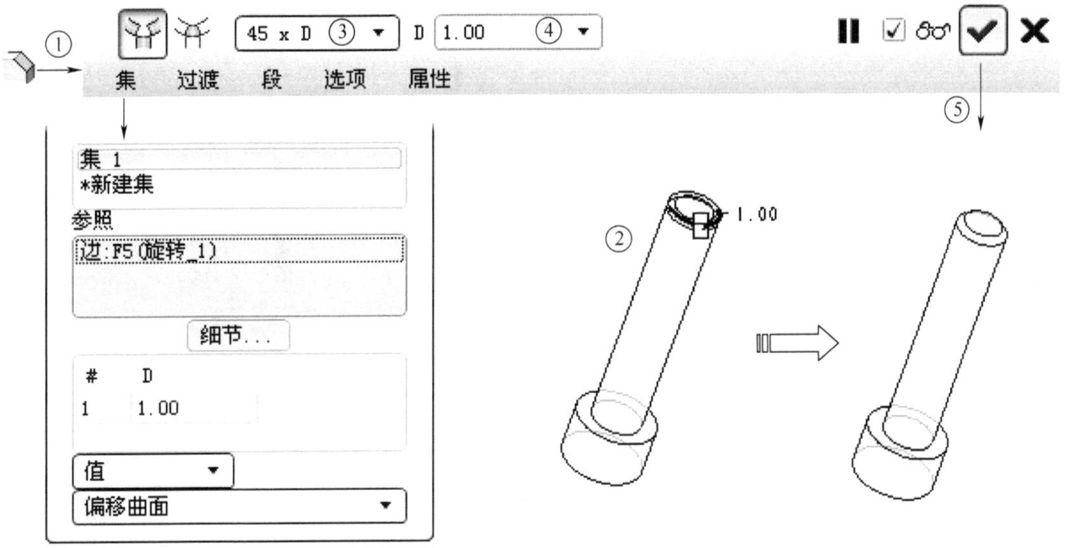

图 3-49 倒角特征参数及建模步骤

螺纹（轴的螺纹）。装饰螺纹可以表达内螺纹，也可以表达外螺纹。

（2）装饰螺纹定义参数 图 3-50 所示为装饰螺纹特征定义参数。

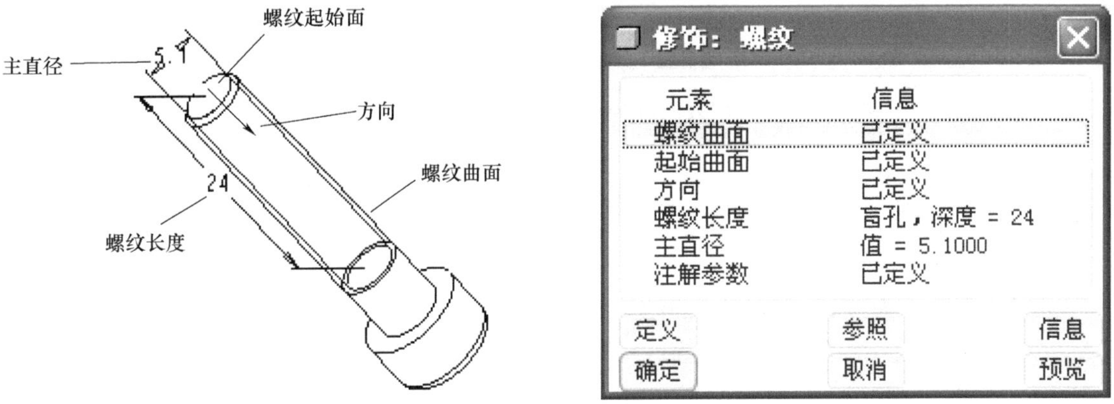

图 3-50 装饰螺纹特征定义参数

（3）装饰螺纹特征定义的操作步骤 图 3-51 中的①～⑤为其操作步骤。

1）进入特征定义状态：单击主菜单中的“插入”→“修饰”→“螺纹”选项，弹出“修饰：螺纹”定义窗口。

2）点取螺纹结构参照：在模型中点取螺纹曲面和螺纹起始面，单击菜单管理器中的“确定”，定义螺纹方向。如果方向不对，可用单击“反向”进行调整。

3）设置螺纹深度定义方式：在菜单管理器中选择螺纹长度定义方式，如“盲孔”→“完成”。

4）输入螺纹参数：在输入栏中输入螺纹长度和直径。

5）完成特征定义：单击菜单管理器中的“完成/返回”项，然后单击定义窗口中的

“预览”项，观察螺纹效果，然后单击“确定”，创建装饰螺纹。

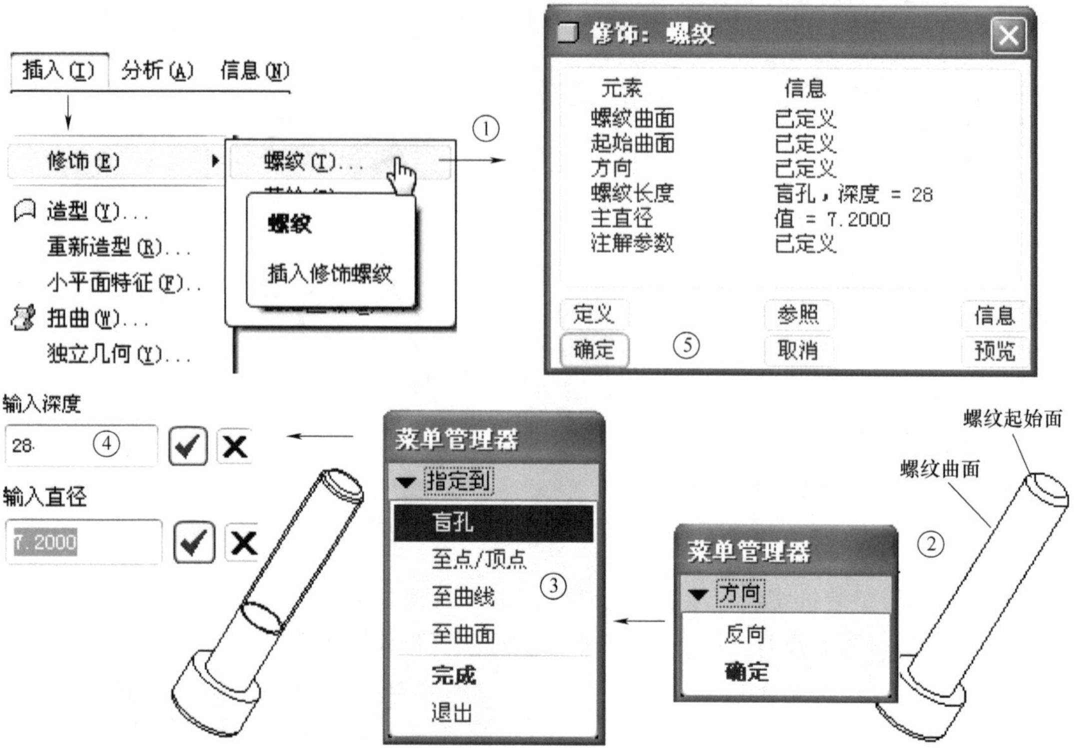

图 3-51　装饰螺纹特征定义的操作步骤

任务分析

1. 零件结构分析

图 3-52 所示为连杆锁紧螺栓的结构，该螺栓是一个内六角头螺栓，其结构包括螺栓头、螺栓杆、螺纹、倒角和倒圆角等。

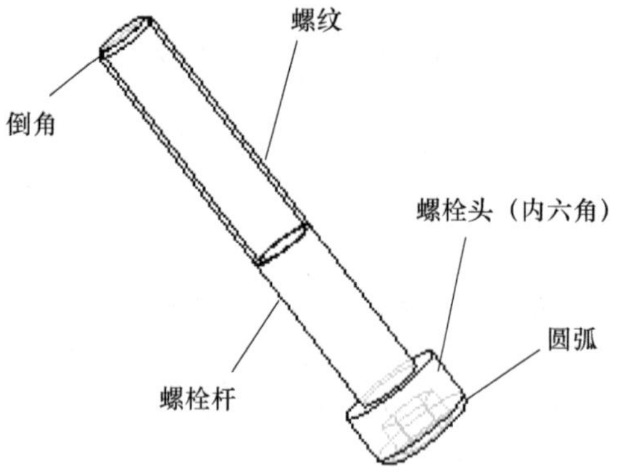

图 3-52　连杆锁紧螺栓结构

2. 零件建模分析

六角头螺栓属于标准零件，如图 3-53 所示为其建模流程。

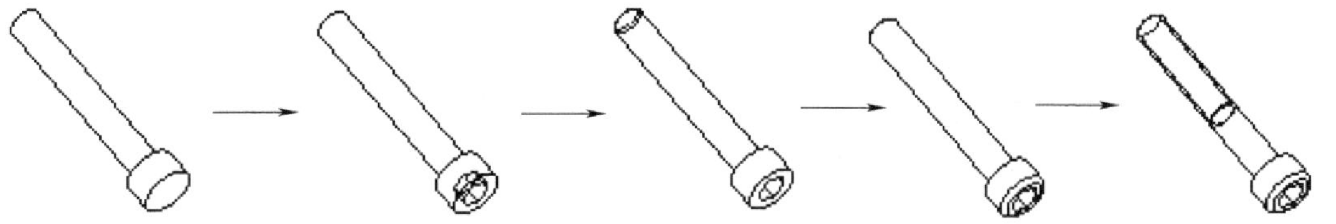

图 3-53 连杆锁紧螺栓的建模流程图

任务实施

1）启动软件后，设置工作目录为：F:\Proe 项目实训\ 实体建模。

2）新建零件文件 prt0003_ A，单位制式为“mmns_ prt_ solid”。

3）以旋转方式创建螺栓杆，如图 3-54 所示。以 FRONT 面为草绘平面，绘制旋转截面，注意旋转中心线的绘制。

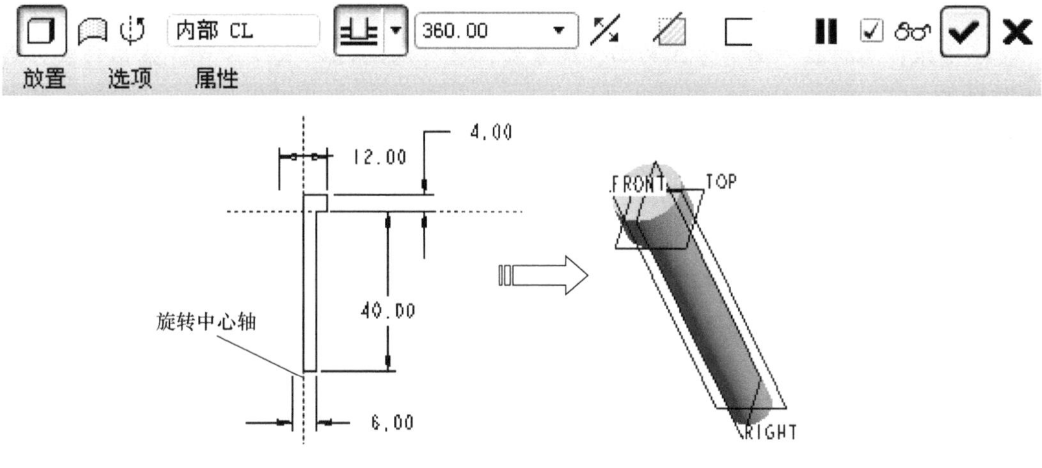

图 3-54 旋转螺栓杆

4）拉伸切内六角孔，如图 3-55 所示。以螺栓头顶端面为草绘平面，绘制拉伸截面，拉伸深度定义方式为，拉伸深度为 3。

5）螺栓杆底端面棱边倒角，如图 3-56 所示。单击倒角工具，弹出倒角定义栏，设置倒角方式为 $D \times D$，单击螺栓杆底端面棱边为倒角棱边，输入倒角宽度为 0.5，单击定义栏中的。

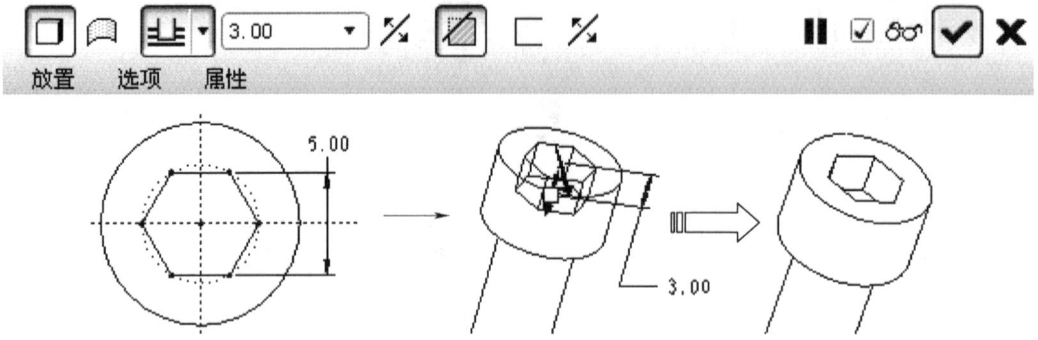

图 3-55 拉伸切内六角孔

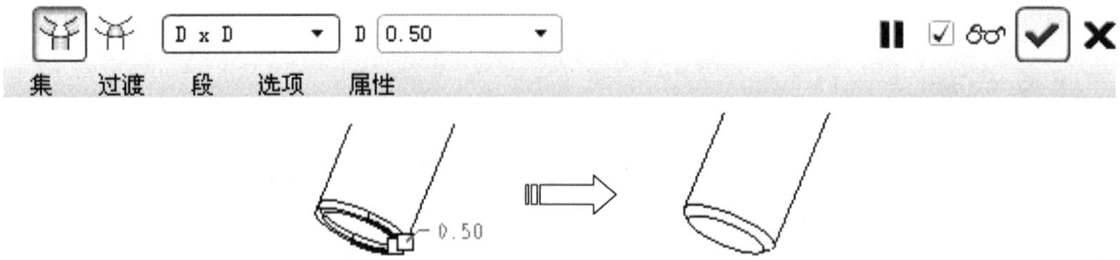

图 3-56 螺栓杆底端面棱边倒角

要点提示：本特征中倒角方式为 $D \times D$ 方式，也可以采用 $45 \times D$ 方式，采用什么方式可根据图样要求确定。

6）螺栓头顶端面棱边倒圆角 $R1$。单击倒圆角工具，弹出倒圆角定义栏，单击螺栓头顶端面外圆棱边为倒圆角棱边，输入圆角半径为 1，单击定义栏中的✔。

7）创建装饰螺纹：单击主菜单中的“插入”→“修饰”→“螺纹”选项，弹出“修饰：螺纹”定义窗口，设置螺纹长度为 24、螺纹主直径为 5.1。（参照图 3-50 和图 3-51 进行螺纹定义操作）。

8）单击保存工具，保存文件到工作目录中。

相关知识

1. 模型显示

Pro/Engineer 提供了 5 种模型显示模式，即线框（）、隐藏线（）、消隐（）、着色（）和真实感（）。如图 3-57 所示为模型显示工具和连杆锁紧螺栓的不同显示模式。

2. 图形的缩放、平移和旋转

在零件设计界面中，实体零件的缩放和平移与草绘中图形的缩放与平移操作相同，草绘中图形不能旋转，实体零件图形可以旋转。

零件图形的缩放、平移和旋转操作如下：

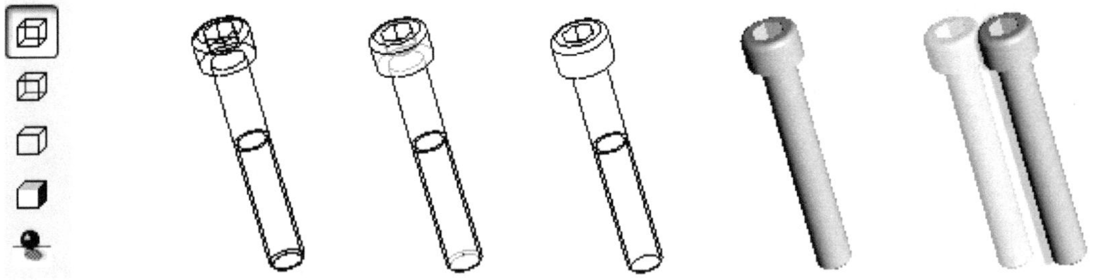

a)模型显示工具　b)线框显示　c)隐藏线显示　d)消隐显示　e)着色显示　f)真实感显示

图 3-57　模型显示模式

1）滚动鼠标中键（滚轮），或按下鼠标中键 +“Ctrl”键拖动鼠标，可对图形进行缩放。

2）按下鼠标中键 +“Shift”键拖动鼠标，可对图形进行平移。

3）按下鼠标中键拖动鼠标，可对图形进行旋转。

3. 视图工具

如图 3-58 所示为视图工具，不同图标工具有不同的功能。

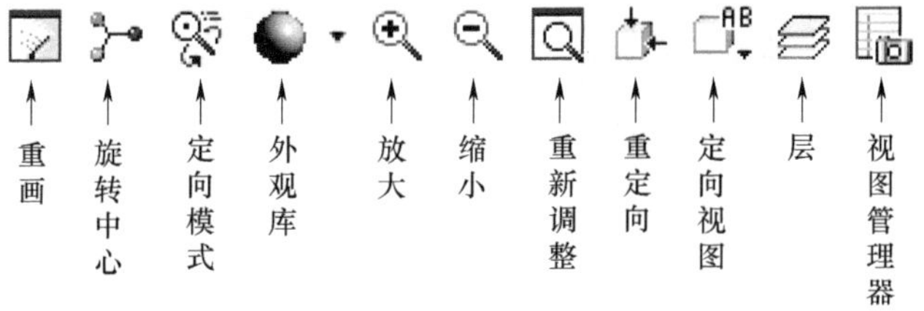

图 3-58　视图工具

1）重画工具——清除所有临时显示信息，重新刷新屏幕，但不再生模型。

2）旋转中心——使模型旋转时绕着模型中心旋转。

3）定向模式——可更改视图重定向样式，如“动态”、“固定”、“延迟”、“速度”或“漫游”。

4）外观库——用于查看和搜索可用外观以及将可用外观指定给模型。

5）放大——以框选方式进行图形放大。

6）缩小——以系统内定的比例进行图形的缩小。

7）重新调整——使模型以最合适的比例显示，即全屏显示。

8）重定向——设置特定方向视图。

9）定向视图——调用已设置的特定方向视图。

10）层工具——创建和调用图层。

11）视图管理器——对模型进行简化、定向视图、层、剖面等视图集中管理。

拓展训练

1. 实训任务

设计如图 3-59 所示的连杆锁紧螺母（prt0003_ B）。

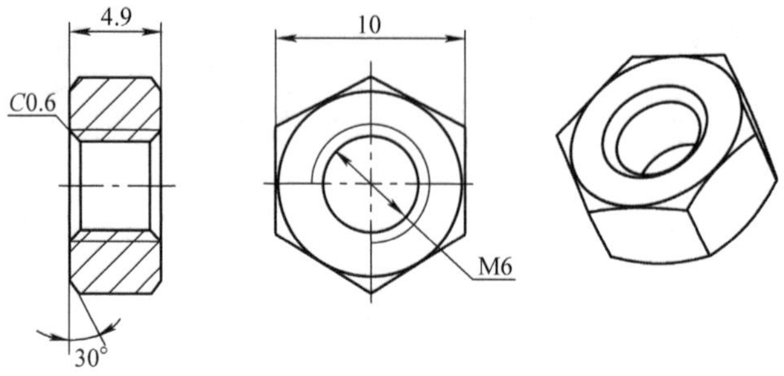

图 3-59　连杆锁紧螺母

2. 建模步骤（参考）

图 3-60 所示为连杆锁紧螺母的建模流程图。

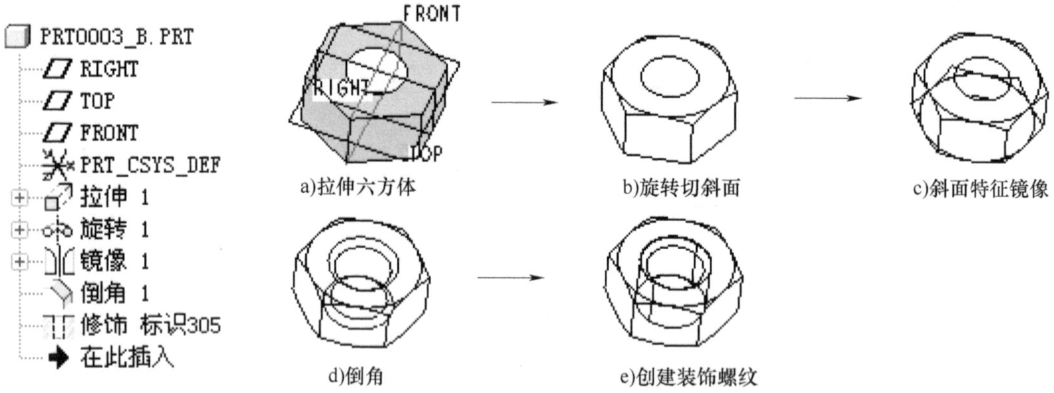

图 3-60　连杆锁紧螺母的建模流程图

3. 重点提示

1）旋转切斜面时，选择垂直于六方体外侧面的基准面 RIGHT 为草绘面，有利于 30°角斜线的定位。

2）为了便于旋转切斜面的镜像，六方体拉伸方式为双侧拉伸（-日-）。

3）螺母为内螺纹零件，M6 的内螺纹孔的底孔直径为 ϕ5.1，所以在拉伸六方体时，中间圆孔直径为 ϕ5.1（参照连杆锁紧螺栓的螺纹参数）。

知识小结

1）螺钉、螺栓和螺母是标准零件，在机械设计中都要进行螺钉、螺栓和螺母的选用和设计。螺钉、螺栓、螺母的典型结构便是螺纹，而螺纹结构参数一般都是标准的，所以在机械设计中不要求把螺纹的真实结构绘制出来，在产品的三维设计中也不必设计零件的真实三维螺纹结构，而是以一种虚拟的样式来表达。

2）可以用放置标准孔方式和修饰螺纹方式来虚拟表达内螺纹的结构，而螺杆只可用修饰螺纹方式来虚拟表达外螺纹结构。

3）在螺钉、螺栓和螺母的设计中，一般先对螺杆和螺孔端面棱边倒圆角后，再创建修饰螺纹特征，并以倒角斜面为螺纹起始面。

思考练习

1. 查阅相关资料，分析螺纹的结构特点和结构参数。
2. 设计如图 3-61 所示的帽形螺母。

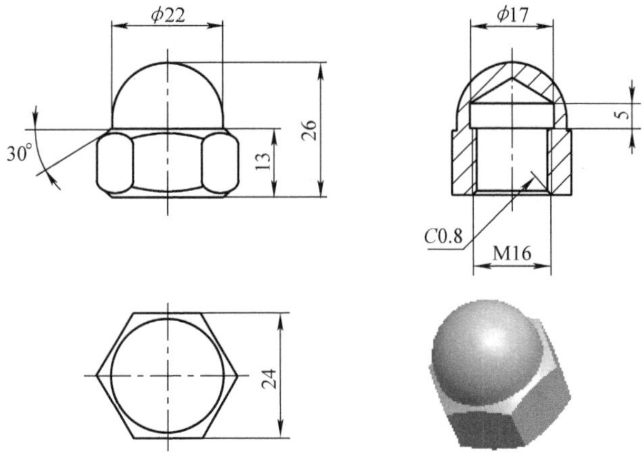

图 3-61　帽形螺母

任务四　扫描造型——设计豆浆机过滤杯手柄

学习内容

1. 基本概念：扫描特征参数。
2. 建模方法：草绘曲线、扫描、变半径倒圆角。

实训任务

设计如图 3-62 所示的豆浆机过滤杯手柄。

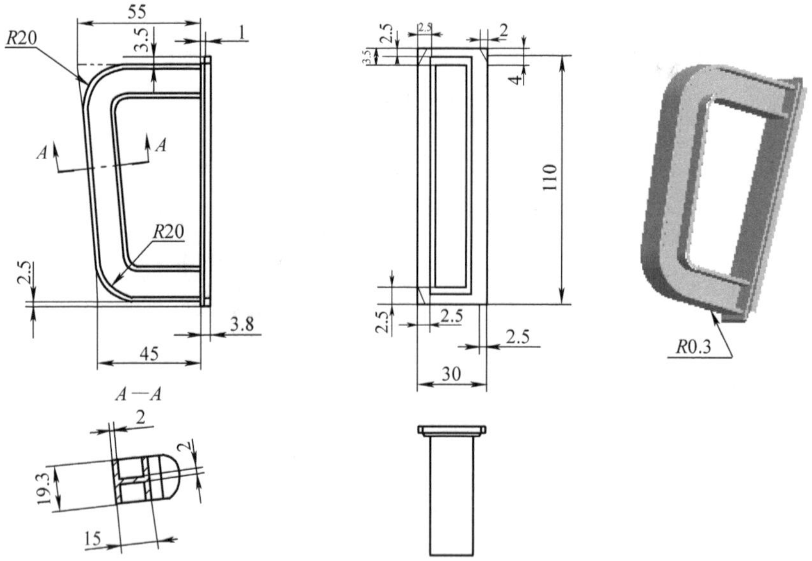

图 3-62　豆浆机过滤杯手柄

基础知识

基础特征——扫描

（1）扫描的定义　扫描即把二维截面沿着轨迹运动，从而形成扫描特征。扫描分恒定截面扫描、变截面扫描和螺旋扫描等形式，轨迹可以是一条，也可以是多条。截面在扫描过程中可以是恒定的也可以是可变的。

图 3-63 所示为扫描特征。

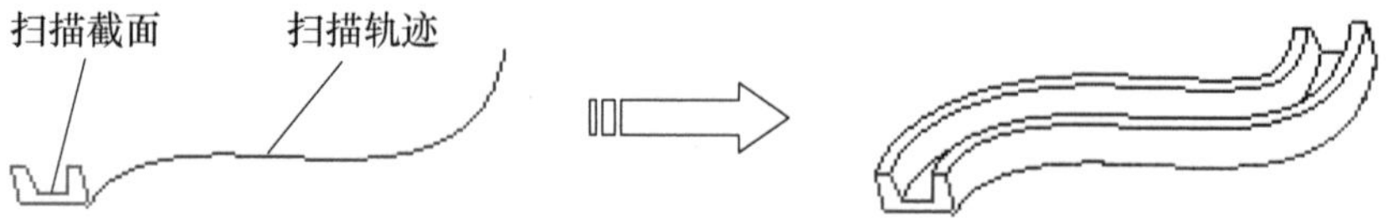

图 3-63　扫描特征

（2）扫描特征参数　图 3-64 所示为扫描特征参数。

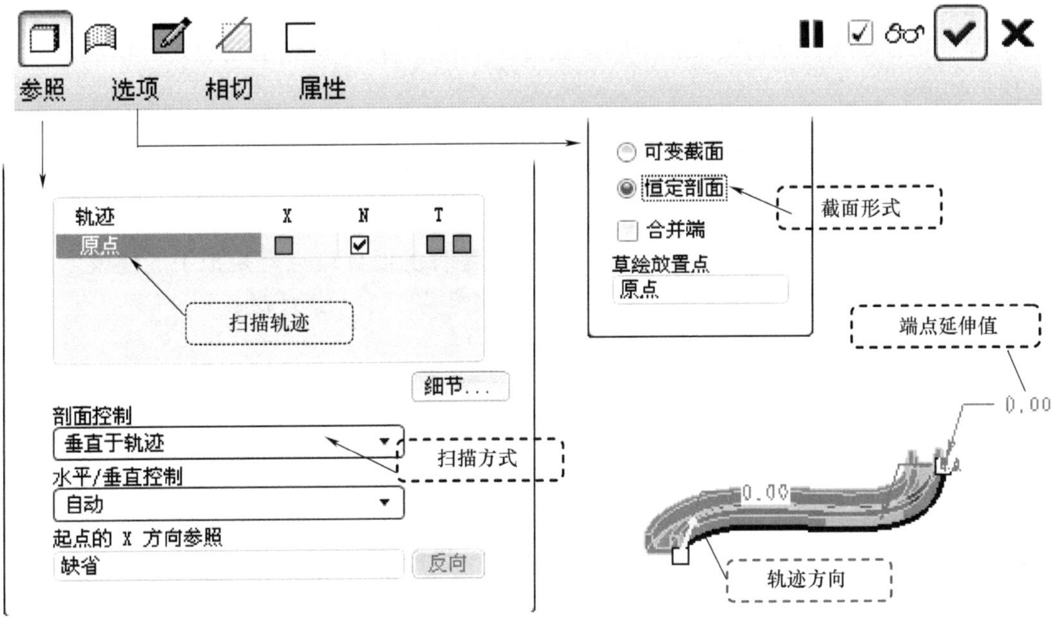

图 3-64　扫描特征参数

（3）扫描特征定义的操作步骤　图 3-65 中的①～⑥为其操作步骤。

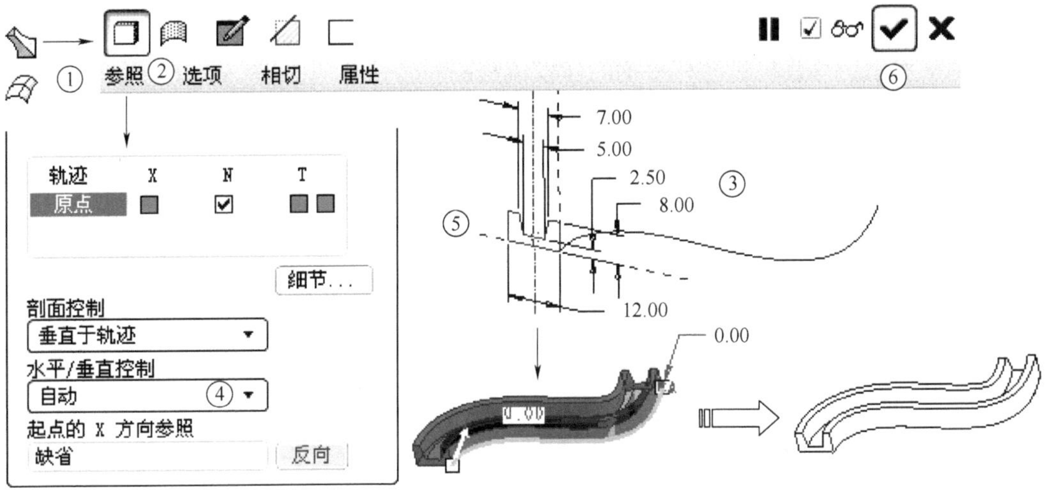

图 3-65　扫描特征定义操作步骤

① 进入特征定义状态：单击可变截面扫描工具，弹出扫描特征定义栏。

② 定义扫描特征类型：扫描特征类型有实体扫描（）/曲面扫描（）/薄壁扫描（）。

③ 选取扫描轨迹：在图形中选取扫描轨迹，如果是多条轨迹，按下键盘的“Ctrl”键进行多选。

④ 设置扫描方式：扫描方式有截面控制方式、水平/垂直控制方式、起点的 X 方向参照

以及截面形式。

⑤ 绘制扫描截面：单击草绘器，绘制扫描截面。

⑥ 完成特征定义：单击定义栏中的预览图标，对特征进行预览检查，单击图标，创建扫描特征。

任务分析

1. 零件结构分析

图 3-66 所示为豆浆机过滤杯手柄的结构，该零件的设计难点就是把手的建模，如果采用拉伸方式建模，步骤会比较繁琐，采用扫描方式建模，可一步完成。

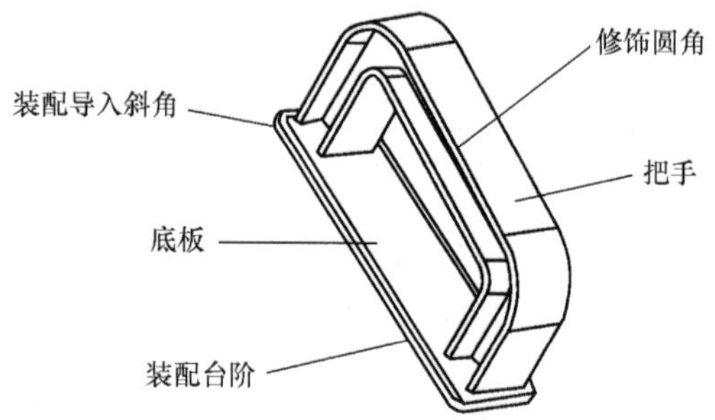

图 3-66 豆浆机过滤杯手柄的结构

2. 零件建模步骤

图 3-67 所示为豆浆机过滤杯手柄的建模流程图。

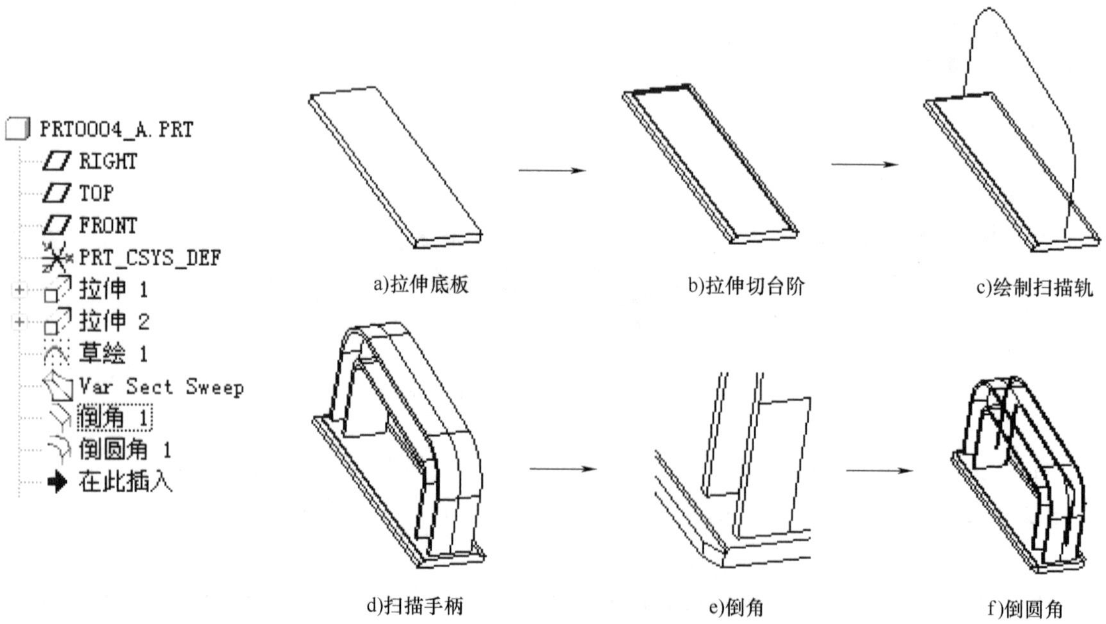

图 3-67 豆浆机过滤杯手柄的建模流程图

任务实施

1）启动软件，设置工作目录，新建零件文件 prt0004_ A，注意单位制式的选择。

2）以 RIGHT 面为草绘平面，拉伸底板，如图 3-68 所示。

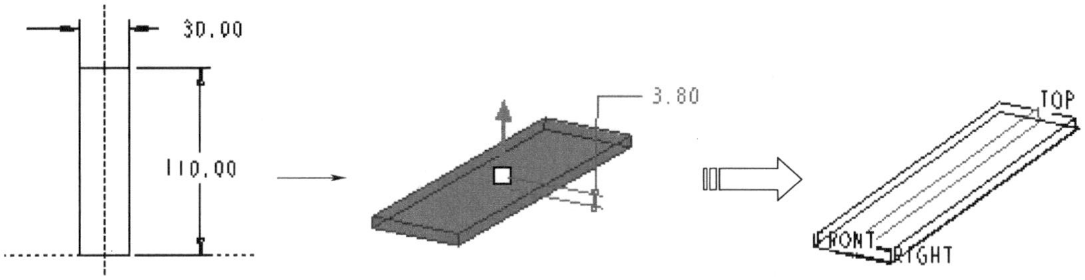

图 3-68 拉伸底板

3）以底板顶面为草绘平面，拉伸切装配台阶，向下切深 1，如图 3-69 所示。

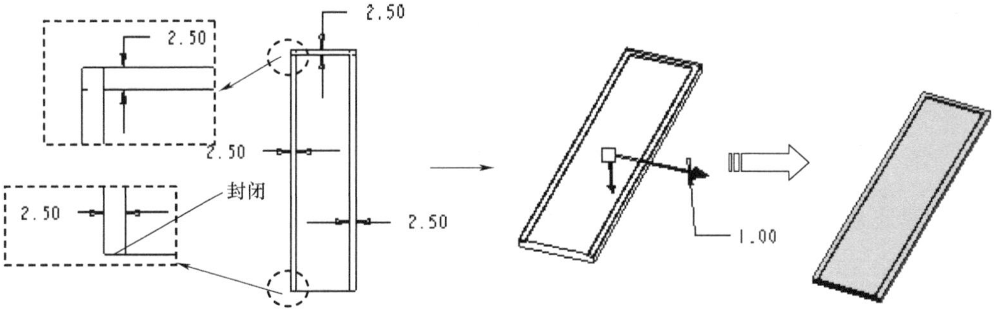

图 3-69 拉伸切装配台阶

要点提示：本特征中拉伸截面采用偏移方式提取底板的外轮廓形成截面线，注意截面要封闭。

4）单击草绘工具，以 TOP 面为草绘平面绘制曲线，如图 3-70 所示。

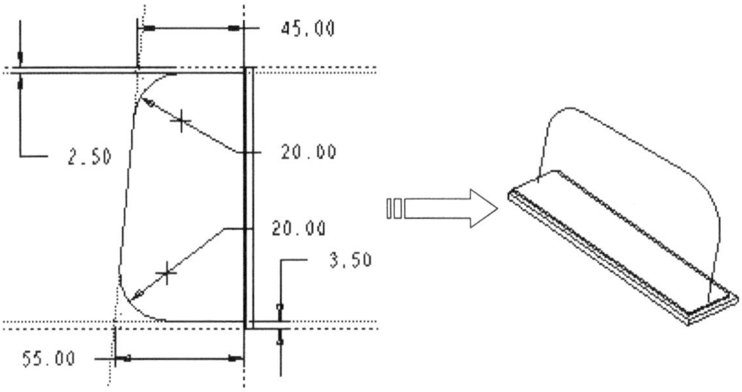

图 3-70 草绘曲线

5）以步骤4）创建的草绘曲线为扫描轨迹扫描把手，如图3-71所示。单击可变截面扫描工具，弹出扫描特征定义栏。单击定义栏中的“参照”选项，弹出参照窗口，在图形中点取步骤4）创建的草绘曲线为扫描轨迹，然后设置扫描方式为“垂直于轨迹”。单击草绘工具，绘制扫描截面，单击图标，创建手柄特征。

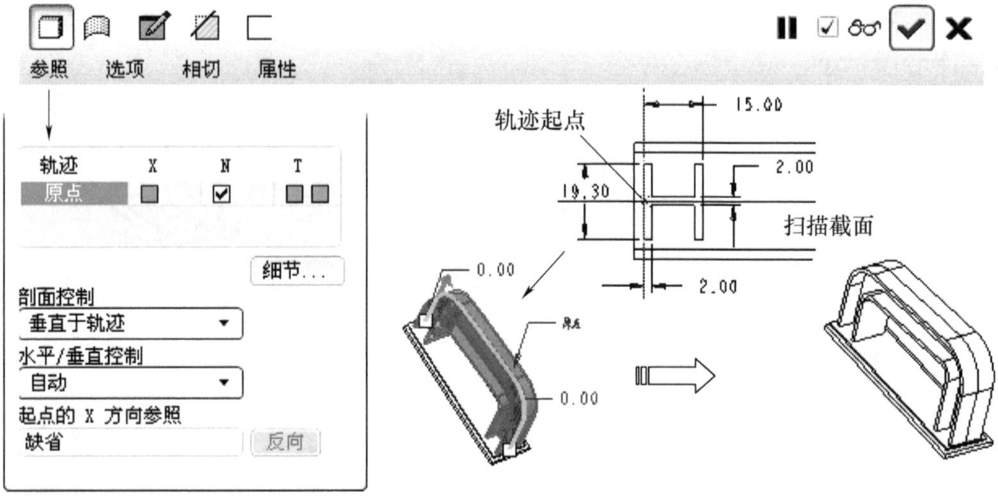

图3-71 扫描把手

6）创建底板倒角特征，如图3-72所示。

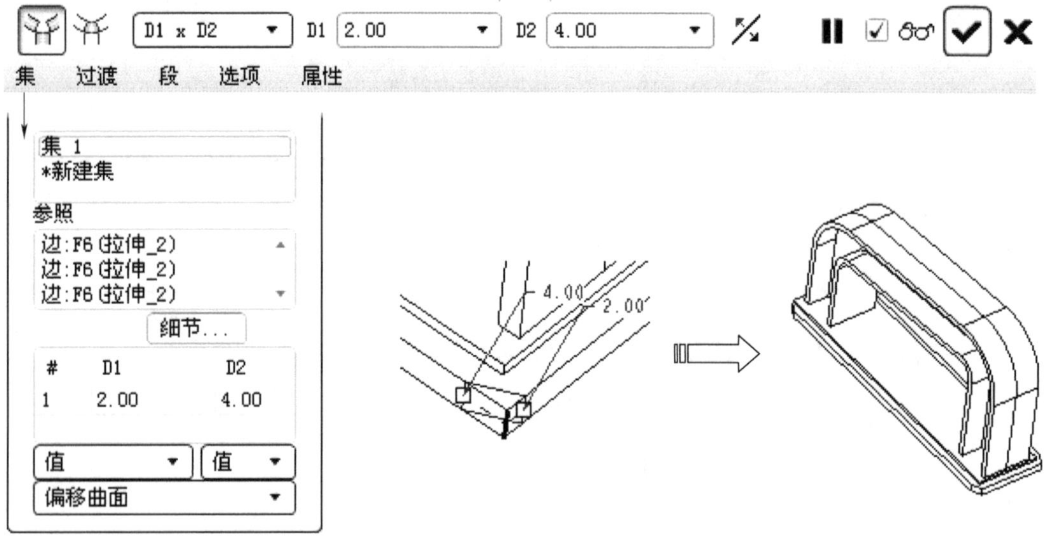

图3-72 底板倒角

要点提示：本特征中倒角的边有4条，4条边的倒角尺寸都相同，所以只设置了一个倒角集，操作时按下键盘的“Ctrl”键选取4条边。

7）把手外表面棱边倒圆角 $R0.3$，注意有 8 条边，可设置在一个圆角集中，如图 3-73 所示。

8）单击保存图标，保存文件到工作目录中。

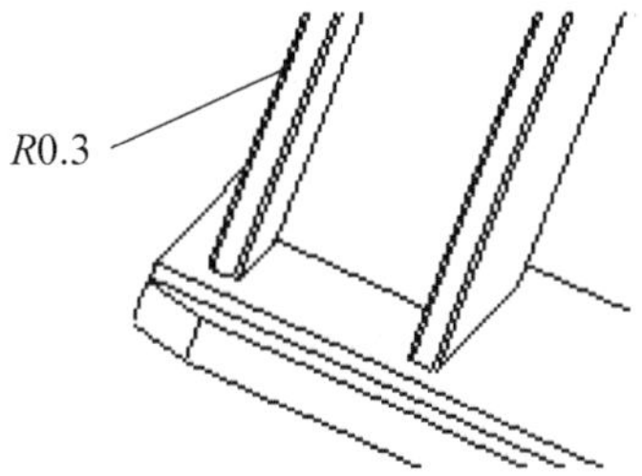

图 3-73 倒圆角

相关知识

一个复杂零件一般由很多特征组成，这些特征有实体特征也有曲面特征，还有曲线、基准点、基准平面等。为了更好地对不同类型的特征进行管理和操作，一般要创建图层，把同类特征或某些特定的特征放入到同一个图层中，便于模型的建模操作。

1. 显示层树

单击模型树中的显示图标，单击“层树”，便弹出层树窗口。在层树中可以看到系统已经建立的基准面、基准轴、坐标系、曲线和曲面层，并把相应特征放入到相应的层中，如图 3-74 所示。

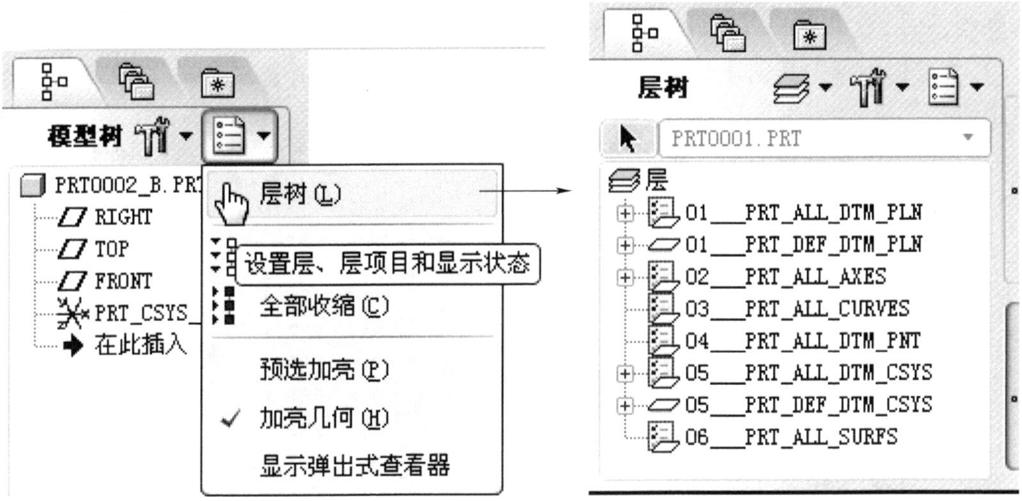

图 3-74 层树

2. 新建层

图 3-75 所示为创建新的图层。图 3-75 中的①～⑤表示操作步骤。

① 单击层树中的层工具，点取快捷命令“新建层（N）”，弹出“层属性”定义窗口。

② 输入层的名称，如曲线层名称为“CURVES”。

③ 在屏幕右上角处切换为特定的选取类型模式，如“曲线”。

④ 单击窗口中的“包括”，在图形中点取需要放入的特征，也可以通过框选把所有曲线选入。

⑤ 单击窗口中的“确定”。

3. 隐藏层

通过图层的隐藏，使图层中的特征不显示，使图形更加清晰。如图 3-76 所示为图层的

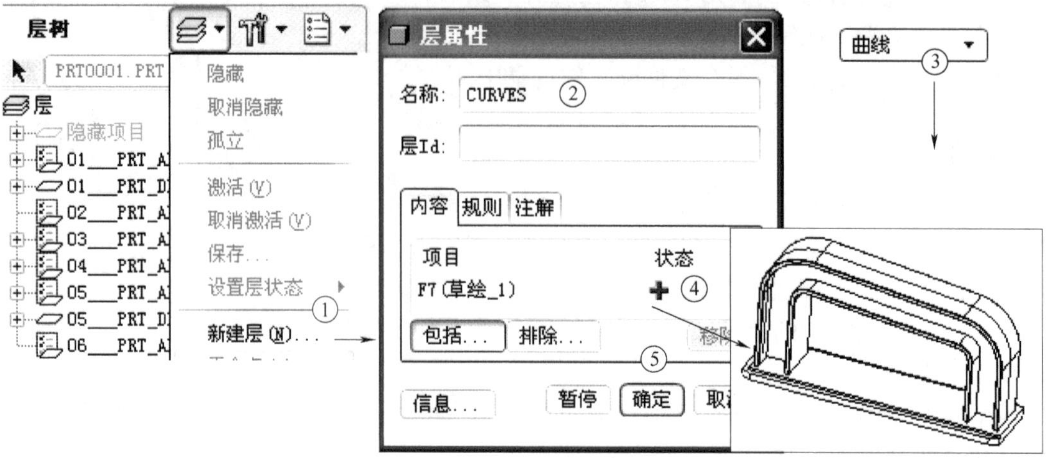

图 3-75　新建图层

隐藏操作。

1）在层树中单击新创建的层，单击鼠标右键，点取快捷命令“隐藏”，图层名称呈暗色显示。

2）再次单击新创建的层，单击鼠标右键，点取快捷命令“保存状态”，然后重新保存文件。

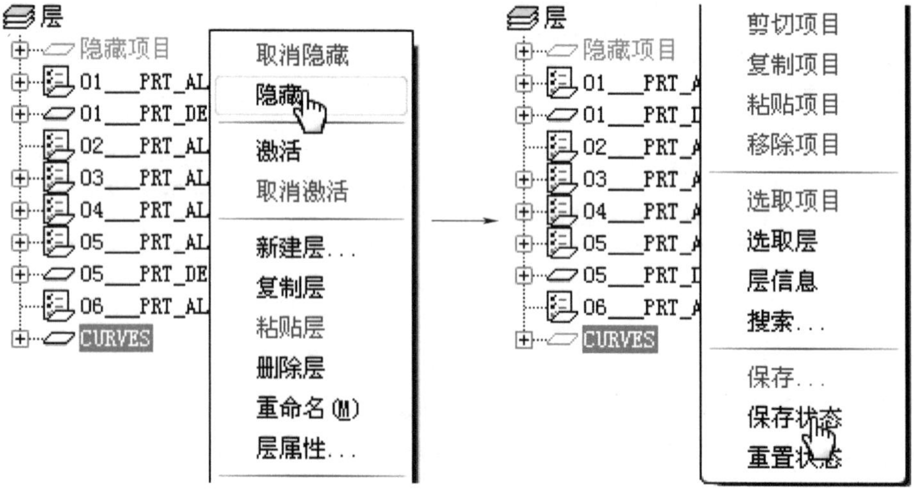

图 3-76　图层隐藏和状态保存

要点提示：图层状态保存的目的是使图层的隐藏状态随文件一起保存，在下次打开模型时，层依然呈隐藏状态。如果不保存图层的状态，下次打开模型时图层并不会自动隐藏，图层中的图素将在图形中显示。

拓展训练

1. 实训任务

完成如图 3-77 所示鼠标的外观造型设计。

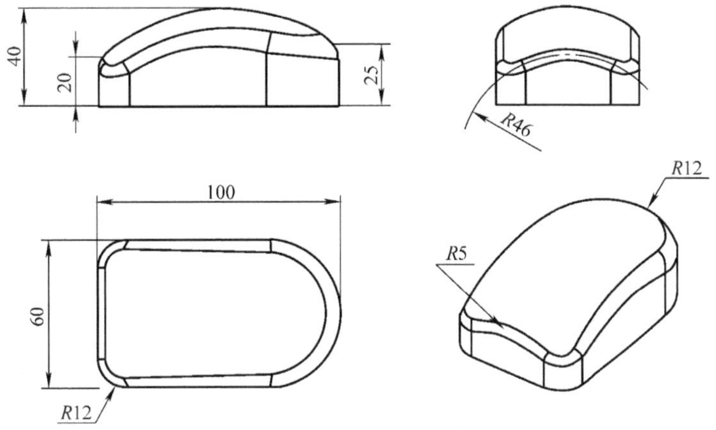

图 3-77 鼠标外形

2. 建模分析（参考）

如图 3-78 所示为鼠标建模流程图。

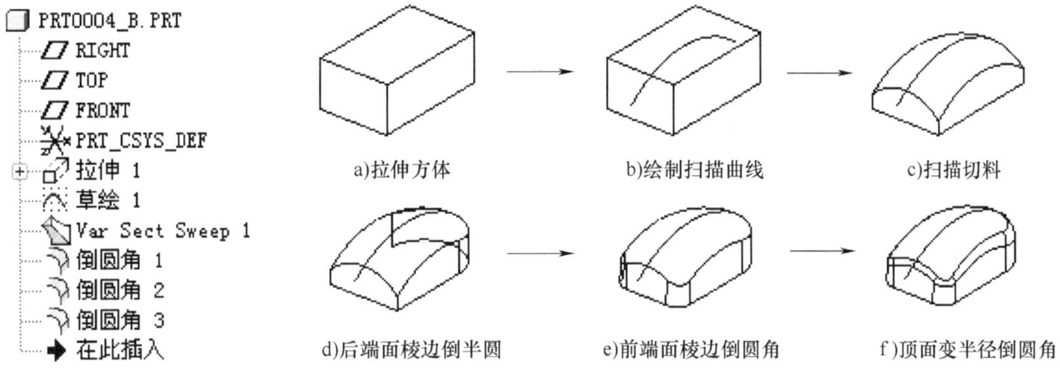

图 3-78 鼠标建模流程图

3. 重点提示

1）鼠标顶面为不规整曲面，通过扫描切料来构建，扫描轨迹和截面的绘制是建模的要点，截面控制设置为恒定法向，并选取 RIGHT 面为方向参照平面。如图 3-79 所示为扫描轨迹截面及扫描切料。

2）在图 3-78f 顶面变半径倒圆角操作中，如何添加新的半径是操作的要点。图 3-80 所示为鼠标上表面棱边的变半径倒圆角。

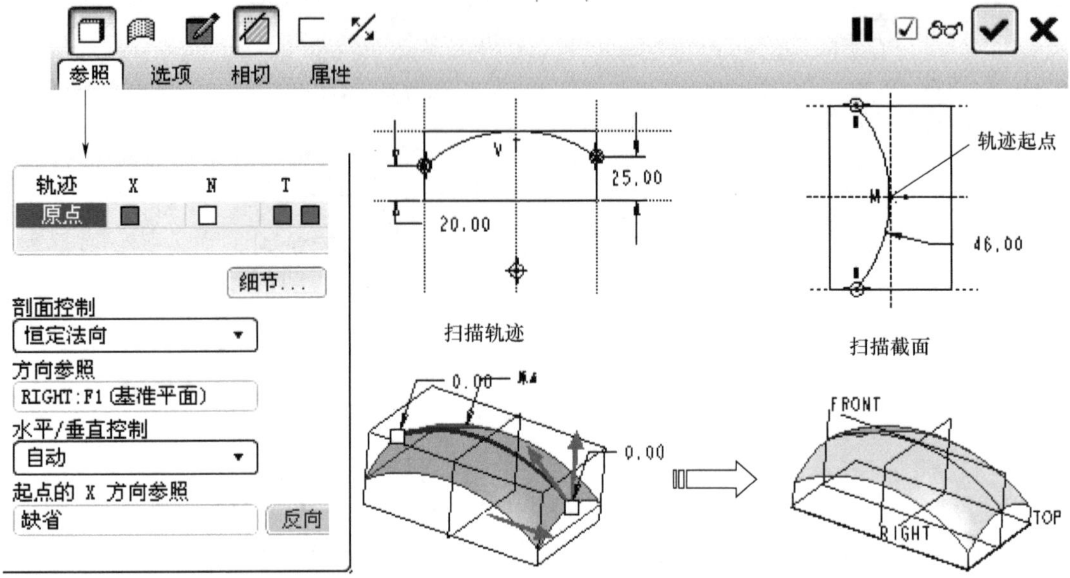

图 3-79　扫描切鼠标弧顶

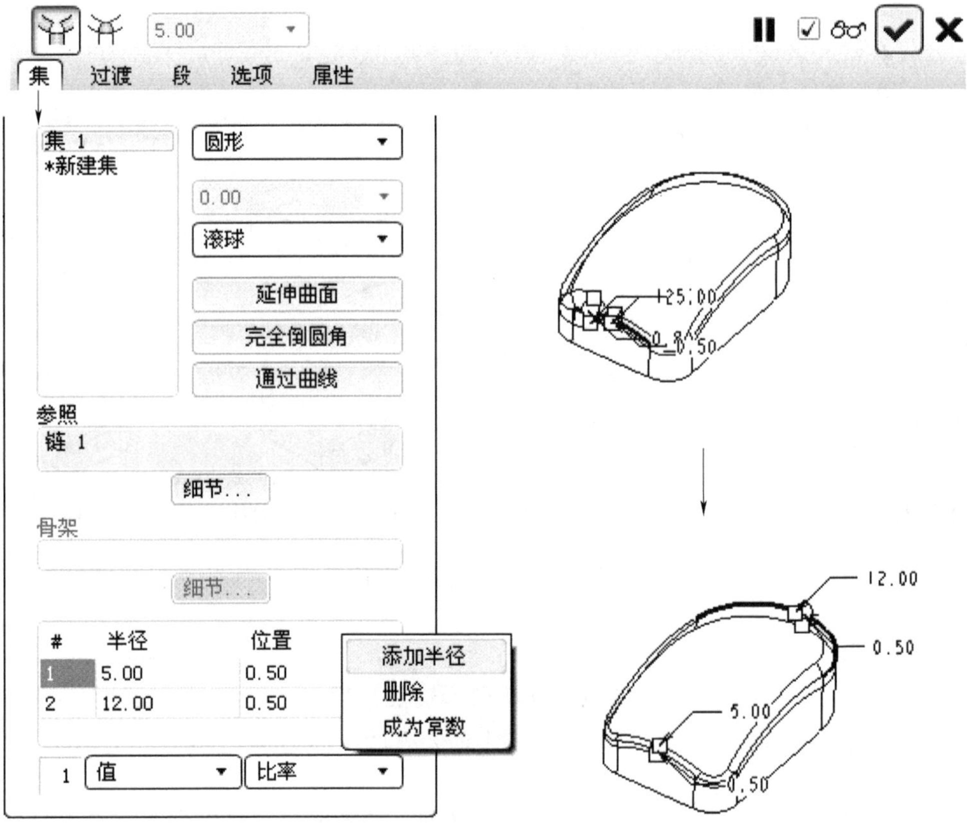

图 3-80　鼠标弧顶面变半径倒圆角

① 单击倒圆角工具，弹出倒圆角定义窗口，然后在图形中单击鼠标上表面前端外侧的棱边，输入圆角半径值为5。

② 单击定义栏中的“集”，在弹出的“集”窗口中单击半径序号“1”，单击鼠标右键，弹出快捷菜单，选择“添加半径”，便添加了序号为2的新半径，修改新半径值为12。

③ 修改1号半径的位置比率为0.5，即把半径位置设置到上表面前端外侧的棱边的中点处。单击2号半径，单击“比率”旁边的小三角，切换定位方式为“参照”，单击鼠标上表面后侧的圆弧棱边，可以看到2号半径位置移动到了上表面后侧的圆弧棱边处，然后修改2号半径的位置比率为0.5，即位于圆弧棱边的中间。

知识小结

1）扫描也是最常用的建模方法之一。扫描轨迹可以是一条，也可以有几条，扫描截面控制方式有垂直于轨迹、垂直于投影和恒定法向三种形式，不同截面控制方式的扫描造型效果不同。

2）扫描轨迹可以是事先绘制好的曲线，扫描建模时选取轨迹即可，也可以在进入扫描特征定义栏后，单击草绘工具，绘制扫描轨迹，此时扫描定义栏呈灰色显示，扫描特征定义暂停，绘制完轨迹后单击扫描定义栏中的退出暂停工具▶，重新进入到扫描定义状态。

3）变半径倒圆角定义中，新圆角半径的添加和位置设置的操作比较繁琐，可以采用比率和参照两种方式来设置圆角半径的位置点，比率即设置一条线段或棱边的总长比率为1，起点的长度比率即为0，中点的长度比率为0.5，终点的长度比率为1。

思考练习

设计如图3-81所示的茶杯。

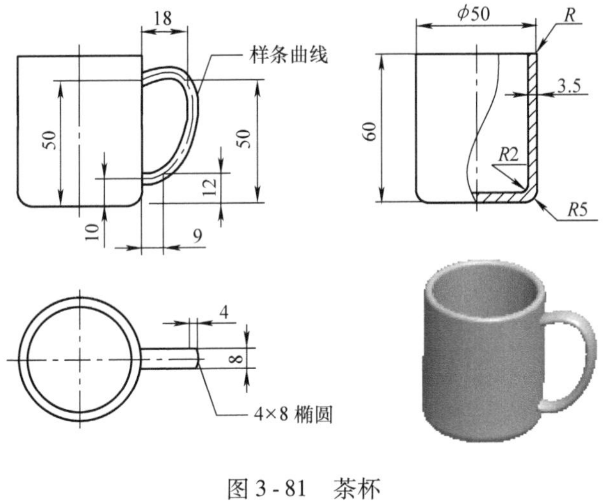

图3-81 茶杯

任务五　截面混合造型——设计小水杯

学习内容

实体建模方法：平行混合、抽壳、表面偏移、草绘文字、曲线投影。

实训任务

设计如图3-82所示的塑料小水杯。

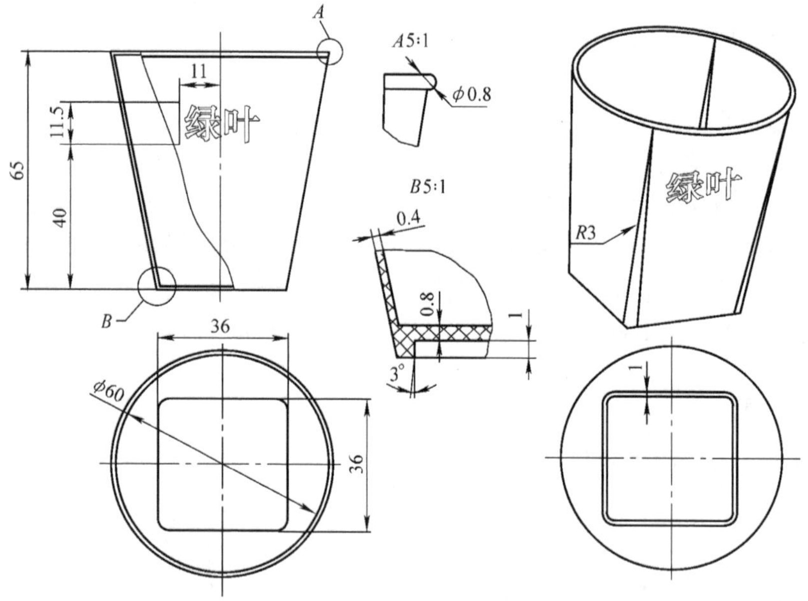

图3-82　塑料小水杯

基础知识

1. 基础特征——平行混合

（1）截面混合的定义　几个二维截面通过某种方式连接起来，从而形成三维形体（混合特征）。截面混合分为平行混合、旋转混合和一般混合三种形式。

平行混合即混合截面相互平行，如图3-83所示。

旋转混合即混合截面以绕着一中心轴线（截面坐标系的 Y 轴）旋转的方式进行混合，每个截面都单独草绘并用截面坐标系对齐，如图3-84所示。

一般混合时截面可以绕 X 轴、Y 轴和 Z 轴旋转，也可以沿这三个轴平移，每个截面都单独草绘，并用截面坐标系对齐。

（2）平行混合特征的参数　图3-85所示为平行混合的特征参数。平行混合特征截面在

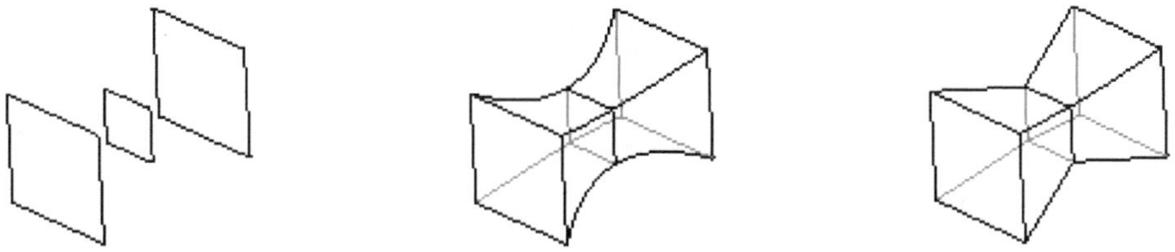

a)混合截面　　b)光滑的平行混合　　c)直的平行混合

图 3-83　平行混合

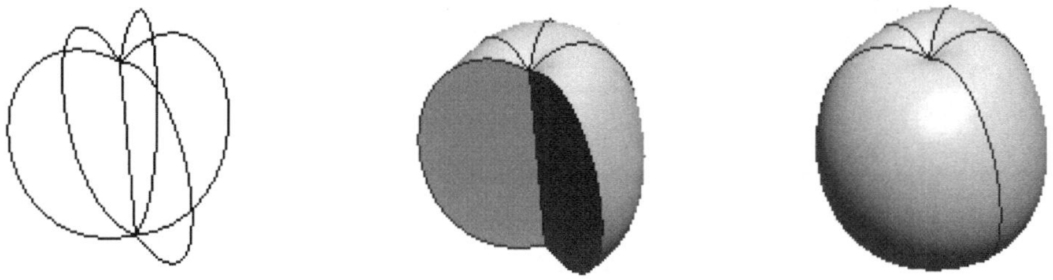

a)旋转混合截面　　b)开放的旋转混合　　c)合并的旋转混合

图 3-84　旋转混合

同一个草绘平面上绘制，并不是在几个平行的草绘平面上绘制。

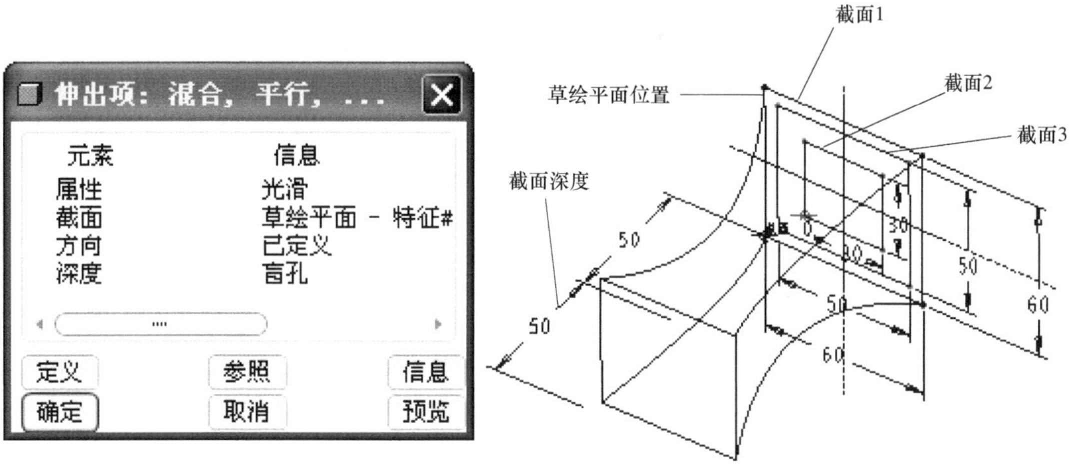

图 3-85　平行混合特征的参数

（3）平行混合特征定义的操作步骤　图 3-86 中的①～⑦为其操作步骤。

① 进入特征定义状态：单击主菜单中的“插入”→“混合”→“伸出项”，弹出菜单管理器。

② 选取混合方式：在菜单管理器中点取混合方式为“平行”→“规则截面”→“草绘截面”→“完成”，弹出平行混合特征定义窗口。

③ 定义平行混合属性：在菜单管理器中选取“光滑”→“完成”，弹出草绘平面设置

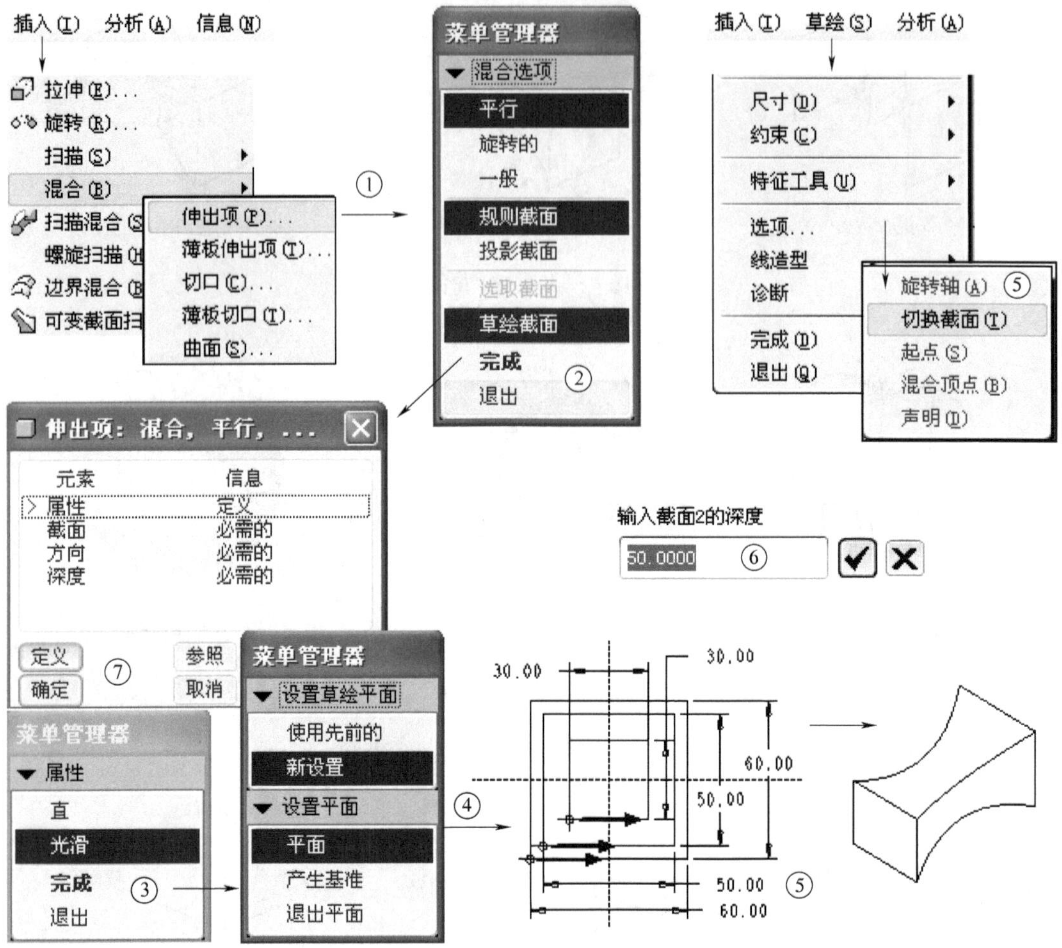

图 3-86 平行混合特征定义的操作步骤

菜单管理器。

④ 选取草绘平面：在图形中选取草绘平面，并通过单击菜单管理器中的“反向”来调整混合方向，单击“确定”→“缺省”（以缺省方式进入草绘）。

⑤ 绘制混合截面：绘制截面 1，完成后单击主菜单中的“草绘”→“特征工具”→“切换截面”，然后绘制截面 2，完成后同样进行草绘截面切换，绘制截面 3，所有混合截面绘制完成后，单击图标✔，退出草绘，弹出截面深度输入栏。

⑥ 输入各截面之间的距离：输入各截面之间的深度。

⑦ 完成特征定义：单击定义窗口中的“确定”按钮，完成混合特征造型。

2. 工程特征——抽壳

（1）抽壳特征定义　抽壳即抽取实体内部材料，使实体变成具有一定厚度的薄壳。

（2）抽壳特征的操作步骤　图 3-87 中的①~⑤为其操作步骤。

① 进入特征定义状态：单击壳特征工具▣，弹出抽壳特征定义栏。

② 选取移除表面：在图形中单击要移除的实体表面，如果有多个表面要移除，可以按键盘的“Ctrl”键进行多选。

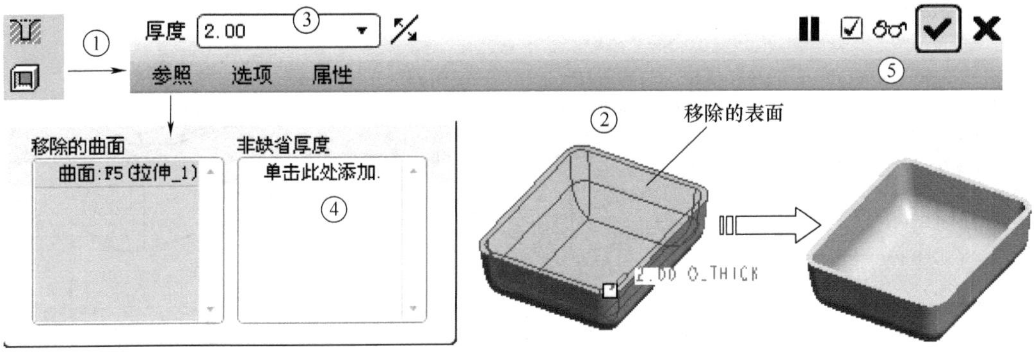

图 3-87 抽壳特征建模的一般操作步骤

③ 设置抽壳参数：输入壳的厚度并通过单击图标 ，切换抽壳的方向（壁厚加料方向）。

④ 设置非缺省厚度：单击“参照”栏中的“非缺省厚度”下的空白框，使其变黄色，在图形中点取不同壳厚度的表面，并输入该表面的厚度值。

⑤ 完成特征定义：单击定义栏中的图标 ，完成壳特征建模。

3. 编辑特征——表面偏移

（1）表面偏移定义 表面偏移是对模型表面进行形状编辑，使表面在原来位置的基础上整体或局部发生移动，从而形成表面凸起或凹陷的结构。

表面偏移的方式很多，不同的方式偏移效果不同。如图 3-88 所示为表面偏移的不同方式。

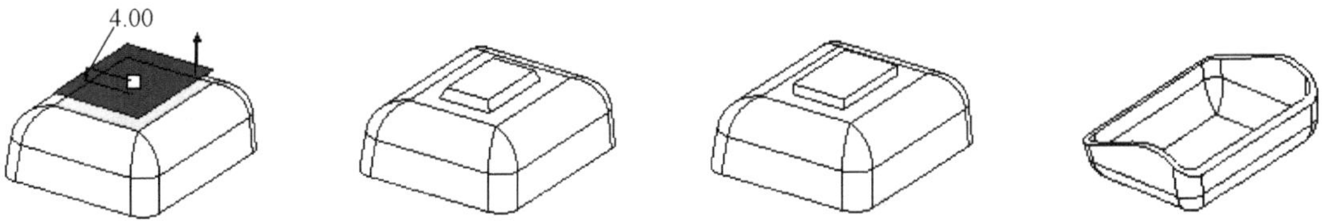

a)标准偏移(偏移曲面) b)具有拔模特征的偏移 c)展开特征偏移(草绘区域) d)替换曲面偏移

图 3-88 表面偏移方式

（2）表面偏移的操作步骤 图 3-89 中的①~⑤为其操作步骤。

① 进入特征定义状态：在模型中点取要偏移的几何面（可在选取类型为“几何”的状态下选取），单击主菜单中的“编辑”→“偏移”选项，弹出偏移定义栏。

② 设置偏移方式：选择偏移方式为具有拔模特征的表面偏移（ ）。

③ 绘制偏移曲面截面：单击定义栏中的“参照”→“定义”选项，弹出“草绘”窗口，选择合适的草绘平面，绘制偏移区域截面。

④ 设置偏移参数：设置偏移值和拔模角，并通过单击图标 ，切换偏移方向。

⑤ 完成特征定义：单击定义栏中的图标 ，完成偏移特征建模。

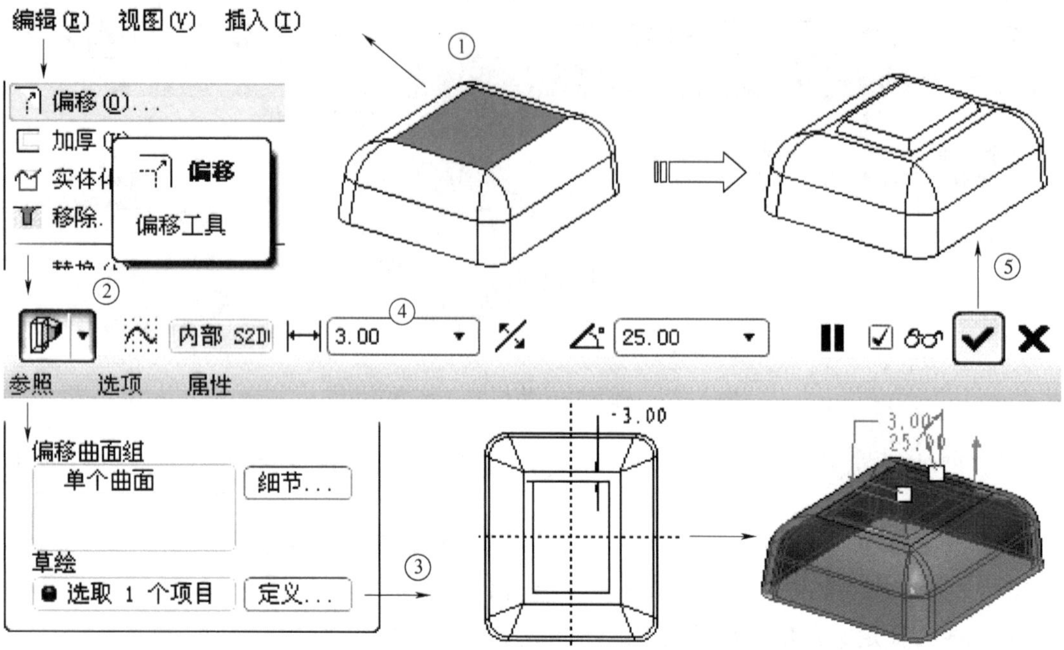

图3-89 具有拔模特征的表面偏移的操作步骤

任务分析

1. 零件结构分析

如图3-90所示，塑料小水杯包括杯体（薄壁）、杯缘、底面凹台、表面文字和侧面圆角等结构。

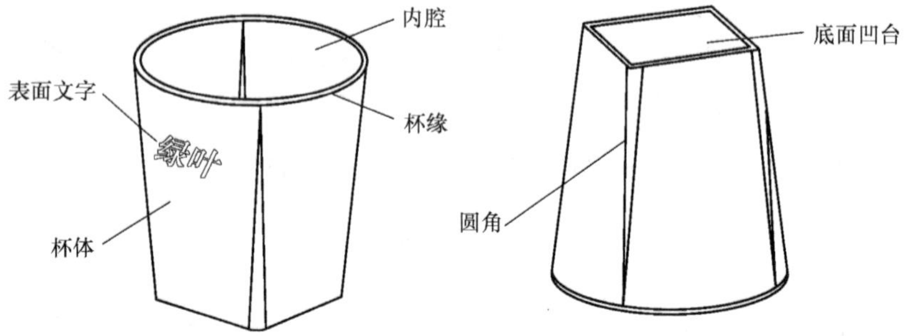

图3-90 塑料水杯

2. 零件建模

如图3-91所示为塑料小水杯的建模流程图。

任务实施

1）启动软件，设置工作目录，新建零件文件prt0005_ A，注意单位制式的选择。

2）以TOP面为草绘平面，创建平行混合特征，如图3-92所示。

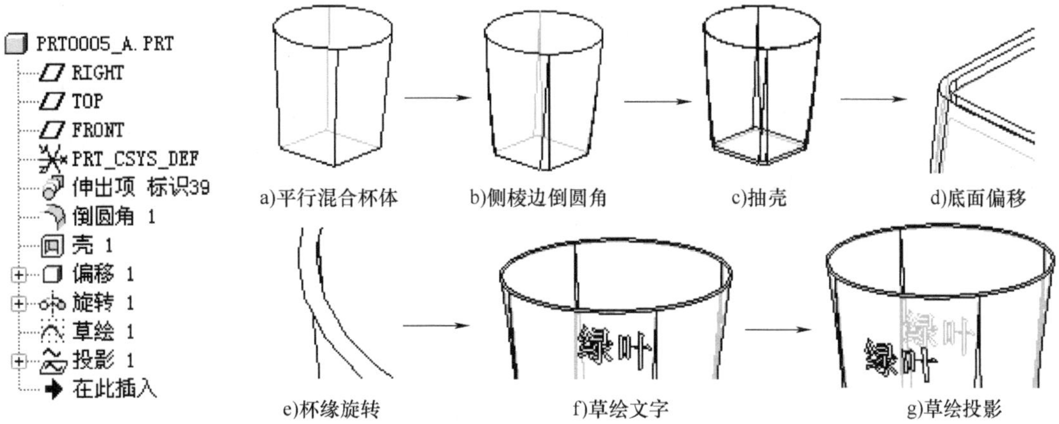

图 3-91 塑料小水杯的建模流程图

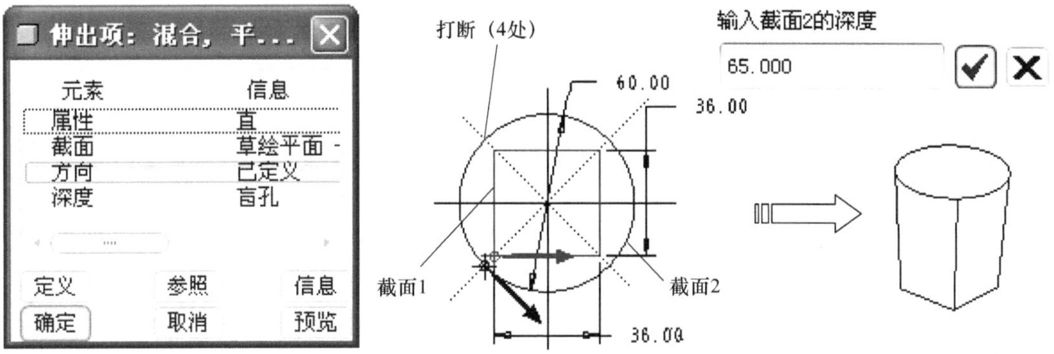

图 3-92 平行混合杯体

要点提示：

1）平行混合截面绘制时要注意截面的起点位置要一致，截面图元数量（线条段数）要相等。

2）本步骤截面 2 是由 4 段圆弧组成的，绘制一个整圆后要用草绘中的分割工具进行打断。

3）杯体外形棱边倒圆角 $R3$（4 处），如图 3-93 所示。

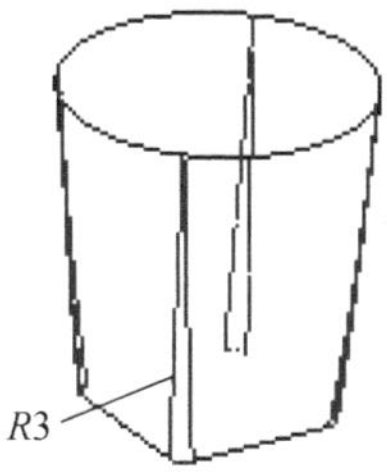

图 3-93 倒圆角

4）内腔抽壳，侧壁壳厚度为0.4，底面壳厚度为1.8，如图3-94所示。

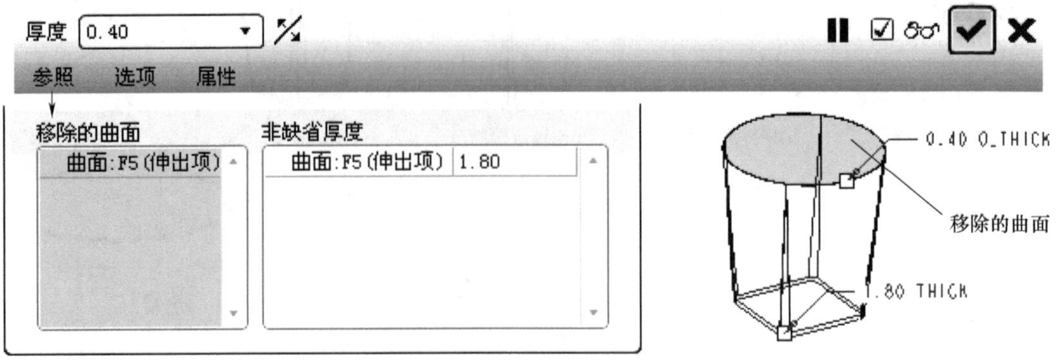

图3-94 内腔抽壳

要点提示：杯子的底面壁厚与侧面不同，在参照窗口中单击“非缺省厚度”下的“单击此处添加…”，单击杯体的底面，输入壁厚为1.8。

5）杯底偏移凹台，如图3-95所示。先点取底面（实体表面），使用几何偏移命令，偏移方式为具有拔模特征的表面偏移，底面偏移深为1，带3°的拔模角，形成凹台，偏移截面绘制时用偏移工具进行提取。

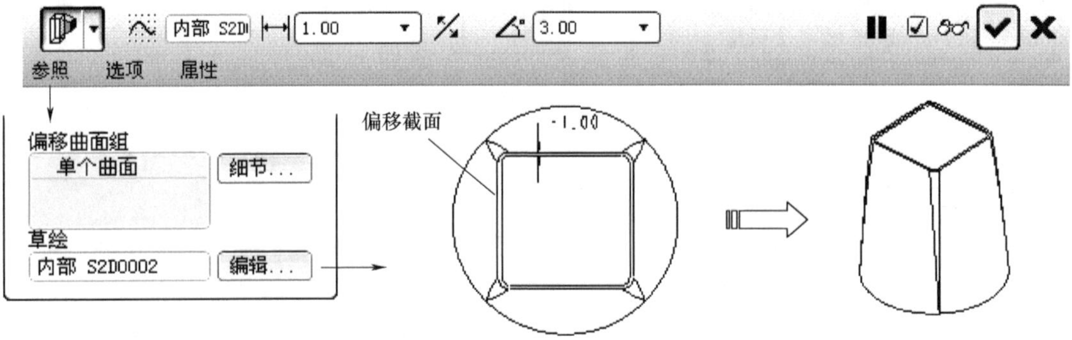

图3-95 底面偏移

6）旋转杯缘，如图3-96所示。

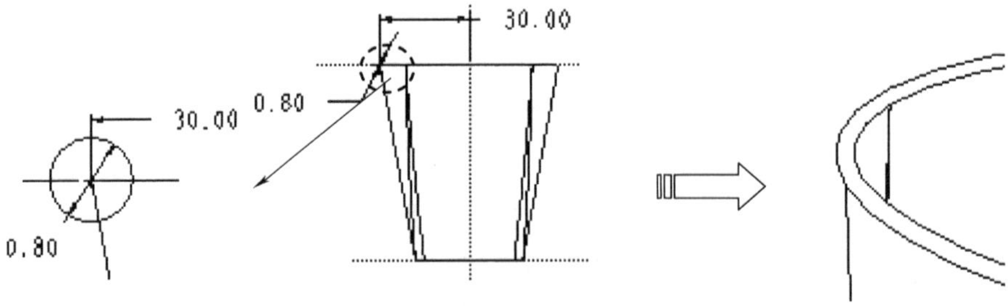

图3-96 旋转杯缘

7）绘制文字曲线，如图 3-97 所示（图中①~④表示操作步骤）。

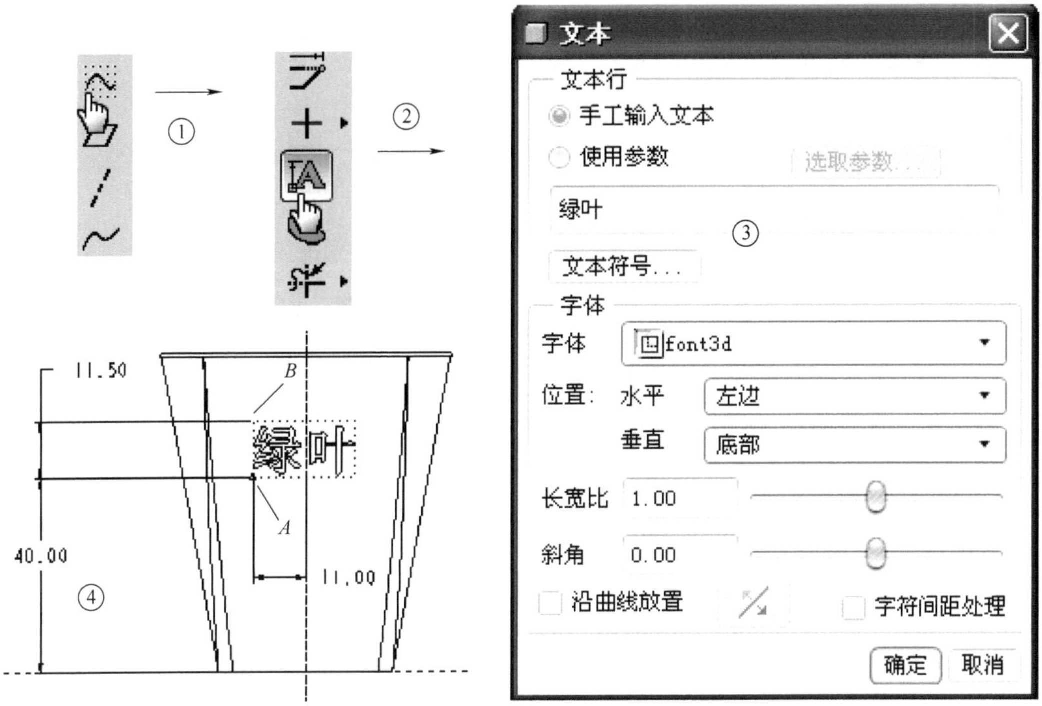

图 3-97 绘制文字曲线

① 单击草绘工具，以 FRONT 面为草绘平面，进入草绘界面。

② 单击文本工具，在图形中单击 *A* 点，竖直向上拖动鼠标单击点 *B*，弹出“文本”窗口。

③ 输入文本“绿叶”，设置字体格式为 font3d，设置位置定义方式为水平方向“左边”对齐、垂直方向“底部”对齐，单击“确定”。

④ 重新标注和修改文字的位置和大小尺寸。

8）对文字曲线向杯体侧面投影，如图 3-98 所示（图中①~⑥为操作步骤）。

① 单击主菜单中的“编辑”→“投影”选项，弹出投影定义栏。

② 单击定义栏中的“参照”，选择投射曲线为“投影链”（投影链即指从外部选取投射曲线），单击“链”下方的空白选项框。

③ 在模型中点取上一步完成的文字曲线（因文字几个部分不串联，需按下键盘的“Ctrl”键进行多选）。

④ 单击“曲面”下的空白选项框，在图形中点取投影曲面（文字正对的杯体表面）。

⑤ 单击“方向参照”下的选项框，在图形中单击 FRONT 面为投射方向参照（按 FRONT 面的法线方向进行投影）。

⑥ 单击定义栏中的✔，完成曲线投影。

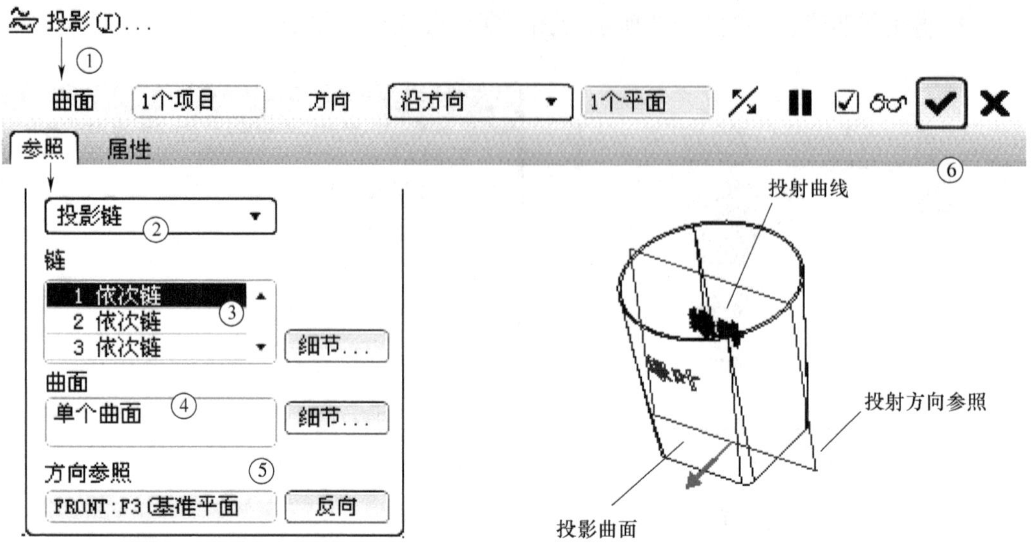

图3-98 曲线投影

要点提示：

1）如果步骤②中选择投射曲线为“投影草绘”，可以在投影建模中草绘投射曲线（内部曲线），这样就可以省去步骤7）的草绘曲线。

2）先在模型树中单击步骤7）的草绘曲线，然后点取投影命令，可以看到投影定义栏参照中自动导入了步骤7）的草绘曲线为投射曲线。

9）隐藏步骤7）的草绘曲线，如图3-99所示。在模型树中单击草绘1（文字曲线），单击鼠标右键，选取快捷命令“隐藏”。

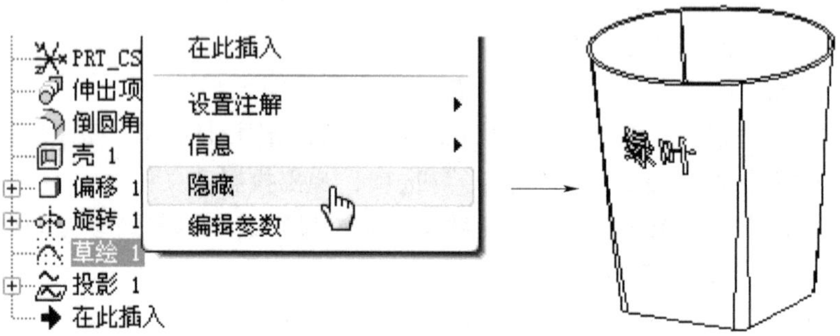

图3-99 隐藏曲线

10）单击保存图标，保存文件到工作目录中。

相关知识

1. 几何复制

（1）几何图素定义 几何图素主要是指模型中的顶点、轮廓线和实体面，在建模的过程中，有时要利用模型现有的几何图素（轮廓线、实体面）来进行下一步的建模，就要对模型的几何图素进行复制。

（2）几何复制的操作步骤　图 3 - 100 中的①～⑤为操作步骤。

① 在图形窗口的右上角切换选取类型为“几何”。

② 在图形中点取要复制的几何图素，如实体表面。

③ 单击主菜单中的“编辑”→“复制”项。

④ 单击主菜单中的“编辑”→“粘贴”或“选择性粘贴”，弹出复制定义栏。

⑤ 单击定义栏中的✔，完成几何复制。

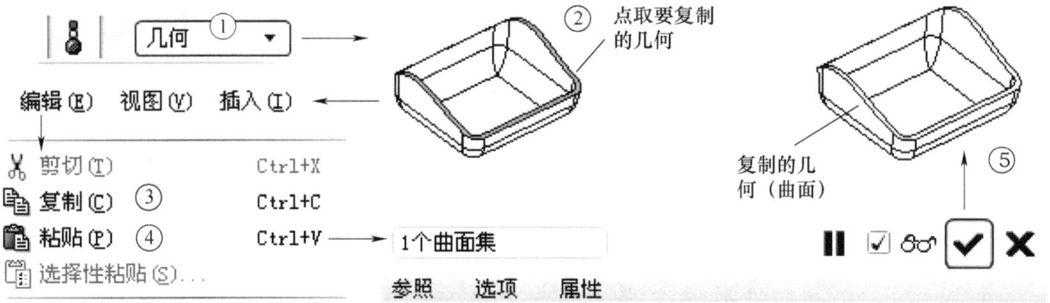

图 3 - 100　几何复制（实体面复制）的操作步骤

2. 特征的选取

（1）零件设计状态下的选取类型　Pro/Engineer 零件设计状态下可切换多种不同选取类型模式，可以进行特征、几何、基准、面组等不同类型图素的选取。如图 3 - 101 所示为在图形窗口右上角的零件设计状态下的不同选取类型模式。

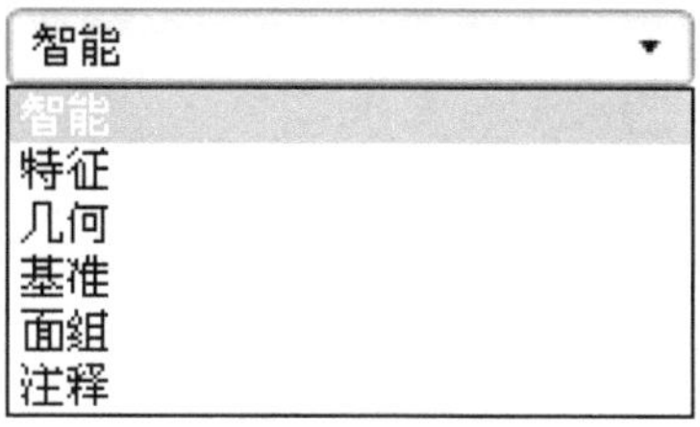

图 3 - 101　零件设计状态下的选取类型模式

（2）智能选取方式　在零件设计状态下，系统默认的选择模式为“智能”，此时如果点取模型上的图元，首先选到的是特征，选中的特征边框会变亮色（加亮的细线），如果再次单击，便可选择几何图素，如实体曲面、棱边等，选中的实体面将着色显示，选中的轮廓棱边呈粗亮色显示。

（3）特征的筛选　在智能状态下只能选取最表面的特征或几何图素，如果要选取最表面特征下方重叠遮蔽的其他特征，可以用筛选的方式进行选取。当鼠标移动到要选取特征的位置时，最表面的特征轮廓边框会显示，这时单击鼠标的右键进行筛选，可以看到显示的边框切换到了下一个特征，像这样一直单击右键进行筛选，直到要选取的特征边框显示，再单击鼠标左键进行选取。

拓展训练

1. 实训任务

设计如图 3 - 102 所示键盘按键。

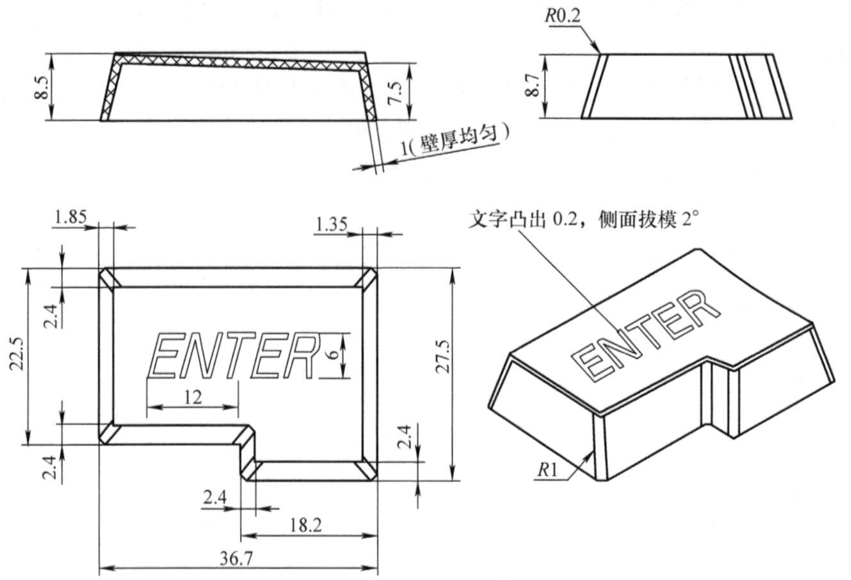

图 3 - 102　键盘按键

2. 建模步骤（参考）

图 3 - 103 所示为键盘按键的建模流程图。

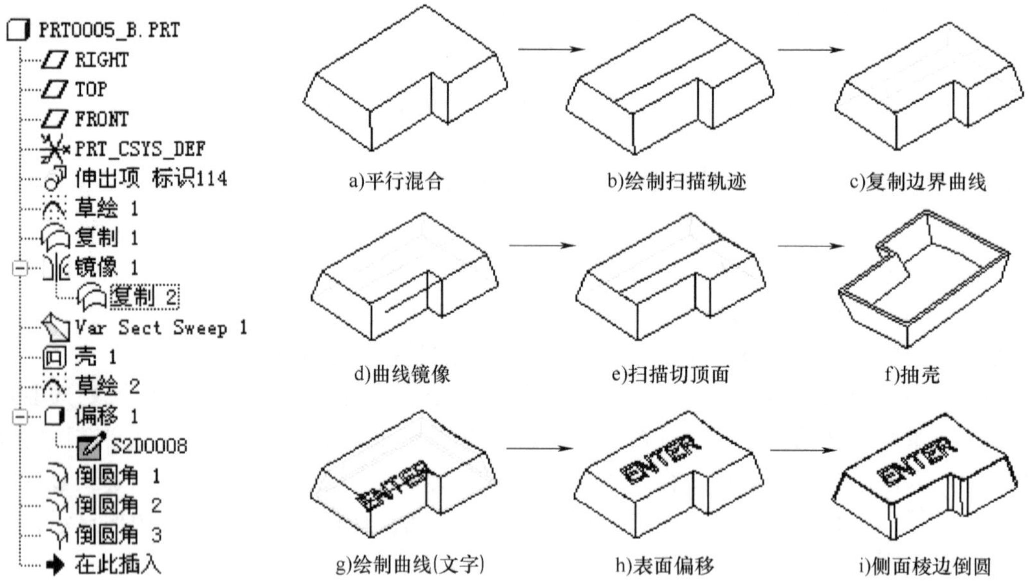

图 3 - 103　键盘按键的建模流程图

3. 重点提示

1）按图 3 - 103a 步骤操作，截面的绘制是关键，如图 3 - 104 所示。

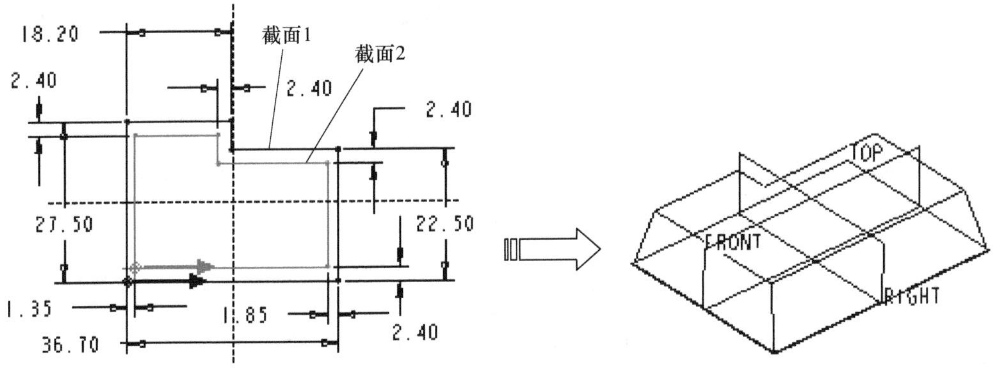

图 3-104 截面的绘制

2）按图 3-103b 步骤操作，绘制的扫描轨迹曲线为一条斜线，如图 3-105 所示。

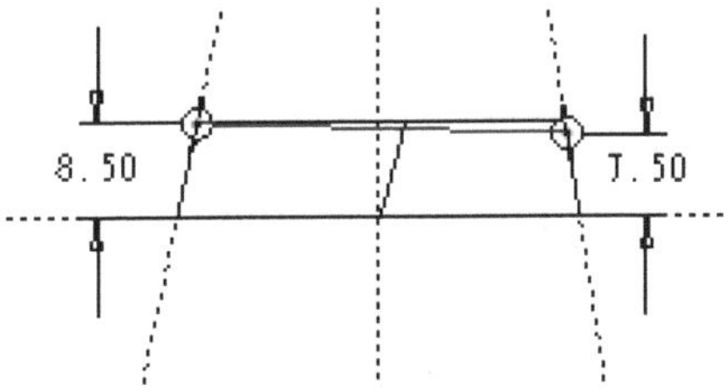

图 3-105 绘制的扫描轨迹曲线

3）按图 3-103e 步骤进行扫描切料操作，其中轨迹有 3 条，原点轨迹为按图 3-103b 步骤绘制的扫描轨迹曲线，另外两条轨迹曲线链 1 和链 2 分别为按图 3-103c 步骤绘制的复制的曲线和按图 3-103d 步骤镜像的曲线，如图 3-106 所示。

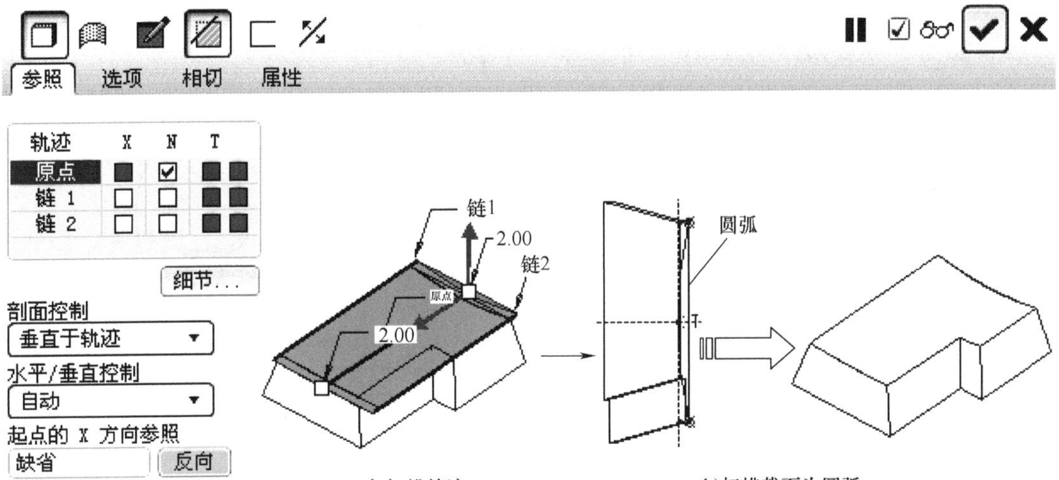

a)3条扫描轨迹 b)扫描截面为圆弧

图 3-106 扫描切按键的弧顶曲面

4）按图 3-103h 步骤进行表面偏移，平移区域截面为提取图 3-103g 步骤绘制的文字曲线，因为在平移区域截面绘制中，文字工具 呈暗色显示，即不可用，只有先通过草绘工具绘制文字曲线，在平移截面草绘时通过使用工具提取文字曲线。图 3-107 所示为表面偏移定义。

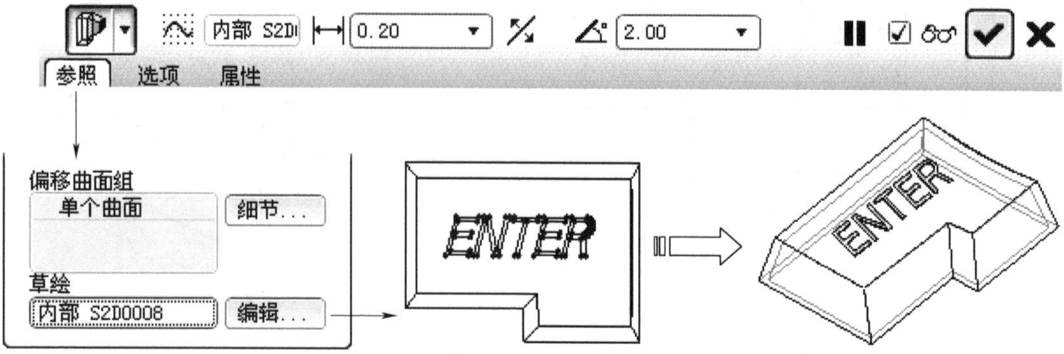

图 3-107　表面偏移

知识小结

1）混合特征建模时最关键是截面绘制，平行混合截面绘制时要通过主菜单中的“草绘”→“特征工具”→“切换截面”进行截面切换，以便下一个截面的绘制，截面的起点和截面方向要一致。旋转混合截面绘制时要插入坐标系，当绘制完一个截面后，直接单击草绘界面中的✔，然后通过提示进入下一个截面的绘制。

2）偏移特征为编辑特征，编辑特征工具一般呈暗色显示，即不可用。进行表面偏移时先要点取要偏移的表面，激活偏移工具（呈亮色显示），才可进行操作。

思考练习

设计如图 3-108 所示的风扇电动机外罩壳体零件。

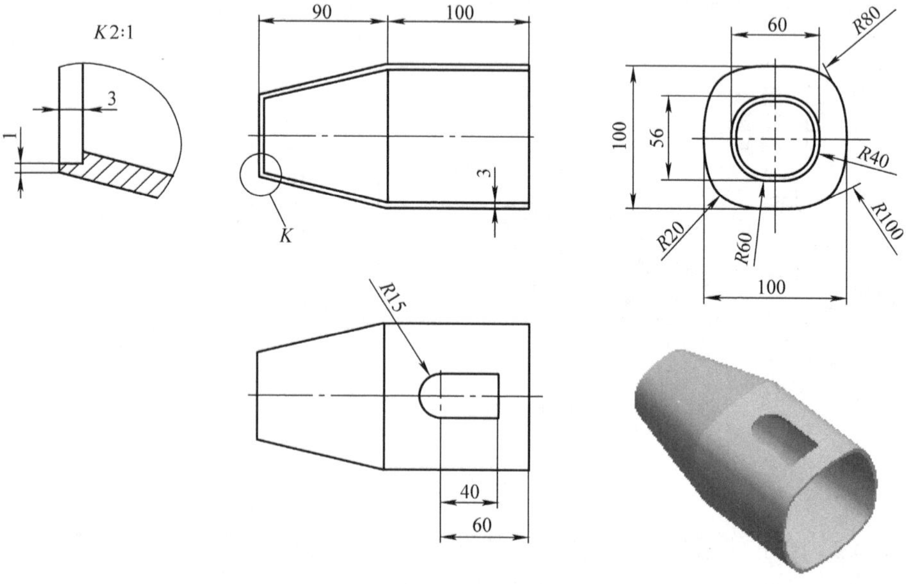

图 3-108　风扇电动机外罩壳体

任务六　拔模造型——设计连杆锁紧块

学习内容

1. 建模方法：拔模、零件镜像。
2. 基本操作：特征编辑、编辑定义、特征删除。

实训任务

设计如图 3-109 所示的连杆锁紧块。

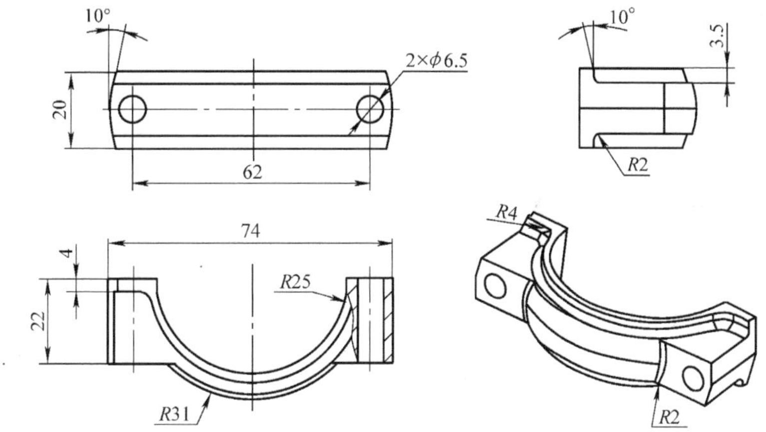

图 3-109　连杆锁紧块

基础知识

1. 工程特征——拔模

（1）拔模定义　拔模是指几何面绕轴线旋转一定角度，使几何面在原来位置的基础上倾斜。拔模特征形成的角度称为拔模角。产品设计中对模型设计拔模角的主要目的是使产品生产时有利于制件在模具中脱模。

（2）拔模特征参数　图 3-110 所示为拔模特征参数。

（3）拔模特征的操作步骤　图 3-111 中的①～⑥表示操作步骤。

① 进入特征定义状态：点取拔模特征工具，弹出拔模特征定义栏。

② 选取拔模曲面：在图形中点取拔模面，多个面同时拔模时可以按下“Ctrl”键进行多选。

③ 选取拔模枢轴参照：单击拔模枢轴图标旁边的空白选项框，使其变黄色，在图形中点取拔模枢轴参照（棱边线或平面）。

④ 选取拔模拖拉方向参照：单击拖拉方向图标旁边的空白选项框，使其变黄色，在

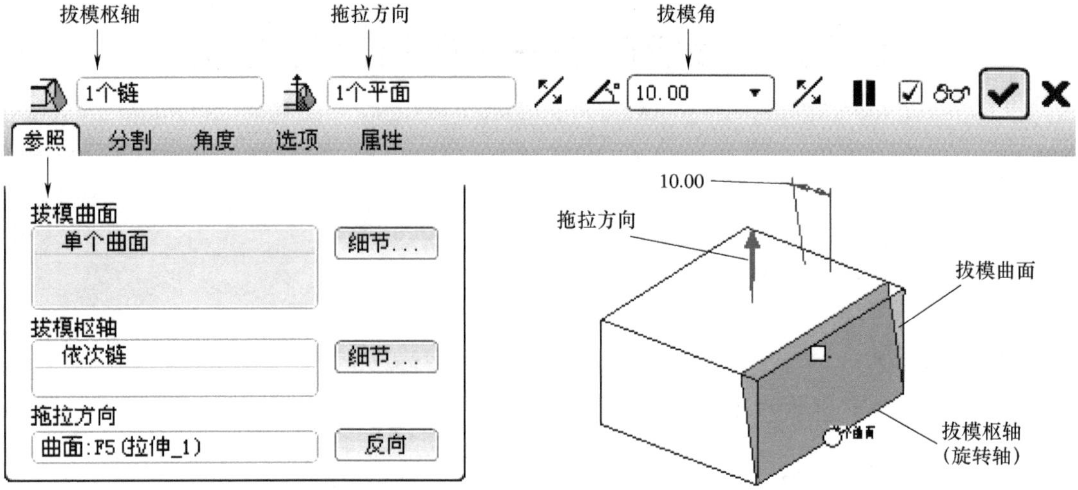

图3-110　拔模特征参数

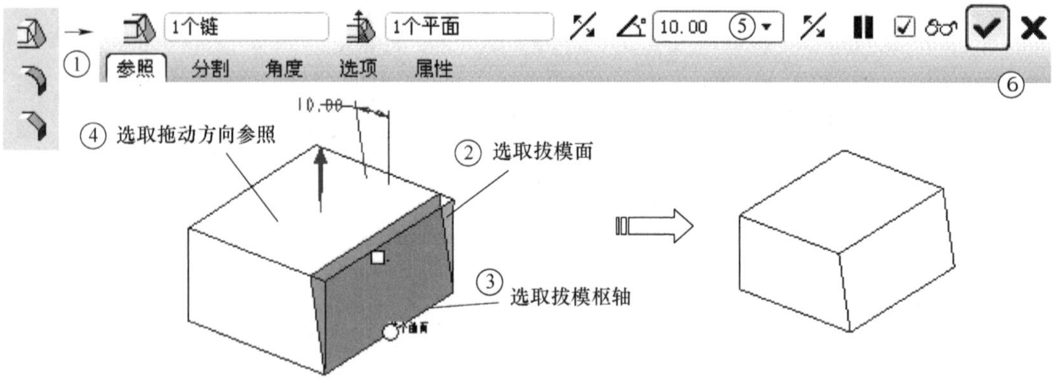

图3-111　拔模特征的操作步骤

图形中点取拖拉方向参照（平面、直线或轴线）。

⑤ 输入拔模参数：输入拔模角度，并通过单击方向图标 调整拔模方向。

⑥ 完成特征定义：单击定义栏中的图标，完成拔模定义。

2. 零件镜像

在特征建模中，镜像是特征复制的主要方法。镜像有单个特征镜像、多个特征镜像和零件镜像。在铰链支架板的建模中，使用了单个特征的镜像，多个特征镜像与单个特征镜像的操作相同，只要先选取多个需要镜像的特征，然后单击镜像工具 即可。整个零件镜像操作时，需要在模型树中点取零件名称，激活镜像工具 ，然后进行镜像操作。

如图3-112所示为铰链支架板零件的镜像，其镜像操作为①点取零件→②点取命令→③选取镜像平面→④完成零件镜像。

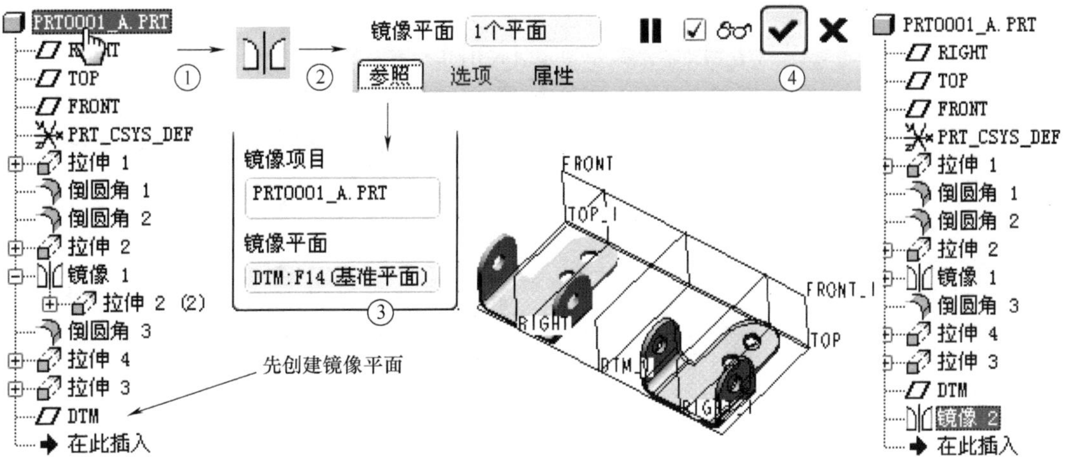

图3-112 零件镜像

任务分析

1. 零件结构分析

图3-113所示为连杆锁紧块的结构，该零件设计的难点就是侧面的拔模造型。

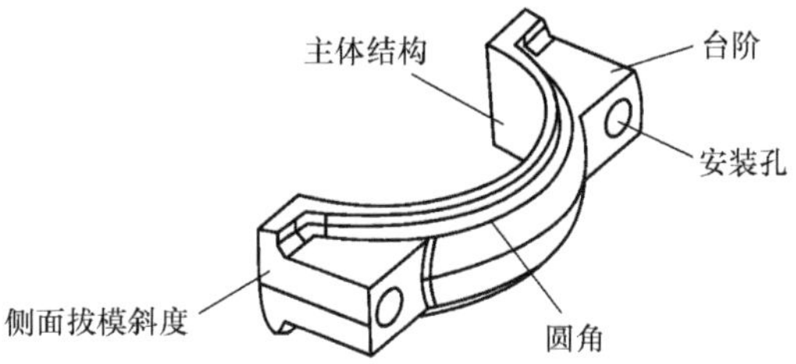

图3-113 连杆锁紧块的结构

2. 零件建模步骤

图3-114所示为连杆锁紧块的建模流程图。

任务实施

1）启动软件后，设置工作目录，新建零件文件prt0006_ A，单位制式为“mmns_ prt_ solid”。

2）以TOP面为草绘平面，拉伸锁紧块的主体，拉伸深度为20，对称拉伸，如图3-115所示。

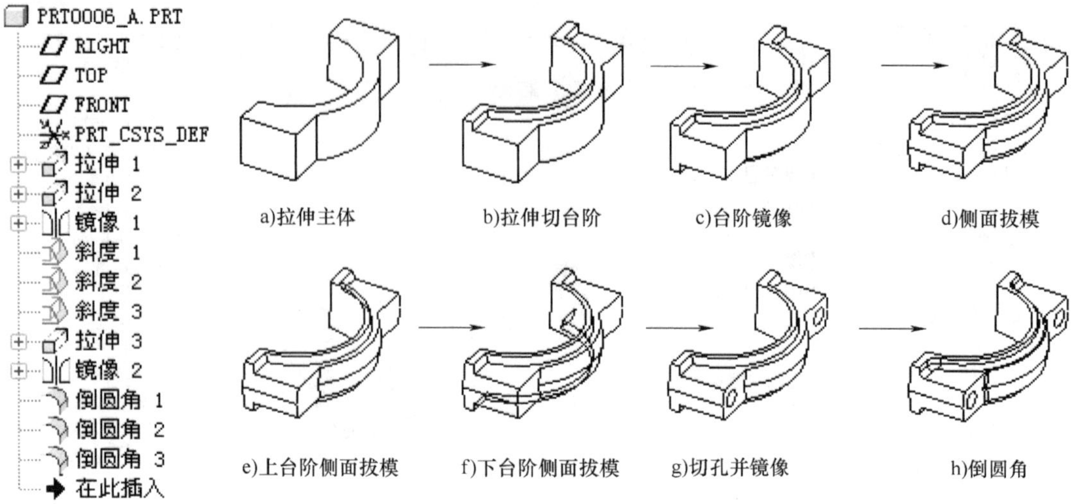

图 3-114　连杆锁紧块的建模流程图

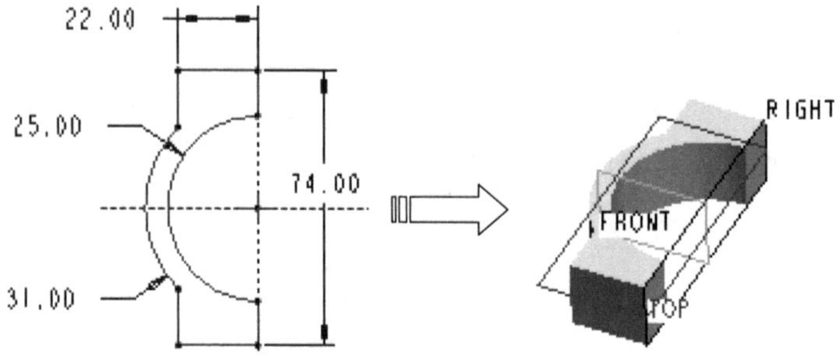

图 3-115　拉伸主体

要点提示：本步骤中拉伸深度的定义方式为 ⊟（对称拉伸），因为零件上下是对称的，采用对称拉伸，草绘平面（基准面）放中间，有利于后续的特征镜像。

3）以上表面为草绘平面，拉伸切台阶，如图 3-116 所示。

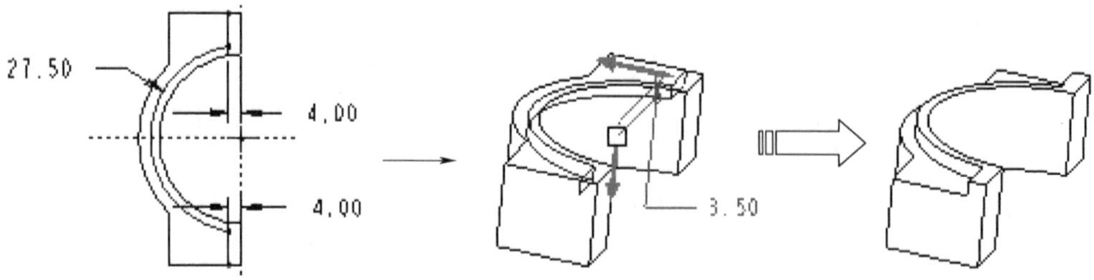

图 3-116　拉伸切台阶

4）以 TOP 面为镜像平面，对步骤 3）的拉伸切料特征（台阶）进行镜像，如图 3-117 所示。

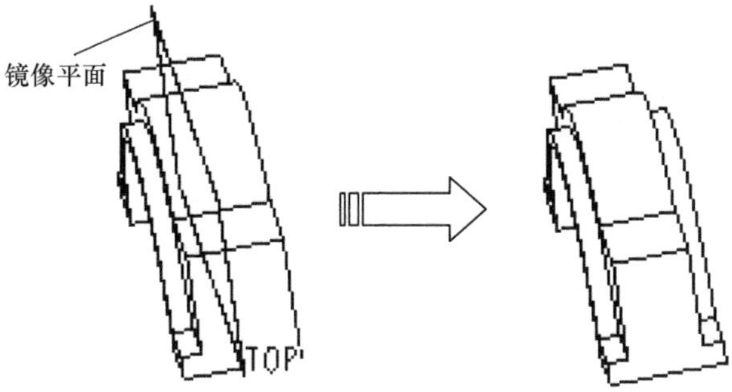

图 3-117 平台镜像

5）台阶侧面拔模，如图 3-118 所示。

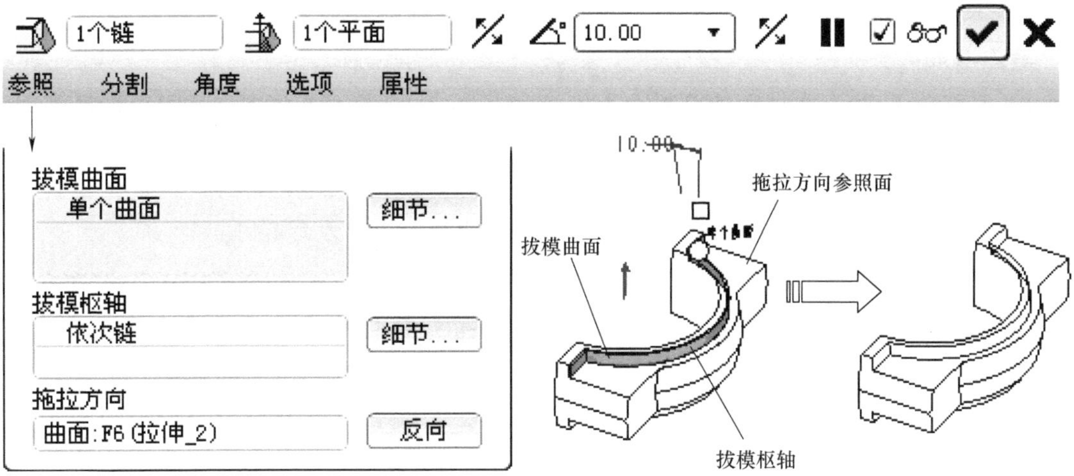

图 3-118 台阶侧面拔模

要点提示：

1）拔模曲面有 3 个，按下键盘的“Ctrl”键进行多选。

2）拔模枢轴有 3 段线（3 个拔模曲面与台阶平面的交线），点取第 1 段后按下键盘的“Shift”键，然后按顺序点取第 2 段和第 3 段，使 3 段线组成 1 条链，不能按“Ctrl”键进行多选。如果按“Ctrl”键选取，将形成 3 条链，拔模特征将不能生成。

3）单击方向图标 ，调整拔模方向为向内拔模（向实体内部倾斜）。

6）按同样的操作方法对下端台阶侧面进行拔模。

7）主体侧面拔模，如图 3-119 所示。

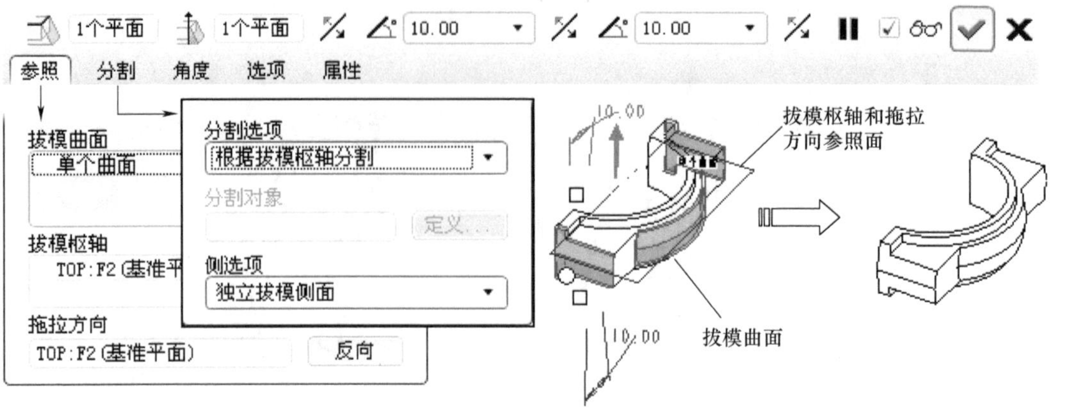

图 3-119 主体侧面拔模

要点提示：

1）选取 TOP 面为拔模枢轴参照，系统自动导入 TOP 面为拖拉方向参照，拔模曲面与 TOP 面的交线成了拔模枢轴（旋转轴），TOP 面的法线方向成为拖拉方向。

2）在“分割”选项中选取“根据拔模枢轴分割”→“独立拔模侧面”，使拔模斜面在 Top 面处分割，单击方向图标，调整拔模方向，使两侧拔模方向不同。

8）以 FRONT 面为草绘平面，拉伸切安装孔，如图 3-120 所示。

9）安装孔镜像，如图 3-121 所示。

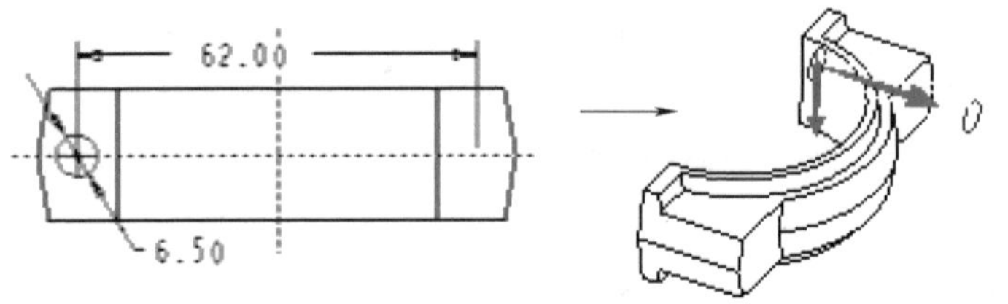

图 3-120 拉伸切安装孔

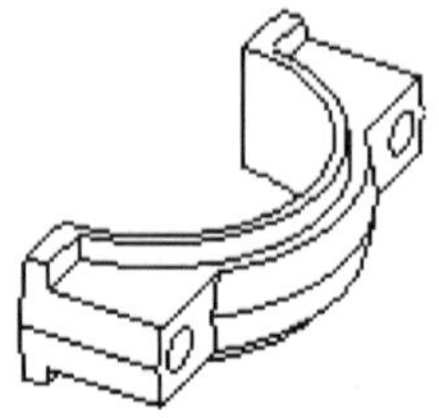

图 3-121 安装孔镜像

要点提示：由于安装孔的截面比较简单，在步骤 8）的拉伸截面草绘中进行圆弧镜像，直接生成左右安装孔，这样就可以省去步骤 9）的特征镜像操作。当然，Pro/Engineer 特征建模原则是特征截面尽量简单，如果截面镜像造成截面图元太多，截面对称关系太复杂，特征生成速度反而慢，而且容易出错。

10）倒圆角，如图 3-122 所示，形成 3 个倒圆角特征。

11）单击保存图标，保存文件到工作目录中。

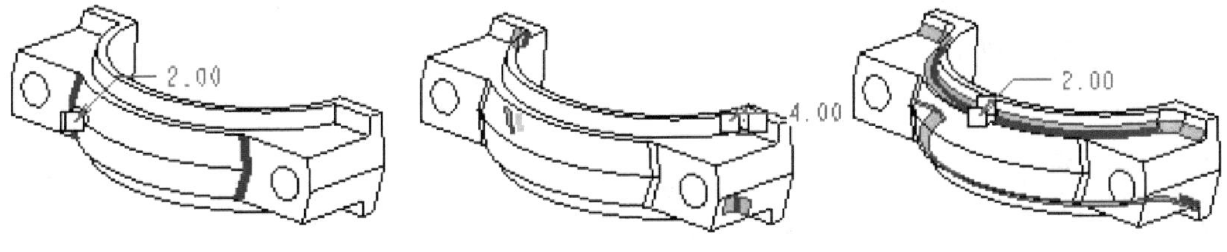

图 3-122 倒圆角

相关知识

在零件建模过程中经常要对特征进行尺寸和结构修改，以达到更好的设计效果。常用的特征修改操作有编辑和编辑定义两种方式，编辑只是修改特征的尺寸，使特征大小发生变化，而编辑定义可以重新进入特征定义状态，对特征的尺寸参数、建模方式以及截面形状进行修改，使特征的大小和形状均发生变化。

1. 特征编辑

如图 3-123 所示，修改连杆锁紧块安装孔的孔径尺寸 $\phi6.5$ 为 $\phi6.8$，通过特征编辑操作（步骤①～③）如下：

① 在模型树中（或在模型中）单击要修改的特征（安装孔），单击鼠标右键，弹出快捷命令，选择“编辑”项，在模型中显示特征尺寸。

② 在图形中双击直径尺寸 6.5，输入新尺寸为 6.8。

③ 单击再生工具，使特征大小按新修改的尺寸重新生成。

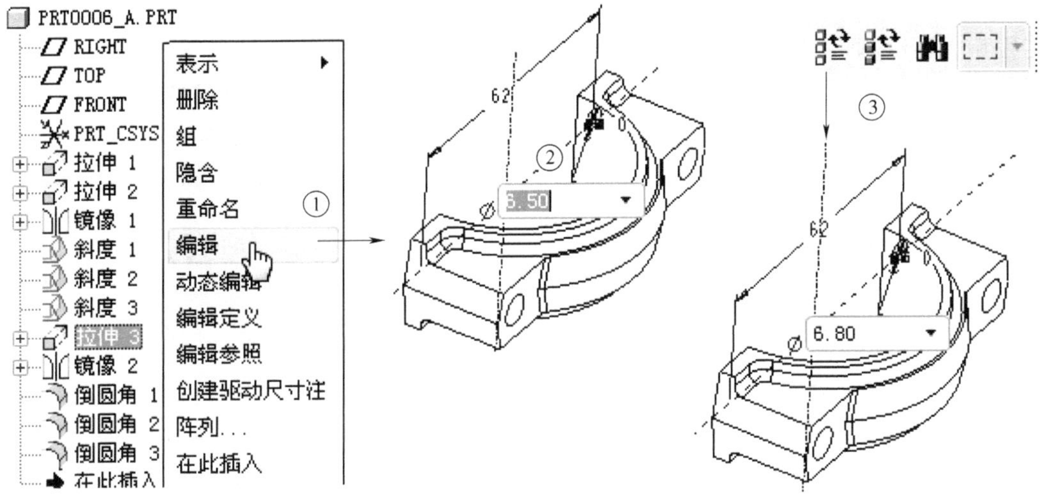

图 3-123 特征编辑操作

2. 特征编辑定义

图 3-124 所示为用编辑定义方式修改铰链支架板安装固定孔为腰形孔结构图中①～④表示其操作步骤。

① 在模型树中（或在模型中）单击要修改的特征（安装固定孔），单击鼠标右键，弹出快捷命令，选择“编辑定义”，弹出特征定义栏。

② 单击“放置”→“编辑”，进入草绘界面。

③ 修改拉伸截面。

④ 单击定义栏的✔，完成特征的编辑定义。

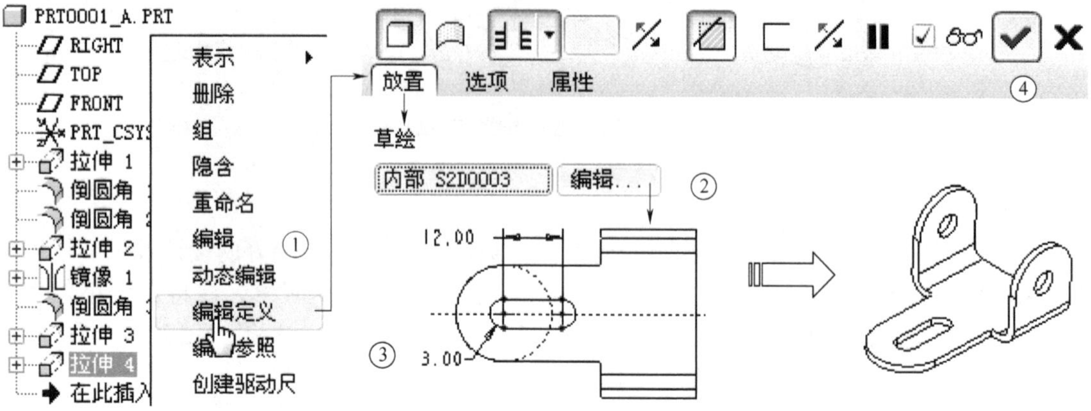

图 3-124　特征编辑定义操作

3. 特征的删除

在特征建模中，经常要对多余的特征或错误的特征进行删除。在模型树中或图形中点取要删除的特征，单击鼠标右键，点取快捷命令“删除”即可，也可按键盘的“Del”键进行删除。

因为 Pro/Engineer 为全相关设计模式，特征都是相关的，特征之间存在父子关系，当删除某个特征时，与其相关联的特征将会受到影响，特征删除一定要谨慎，要确认该特征没有子特征后才可以删除，否则子特征生成会失败。

如图 3-125 所示，删除铰链支架板倒圆角 3 时，系统提示拉伸 3 和拉伸 4 两个特征与倒圆角 3 有父子关系，是否需要把倒圆角 3 的子特征也删除。如果单击“确定”按钮，则拉伸 3 和拉伸 4 一起被删除。当然，如果删错了，可以单击撤销工具↶，取消删除。

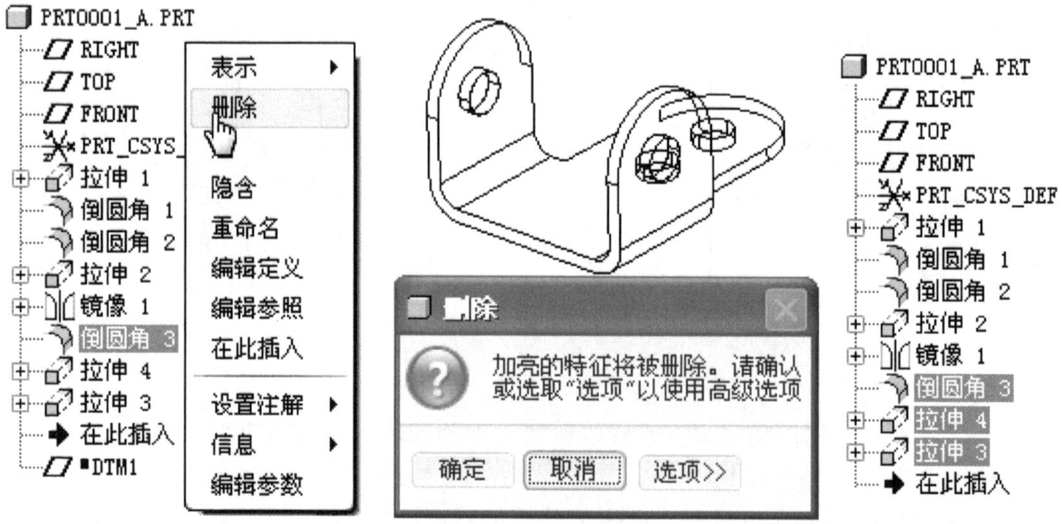

图 3-125　删除特征

拓展训练

1. 实训任务

设计如图 3 - 126 所示的连杆零件。

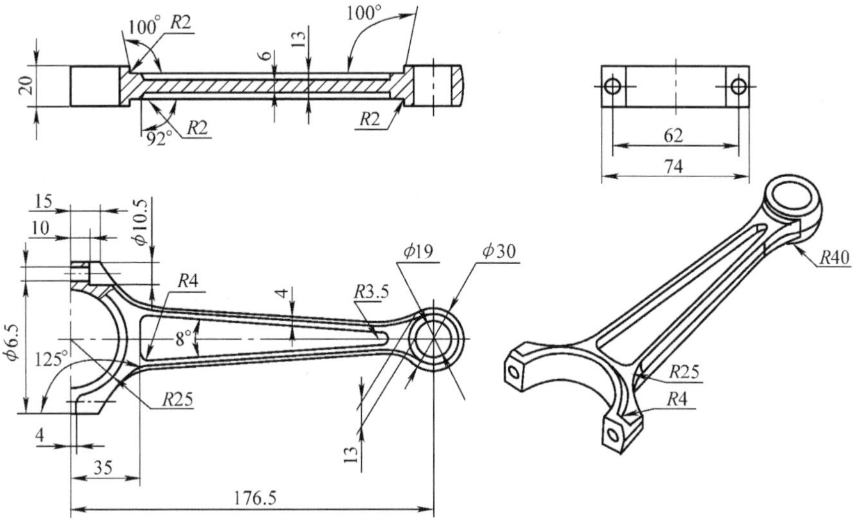

图 3 - 126 连杆

2. 建模步骤（参考）

图 3 - 127 所示为连杆建模流程图。

3. 重点提示

1）按图 3 - 127f 步骤切安装沉头孔，草绘平面如何确定是关键。从图 3 - 126 可以看出，沉头孔底端面与连杆左端面距离为 10，可用连杆左端面偏移 10 创建草绘平面，操作如下：

单击定义栏中的“放置”→“定义”，弹出“草绘”窗口，单击主窗口界面中的平面工具▱，弹出“基准平面”定义窗口，点取连杆左端侧面，输入偏移值为 -10，创建基准平面。可以看到，“草绘”窗口中自动导入了该基准面为草绘平面。拉伸特征创建完成后，在模型树中可以看到该基准面位于拉伸特征内，并自动隐藏，如图 3 - 128 所示。

2）按图 3 - 127j 步骤进行主体侧面拔模如图 3 - 129 所示，在“参照”中点取 TOP 面为拔模枢轴参照平面，在“分割”中选取“分割选项”为“根据拔模枢轴分割”。

3）连杆表面凹槽采用了拉伸切料方式来建模（见图 3 - 127c 步骤），而在图 3 - 127k 步骤和图 3 - 127l 步骤中，要对凹槽侧面进行拔模，也可以采用表面偏移（偏移(O)...）中的具有拔模特征的方式来构建凹槽，在偏移特征定义中增加拔模斜度，这样就可以省去拔模特征。

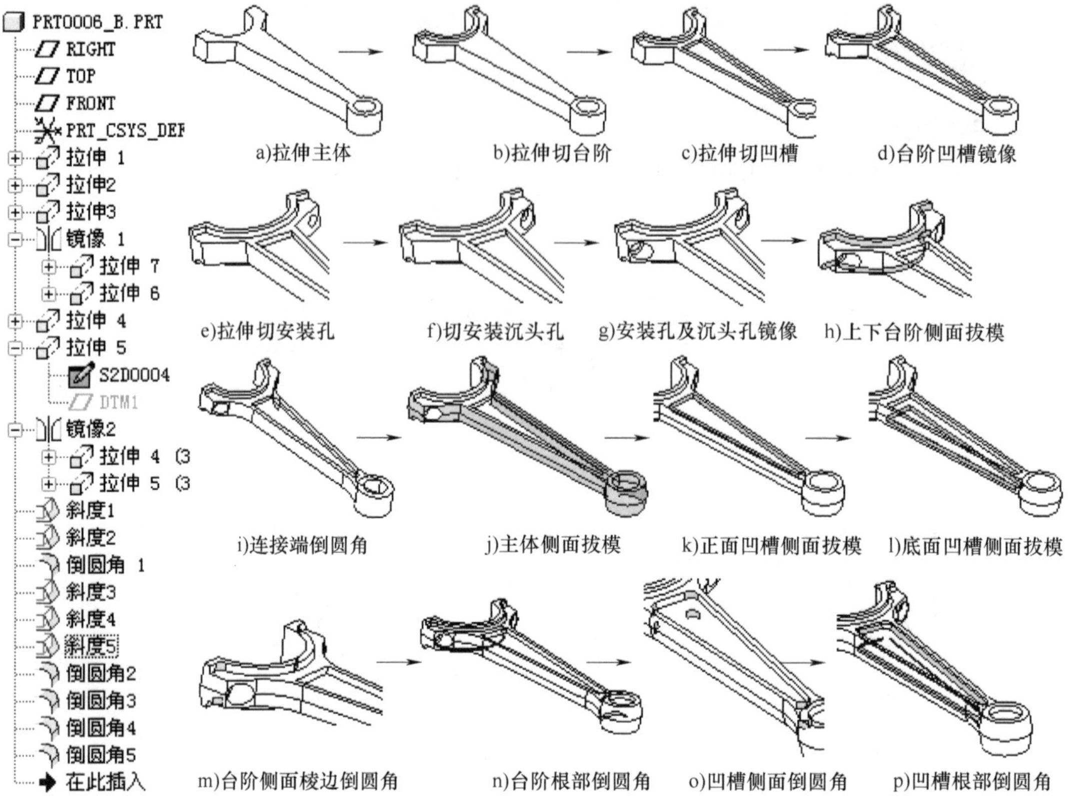

图3-127 连杆建模流程图

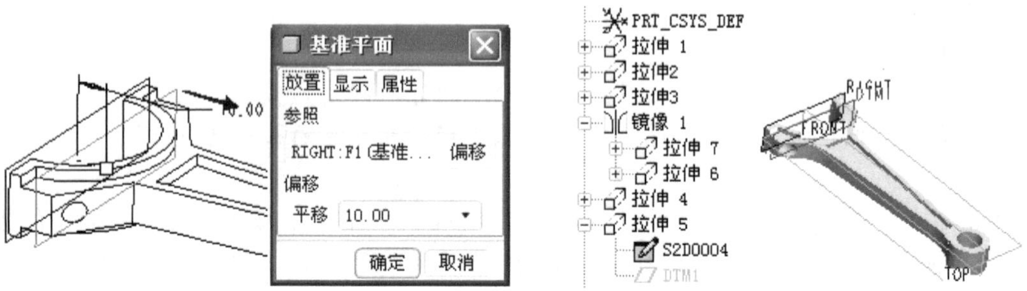

图3-128 在特征建模中创建草绘平面（基准面）

知识小结

1）拔模是常用的建模方法，特别在塑料件的设计中，零件侧壁均要创建拔模角，以方便塑料件脱模。在拔模特征构建中要清楚拔模曲面、拔模枢轴和拖拉方向三个概念，要清楚拔模特征（斜面）构建的方式。

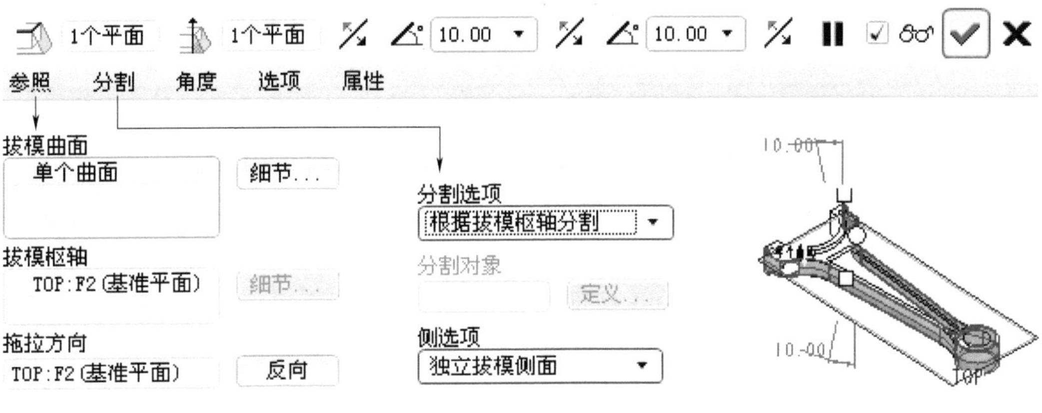

图 3-129 连杆主体侧面的分割拔模

2）基准平面、基准轴、基准点以及草绘曲线等基准特征均为“透明特征”，即在建模过程中的任何时候均可单击相应的基准特征工具进行创建，创建的基准特征会放置在所建特征内，而且会自动隐藏。

3）镜像有单个特征镜像、多个特征一起镜像和零件镜像三种方式，工程特征不能单独镜像，需要与其所依附的基础特征一起镜像。

4）连杆锁紧块和连杆均为上下对称模型，也可先构建模型的上半部分，然后通过对称平面（TOP 面）进行镜像。图 3-130 所示为通过零件镜像对连杆锁紧块进行建模。

先按上半部分构建模型，然后在模型树中单击零件名称“PRT0006_ A”，单击镜像工具 ⊐|⊏，弹出镜像定义栏，点取 TOP 为镜像平面进行镜像。连接安装孔也可在零件下半部分镜像后再创建。

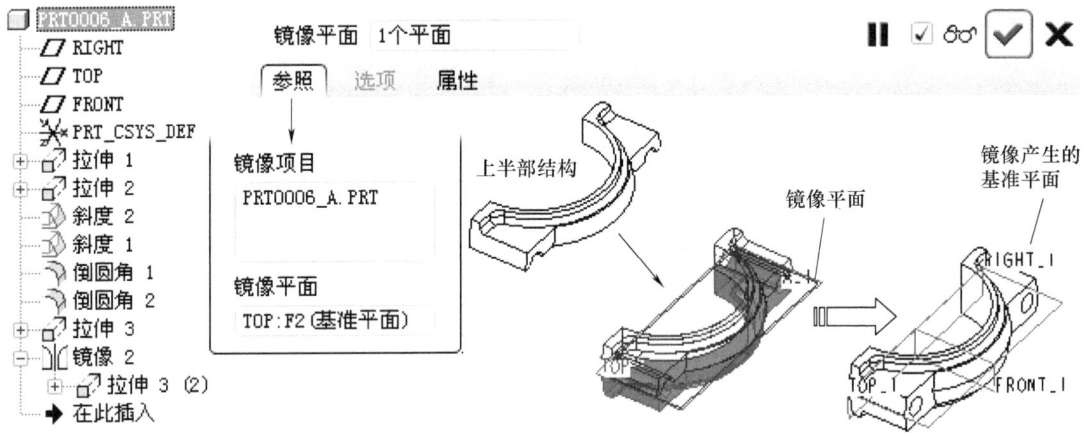

图 3-130 1/2 连杆锁紧块镜像

思考练习

1. 哪些特征属于基准特征？
2. 零件镜像与特征镜像操作有什么不同？

3. 设计如图 3 - 131 所示的烟灰缸模型。

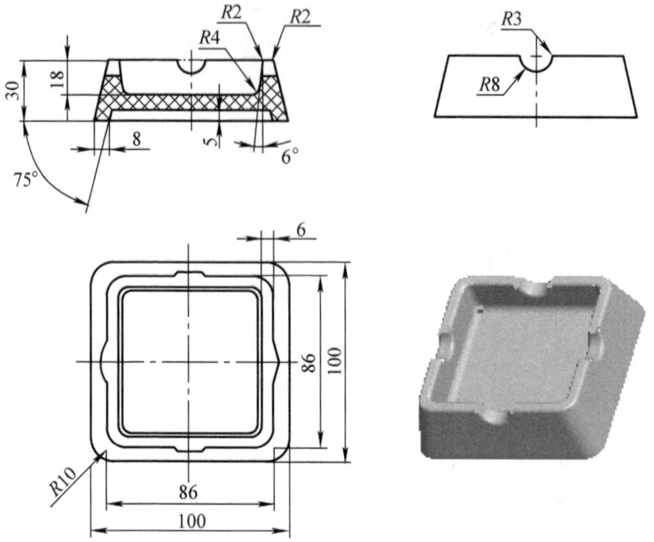

图 3 - 131　烟灰缸

任务七 特征阵列——设计端盖零件 I

学习内容

1. 建模方法：特征阵列。
2. 基本操作：界面定制。
3. 基准特征创建：基准面和基准轴。

实训任务

设计如图 3-132 所示的端盖零件 I。

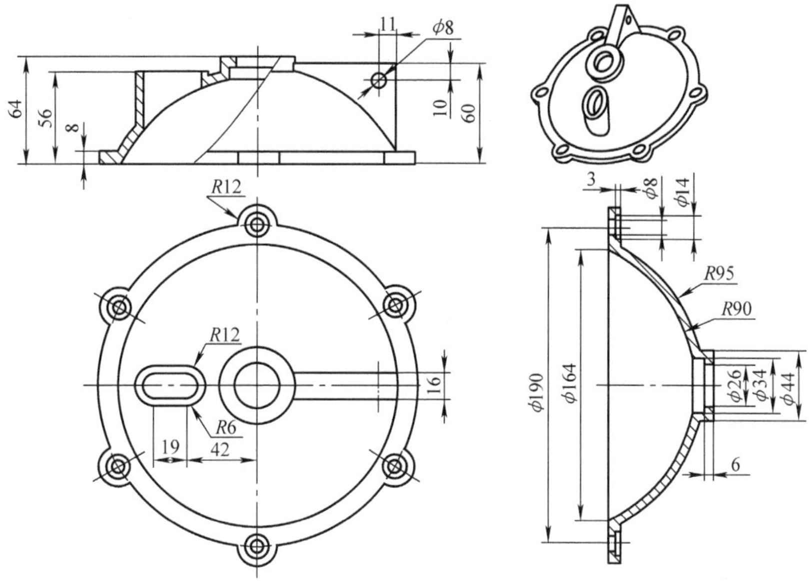

图 3-132 端盖零件 I

基础知识

编辑特征——阵列

（1）阵列定义 在零件中经常有形状大小相同，但位置不同的结构（特征），这些特征如果一个一个去建模，非常费时，设计效率不高，在 Pro/Engineer 中可通过阵列的方法对特征进行复制。

阵列方式有很多，主要有线性阵列和圆周阵列等，如图 3-133 所示。

（2）阵列特征参数及操作步骤 图 3-134 中的①～⑥为其操作步骤。

① 进入特征定义状态：在模型树中单击要阵列的特征，激活阵列命令。单击阵列工具（或单击鼠标右键再单击快捷命令“阵列”），弹出特征阵列定义栏。

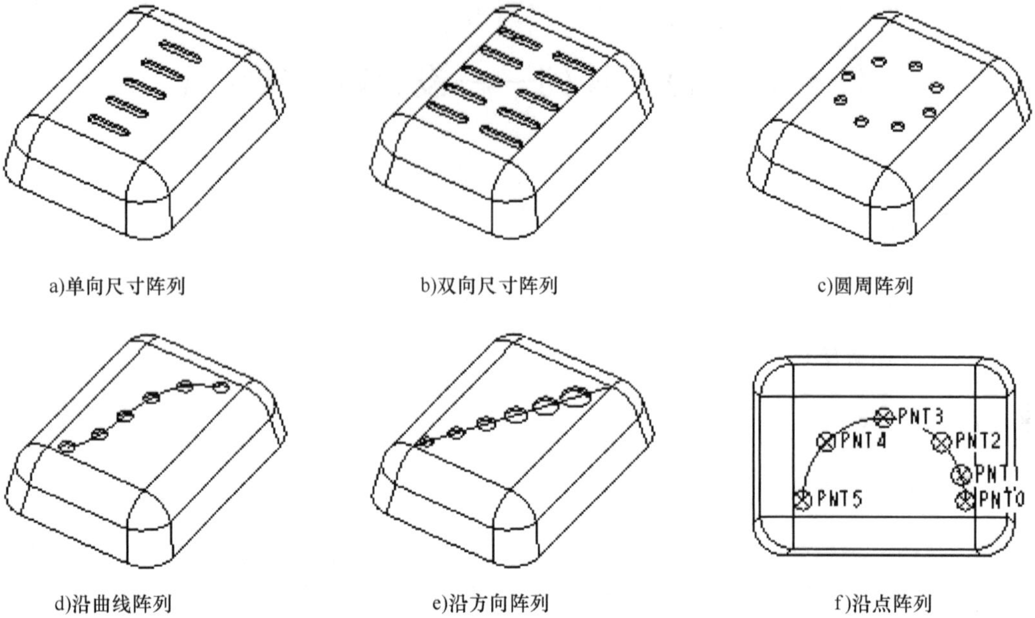

a)单向尺寸阵列　b)双向尺寸阵列　c)圆周阵列

d)沿曲线阵列　e)沿方向阵列　f)沿点阵列

图 3-133　阵列的方式

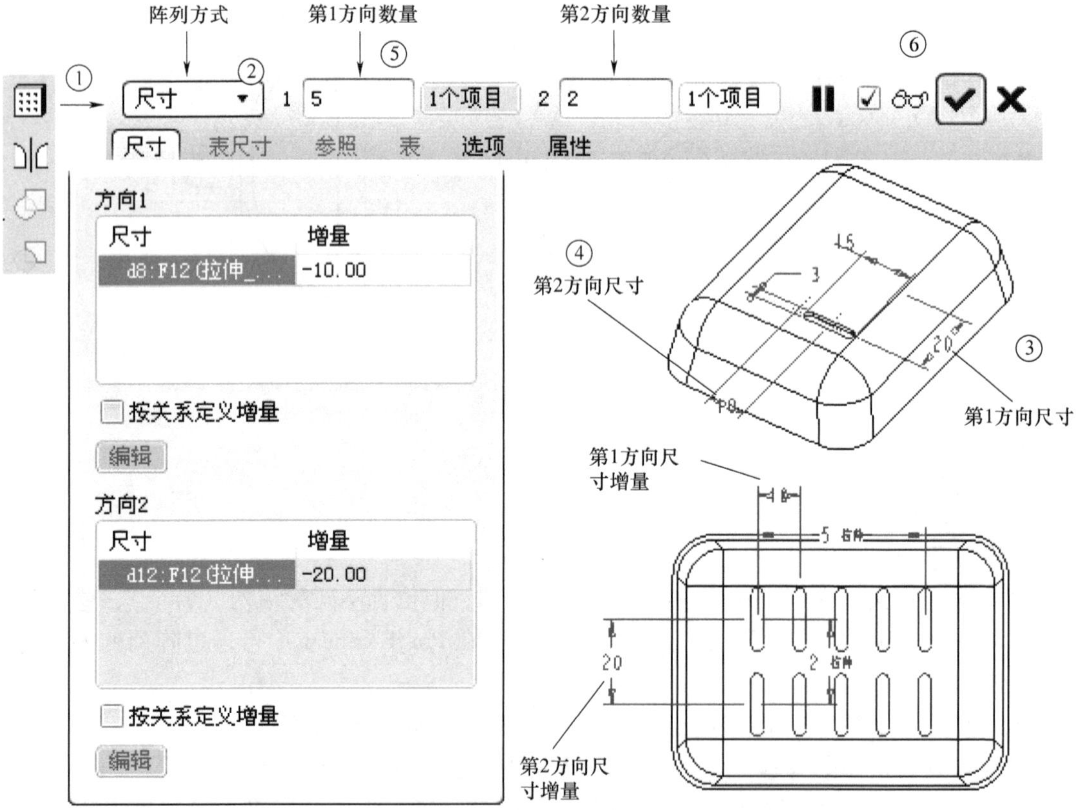

图 3-134　特征阵列参数及操作步骤（尺寸阵列）

② 选择阵列方式：为“尺寸”方式，单击定义栏中的“尺寸”，弹出尺寸方向窗口。

③ 设置第1方向阵列尺寸及增量：在图形中单击第1方向的尺寸（尺寸20），并输入尺寸增量（-10）。

④ 设置第2方向阵列尺寸及增量：在尺寸方向窗口中单击方向2下的选项框，在图形中点取第2方向的尺寸（尺寸10），并输入尺寸增量（-20）。

⑤ 输入阵列数量：在定义栏中分别输入第1方向和第2方向的阵列数量。

⑥ 完成特征定义：单击定义栏中的图标☑，完成阵列定义。

任务分析

1. 零件结构分析

图3-135所示为端盖零件Ⅰ的结构，该零件的主体是一个旋转体薄壳，周边有6个带沉头的安装孔，表面有一个方形凸筋和一个腰形薄壁凸台，顶部中心有一个带孔的圆环凸台。

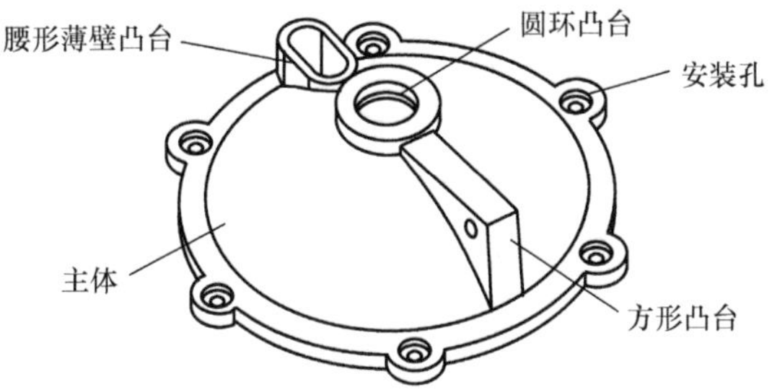

图3-135 端盖零件Ⅰ的结构

2. 零件建模步骤

图3-136所示为端盖零件Ⅰ的建模流程图。

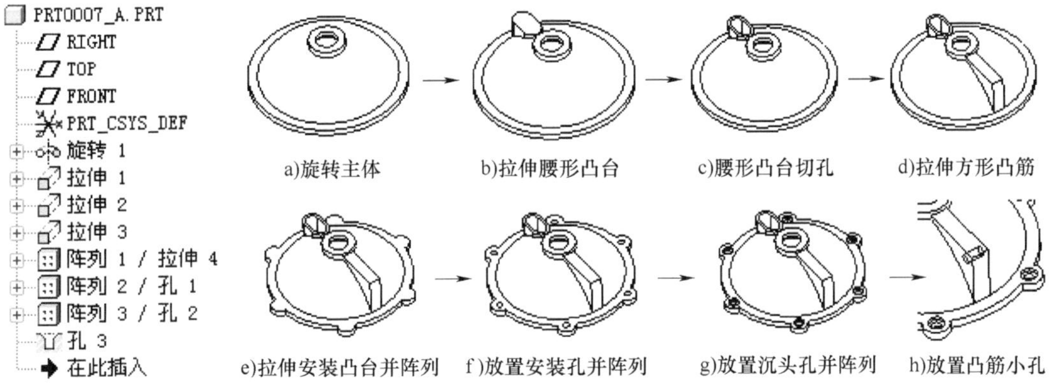

图3-136 端盖零件Ⅰ的建模流程图

任务实施

1）设置工作目录，新建零件文件prt0007_ A，单位制式为“mmns_ prt_ solid”。

2）以FRONT面为草绘平面，旋转端盖的主体，如图3-137所示。

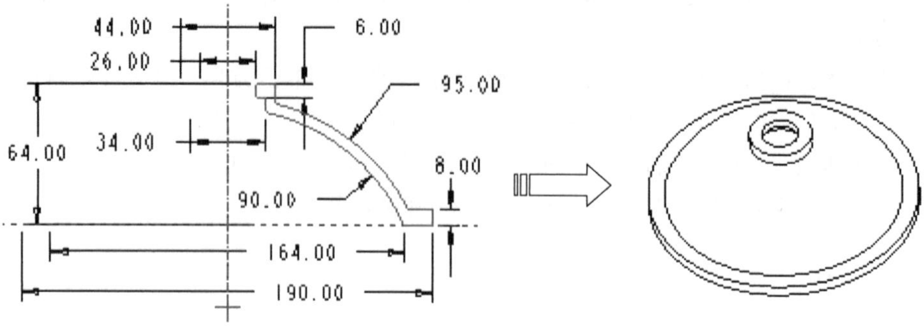

图3-137　旋转主体

要点提示：端盖主体为旋转薄壳结构，从旋转截面图中可以看到，截面比较复杂，能否先不旋转内壁，然后通过抽壳的方法来形成内壁？不妨一试。

3）TOP面向上偏移56创建基准面DTM1，如图3-138所示，图中①~④为其操作步骤。

① 点取平面工具，弹出“基准平面”窗口。

② 在图形中点取TOP面为参照。

③ 在定义窗口中输入平移值为56。

④ 单击定义窗口中的“确定”按钮，完成基准面的创建。

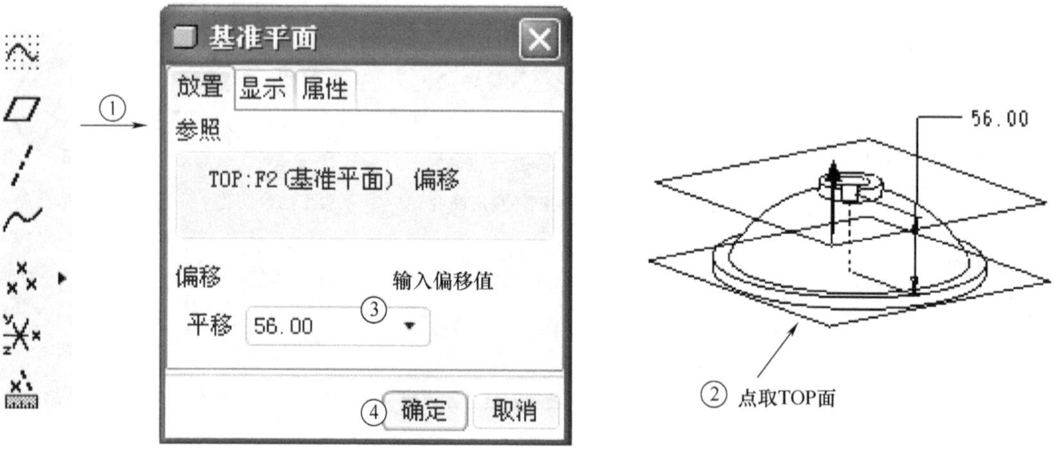

图3-138　创建基准面

4）以DTM1为草绘平面创建腰形凸台（拉伸1），如图3-139所示。

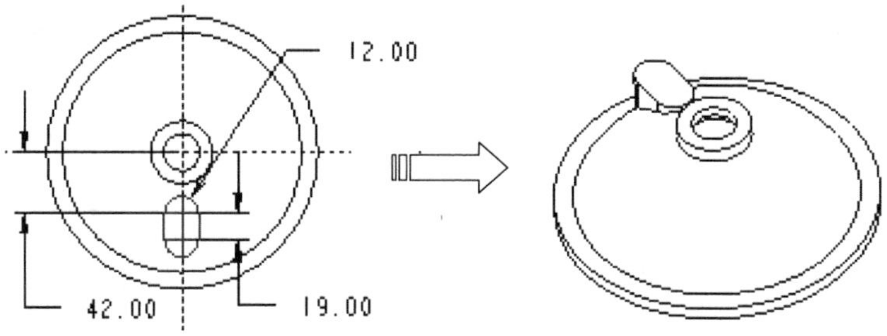

图 3-139 拉伸腰形凸台

要点提示：

1）腰形凸台的拉伸深度定义方式可以选用䷀（拉伸至下一曲面），也可以选用䷀（拉伸至指定的参照），然后指定主体的上表面为拉伸深度的参照。

2）本步骤中的草绘平面 DTM1 也可以先不创建，在绘制腰形凸台拉伸截面选取草绘面时再点取平面工具▱，创建草绘基准面。

5）以腰形凸台上顶面为草绘平面创建腰形孔（拉伸 2），拉伸深度定义方式采用⫶⫶（穿透），如图 3-140 所示。

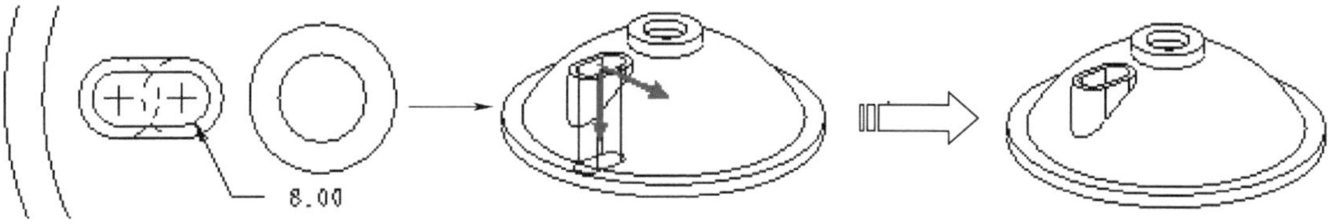

图 3-140 拉伸切腰形孔

6）以 TOP 面向上偏移 60 创建基准面 DTM2，以 DTM2 为草绘平面创建方形凸台（拉伸 3），如图 3-141 所示。

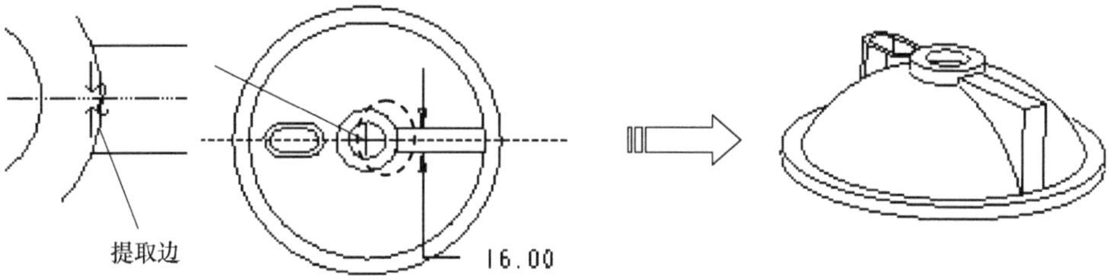

图 3-141 拉伸方形凸台

要点提示：

1）DTM2 采用在建模过程中创建，使 DTM2 并入到拉伸 3 中并隐藏。

2）拉伸截面左右两端均采用□（使用边）的方式提取端盖主体轮廓边来创建截面线。

3）拉伸深度采用䷀形式定义。

7）以端盖凸缘上端面为草绘平面，拉伸安装凸台（拉伸4），拉伸深度采用方式定义，并指定端盖底平面为深度参照，如图3-142所示。

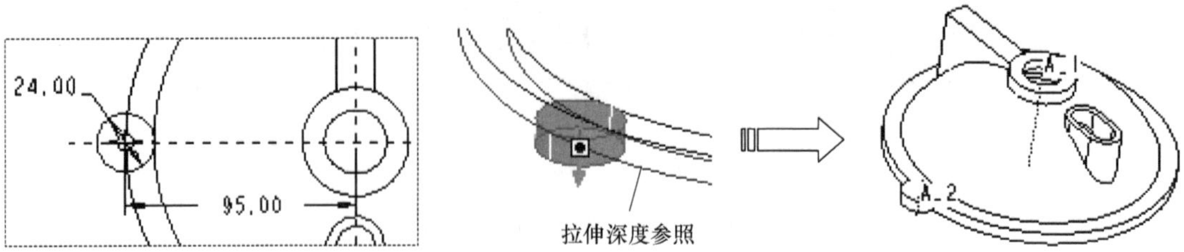

图3-142　拉伸安装凸台

要点提示：本步骤拉伸截面绘制为一个整圆，目的是使拉伸特征为一个圆柱，特征将自动产生一条中心线，以备后续特征建模用。

8）安装凸台轴向阵列（阵列1），如图3-143所示，其步骤如下：

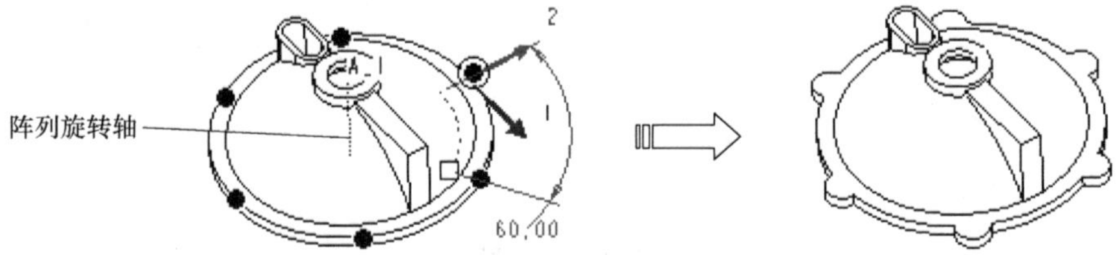

图3-143　安装凸台轴向阵列

① 在模型树中单击拉伸4，单击鼠标右键，弹出快捷菜单，点取“阵列”。

② 在阵列定义栏中选择阵列方式为“轴”，在图形中点取端盖主体的中心轴为阵列旋转轴。

③ 在定义栏中输入阵列数量为6（包括原始的拉伸凸台）、角度增量为60°。

④ 单击定义栏中的图标，完成凸台阵列。

9）单击孔工具，在端盖凸缘上平面安装凸台中心处放置$\phi 8$的通孔，如图3-144所示。

要点提示：

1）孔放置的轴线参照必须是步骤7）中的拉伸特征的中心轴，即把孔放置在阵列1的第一个特征（原始特征）上，以便于后续对孔进行阵列。

2）孔的放置参照（轴、曲面）选取时要按下键盘的“Ctrl”键选取。

3）如果步骤7）的拉伸截面不是一个整圆，拉伸将不产生中心轴，在放置孔之前就必须创建一条中心轴。

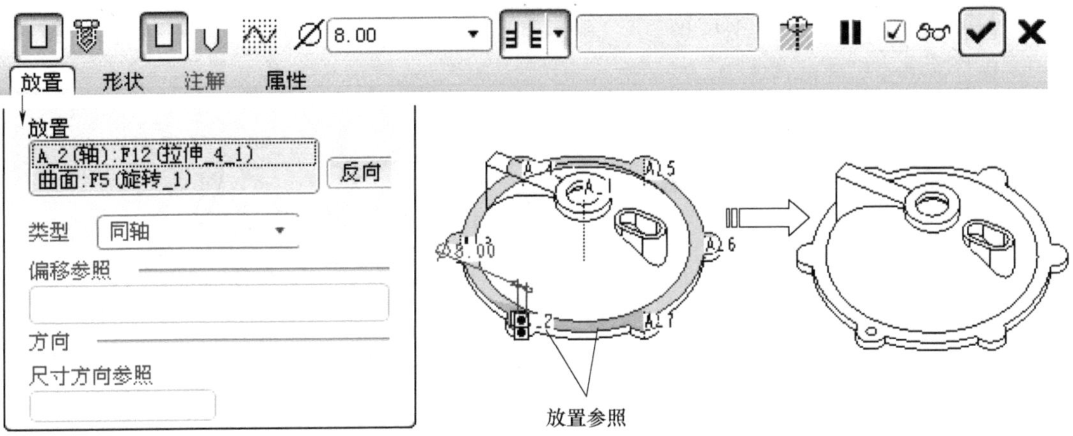

图 3-144　放置孔

10）安装孔阵列，图 3-145 中①～②为其操作步骤。

① 在模型树中单击孔 1，按下鼠标右键，点取快捷命令“阵列”，弹出阵列定义栏。

② 单击定义栏中的图标✔，完成安装孔阵列。

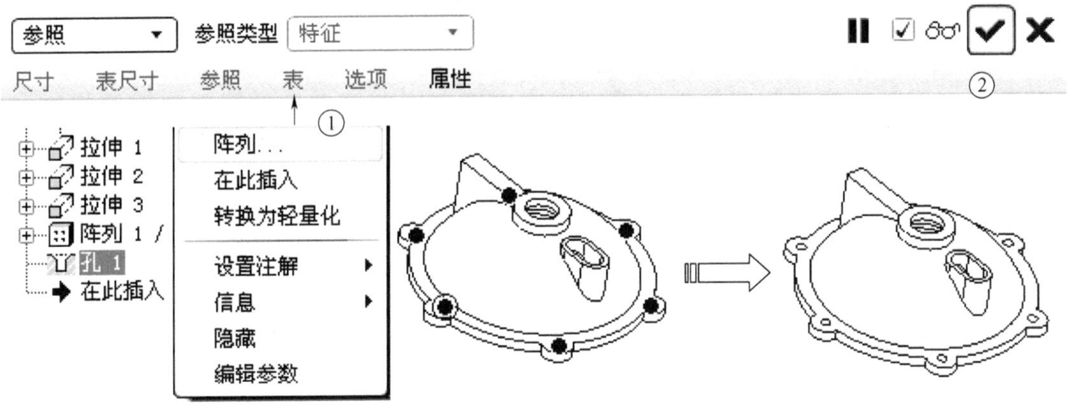

图 3-145　安装孔阵列

要点提示：如果步骤 9）中的孔不是放置在原始的拉伸凸台特征上，按本步骤阵列将无法生成。

11）在步骤 7）的拉伸特征处放置安装沉头孔，如图 3-146 所示。

12）参考步骤 10）对沉头孔阵列，如图 3-147 所示。

13）在方形凸台侧面放置 $\phi 8$ 的通孔，如图 3-148 所示。

14）单击保存图标💾，保存文件到工作目录中。

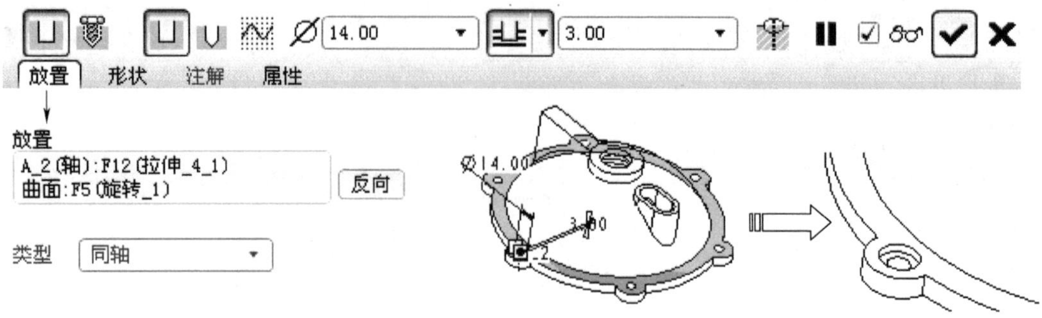

图 3-146　放置安装沉头孔

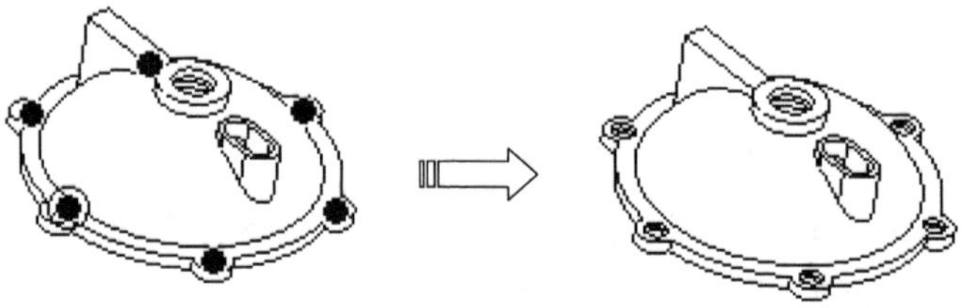

图 3-147　沉头孔阵列

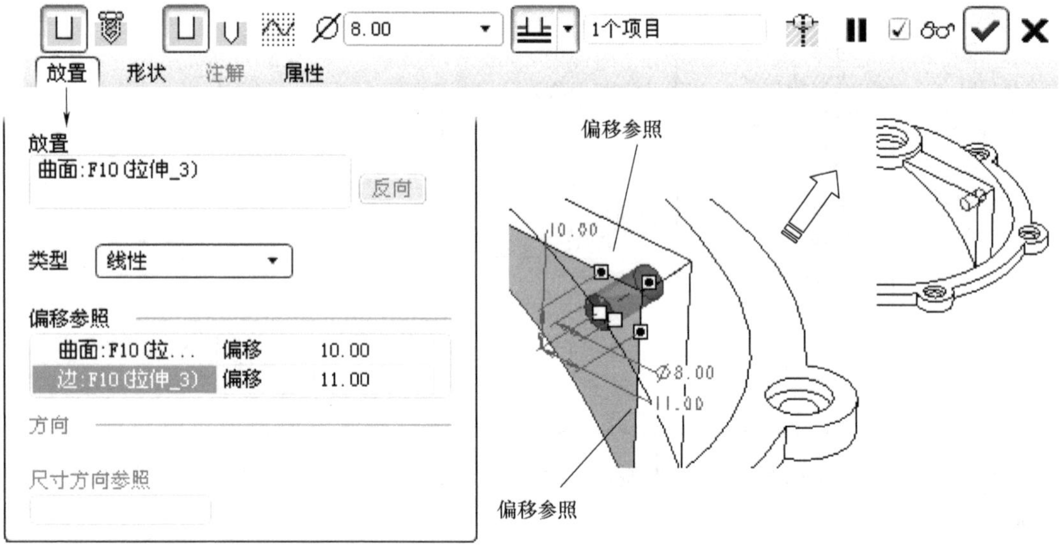

图 3-148　放置小孔

相关知识

在设计中，设计者有时要根据设计产品的类型和需要以及自己的爱好来设计软件操作界面风格，这就需要对软件界面进行个性化定制。

1. 界面定制快捷菜单

将鼠标移动到绘图窗口上方的基本操作图标区，单击鼠标右键，弹出界面定制的快捷菜单，单击某一命令，便会在基本操作图标区显示相应的工具栏。如图 3 - 149 所示为界面定制快捷菜单，点取“刀具”命令，便在界面显示“刀具”的相应工具图标。

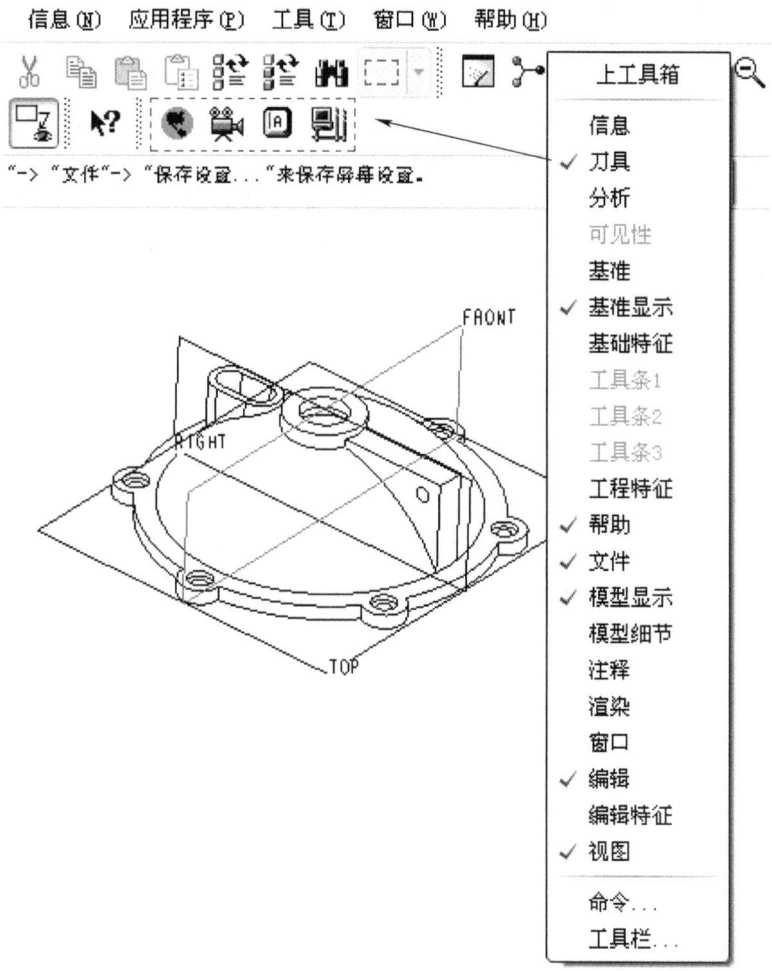

图 3 - 149 界面定制快捷菜单

2. 添加快捷工具图标到界面

由于界面尺寸的限制，很多常用命令的快捷工具图标并没有显示，如投影、相交等编辑特征建模工具。单击界面定制的快捷菜单中的“命令”或“工具栏”，弹出“定制”窗口，在“命令”页的相应“项目”中单击相应的“命令”图标，按下鼠标左键，拖放图标到窗口界面松开鼠标即可。单击“定制”窗口中的“确定”按钮，界面定制风格模式会以 Config. win 文件自动保存到相应的工作目录。

如图 3 - 150 所示为拖放“相交”工具到建模图标区。

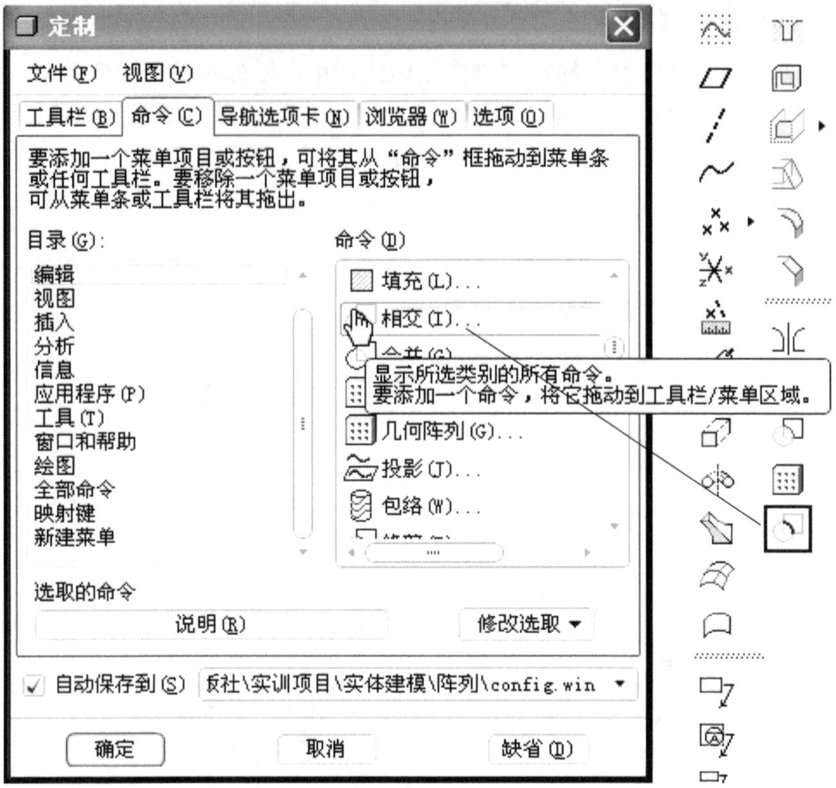

图 3-150 添加快捷工具图标到界面

拓展训练

1. 实训任务

设计如图 3-151 所示的端盖零件Ⅱ。

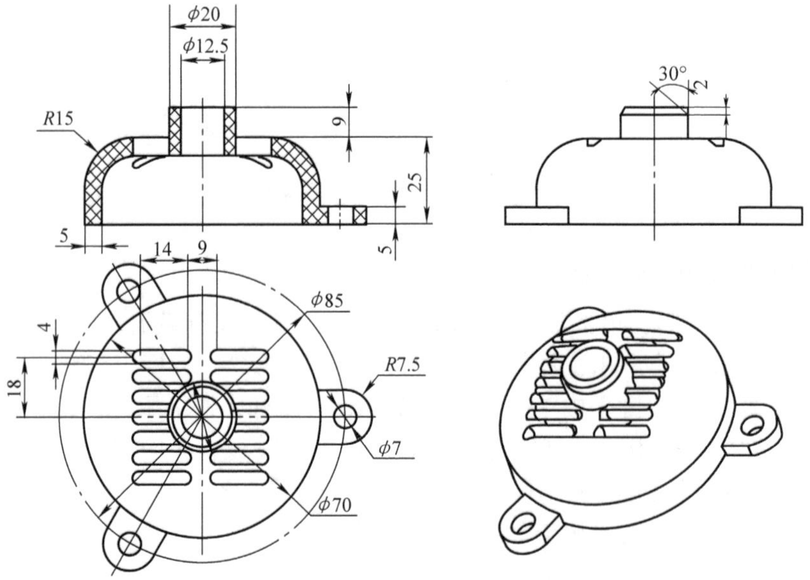

图 3-151 端盖零件Ⅱ

2. 建模步骤（参考）

如图 3-152 所示为端盖零件Ⅱ的建模流程图。

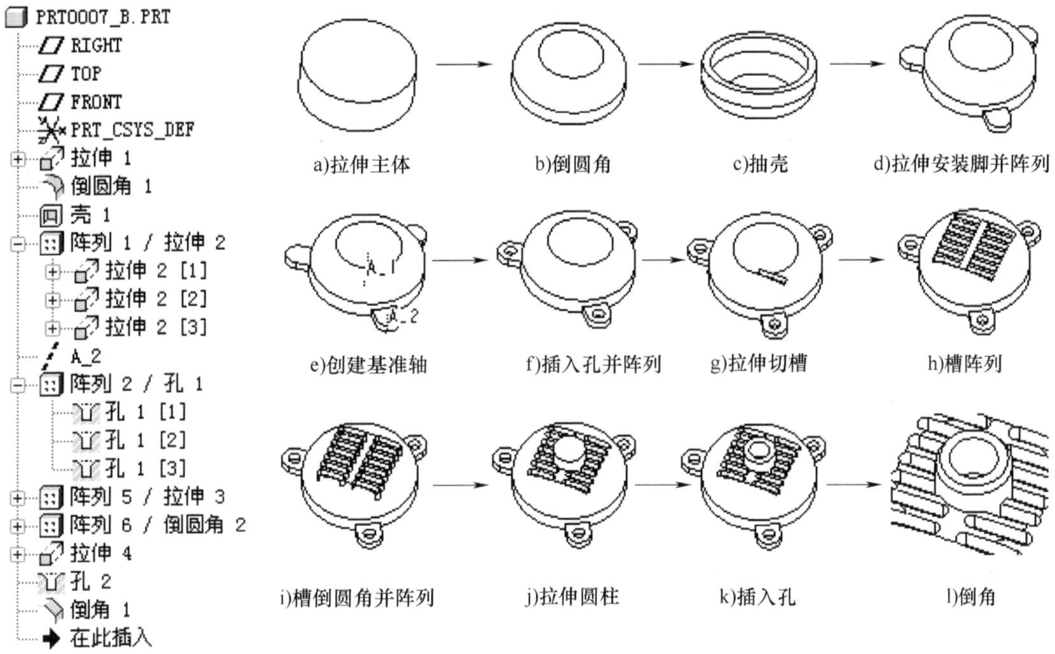

图 3-152　端盖零件Ⅱ的建模流程图

3. 重点提示

1）按图 3-152e 步骤创建基准轴，如图 3-153 所示。单击轴工具/，弹出“基准轴”窗口，在图形中单击拉伸安装脚外侧的圆柱面，单击窗口中的“确定”按钮。

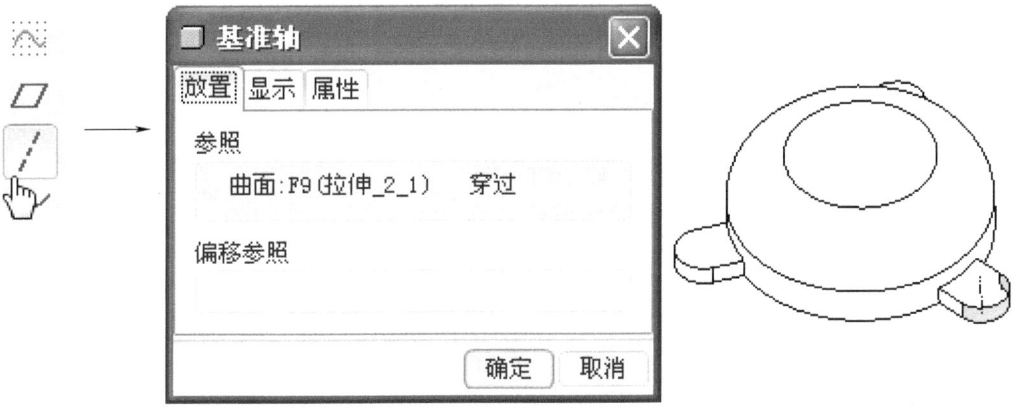

图 3-153　创建基准轴

2）按图 3-152h 步骤对槽进行双向尺寸阵列，在图形中单击尺寸 18 为“方向 1”尺寸，并修改尺寸增量为 -6，然后单击“方向 2”下的空白框，在图形中单击尺寸 2.5 为“方向

2”尺寸，并修改尺寸增量为 -23，如图 3-154 所示。

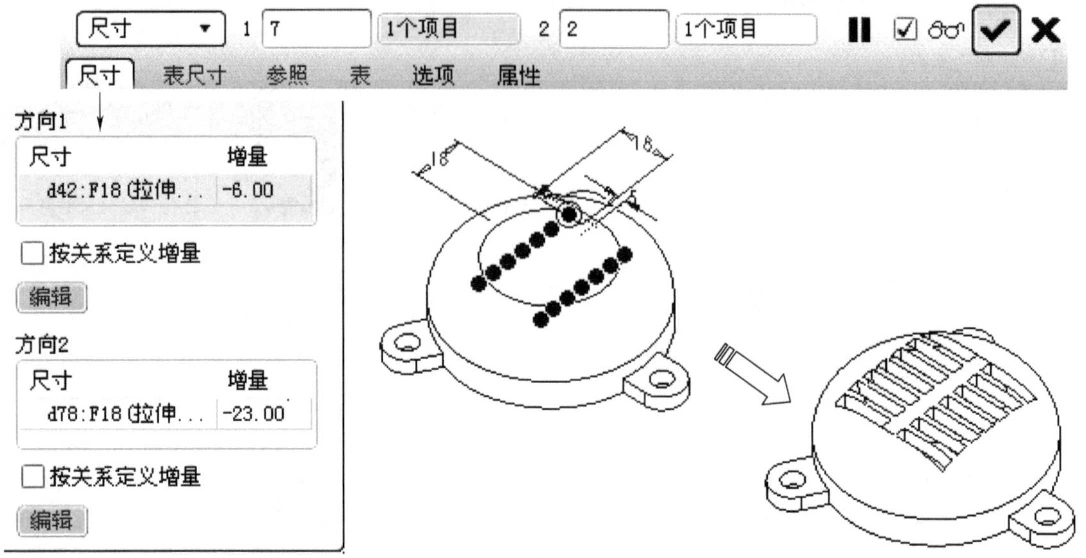

图 3-154 槽阵列

知识小结

1）特征阵列是常用的特征复制方式，特征阵列方式有很多，操作也比较灵活，不同的定义方式操作会有较大的区别。

2）对于主特征上附属的圆角、孔、倒角等工程特征，不能单独阵列，当主特征阵列后，工程特征可以以阵列方式自动生成，这给设计带来了极大的方便，大大提高了设计效率。

3）与镜像特征一样，阵列特征属于编辑特征。通常情况下阵列工具▦是暗色的，必须先点取需要阵列的特征，阵列工具▦才会呈亮色显示，即命令激活。

思考练习

1. 特征阵列有哪些方式？
2. 工程特征能否阵列？如果要阵列如何操作？
3. 设计如图 3-155 所示的调节旋钮零件。

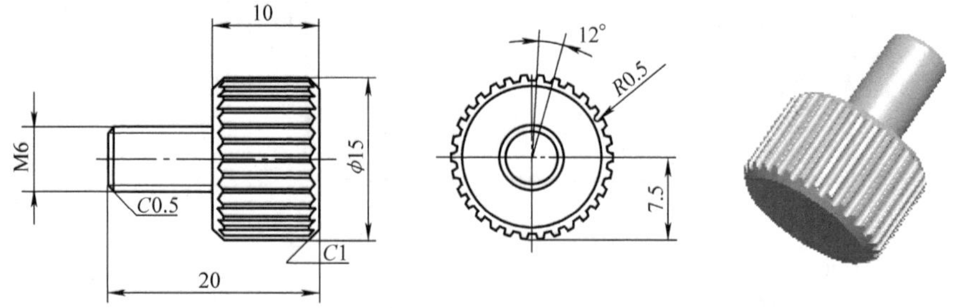

图 3-155 调节旋钮

任务八　螺旋扫描——设计吊环螺钉

学习内容

1. 基本操作：图元多选和串联选取。
2. 基本概念：螺旋扫描特征参数。
3. 建模方法：螺旋扫描、旋转混合。

实训任务

设计如图 3 - 156 所示的吊环螺钉。

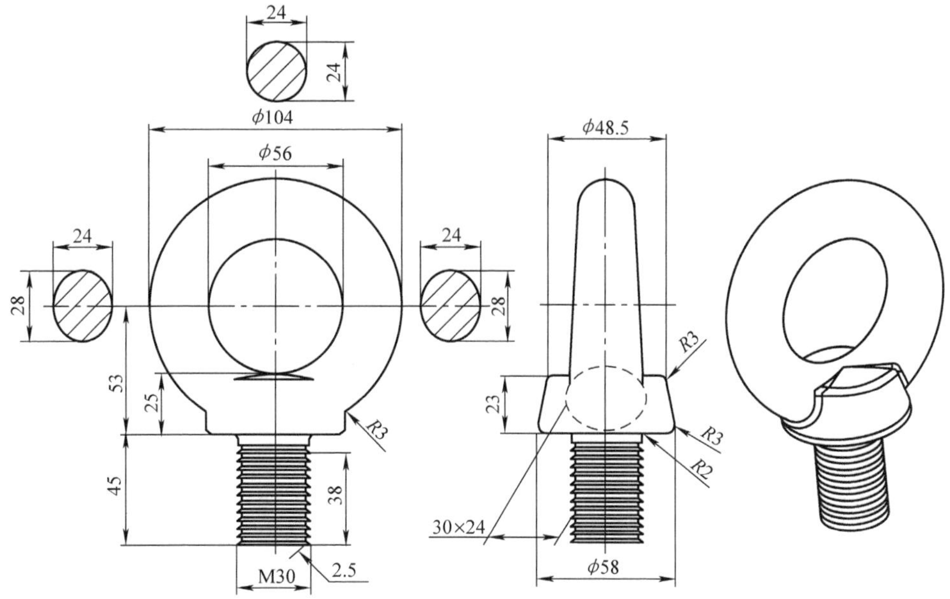

图 3 - 156　吊环螺钉

基础知识

基础特征——螺旋扫描

（1）螺旋扫描的定义　在机械零件中经常见到螺纹、弹簧等螺旋结构，这些结构是由截面沿着螺旋线轨迹扫描而成的。而螺旋线是空间曲线，绘制螺旋线比较复杂，一般要通过方程构建，用常规扫描方法来构建螺旋结构比较麻烦。

在 Pro/Engineer 中，可以用螺旋扫描的方法来构建螺旋特征，它与常规的扫描操作不同，是以螺旋结构的母线为扫引轨迹，截面以螺旋母线为扫描方向参照进行扫描，用螺距控制螺旋结构的疏密。

（2）螺旋扫描特征参数　图 3 - 157 所示为螺旋扫描参数，螺旋扫描定义窗口中，特征参数主要包括属性、扫引轨迹、螺距、截面和材料侧（即切料区域，只有切口的螺旋扫描才有）。

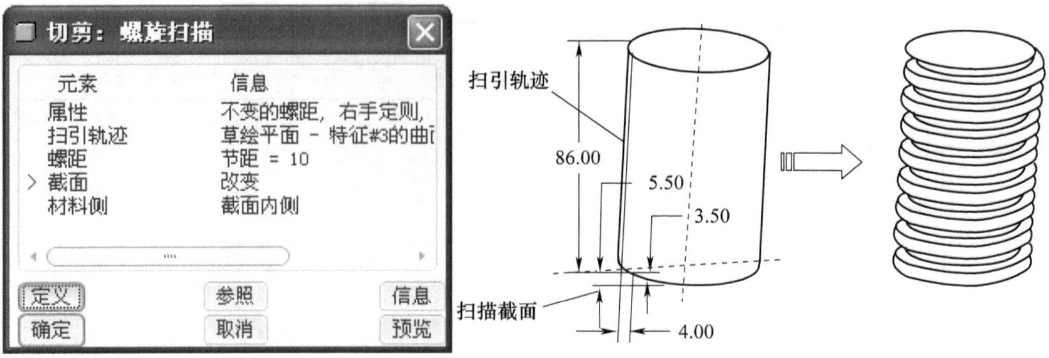

图3-157 螺旋扫描参数

（3）螺旋扫描建模的操作步骤 图3-158所示为螺旋扫描建模的操作步骤，图中①~⑦为操作步骤。

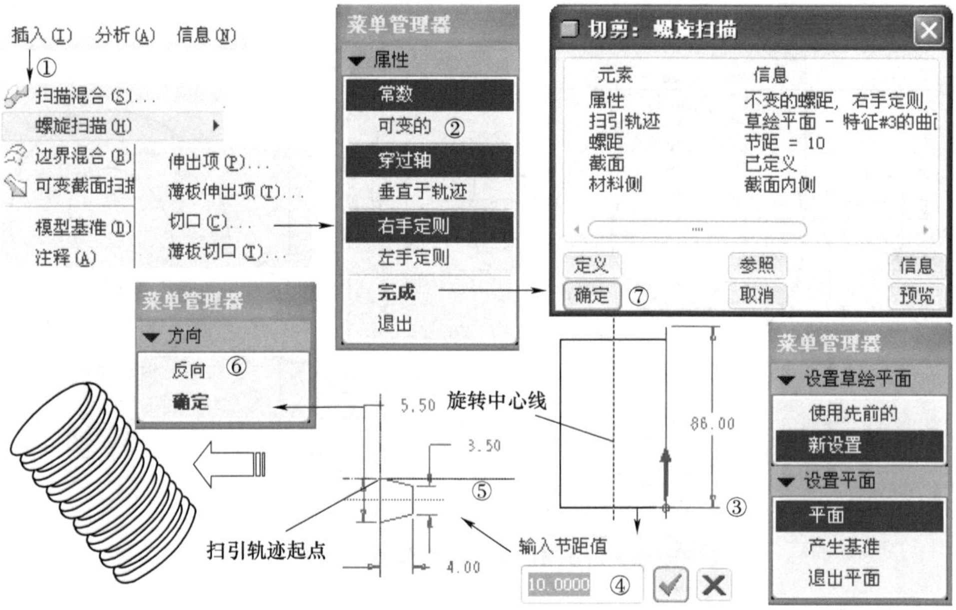

图3-158 螺旋扫描操作步骤（切材料）

① 进入特征定义状态：单击主菜单中的“插入”→“螺旋扫描”→“切口”（切螺旋槽）选项，弹出“切剪：螺旋扫描”窗口。

② 定义螺旋属性：在菜单管理器中的“属性”栏定义螺旋属性，如螺距为“常数”，截面“穿过轴”，螺旋为“右手定则”。

③ 绘制扫引轨迹：在图形中点取草绘面，通过菜单管理器中的“反向”调整草绘方位，单击“确定”→“缺省”进入草绘界面，绘制扫引轨迹线，注意要绘制旋转中心线。

④ 输入螺距：在弹出的螺距输入栏中输入节距值，然后进入螺旋截面绘制界面。

⑤ 绘制螺旋扫描截面：在扫引轨迹的起点处绘制螺旋扫描截面。

⑥ 设置切料区域方向：通过菜单管理器中“方向”栏中的“反向”调整好切料区域。

⑦ 完成特征定义：单击定义窗口中的“确定”按钮，完成螺旋扫描定义。

任务分析

1. 零件结构分析

如图 3 - 159 所示，吊环螺钉的结构并不复杂，但吊环部分并非是一个标准圆环，从零件图可以看出，它是一个变截面的椭圆环，可以用旋转混合来建模，螺纹部分可以用装饰螺纹来表达，但如果要做出真实螺纹效果，就必须用螺旋扫描来建模了。

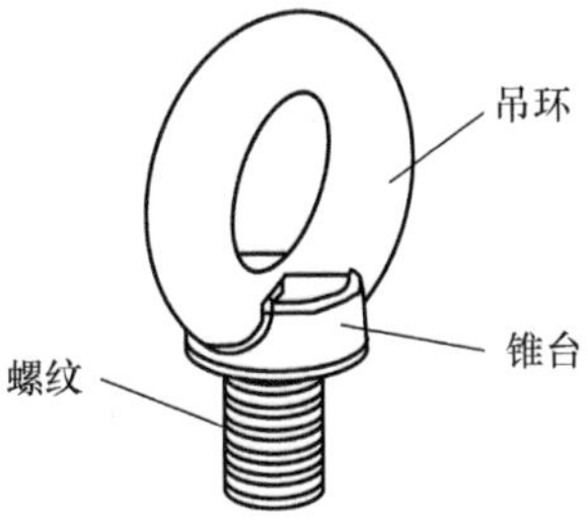

图 3 - 159 吊环螺钉的结构

2. 零件建模步骤

图 3 - 160 所示为吊环螺钉的建模流程图。

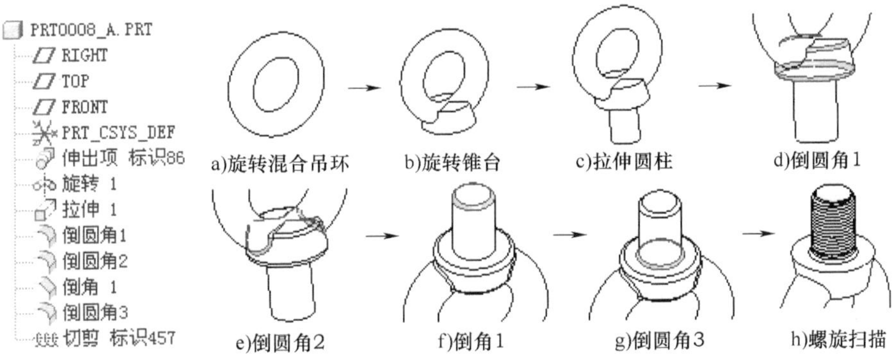

图 3 - 160 吊环螺钉的建模流程图

任务实施

1）设置工作目录，新建零件文件 prt0008_ A，单位制式为“mmns_ prt_ solid”。

2）吊环的旋转混合建模，如图 3 - 161 所示，其操作步骤如下。

① 单击主菜单中的“插入”→“混合”→“伸出项”，在菜单管理器中定义混合方式为“旋转”→“规则截面”→“草绘截面”→“完成”；定义混合属性为“光滑”→“封闭的”→“完成”。

② 选择 RIGHT 面为草绘平面，以默认方式进入草绘界面绘制截面 1，完成后单击草绘界面中的✔，输入截面 1 与截面 2 之间的旋转角为 90°，进入截面 2 的草绘界面。

③ 绘制截面 2，完成后单击草绘界面中的✔，系统提示是否继续绘制下一个截面，选择“是”，输入截面旋转角为 90°，进入截面 3 的草绘界面。

④ 按同样的操作方法绘制截面 3 和截面 4，截面之间的旋转角均为 90°。

⑤ 单击定义窗口中的“确定”按钮，完成吊环的旋转混合建模。

要点提示：截面绘制时一定要插入坐标系。

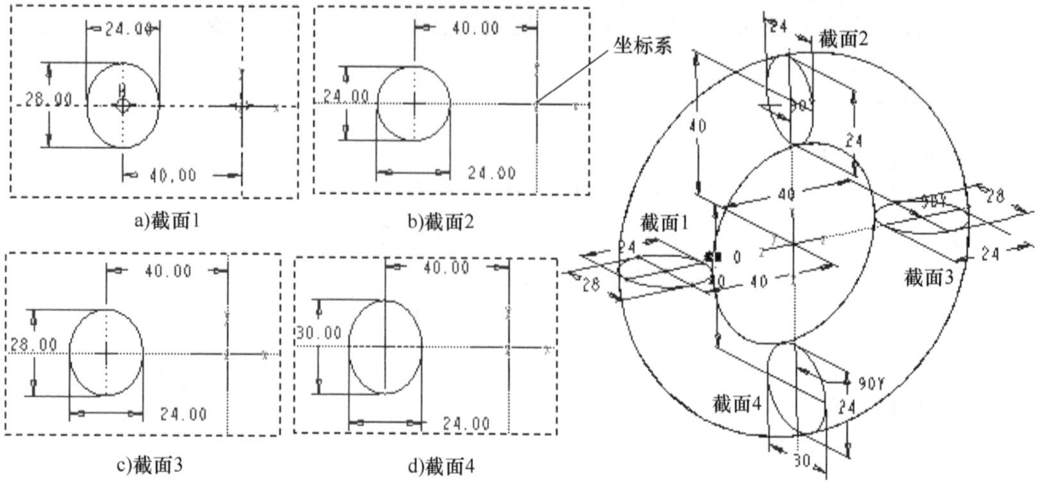

图 3-161 吊环的旋转混合建模

3）以 TOP 面为草绘平面，旋转圆锥台，如图 3-162 所示。

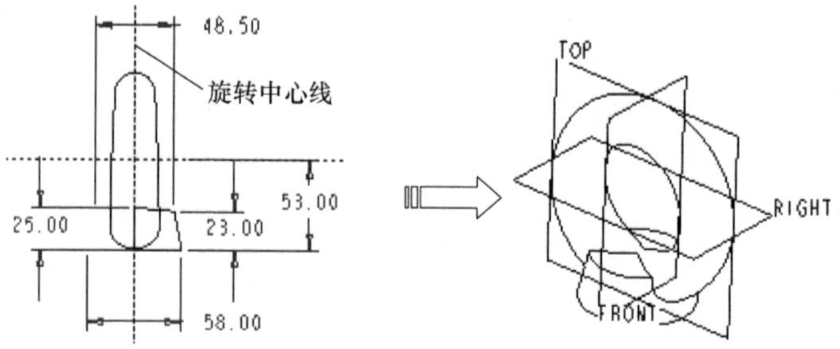

图 3-162 旋转圆锥台

要点提示：本步骤中圆锥台也可以用平行混合来建模，由 3 个截面平行混合，第一个是 ϕ58 的圆，第二个是 ϕ48.5 的圆，第三个是一个点（圆锥台的顶点），不妨一试。

4）以圆锥台底面为草绘平面，拉伸螺杆圆柱，如图 3-163 所示。

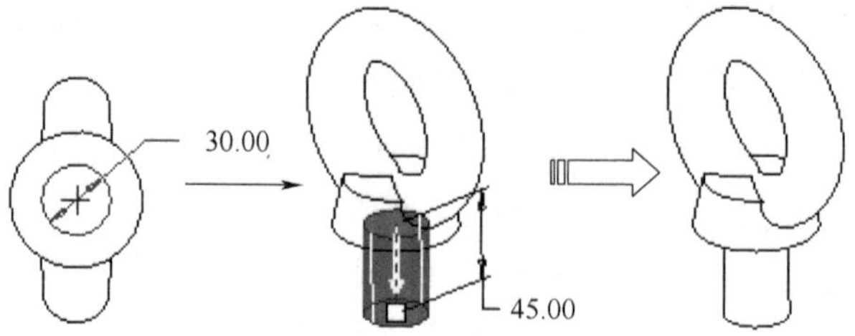

图 3-163 拉伸螺杆圆柱

5）圆锥台上、下面外棱边倒圆角 $R3$，如图 3-164 所示。

6）圆锥台与吊环连接处相交棱边倒圆角 $R3$，如图 3-165 所示。

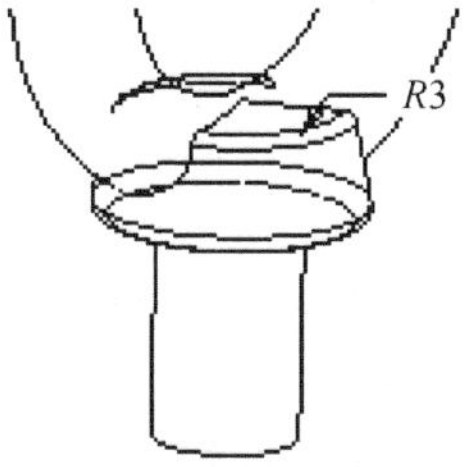

图 3-164　圆锥台棱边倒圆角

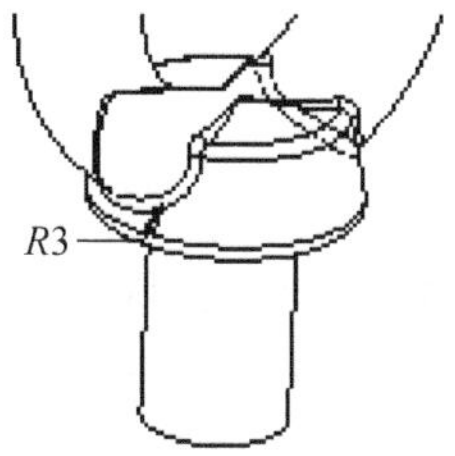

图 3-165　圆锥台与吊环相交棱边倒圆角

要点提示：步骤5）和步骤6）中倒圆角半径相同，也可以在一个特征中完成两个倒圆角（两个集）。与分开倒圆角相比，倒圆角效果没有区别，但两种倒圆角系统的计算方法不同。在某些特征建模中，太多的棱边倒圆角在一个特征中设置，特别是位置相交的棱边倒圆角，系统计算量会增大，而且有时会计算不出来，特征就会失败。

7）螺杆圆柱端面倒角 *C*2.5，如图 3-166 所示。

8）螺杆圆柱根部倒圆角 *R*2，如图 3-167 所示。

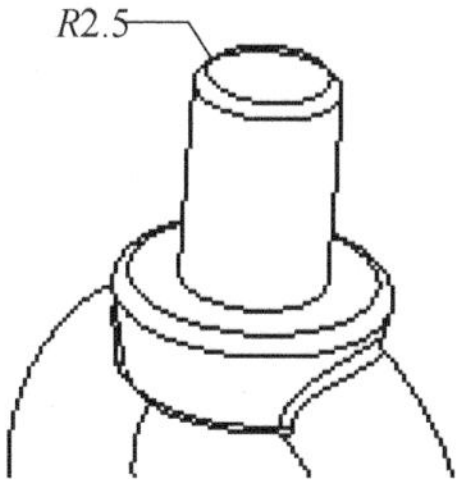

图 3-166　螺杆圆柱端面倒角

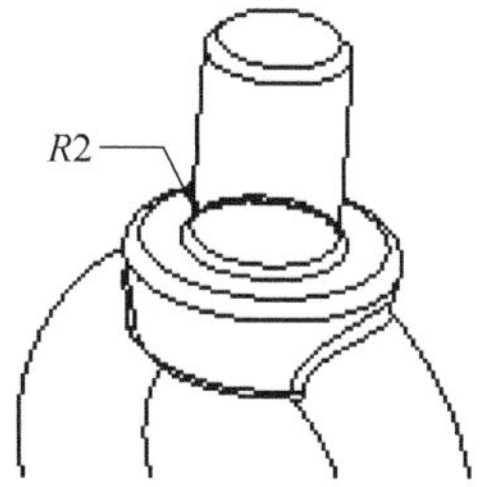

图 3-167　螺杆圆柱根部倒圆角

9）螺杆螺旋扫描，切出螺纹，如图 3-168 所示。

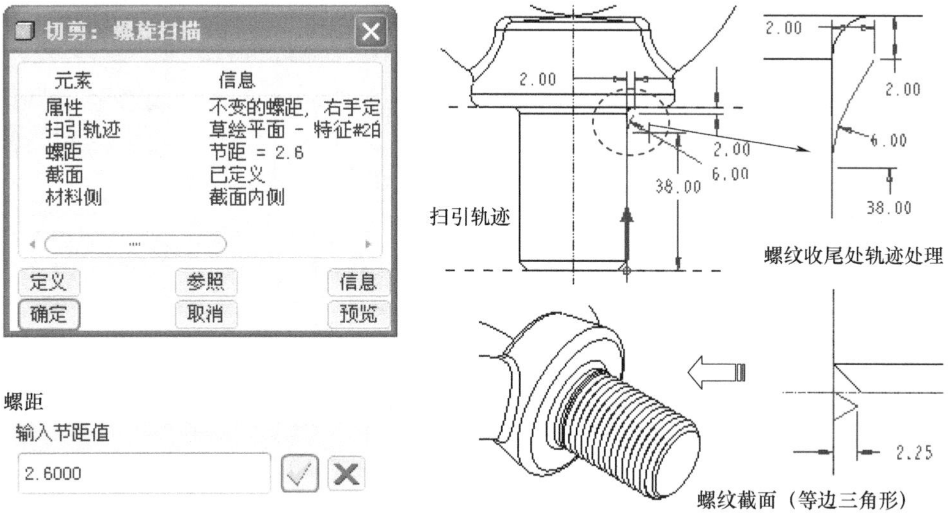

图 3-168　螺旋扫描切螺纹

要点提示：

1）因螺旋扫描也是旋转特征，扫引轨迹截面一定要绘制旋转中心线。

2）本步骤中螺旋扫引轨迹作了收尾处理，使螺纹效果更加逼真，但收尾部分图线与主干部分图线最好用圆弧连接（如图中的 *R*6），不然特征可能失败。

3）在螺旋扫描中，螺距与截面是有关系的，一般截面在扫描方向的外形尺寸不要大于螺距值。如果大于螺距值，截面在扫描过程中会出现干涉，系统可能计算不出来，特征也就会失败。

10）单击保存图标，保存文件到工作目录中。

相关知识

变节距螺旋扫描

标准螺纹的螺距一般都是恒定的（常数），而弹簧的节距有时是可变的。在螺旋扫描中可设置变节距，如图 3-169 所示为变节距扫描，其操作有如下几个要点。

① 插入节距变化点：在扫引轨迹中要插入节距变化的参照点，参照点的位置决定了节距发生变化的位置。

② 添加节距值：扫引轨迹绘制完成后，输入起点和终点的节距值，然后弹出节距图形窗口。在菜单管理器中单击“添加点”，在扫引轨迹图形中分别点取中间点（节距变化的参照点），输入节距值，在节距图形窗口中可以看到各点的节距值。

③ 修改节距值：单击菜单管理器中的“改变值”，在扫引轨迹图形中分别点取要修改节距值的参照点，输入新的节距值。

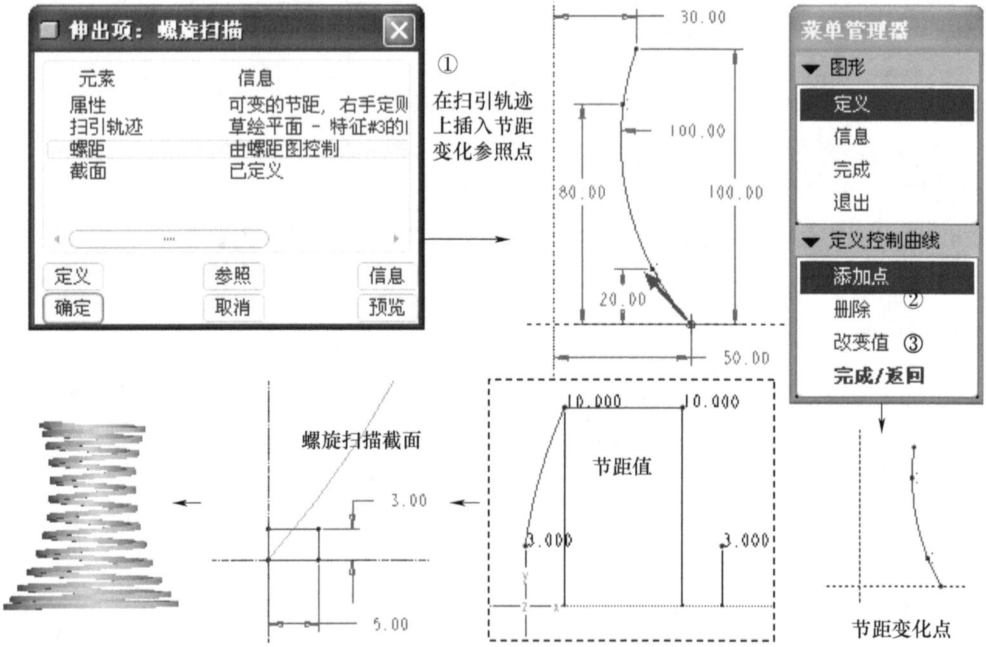

图 3-169 变节距扫描

拓展训练

1. 实训任务

设计如图 3 - 170 所示的圆钩环形拉伸弹簧。

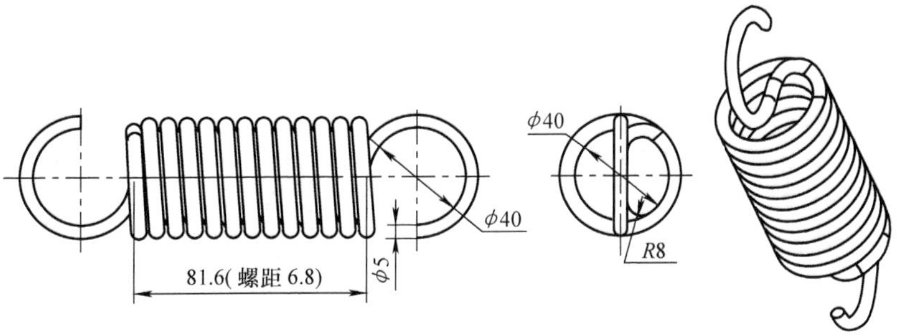

图 3 - 170 圆钩环形拉伸弹簧

2. 建模步骤（参考）

图 3 - 171 所示为圆钩环形拉伸弹簧的建模流程图。

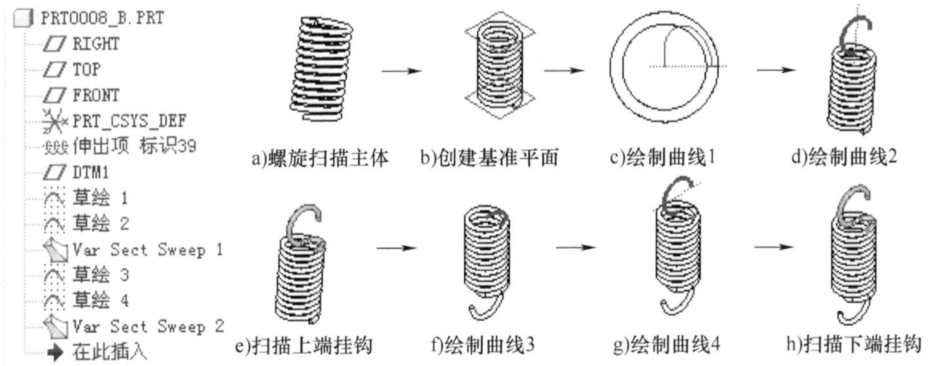

图 3 - 171 圆钩环形拉伸弹簧的建模流程图

3. 重点提示

1）图 3 - 171a 所示步骤的螺旋扫描（伸出项）具有扫描特征属性（有轨迹和截面），又具有旋转特征的特点（有旋转中心线），如图 3 - 172 所示。

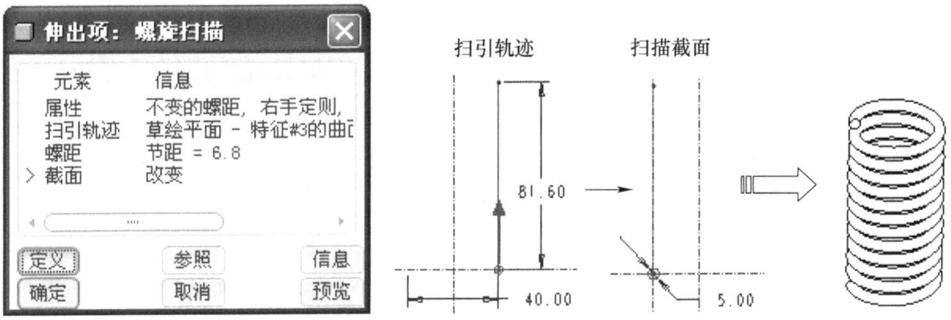

图 3 - 172 螺旋扫描弹簧主体

2）按图 3-171c 步骤绘制曲线 1，曲线的定位非常关键，曲线的起点要位于弹簧丝的中心线位置，终点要位于弹簧的中心点，通过对称约束的方式确定弹簧丝的中心线位置，如图 3-173 所示。

3）按图 3-171d 步骤进行操作，在中间对称面上绘制曲线 2，曲线 2 的起点与曲线 1 的终点对齐，如图 3-174 所示。

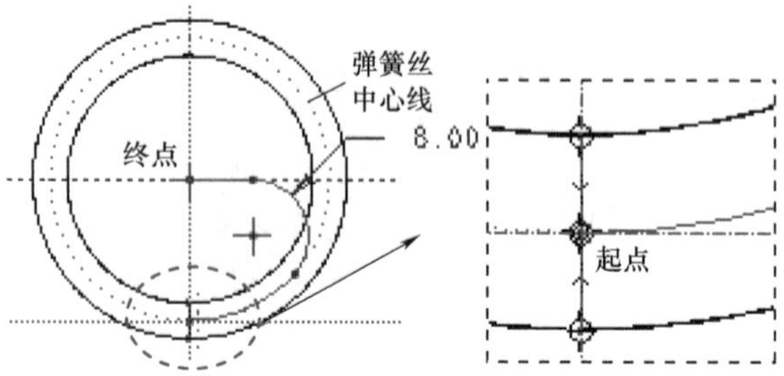

图 3-173　绘制曲线 1

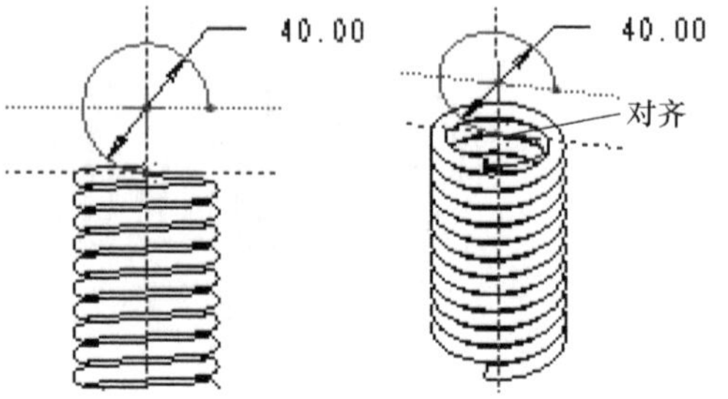

图 3-174　绘制曲线 2

4）按图 3-171e 步骤进行扫描，需要选取曲线 1 和曲线 2 为扫描轨迹，单击曲线 1 后，按下键盘的"Shift"键，然后单击曲线 2，曲线 1 和曲线 2 便串联为一条轨迹，要生成扫描特征，必须设置扫描选项为"恒定剖面"，如图 3-175 所示。

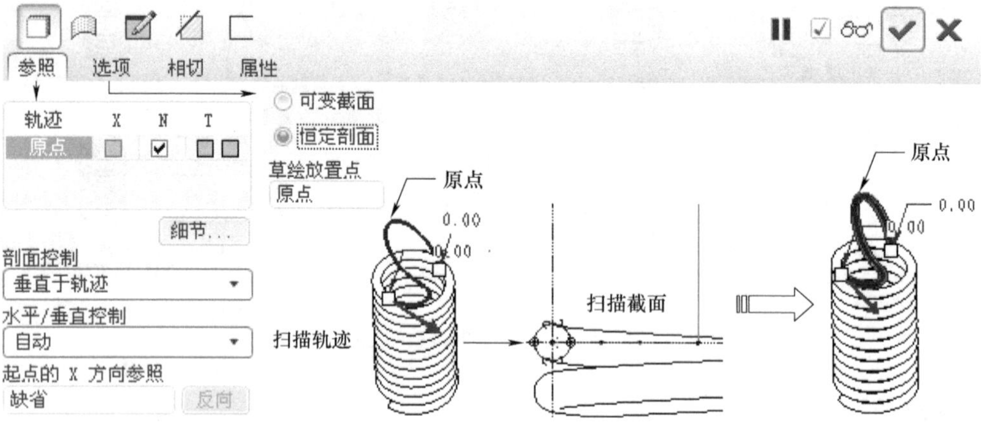

图 3-175　弹簧挂钩扫描

知识小结

1）螺旋扫描主要用于构建螺纹、弹簧等螺旋结构，螺旋扫描特征既具有扫描特征属性（有轨迹和截面），又具有旋转特征的特点（有旋转中心线）。

2）螺旋扫描形成的螺纹为真实螺旋结构，与装饰螺纹相比更具真实效果，但如何进行螺纹的收尾，需要在扫描轨迹中进行设计。弹簧的变节距螺旋扫描，螺距设置是操作的难点。

3）旋转混合与平行混合相比，不光是特征构建方式不同，最关键是建模中截面绘制操作的区别，平行混合是通过主菜单中的"草绘"→"特征工具"→"切换截面"进行截面绘制的切换，而旋转混合是在独立的草绘界面绘制各截面，截面必须插入坐标系。

4）在建模过程中，经常要借助键盘的“Shift”或“Ctrl”键进行图元选取，当需要选取多个同类型图元时，可借助“Ctrl”键；当需要对多条首尾相接的曲线或边界进行串联选取时，可借助“Shift”键，使多条曲线或边界串联成为一条曲线。

思考练习

1. 螺旋扫描与扫描有什么区别？
2. 在选取图元时，什么时候用“Ctrl”键，什么时候用“Shift”键？
3. 设计如图 3-176 所示的拉钉。

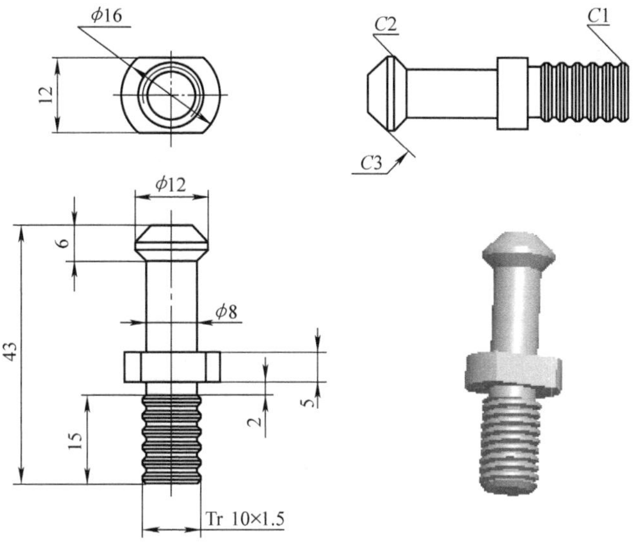

图 3-176　拉钉

任务九　实体建模综合——设计手机面板

学习内容

1. 零件设计的综合思路。
2. 实体建模方法的综合应用。
3. 产品渲染。
4. 零件结构的修改。

实训任务

设计如图 3 - 177 所示的手机面板。

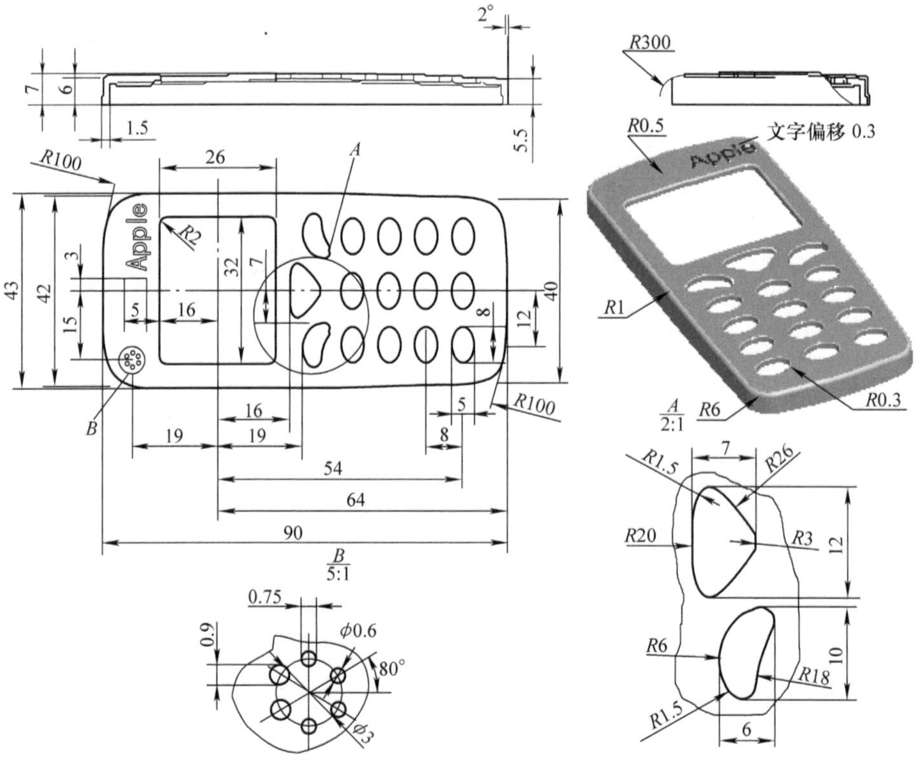

图 3 - 177　手机面板

基础知识

在产品工业设计中，经常要对产品进行渲染，使产品的外观达到更真实的效果，零件结构更加清晰。

1. 零件着色渲染

（1）渲染的概念　零件的表面渲染即着色，按实际产品表面效果要求对零件的不同表面渲染成不同的颜色。渲染还可以把零件放入到特定的环境中，通过光源和环境的设置对零件和产品进行实时渲染（真实感渲染）。

（2）零件着色渲染的操作步骤　图 3 - 178 中的①～④为零件着色渲染的操作步骤。

① 单击外观库工具旁边的小三角，弹出外观库。

② 在外观库中点取用于渲染的颜色。

③ 设置选取类型模式为“全部”，在模型中点取要渲染的表面，可以选取多个表面用同一种颜色渲染。

④ 单击着色显示工具，零件表面便呈渲染显示。

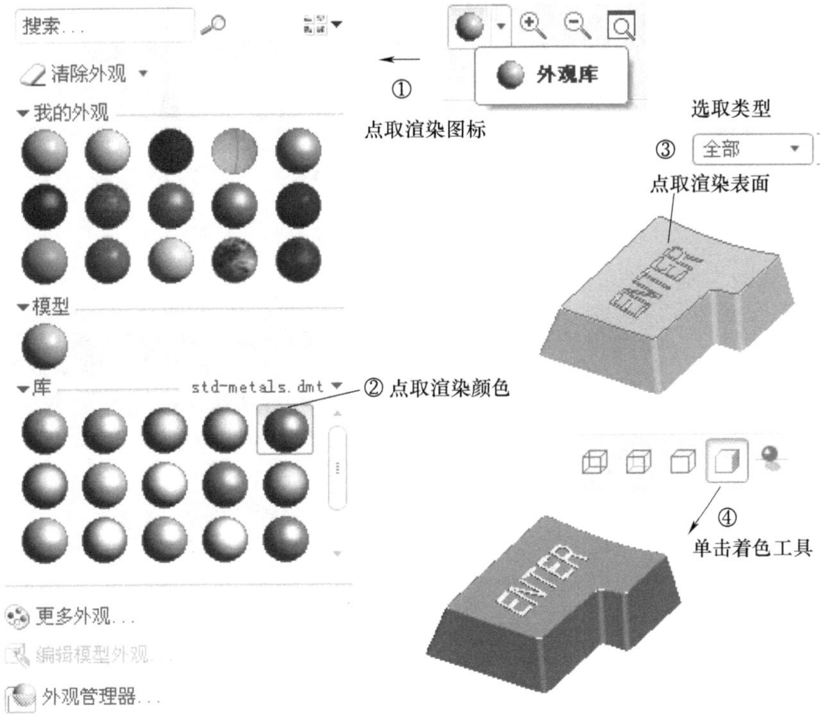

图 3 - 178　零件着色渲染的操作步骤

要点提示：如果对整个零件渲染一种颜色，可设置选取类型模式为“零件”，点取零件便可，这样可以省去点取每个面。

2. 新建外观

新建外观即创建新的颜色，图 3 - 179 中的①～⑤所示为新建外观的操作步骤。

① 将鼠标移动到外观库中“我的外观”项下的某一外观图标处，单击鼠标右键，点取快捷命令“新建”，弹出“外观编辑器”窗口。

② 输入新外观的名称。

③ 单击“属性”中的“颜色”右侧的调试图标，在弹出的“颜色编辑器”中通过拖动 R、G、B 控制条或输入 RGB 数值来设置外观颜色。

④ 以同样的操作设置“加亮颜色”。

⑤ 在外观编辑器中通过拖动控制条调节外观颜色和加亮颜色的强度、反射和透明等效果，单击“确定”按钮。也可单击外观库下方的“外观管理器”，在弹出的“外观管理器”窗口中创建新外观。

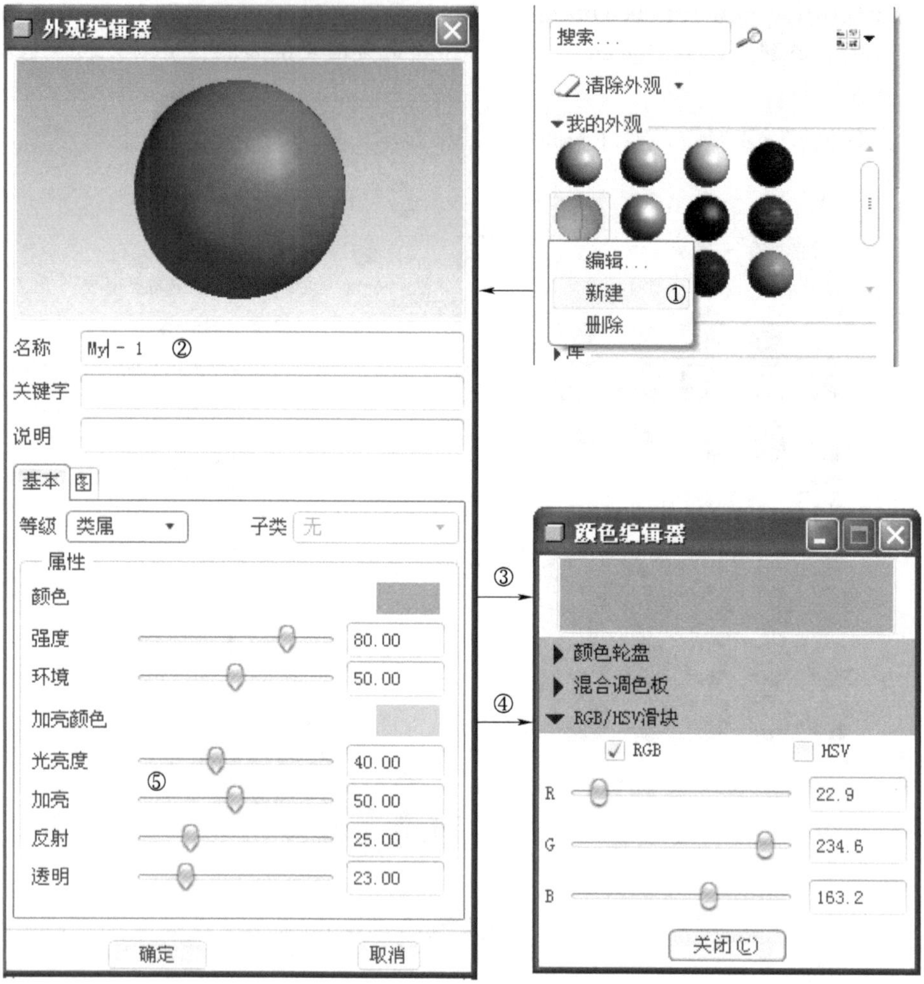

图 3-179　新建外观的操作步骤

3. 实时渲染

实时渲染即设置合适的光源和环境，通过设置反射等效果，增强零件渲染的真实感。

如图 3-180 所示，单击工具 （增强的真实感），对键盘按键模型进行实时渲染。这种实时渲染的效果主要是在 TOP 面的方向设置镜面效果，加上光源的阴影作用，使模型更具有真实感。

图 3-180　键盘按键的实时渲染

任务分析

1. 零件结构分析

如图 3 - 181 所示，手机面板是一个薄壳零件，包括外壳、按键孔、屏幕方孔、扬声器孔和凸出文字等结构。从零件图可以看出，零件的上表面并不是平面，而是两个方向均有弧度的弧面，按键孔中最上方的三个异型孔草绘有一定的难度，6 个扬声器小孔直径并不相等，在设计中考虑采用何种建模方法、如何操作，是零件建模的关键。

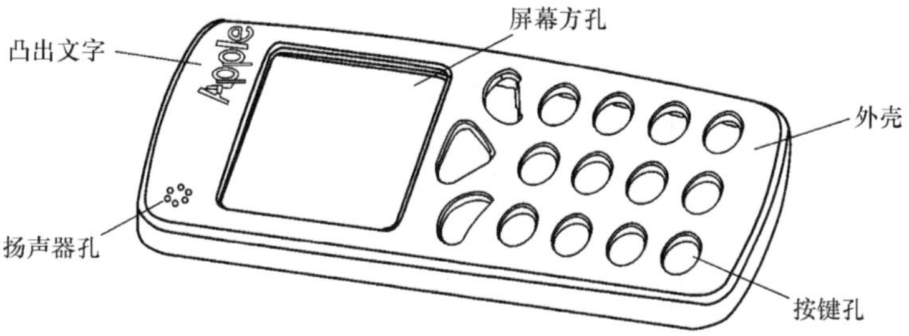

图 3 - 181 手机面板的结构

2. 零件建模步骤

图 3 - 182 所示为手机面板的建模流程图。

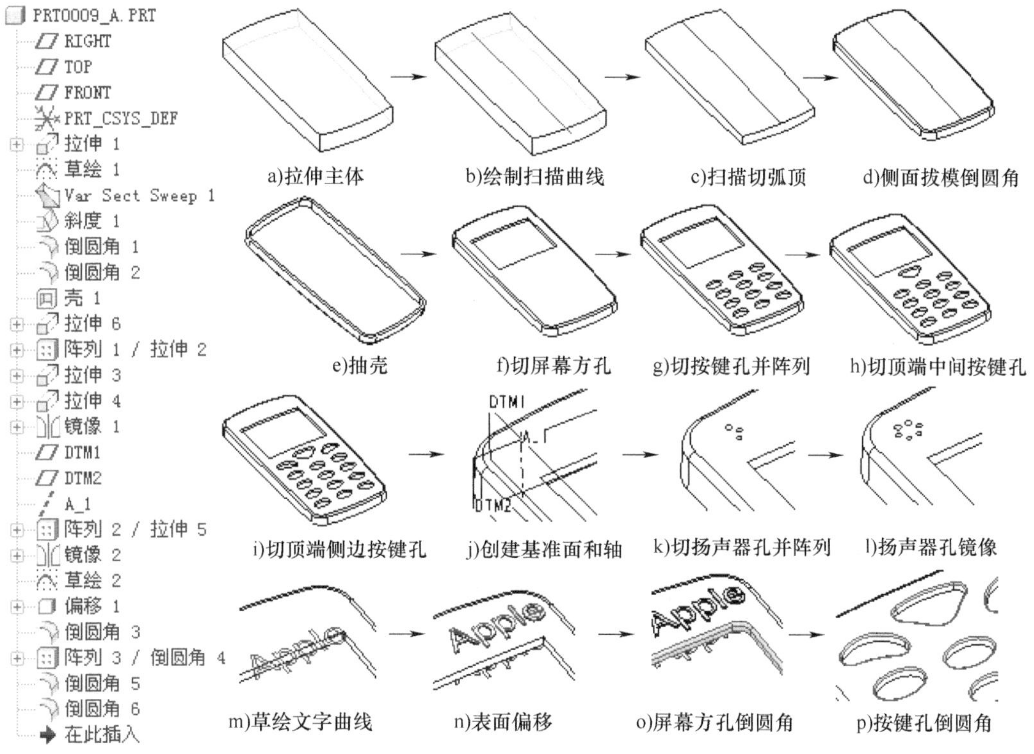

图 3 - 182 手机面板的建模流程图

任务实施

1）设置工作目录，新建零件文件 prt0009_ A，单位制式为“mmns_ prt_ solid”。

2）拉伸手机主体，如图 3 - 183 所示。

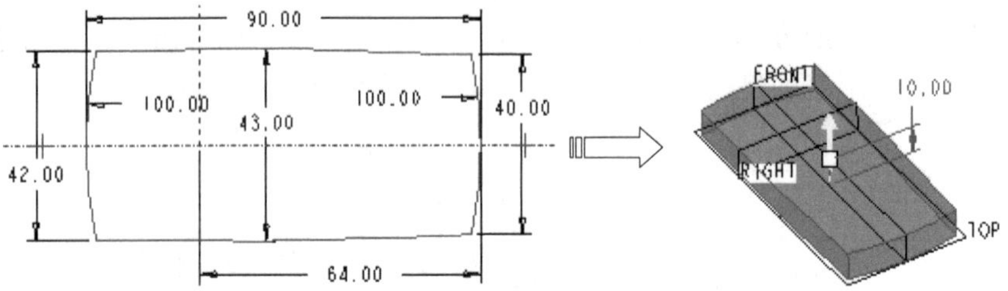

图 3 - 183　拉伸主体

3）以 FRONT 面为草绘平面，绘制扫描轨迹曲线，如图 3 - 184 所示。

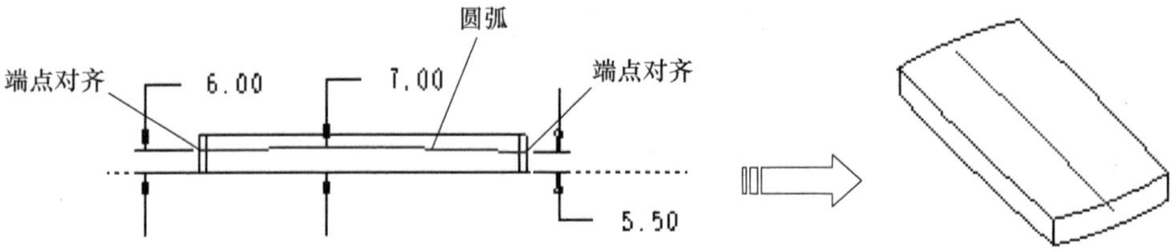

图 3 - 184　草绘扫描轨迹曲线

4）扫描切弧顶面，如图 3 - 185 所示。

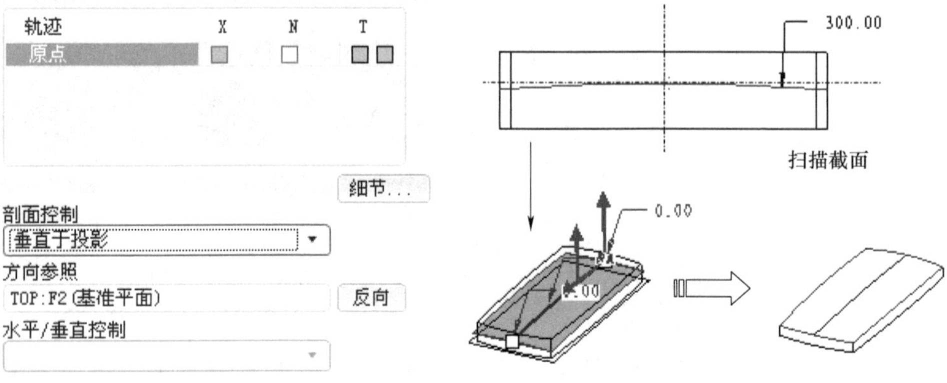

图 3 - 185　扫描切手机弧顶面

要点提示：在该特征中，截面控制方式采用“垂直于投影”，并点取 TOP 面为方向参照。

5）以底面为拔模枢轴参照面，对 4 个侧面拔模 2°，向内侧拔模，如图 3 - 186 所示。
6）侧面 4 条棱边倒圆角 *R*6，如图 3 - 187 所示。

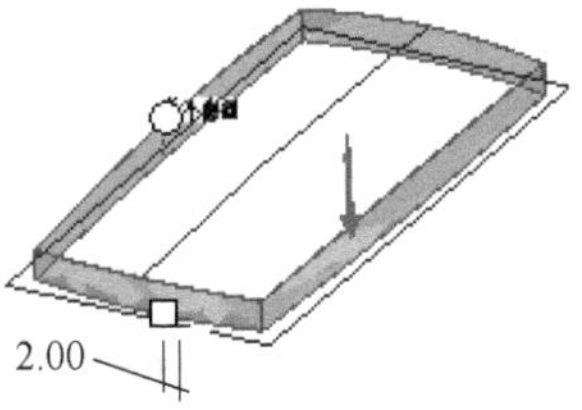

图 3 - 186　侧面拔模

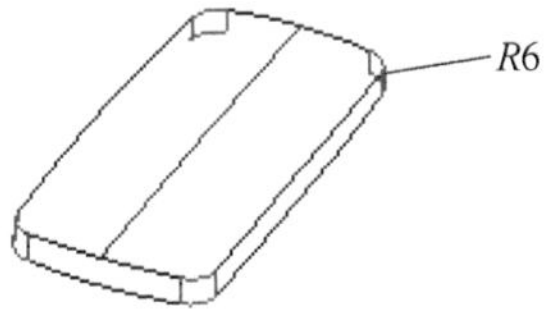

图 3 - 187　侧面棱边倒圆角

7）顶面棱边倒圆角 *R*1，如图 3 - 188 所示。
8）以底平面为移除面抽壳，壳厚度为 1.5，如图 3 - 189 所示。

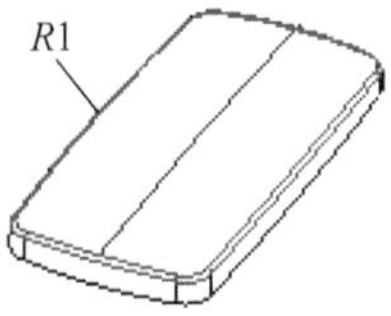

图 3 - 188　顶面倒圆角

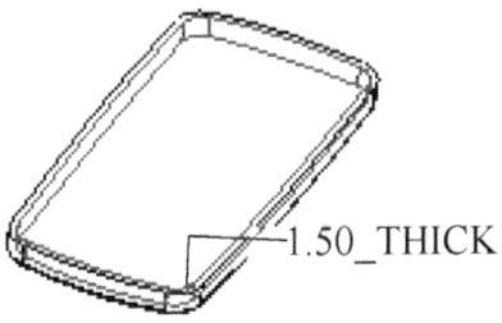

图 3 - 189　抽壳

9）以 TOP 面为草绘平面，拉伸切屏幕方孔，如图 3 - 190 所示。

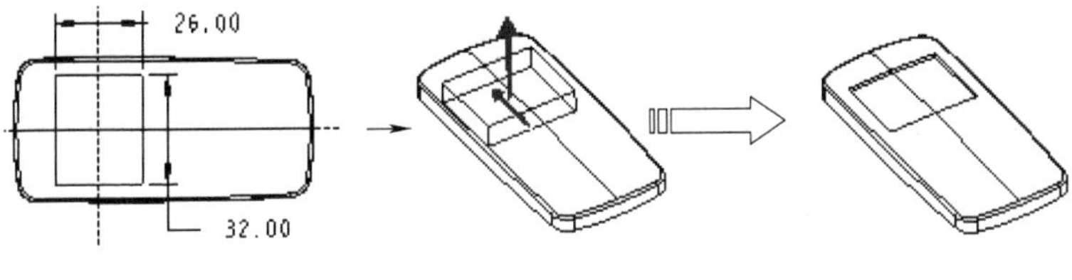

图 3 - 190　拉伸切屏幕方孔

10）以 TOP 面为草绘平面，拉伸切数字按键孔，如图 3 - 191 所示。

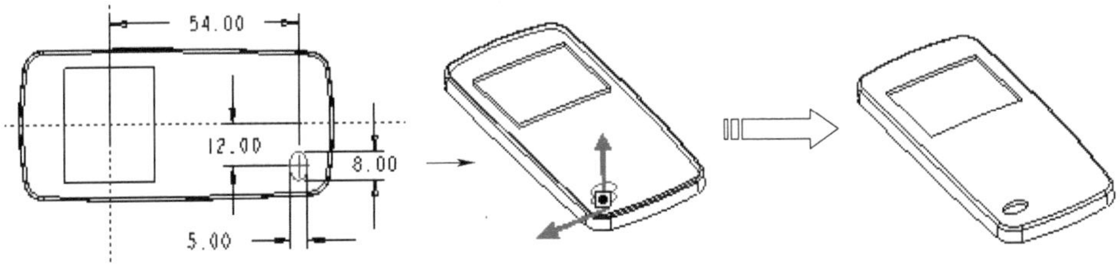

图 3 - 191　拉伸切按键孔

11）数字按键孔以尺寸方式阵列，如图 3 - 192 所示。

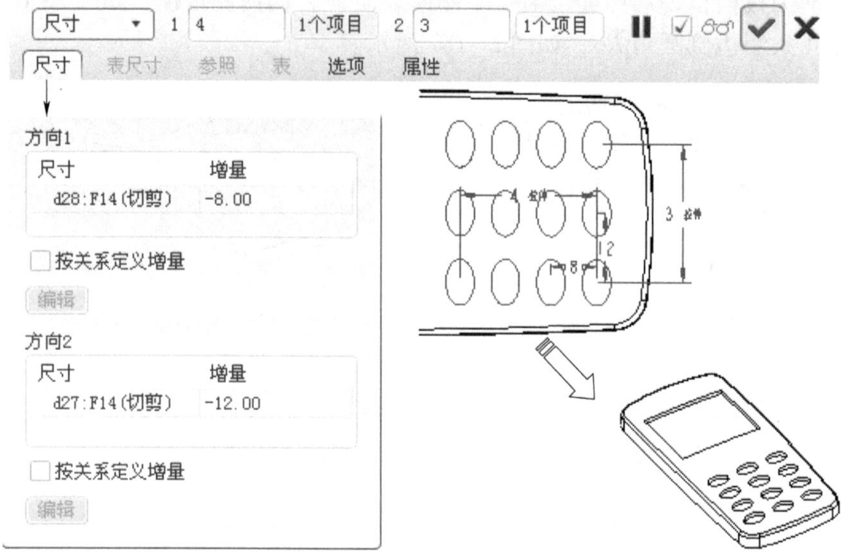

图 3-192　数字按键孔阵列

12）以 TOP 面为草绘平面，拉伸切上端中间功能键孔，如图 3-193 所示。

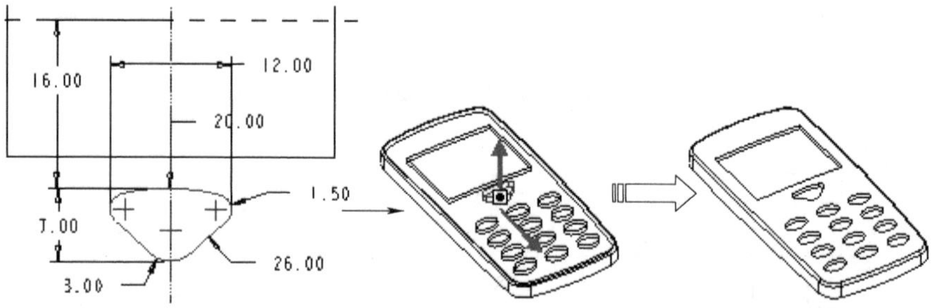

图 3-193　拉伸切上端中间功能键孔

13）以 TOP 面为草绘平面，拉伸切上端侧面功能键孔，如图 3-194 所示。

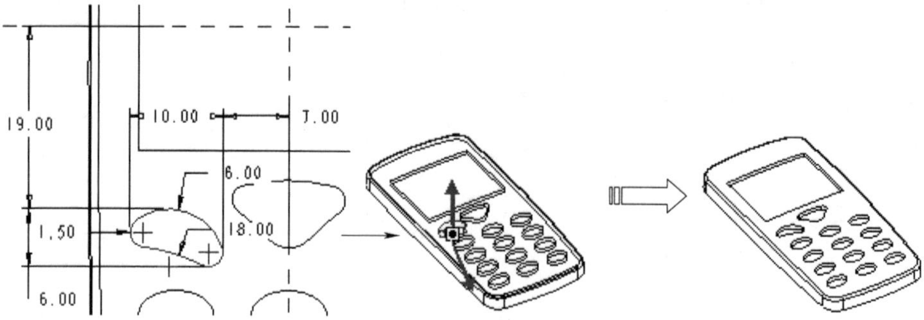

图 3-194　拉伸切上端侧面功能键孔

14）上端侧面功能键孔镜像，如图 3-195 所示。

15）FRONT 面向左偏移 15，创建基准面 DTM1，如图 3-196 所示。

图 3-195 侧面按键镜像

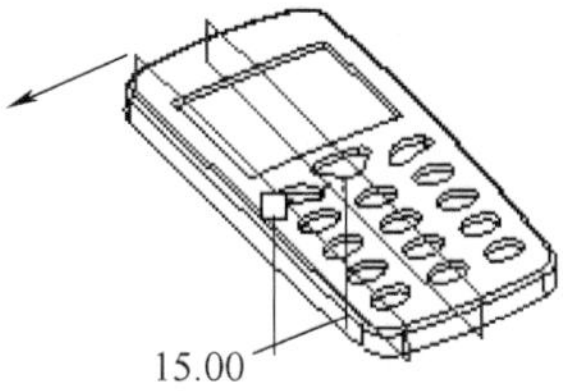

图 3-196 创建基准面 DTM1

16）以 TOP 向上偏移 19 创建基准面 DTM2，如图 3-197 所示。

17）以 DTM1 和 DTM2 相交创建基准轴线 A_ 1，如图 3-198 所示。

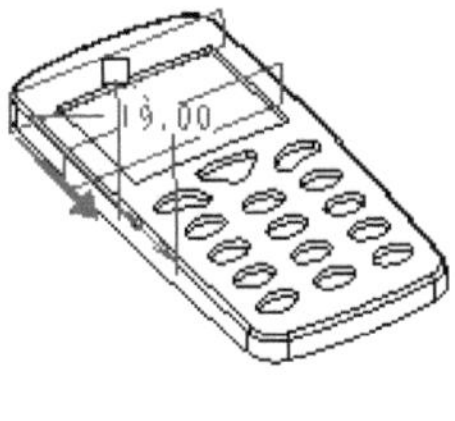

图 3-197 创建基准面 DTM2

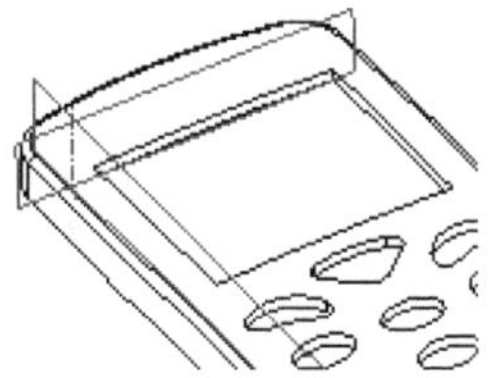

图 3-198 创建基准轴线 A_ 1

18）拉伸切扬声器孔，如图 3-199 所示。

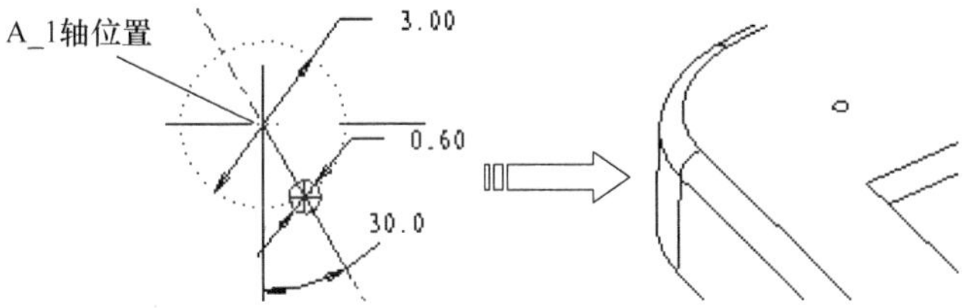

图 3-199 拉伸切扬声器孔

19）扬声器孔轴向旋转阵列，如图 3-200 所示。

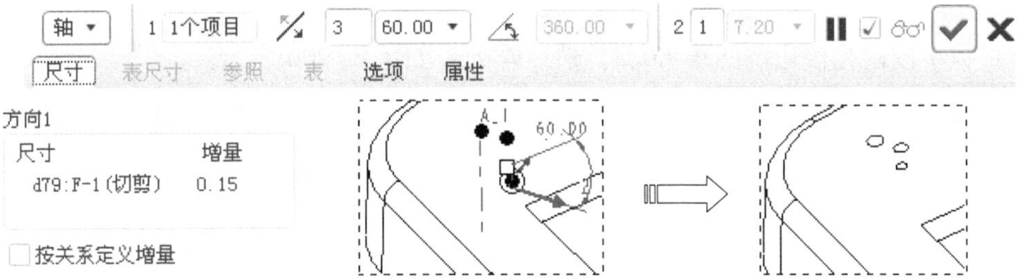

图 3-200 扬声器孔轴向旋转阵列

20）以 DTM1 为镜像面，对阵列的扬声器孔镜像，如图 3-201 所示。

21）在 TOP 面上绘制文字曲线，文本字体为 MHeiS-Medium-U，如图 3-202 所示。

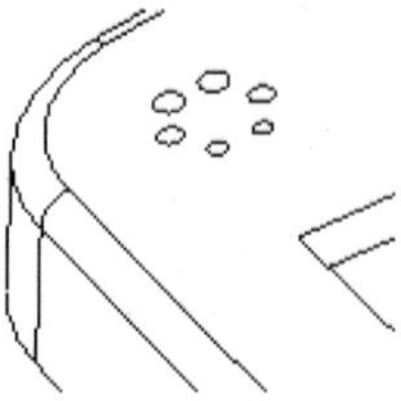

图 3-201　扬声器孔镜像

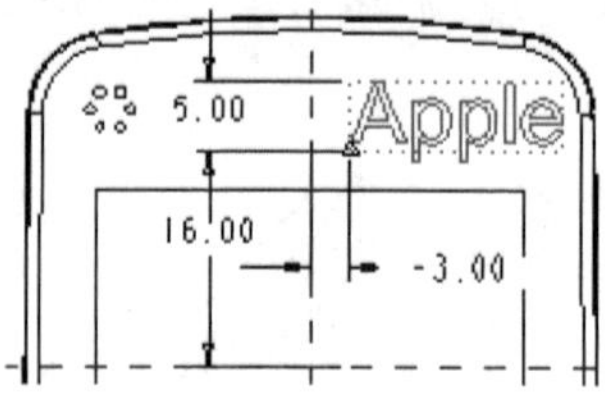

图 3-202　创建文字曲线

22）表面偏移，偏移方式为（展开），并绘制草绘区域，提取上一步绘制的文字曲线为草绘截面，如图 3-203 所示。

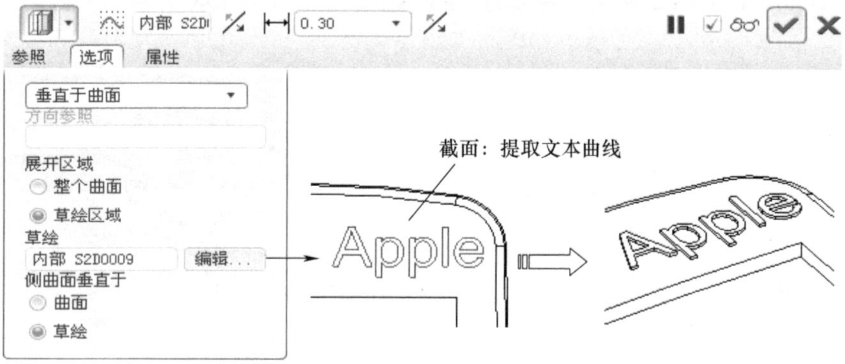

图 3-203　表面偏移

23）屏幕方孔侧面 4 条棱边倒圆角 *R*2，如图 3-204 所示。

24）屏幕方孔顶面棱边倒圆角 *R*0.5，如图 3-205 所示。

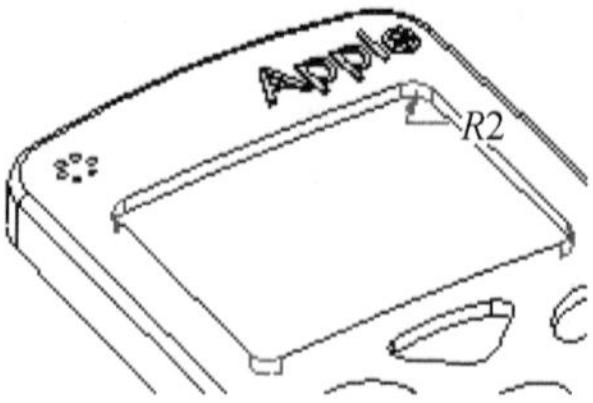

图 3-204　屏幕方孔侧面棱边倒圆角

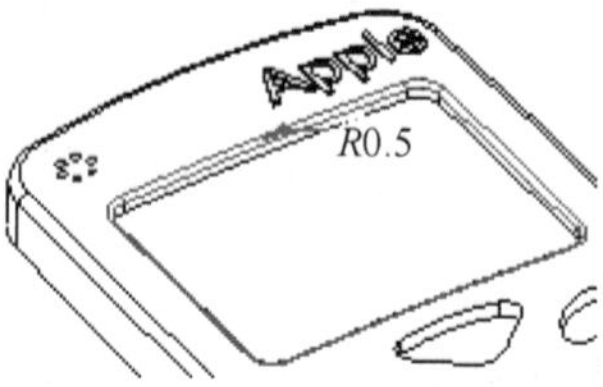

图 3-205　屏幕方孔顶面棱边倒圆角

25）数字按键孔棱边倒圆角 *R*0.3，然后阵列，如图 3-206 所示。

26）上端三个功能按键孔棱边倒圆角 *R*0.3，如图 3-207 所示。

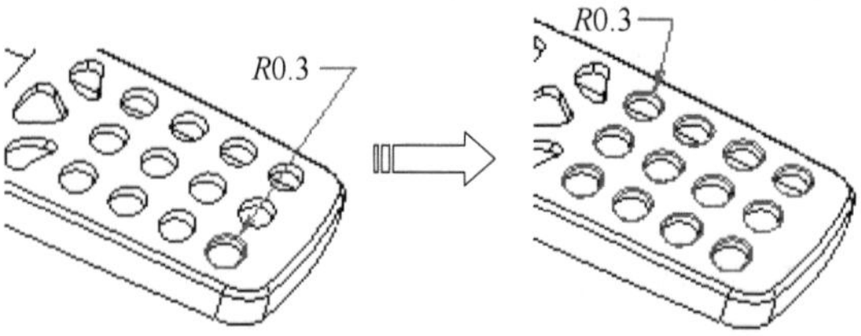

图 3-206　数字按键孔棱边倒圆角并阵列

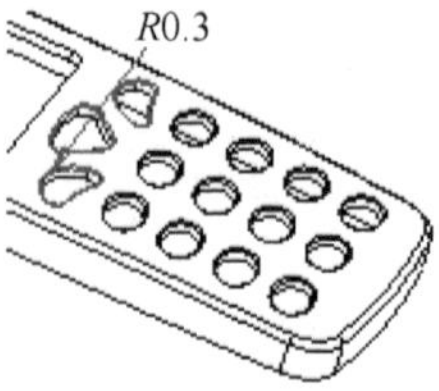

图 3-207　功能键孔棱边倒圆角

27）对模型外表面进行着色，如图 3 - 208 所示。

28）单击实时渲染工具，对模型进行实时渲染，如图 3 - 209 所示。

图 3 - 208 外表着色

图 3 - 209 实时渲染

29）单击保存图标，保存文件到工作目录中。

相关知识——模型的高级渲染

模型的高级渲染是通过设置模型周围的场景和光源等元素，使模型处于一个更加真实的环境中。Pro/Engineer 高级渲染中环境主要包括场景、房间和光源三项设置。

1. 渲染工具

将鼠标移动到图形窗口上方的基本操作图标区中，单击鼠标右键，在弹出的快捷命令中点取“渲染”，便显示渲染工具栏，共有场景、透视图、渲染设置、区域渲染和窗口渲染 5 个图标，如图 3 - 210 所示。

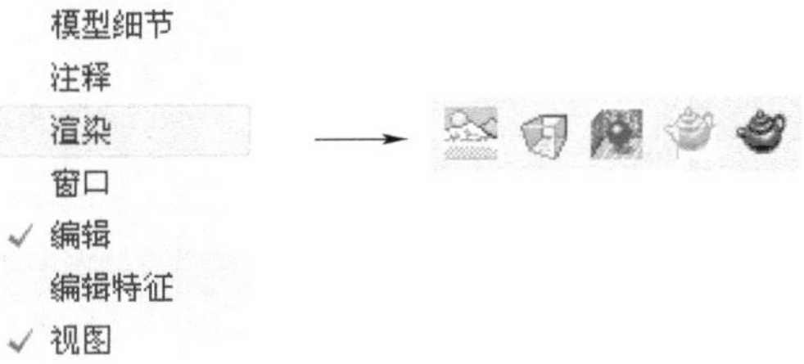

图 3 - 210 渲染工具栏

2. 场景设置

1）场景设置：单击场景工具，弹出“场景”窗口，选择“场景”项，可以在场景库中双击合适的场景模板，图形环境会按场景模板发生改变，如图 3 - 211 所示。

2）光源设置：单击“光源”项，在光源列表中单击所列光源，在图形中通过拖动等方式调整光源聚焦位置、方向和强度，也可以新增加合适的光源，如图 3 - 212 所示。

3）房间背景的设置：图 3 - 213 所示为设置房间背景的操作，其中①～⑤为操作步骤。

① 单击“房间”项，在“场景”窗口中可以看到 6 个方向的房间背景。

② 单击某一方向的背景窗口，弹出“房间外观编辑器”窗口。

③ 单击窗口中的“图”页，单击“贴花”项下方的小方框，弹出“打开”窗口。

④ 选择合适的图片打开。

⑤ 在“场景”窗口中通过滑动轮调节各方向背景窗口的位置和大小，在图形窗口中可以看到模型的房间显示效果。

图 3-211　场景设置窗口

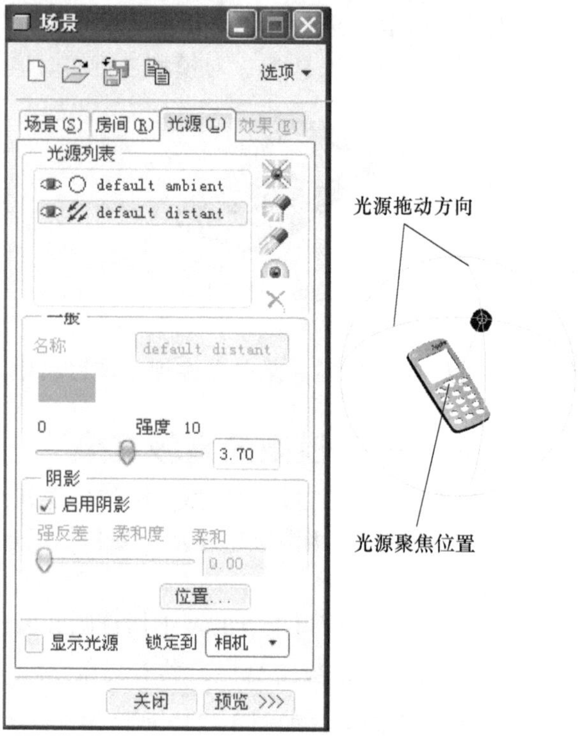

图 3-212　光源设置窗口

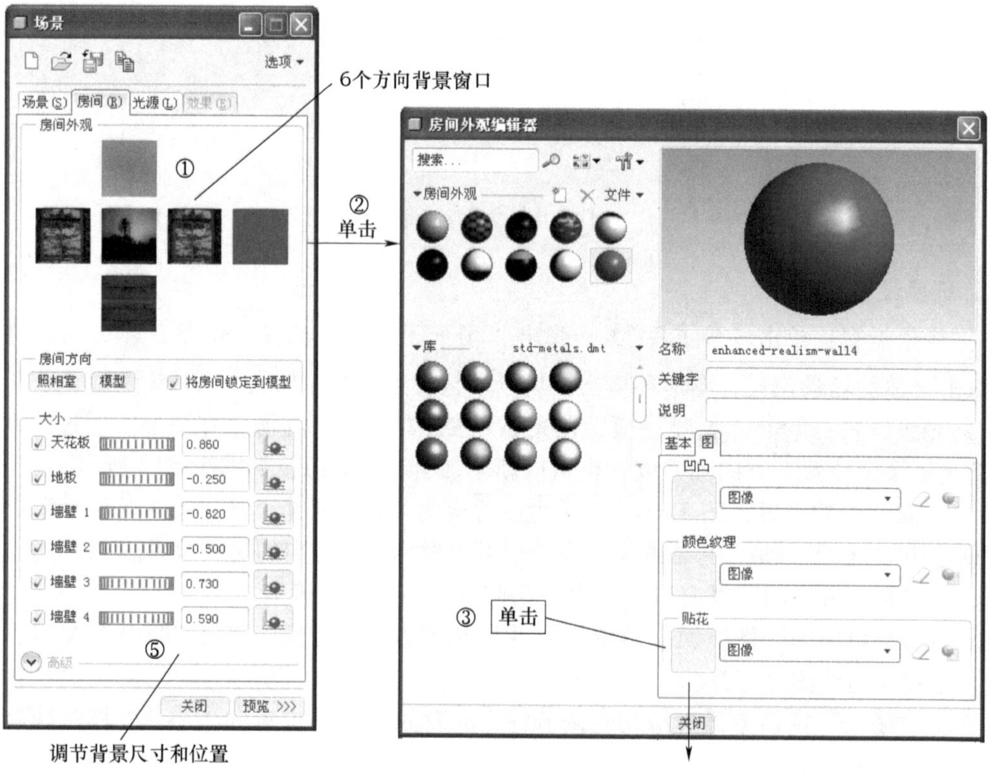

图 3-213　房间背景的设置

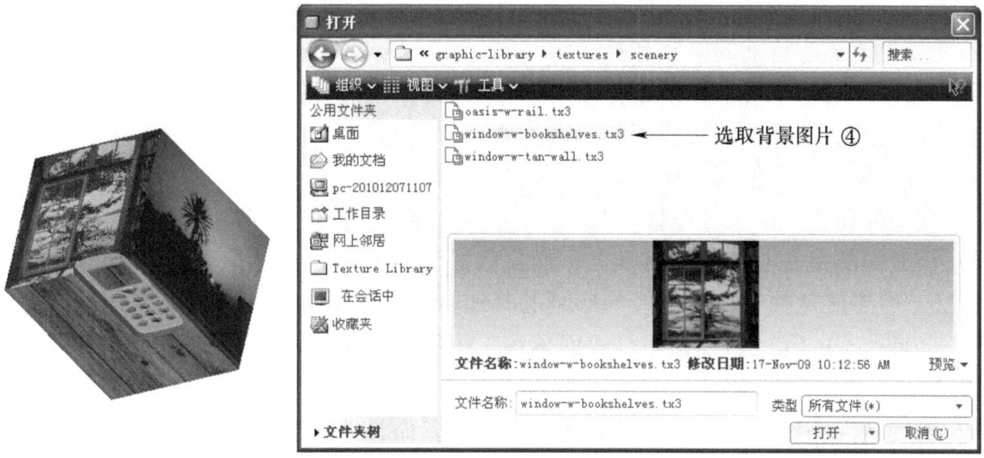

图 3-213 房间背景的设置（续）

拓展训练

1. 实训任务

图 3-214 所示为手机外观模型，在手机面板基础上通过修改模型，并增加新的特征，完成零件建模。

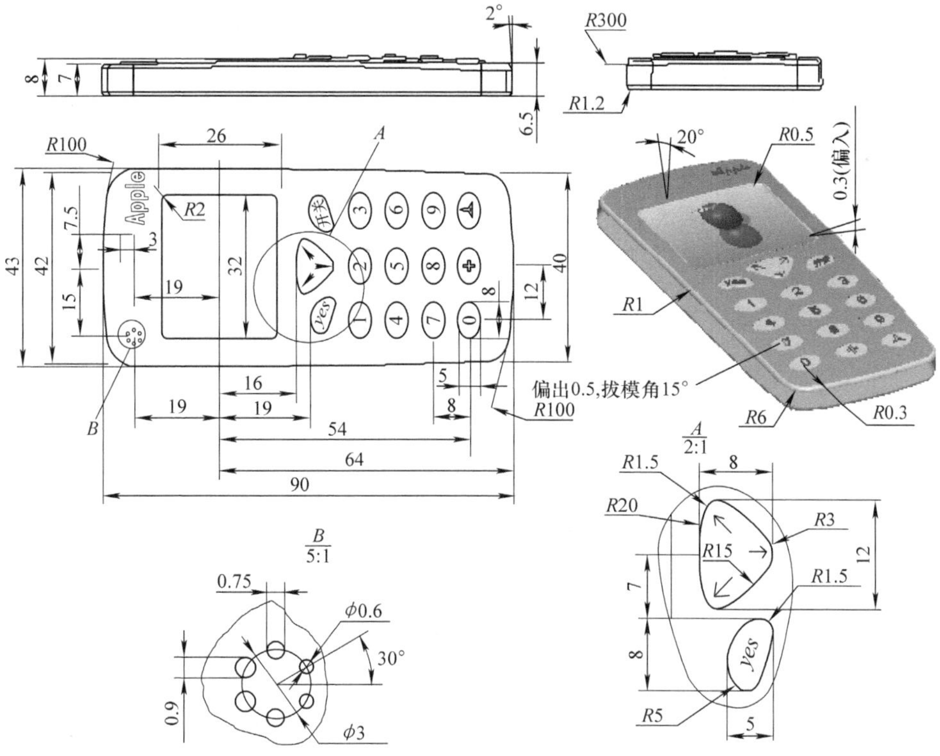

图 3-214 手机外观模型

2. 建模分析（参考）

该任务主要练习特征的修改和插入等基本操作。熟练进行模型的修改、特征的编辑和重定义是产品设计的基本要求，模型修改对于一般的初学者来说是一个难点，在特征建模中经常遇到特征失败的情况，但又找不到失败的原因，只好习惯性地删除特征重做。

手机外观模型与面板模型比较，有下列几处结构变化。

1）模型的高度方向尺寸整体增加 1，可以通过特征编辑来修改。

2）模型内部是实心的，没有抽壳，而且底面倒了圆角，可删除抽壳特征，并插入底部圆角特征，但要注意抽壳特征可能与后续的其他特征有父子关系，会影响其他特征的生成。

3）屏幕孔不能直接切穿，而是表面偏移，可删除屏幕方孔的拉伸切料特征，插入表面偏移特征。

4）按键结构不再是切孔，而是表面偏移加料，而且功能按键尺寸有变化。

5）标牌文字“Apple”改变为曲线投影。

6）添加屏幕渲染（图片）。

7）按键数字和功能图案。

3. 重点提示

1）把手机面板模型 Prt0009_ A 保存副本为 Prt0009_ B，然后打开 Prt0009_ B。

2）保存功能按键截面，以备后续的建模调研，如图 3-215 所示。

① 编辑定义拉伸 3 特征（图 3-182，中间的功能键孔），单击定义栏中的“放置”→“编辑”选项，进入草绘界面，单击存盘工具，保存 2D 截面图形为 S2D0001，并保存到工作目录中。

② 以同样的操作保存拉伸 4 特征截面为 S2D0002。

其他按键由于截面不是很复杂，绘制也容易，所以不保存。

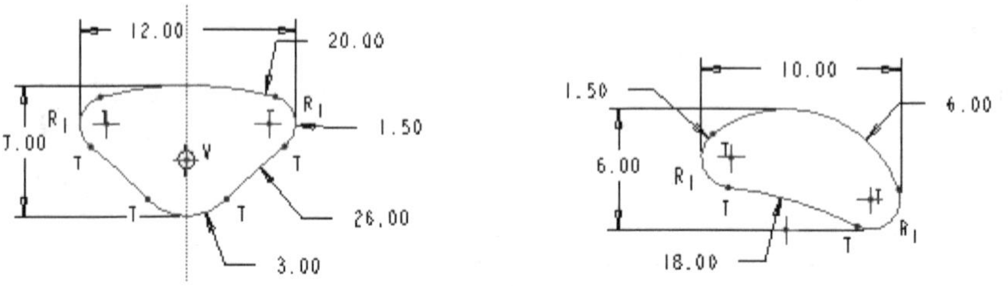

图 3-215 保存功能按键截面

3）修改主体外形高度尺寸，如图 3-216 所示。

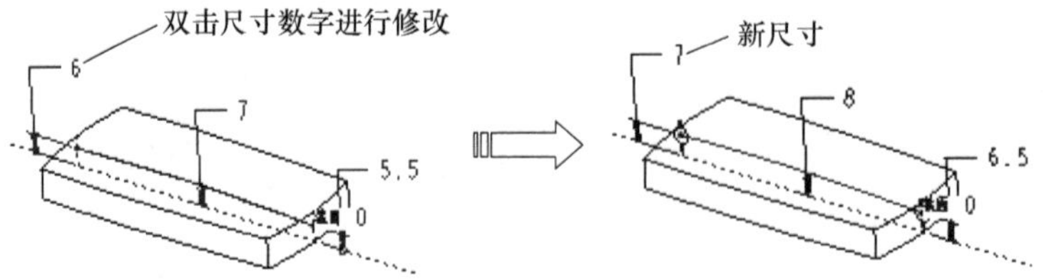

图 3-216 修改上表面高度

① 在模型树中单击特征“草绘 1”（图 3-182，扫描轨迹线），单击鼠标右键，点取快捷命令“编辑”。

② 双击要修改的尺寸数字，输入新的尺寸。

③ 单击模型再生工具，使模型按新的尺寸数据重新生成。

4）删除抽壳特征和屏幕方孔拉伸切料特征，如图 3 - 217 所示。

① 在模型树中单击特征“壳 1”，单击鼠标右键，点取快捷命令“删除”。系统提示与壳 1 有父子关系的特征将被删除。从模型树中可以看到，与壳 1 相关的子特征为按键孔切料特征及倒圆角特征，这些特征在手机外观模型中均为凸出按键，需要重新构建，所以，可以单击“删除”窗口中的“确定”按钮，删除这些特征。

② 以同样的操作删除拉伸 6 特征（屏幕拉伸切料）和相关倒圆角特征。

③ 删除草绘 2（草绘文字）和偏移 1（文字偏移）。

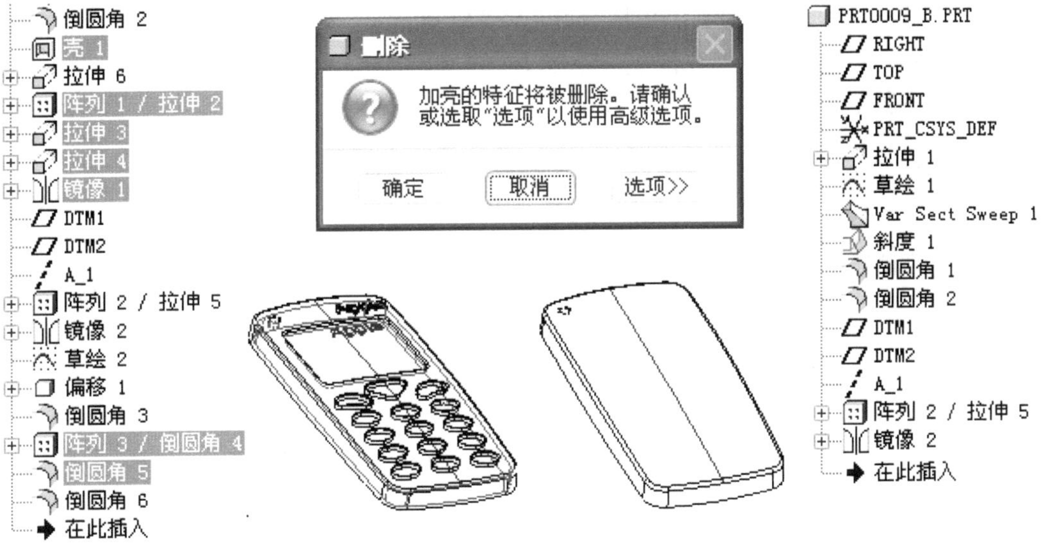

图 3 - 217　删除特征

5）插入底面圆角特征，如图 3 - 218 所示。

① 在模型树中单击特征倒圆角 2，单击鼠标右键，弹出快捷命令，选取“在此插入”，红色小箭头便移动到倒圆角 2 的后面。

② 创建底面棱边的圆角特征。

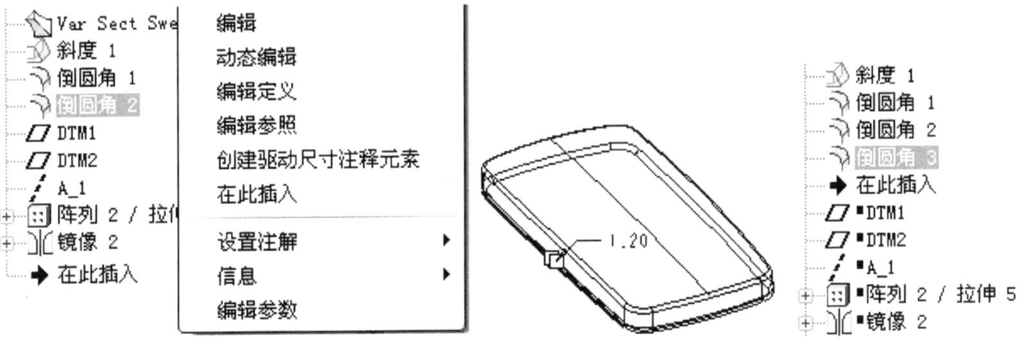

图 3 - 218　插入圆角特征

6）插入屏幕方孔表面偏移特征，如图3-219所示。

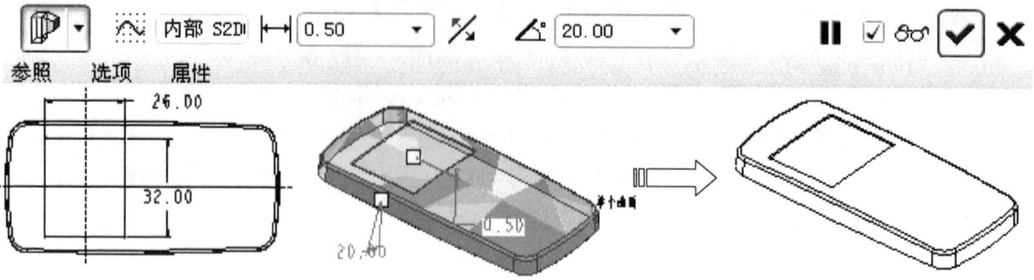

图3-219　插入屏幕方孔表面偏移特征

7）插入屏幕方孔棱边倒圆角特征，如图3-220所示。

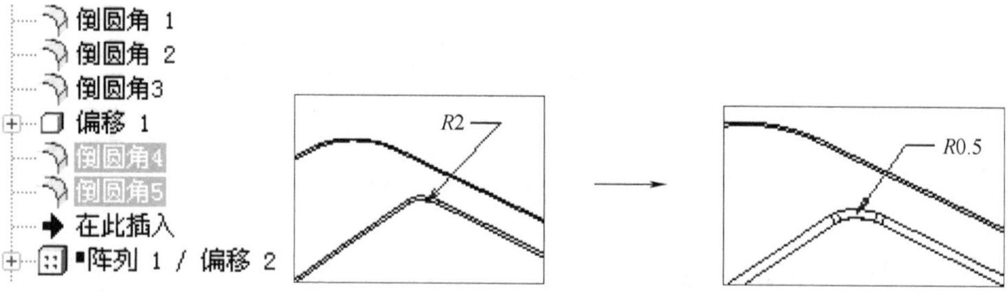

图3-220　屏幕方孔棱边倒圆角

8）按键偏移。

① 数字按键表面偏移，偏移高为0.5mm，拔模角15°，然后进行阵列，如图3-221所示。

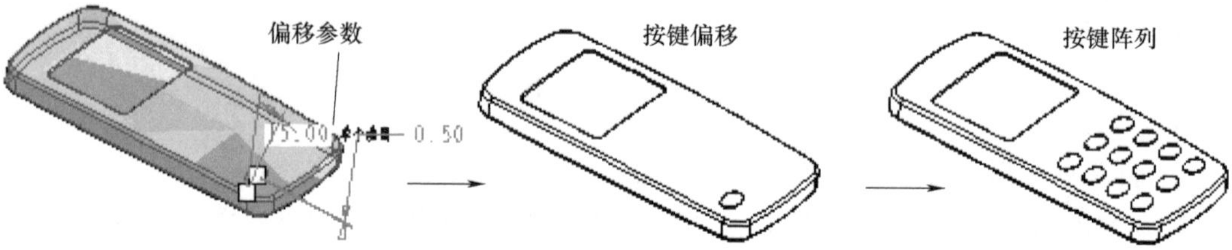

图3-221　数字按键表面偏移和阵列

② 功能按键偏移和镜像，偏移截面分别导入S2D0001和S2D0002，如图3-222所示。

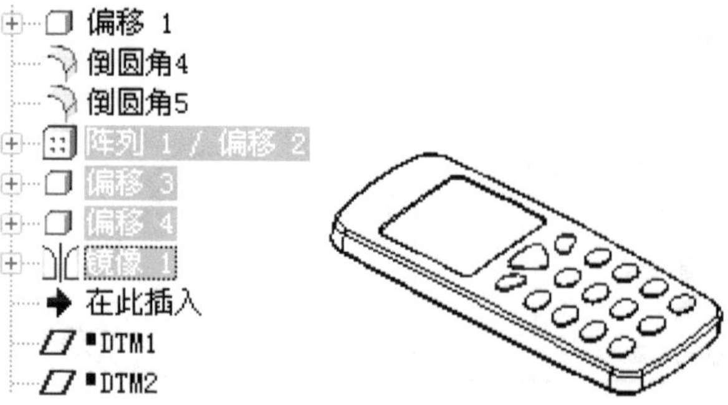

图3-222　功能按键表面偏移和镜像

要点提示：绘制偏移截面时，单击草绘界面主菜单中的“草绘”→“数据来自文件”→“文件系统”，然后打开 S2D0001 或 S2D0002，导入 2D 草绘截面，注意截面的定位。

9）拖动红色箭头到模型树的最后面（镜像 2 后），再生扬声器孔的造型，如图 3-223 所示。

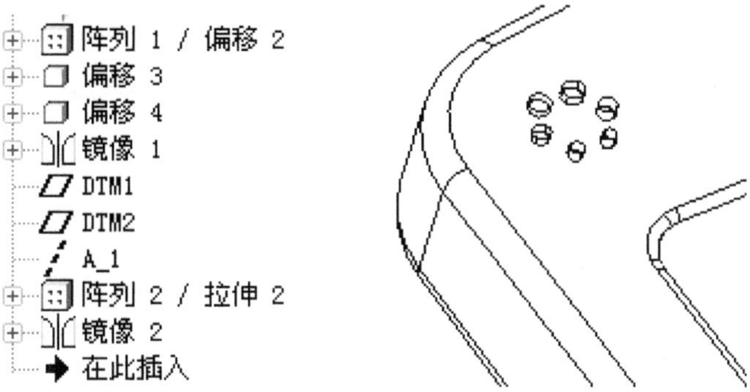

图 3-223　再生扬声器孔造型

10）投影文字，如图 3-224 所示。

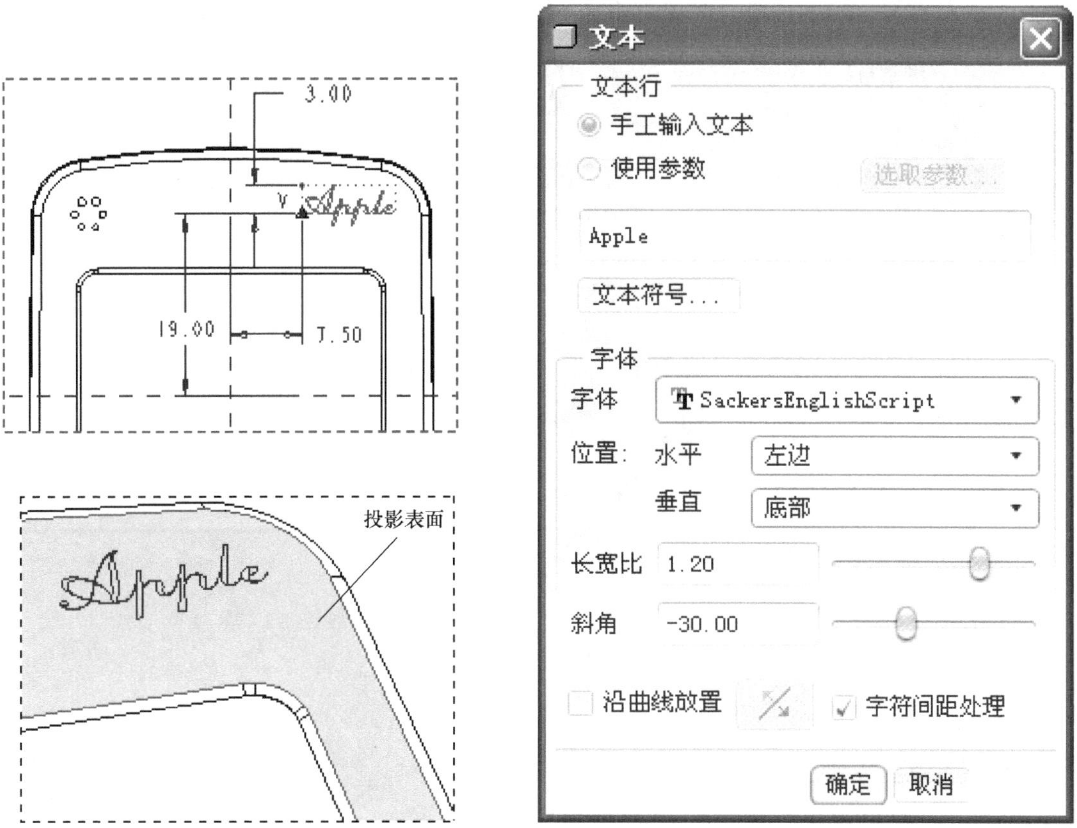

图 3-224　文字投影

11）按键倒圆角，如图 3-225 所示。

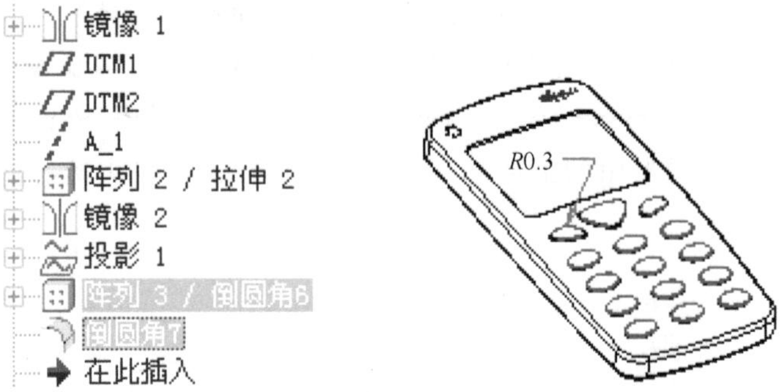

图 3-225　按键倒圆角

12）在 TOP 面上草绘文字（按键数字文字和符号，符号形状读者可以自由设计），然后对文字进行投影，如图 3-226 所示。

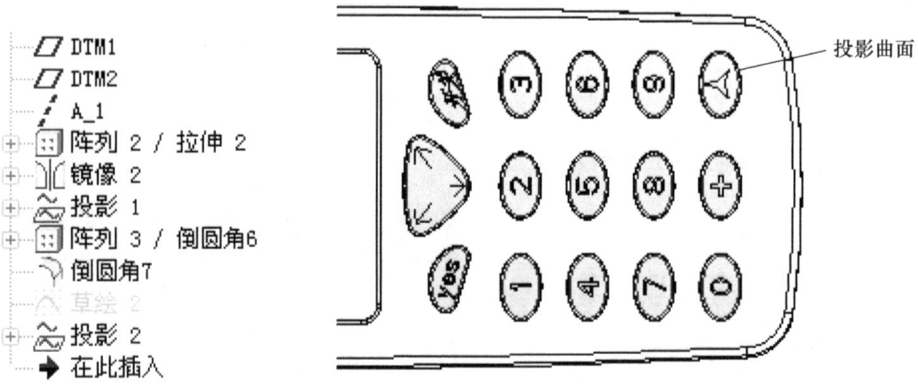

图 3-226　草绘按键数字文字和符号并投影

13）产品渲染，屏幕方孔表面贴图渲染，如图 3-227 所示。

图 3-227　产品渲染

知识小结

1）实体建模的方法很多，常用的有拉伸、旋转、扫描、混合、抽壳、拔模、倒圆角、阵列和镜像等。如何灵活应用各种方法，是提高建模效率和效果的关键，多练习、多思考、多比较，设计零件多了，操作熟练了，各种方法掌握了，自然就熟能生巧。

2）模型的修改是建模过程中必不可少的环节。Pro/Engineer 是完全参数化三维设计软件，特征之间会存在关联性，模型修改时要分析清楚特征之间的父子关系。在特征建模过程中，特别是截面草绘中，尽量少选用其他特征的图元为参照，以免发生不必要的父子关系，影响模型的修改。

3）图形渲染是产品三维设计的基本操作，Pro/Engineer 提供了丰富的外观图库，操作也比较简单。通过图形渲染，可使产品达到更好的外观效果。

思考练习

1. 常用的实体建模方法有哪些？
2. 为了合理设置特征之间的父子关系，在特征建模中要注意哪些操作要点？
3. 设计如图 3-228 所示的肥皂盒底座。

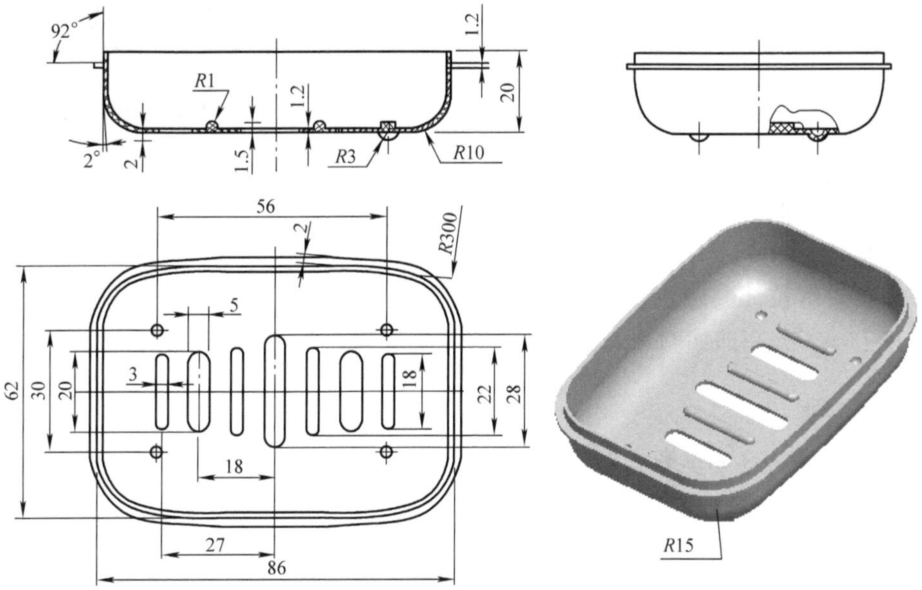

图 3-228　设计肥皂盒底座

模块四

Pro/Engineer 曲面建模

知识导入

产品外观是产品重要的生命要素。复杂产品的外观设计一般都要用到曲面，曲面设计能完成零件的不规则外观形状的构建，比实体建模方法更加灵活，功能更加强大，但操作更为复杂。

曲面建模关键要分析曲面构建的形式，然后通过打点、架线、构面以及曲面编辑等操作，来构建不规整的流线形产品外观。当然，曲面最终要转化为实体，以实体形式来表达零件的形状。图 4-1 所示为鼠标的外观曲面。

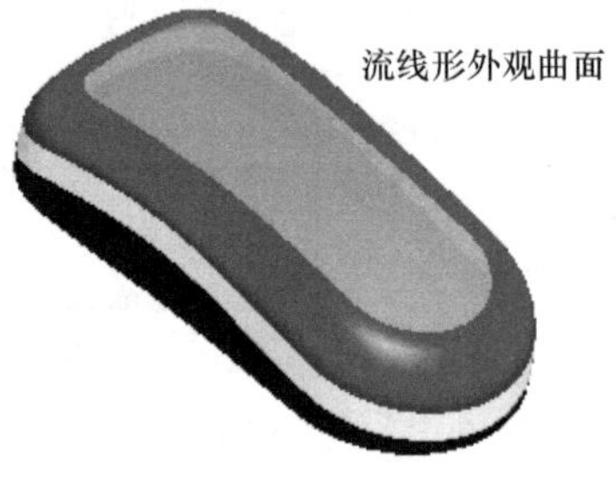

图 4-1　鼠标的外观曲面

本模块将讲解拉伸、旋转、扫描以及边界混合等曲面构建的基本方法，介绍曲面的合并、修剪、实体化等曲面编辑的基本操作。

模块主题

1. 曲面建模的方法和操作要点。
2. 曲面编辑的方法和操作要点。
3. 基准特征建模。
4. 点、线、面综合建模的思路。

任务一　曲面建模基础——设计三通管零件

学习内容

1. 曲面建模方法：拉伸、旋转、扫描。
2. 曲面编辑操作：合并、加厚、偏移、实体化。
3. 高级建模方法：变半径倒圆角。

实训任务

设计如图 4-2 所示的三通管零件。

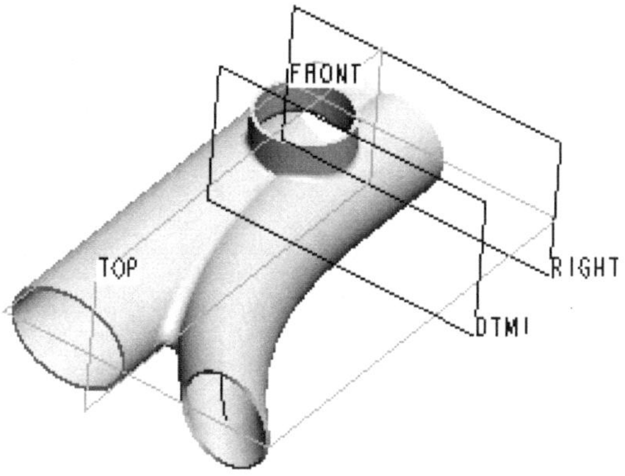

图 4-2　三通管零件

基础知识

与实体造型一样，常用的曲面造型方法有拉伸、旋转、扫描以及混合等方式，但在产品设计中曲面最终要通过编辑操作转换成实体，以实体形式来表达零件的结构。曲面编辑主要是指曲面的修剪、延伸、合并、偏移、加厚和实体化等操作，形成编辑特征。

1. 曲面基本建模方法

（1）曲面特征定义栏　曲面特征与实体特征一样，可以通过拉伸、旋转和扫描等基本建模方法来构建，只要在拉伸、旋转、扫描等基本建模定义栏中点取特征类型为曲面即可。图 4-3 所示为曲面拉伸定义栏。

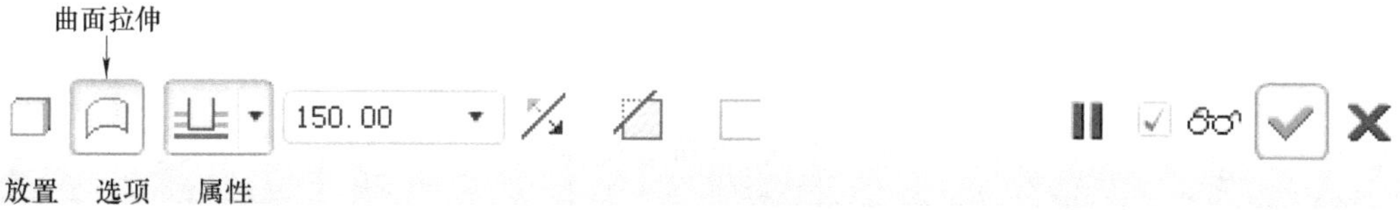

图 4-3　曲面拉伸定义栏

（2）曲面特征截面　曲面与实体相比，最主要的区别是曲面没有厚度。通过拉伸、旋转和扫描等方法创建曲面，截面可以开放，但一般要求只允许有一个开放口。

2. 曲面编辑——合并

（1）曲面合并的定义　曲面合并即将两个曲面合并成一个曲面，要求两个合并曲面必须相交。

（2）曲面合并的操作步骤　图 4-4 中①～④为曲面合并的操作步骤。

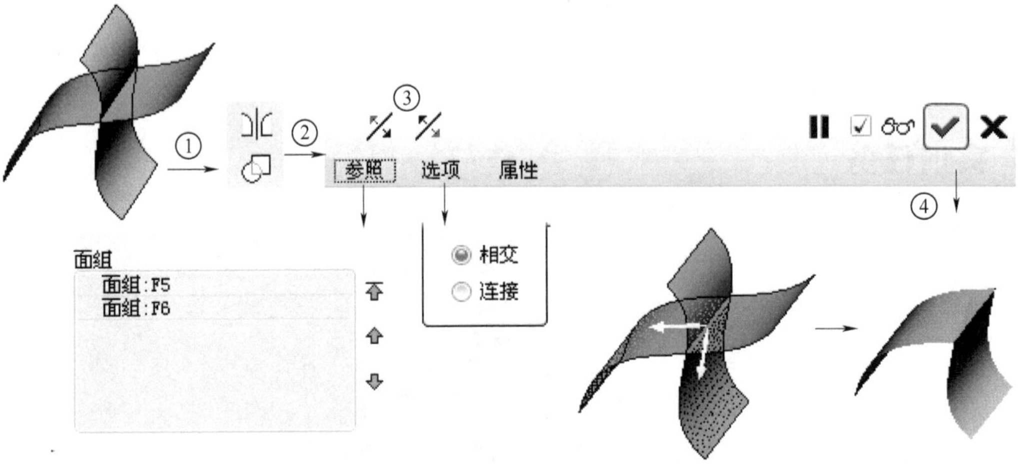

图 4-4　曲面合并的操作步骤

① 在图形中点取要合并的曲面，激活曲面合并命令。
② 单击曲面合并工具◻，弹出曲面合并定义栏。
③ 单击定义栏中的图标⤡，切换两曲面合并需要保留的部分。
④ 单击定义栏中的完成图标✔，完成曲面合并。

要点提示： 曲面合并有相交和连接两种方式，如果两曲面相交而且边界均延伸至相交线外，曲面合并只可选取“相交”方式合并，而如图 4-5 所示的两曲面合并，可以采用“连接”的方式进行。

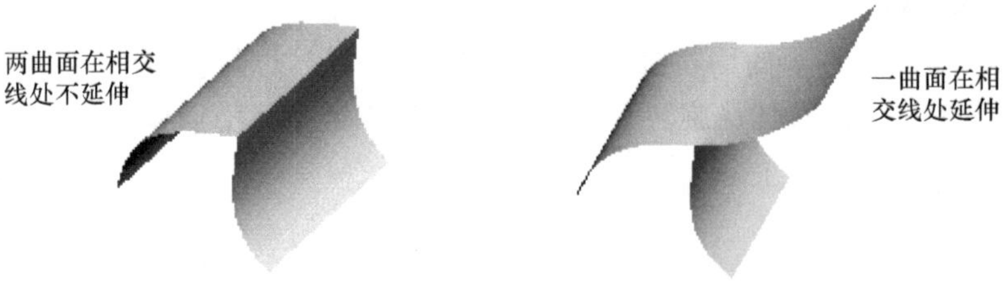

图 4-5　曲面连接方式

3. 曲面编辑——加厚

（1）曲面加厚的定义　曲面加厚即把没有厚度的曲面按一定的方式增加厚度，从而形成实体。用于加厚的曲面可以是开放的曲面，也可以是封闭的面组。

（2）曲面加厚的操作步骤　图 4-6 中的①~④为曲面加厚的操作步骤。

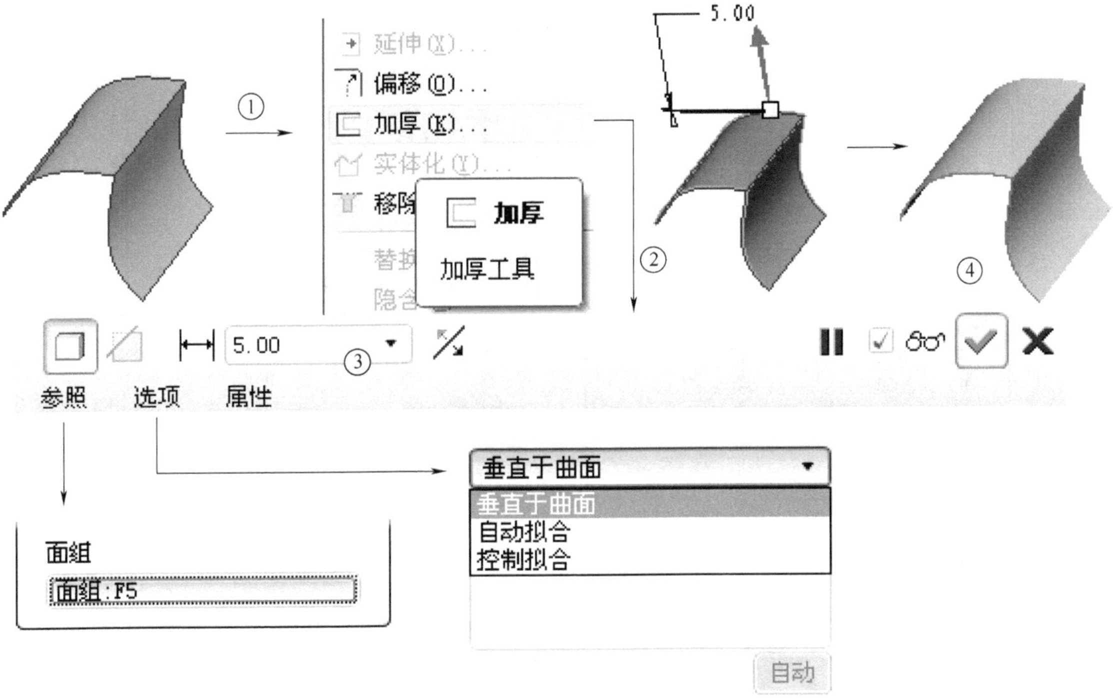

图 4-6　曲面加厚的操作步骤

① 切换选取类型为“面组”，单击需要加厚的曲面，激活曲面加厚命令。

② 单击主菜单栏中的“编辑”→“加厚”，弹出曲面加厚定义栏。

③ 输入厚度值，并通过单击图标，切换加厚方向。

④ 单击定义栏中的图标，完成曲面加厚操作。

要点提示：在定义栏的“选项”下，曲面加厚方式有“垂直于曲面”、“自动拟合”和“控制拟合”三种方式，不同方式的系统计算方法不同，曲面加厚效果也不同，默认方式为“垂直于曲面”，在某些情况下“垂直于曲面”方式曲面加厚会失败，这时可以尝试用“自动拟合”和“控制拟合”方式进行加厚。

4. 高级倒圆角——变半径倒圆角

（1）变半径倒圆角定义　前面进行的倒圆角操作多是简单倒圆角，即在一条倒圆角的棱边中，圆角半径是恒定不变的。在一个圆角特征中可以设置多个集，以便对多条棱边倒不同半径的圆角，在一个集中可以选取多条棱边进行倒圆角，但圆角半径均相同，而在一条棱边中倒不同的圆角半径，就必须进行变半径倒圆角了。在模块三任务四拓展训练的鼠标设计中，简单介绍了变半径倒圆角。

（2）变半径倒圆角的操作步骤　图 4-7 中①~④为变半径倒圆角的操作步骤。单击倒圆角工具，进入倒圆角特征定义栏，选取倒圆角棱边，设置好圆角半径（例如半径值为1），然后进行①～④操作。

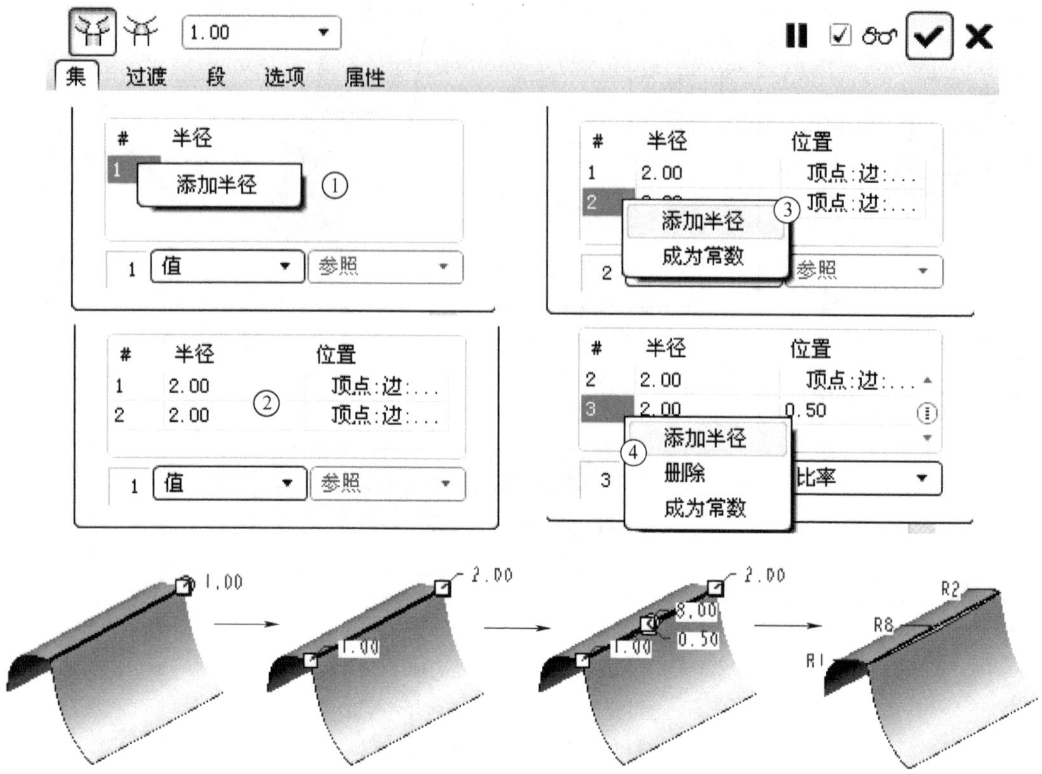

图 4-7　变半径倒圆角的操作步骤

① 单击定义栏中的“集”，然后单击“集”窗口中的圆角半径序号“1”，单击鼠标右键，点取“添加半径”，便增加了圆角半径 2。

② 修改圆角半径 2 的半径值为 2，可以看到两个圆角半径的位置分别位于倒圆角棱边的起点和终点，位置定义方式为“参照”方式，位置值为“顶点”。

③ 按同样的操作方法单击圆角半径序号“2”，单击鼠标右键，点取“添加半径”，便增加了圆角半径 3，并修改圆角半径值为 8，可以看到圆角半径的位置是随意的，位置定义方式为“比率”，修改圆角 3 的位置比率为 0.5，圆角 3 的位置便改变到了倒圆角棱边的中点。

④ 按同样的操作方法，通过点取“添加半径”可以设置更多的半径变化值。

任务分析

1. 零件结构分析

如图 4-8 所示，三通管由管 1（椭圆圆柱管）、管 2（异形管）和管 3（圆柱管）三部分结构组成，三管之间以圆弧过渡连接。

2. 零件建模分析

管 1 是直通管，可用拉伸方式造型；管 2 为异形管，用扫描方式造型；管 3 为旋转体，

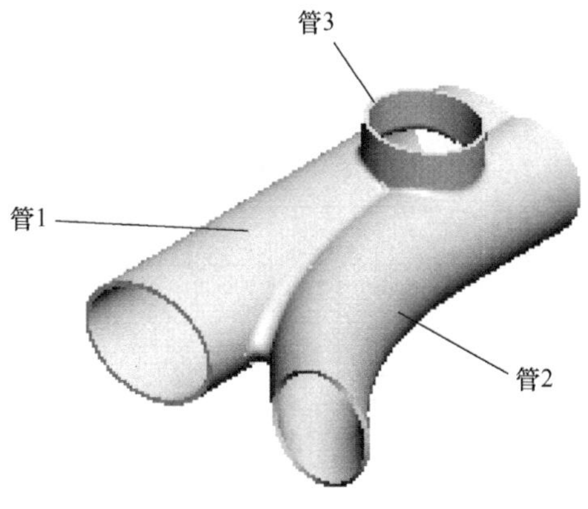

图 4-8　三通管的结构

可用旋转方式造型。但由于三管必须连接合并，如果用实体建模，中间多余部分难以修剪，而采用曲面建模，通过曲面合并进行修剪，去除中间的多余部分，其操作更加简单。

如图 4-9 所示为三通管的建模流程图。

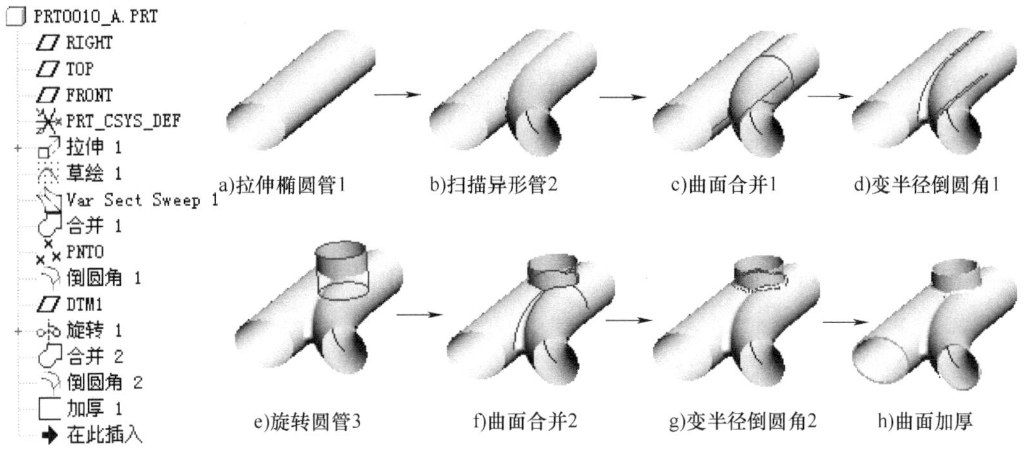

图 4-9　三通管的建模流程图

任务实施

1）启动软件，设置工作目录为 F:\Proe 项目实训\ 曲面建模。

2）新建零件文件，文件名为 Prt0010_ A，单位制式为“mmns_ part_ solid”。

3）拉伸椭圆管曲面，如图 4-10 所示。注意选择特征类型为曲面（⌓）。

4）绘制扫描轨迹曲线，如图 4-11 所示。

5）扫描异形管曲面，如图 4-12 所示。

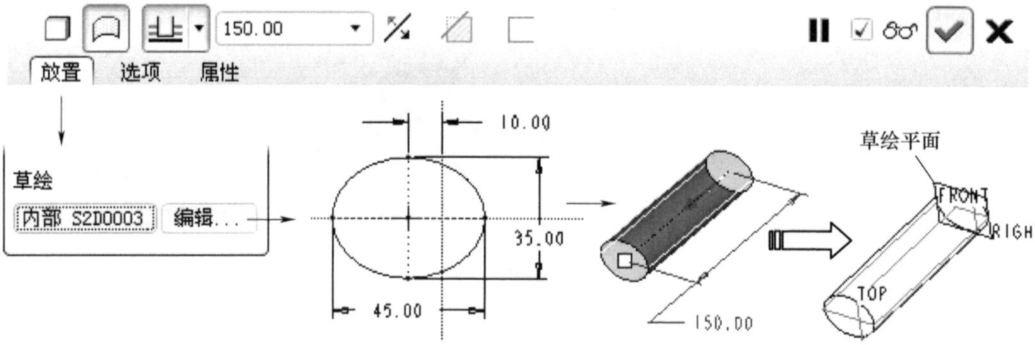

图 4-10　拉伸椭圆管曲面

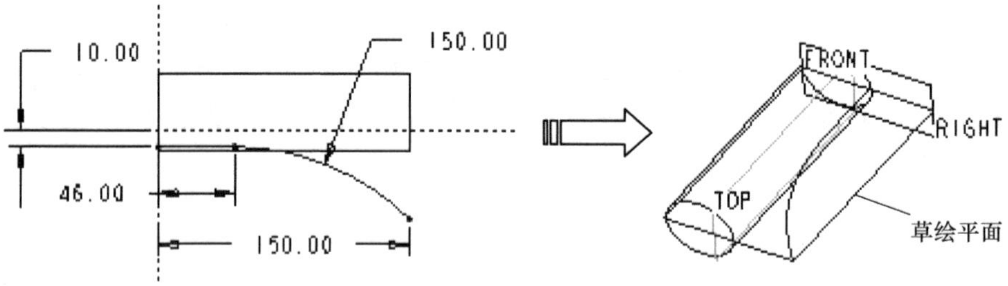

图 4-11　绘制扫描轨迹曲线

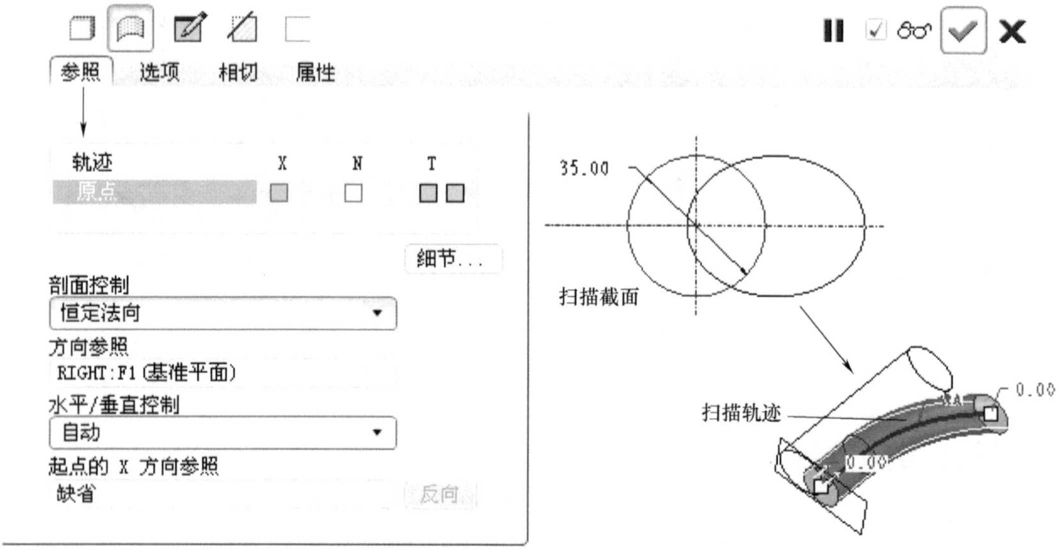

图 4-12　扫描异形管曲面

要点提示：选取剖面控制方式为"恒定法向"，并选取 RIGHT 面为扫描截面的法向参照，即扫描截面的法向始终与 RIGHT 面的法向一致。

6）椭圆管曲面与异形管曲面合并，如图 4 - 13 所示。注意先单击要合并的曲面，激活曲面合并命令。

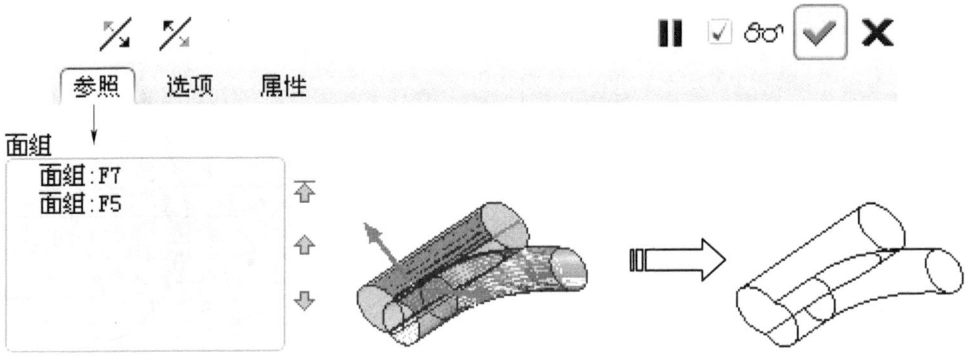

图 4 - 13 曲面合并 1

要点提示：通过单击图标和，切换两曲面的修剪方向，即选择需要保留的部分。

7）在曲面合并的相交棱边上创建基准点，基准点位于合并曲面边的中间顶点，如图 4 - 14所示。

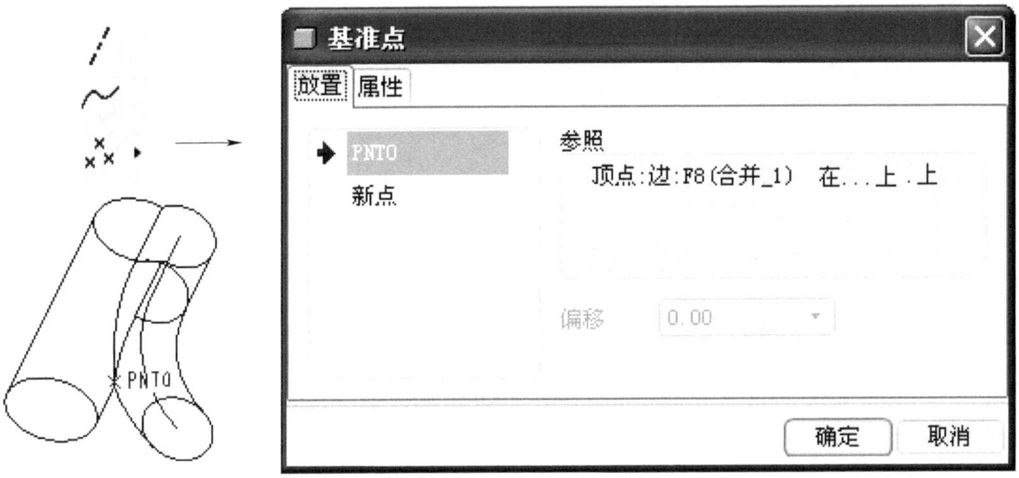

图 4 - 14 创建基准点

8）变半径倒圆角，如图 4 - 15 所示。

9）以 RIGHT 平移 40 创建基准面 DTM1，如图 4 - 16 所示。

10）以 DTM1 为草绘平面，旋转创建圆柱管曲面，如图 4 - 17 所示。

11）对圆柱管曲面与步骤 6）中合并的曲面进行合并，如图 4 - 18 所示。

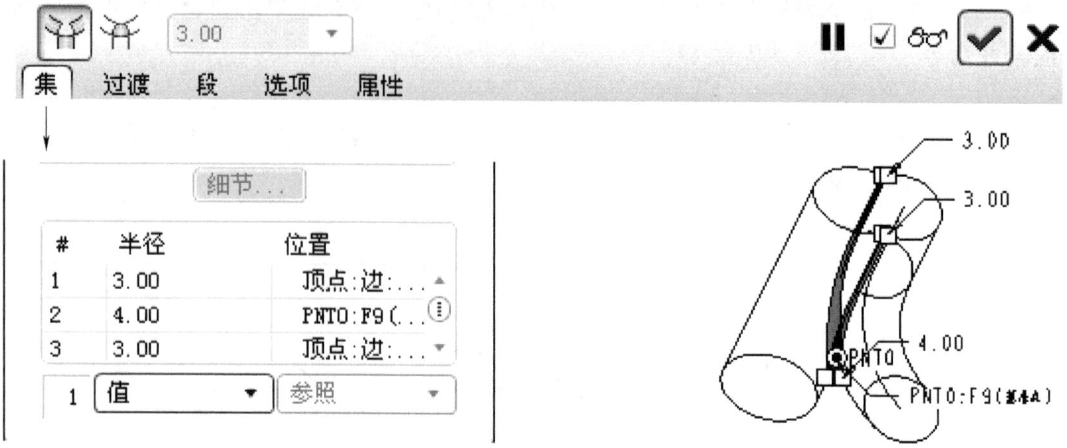

图 4-15　变半径倒圆角 1

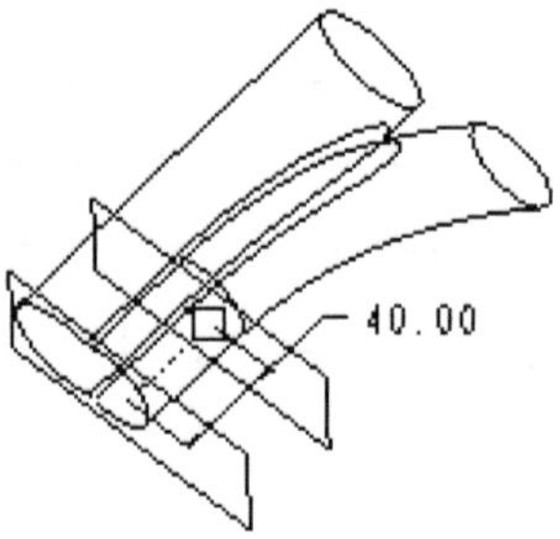

图 4-16　创建基准面

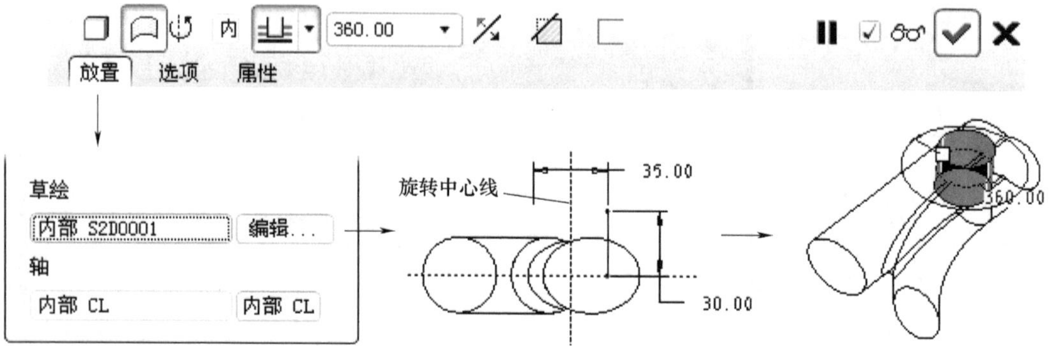

图 4-17　创建圆柱管曲面

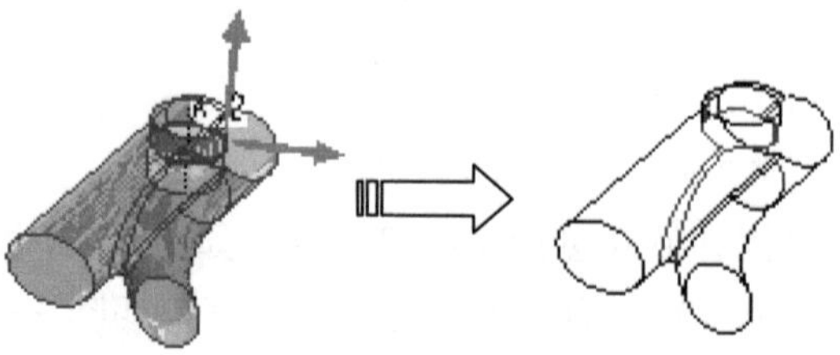

图 4-18　曲面合并 2

12）合并曲面的相交棱边变半径倒圆角，如图 4 - 19 所示。

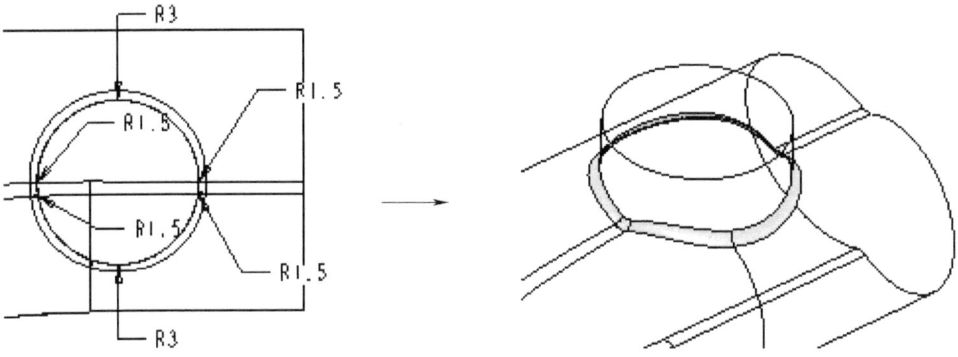

图 4 - 19　变半径倒圆角 2

13）曲面加厚，如图 4 - 20 所示，注意加厚方向。切换选取类型模式为“面组”，点取步骤 11）的合并曲面，单击主菜单中的“编辑”→“加厚”选项，进入特征定义状态。

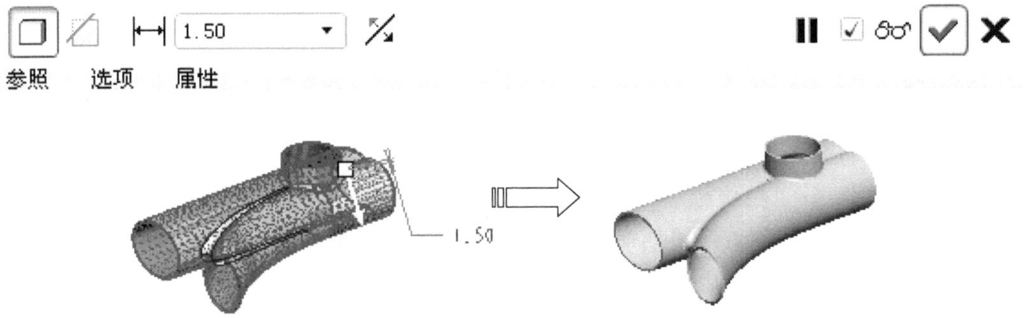

图 4 - 20　曲面加厚

14）单击保存图标，保存文件到工作目录中。

相关知识

1. 曲面编辑——曲面偏移

（1）曲面偏移的定义　曲面偏移即按原始曲面形状均匀偏移一个距离，形成新的曲面。曲面偏移与实体表面偏移的操作相同。

（2）曲面偏移的操作步骤　图 4 - 21 中①～⑥为曲面偏移的操作步骤。

① 在图形窗口的右上角，切换选取类型模式为“面组”。

② 在图形中点取要编辑的面组（曲面），激活曲面偏移命令。

③ 单击主菜单中的“编辑”→“偏移”命令，弹出偏移定义栏。

④ 选择偏移方式，如（标准偏移特征）。

⑤ 输入偏移距离，并单击定义栏中的图标，调整偏移方向。

⑥ 单击图标，完成曲面偏移操作。

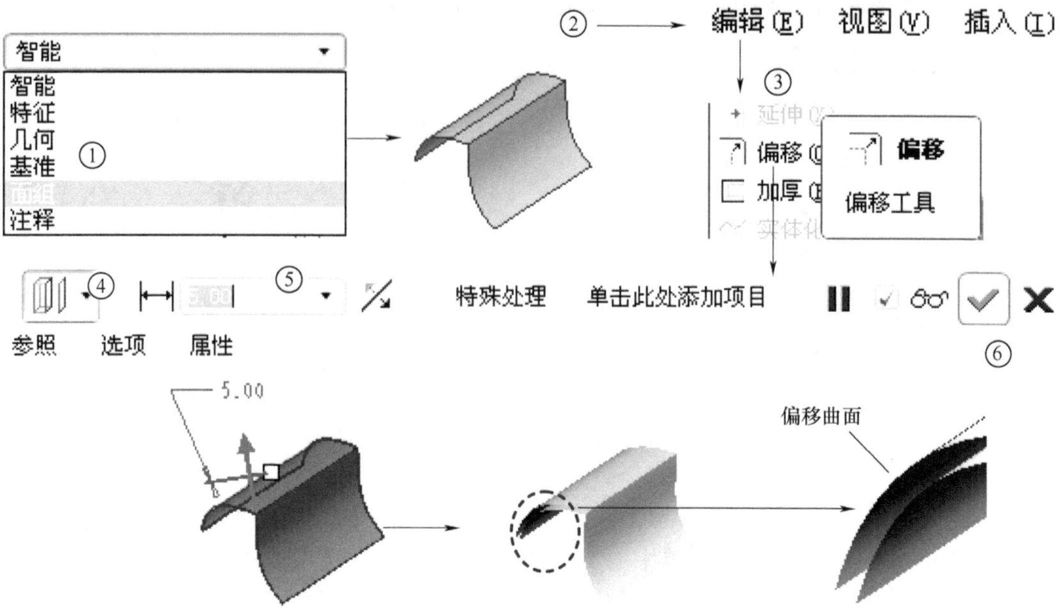

图 4-21 曲面偏移的操作步骤

要点提示：与曲面加厚相同，在定义栏的“选项”下，曲面偏移方式有“垂直于曲面”、“自动拟合”和“控制拟合”三种方式，不同方式的系统计算方法不同，曲面偏移效果也不同。在窗口底端有“创建侧曲面”选项，选取该选项，偏移曲面便与原始曲面连接，形成一个封闭的曲面，然后把偏移面与侧面和原始面合并（），再经实体化（）转换成实体。图 4-22 所示为曲面偏移选项窗口。

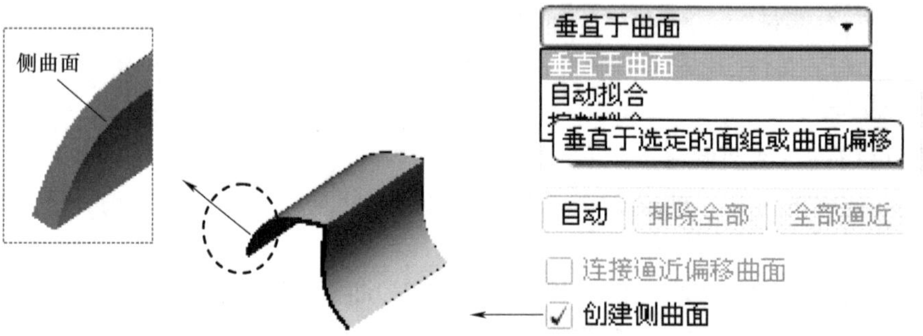

图 4-22 曲面偏移选项窗口

2. 曲面编辑——曲面实体化

(1) 曲面实体化的定义　曲面实体化是线面实体综合建模常用的特征编辑命令，即借用曲面进行实体操作。常用的曲面实体化方式有三种，第一种是把封闭曲面转换成实体（），第二种是用曲面对实体进行切剪，第三种是用曲面替代实体表面。

（2）曲面实体化的操作步骤　图 4-23 中的①～④为把封闭曲面转换成实体的操作步骤。

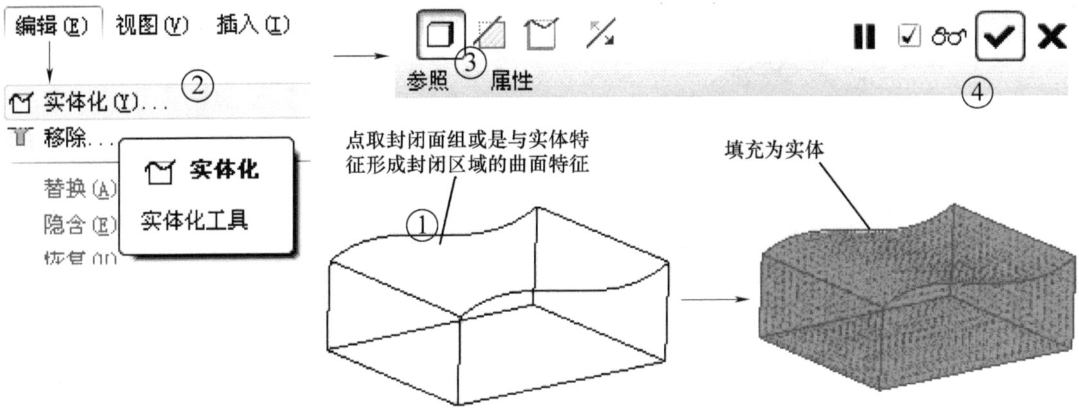

图 4-23　曲面实体化——创建体积块

① 切换选取类型模式为“面组”，单击需要实体化的曲面，激活实体化命令。

② 单击主菜单栏中的“编辑”→“实体化”命令，弹出曲面实体化定义栏。

③ 选择实体化方式：创建体积块。

④ 单击定义栏中的图标，完成曲面实体化操作。

（3）曲面实体化的三种方式　在曲面实体化的操作中，根据曲面形状特点和曲面与实体的位置关系，选择不同的实体化方式，产生的实体化效果是不同的。曲面实体化的三种形式分别如图 4-23（创建实体体积块）、图 4-24（曲面对实体切剪）和图 4-25（曲面片替代实体表面）所示。

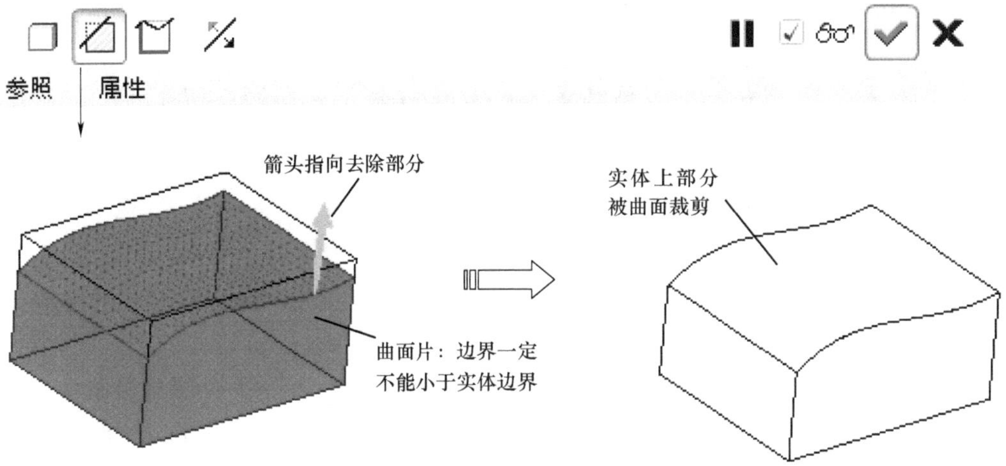

图 4-24　曲面实体化——用曲面对实体切剪

由面组创建实体体积块时，曲面面组必须封闭；用曲面对实体裁剪时，曲面面组必须与实体外轮廓相交且把实体分成两个部分；而用曲面替代实体表面时，曲面面组可以不与实体

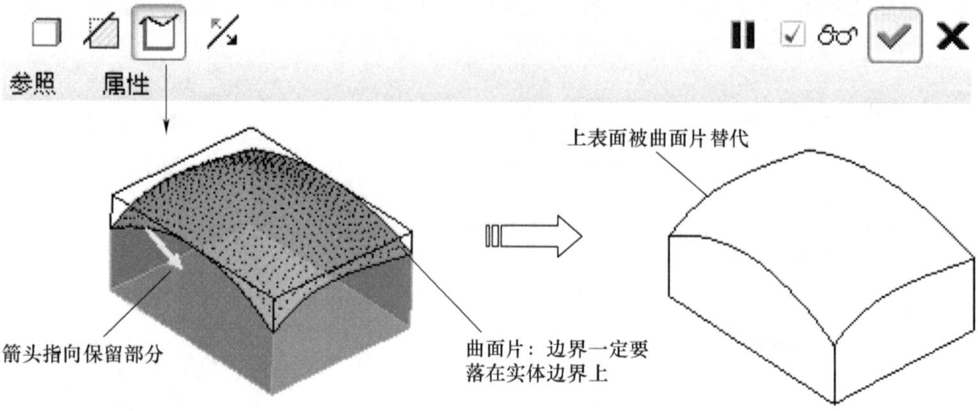

图 4-25　曲面实体化——曲面片替代实体表面

相交，只要曲面面组处于实体被替代表面的上方，且曲面边界落在实体表面上即可。

拓展训练

1. 实训任务

如图 4-26 所示，三通管通过曲面加厚方式转换为实体，由于加厚方式为默认的“垂直于曲面”，会造成内壁圆角出现台阶，改用“自动拟合”效果也不理想，通过修改模型，用曲面偏移方式来生成内壁，以达到更好的内壁表面效果。

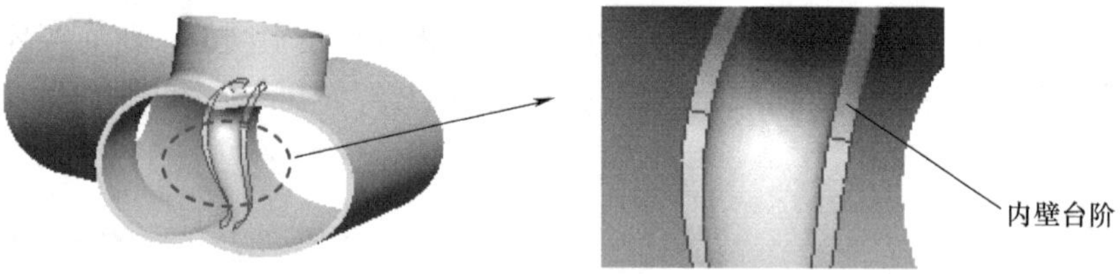

图 4-26　三通管内壁台阶

2. 建模步骤（参考）

图 4-27 所示为三通管模型的修改流程图。

3. 重点提示

1）图 4-27b 所示为曲面偏移，在定义栏的选项中点选“创建侧曲面”，共形成 4 个独立的侧曲面，如图 4-28 所示。

2）图 4-27c 所示为曲面合并，共有 6 个曲面需要合并，其中一个原始曲面，一个偏移复制的曲面，4 个偏移产生的侧曲面。6 个曲面只是依次连接，如果两个两个曲面合并，将产生 5 个曲面合并特征，而在一次合并中同时选取 6 个曲面，则只产生一个曲面合并特征。

如图 4-29 所示，点取两个相邻曲面，单击曲面合并工具，弹出曲面合并定义栏，然后单击“参照”，按下键盘的“Ctrl”键，选取其余的 4 个曲面进行合并，单击定义栏中的图标即可完成多个曲面同时合并。

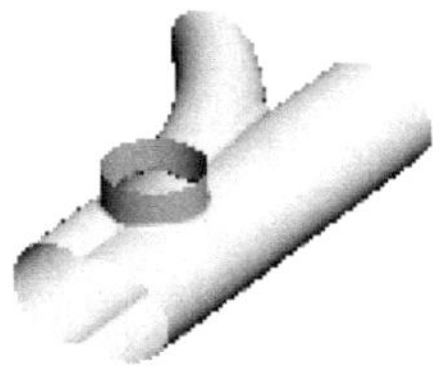

a)删除曲面加厚特征

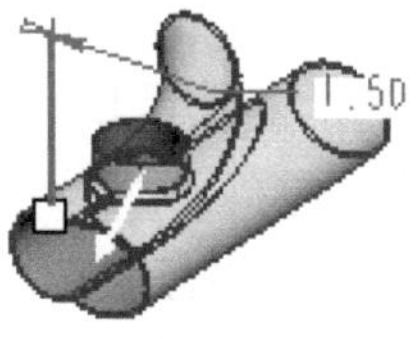

b)曲面偏移（）

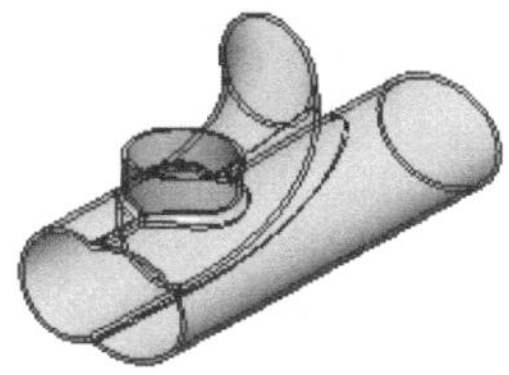

c)曲面合并（）

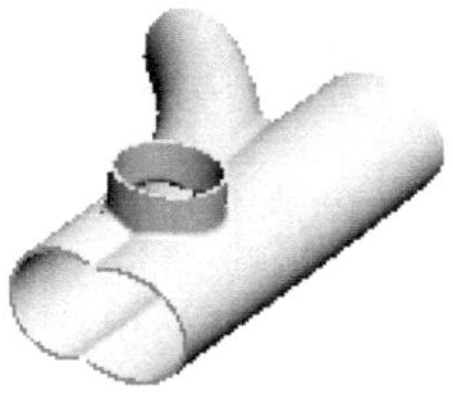

d)曲面实体化（）

图 4-27　三通管模型修改流程图

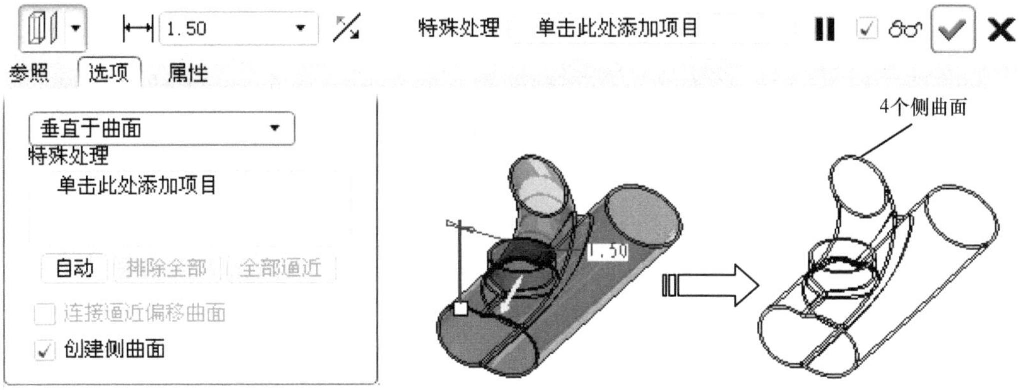

图 4-28　曲面偏移

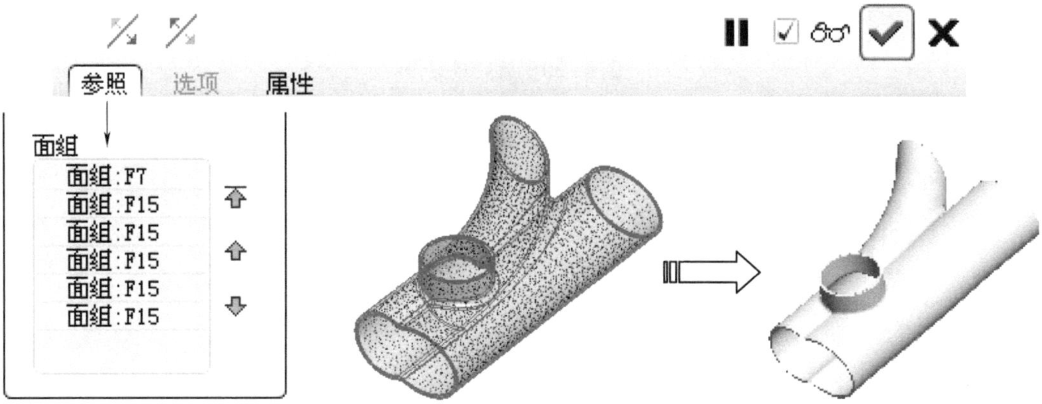

图 4-29　多个曲面同时合并

知识小结

1）常用的曲面建模方法有拉伸、旋转和扫描等，但曲面最终要实体化，转化成实体，以实体来表达零件结构。

2）灵活进行曲面编辑操作是曲面建模的关键，曲面编辑命令和镜像、阵列等特征编辑命令一样，需要先点取编辑对象才能把命令激活。

3）变半径倒圆角中，半径变化点的定位是关键，半径变化点的定位有两种方式，即比率和参照。

4）对于相互连接但并未延伸相交的曲面，可以在一次合并中选取多个曲面。

思考练习

1. 通过软件主菜单中的“帮助”→“帮助中心”，查找“曲面修剪”（ ）的概念，分析“曲面修剪”与“曲面合并”的区别。

2. 设计如图 4-30 所示的旋转椅子的模型，用曲面建模方法构建球形弧面。

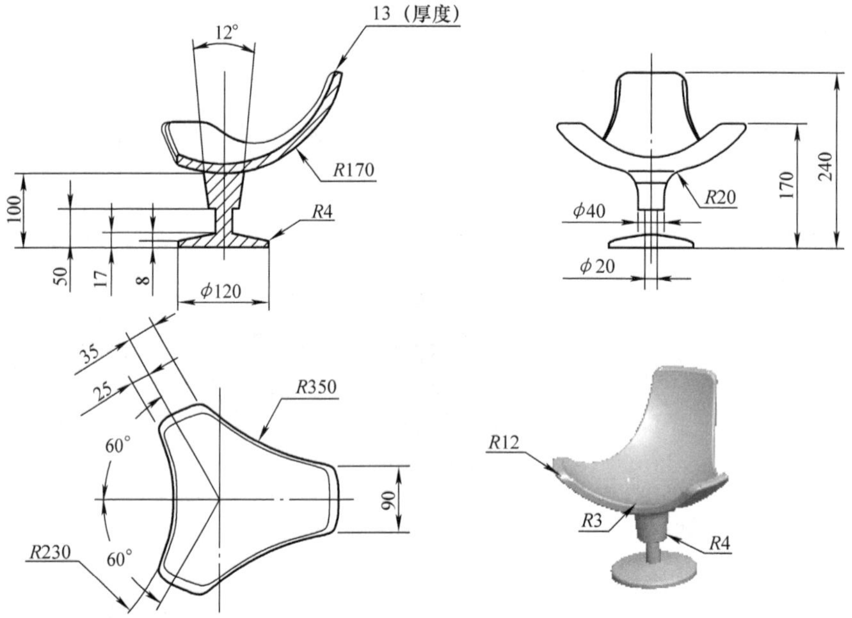

图 4-30　旋转椅子

任务二 曲面建模进阶——设计调节旋钮

学习内容

1. 曲面建模方法：填充曲面。
2. 曲面编辑操作：曲面边界延伸。
3. 高级建模方法：投影曲线。

实训任务

设计如图 4 - 31 所示的调节旋钮。

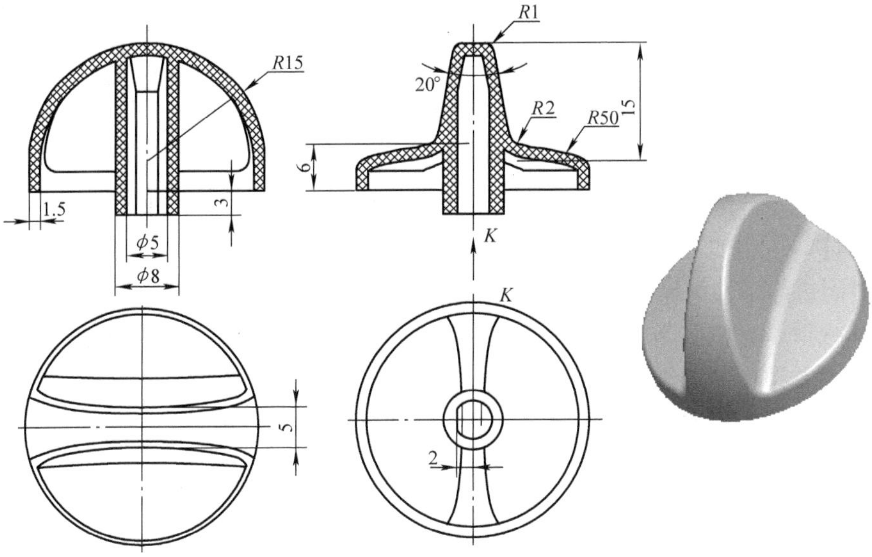

图 4 - 31 调节旋钮

基础知识

1. 曲面建模方法——填充曲面

（1）填充曲面的定义 填充曲面与拉伸平面都为平面曲面，即曲面结构处于一个平面内，而扫描曲面和旋转曲面一般为三维结构。填充曲面与拉伸平面的不同之处在于，拉伸平面绘制的拉伸截面为平面的横截面（直线），填充曲面绘制的截面为曲面的边界（封闭轮廓曲线）。

（2）填充曲面的操作步骤 图 4 - 32 中的①～④为填充曲面的操作步骤。

① 单击主菜单中的“编辑”→“填充”项，弹出填充特征定义栏。

② 单击定义栏中的“参照”→“定义”项，进入草绘界面。

③ 绘制填充边界截面。

④ 单击定义栏中的✔，完成曲面填充操作。

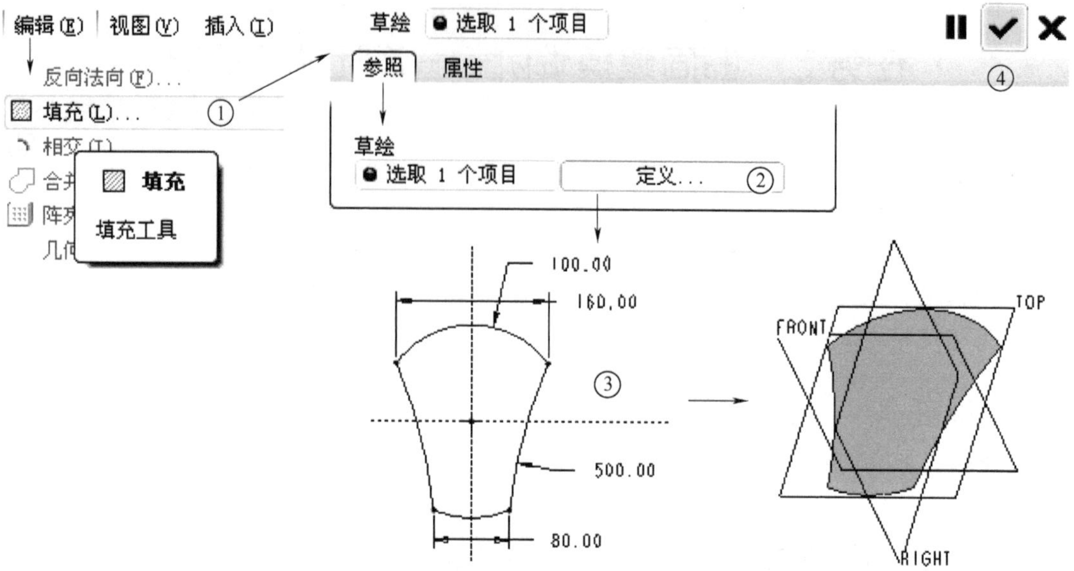

图 4-32 填充曲面的操作步骤

2. 曲面编辑——边界延伸

（1）曲面边界延伸的定义 曲面边界延伸即曲面在边界位置向外延长一定距离，延伸方式有“相同”、“相切”和“逼近”三种。

（2）曲面边界延伸的操作步骤 图 4-33 中的①～④所示为曲面边界延伸的操作步骤。

① 切换选取类型模式为“几何”，单击需要延伸的曲面边界，激活边界延伸命令。

② 单击主菜单中的“编辑”→“延伸”选项，弹出延伸定义栏。

③ 输入延伸距离，并单击“选项”，选择延伸方式，如“相同”。

④ 单击图标，完成曲面边界延伸操作。

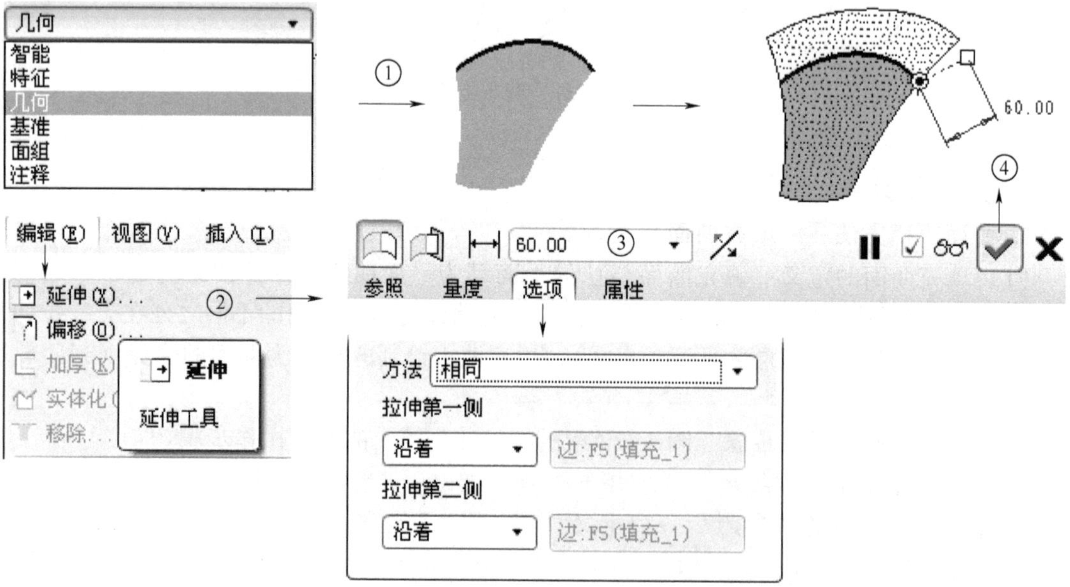

图 4-33 曲面边界延伸的操作步骤

（3）多条边界同时延伸 如果曲面的多条串联边界或所有边界要同时延伸，就必须借助键盘的“Shift”键进行串联选取，如图 4-34 所示。

a)多条边界同时延伸

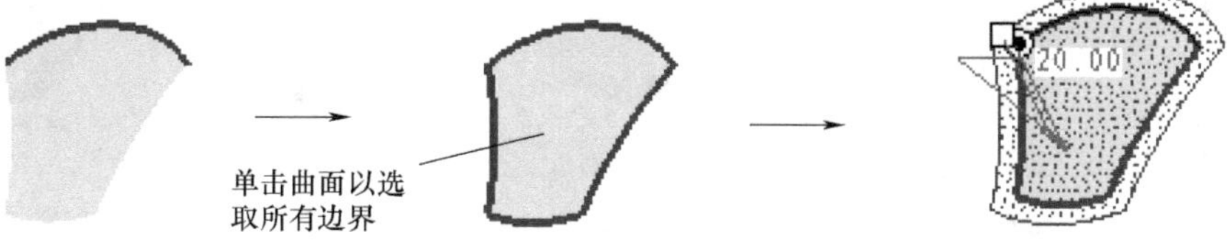

b)所有边界同时延伸

图 4-34 多条边界同时延伸

1）在选取类型模式为“几何”状态下，点取第 1 条需要延伸的边界。

2）按下键盘的“Shift”键，点取串联边界的最后一条边界或单击曲面以选取曲面的所有边界。

3）单击边界延伸命令，进行曲面边界延伸。

任务分析

1. 零件结构分析

如图 4-35 所示，调节旋钮由把手凸缘、主体弧盖和安装圆柱三部分组成，把手凸缘为不规整结构，底部与主体弧盖以圆弧倒角自然连接过渡，而侧面要与主体弧盖在特定位置（见图 4-31 中尺寸 15mm 的位置）相切连接。

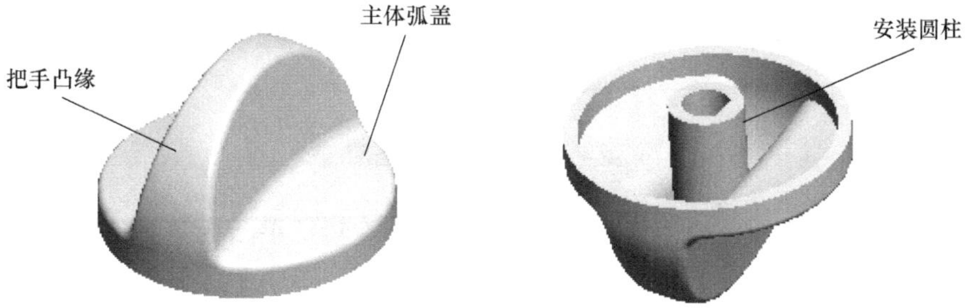

图 4-35 调节旋钮的结构

2. 零件建模步骤

此模型用实体造型方法当然也可以做，但由于各结构之间的关系，不利于模型的修改，如用曲面建模，模型修改会更方便。

图 4-36 所示为调节旋钮的建模流程图。

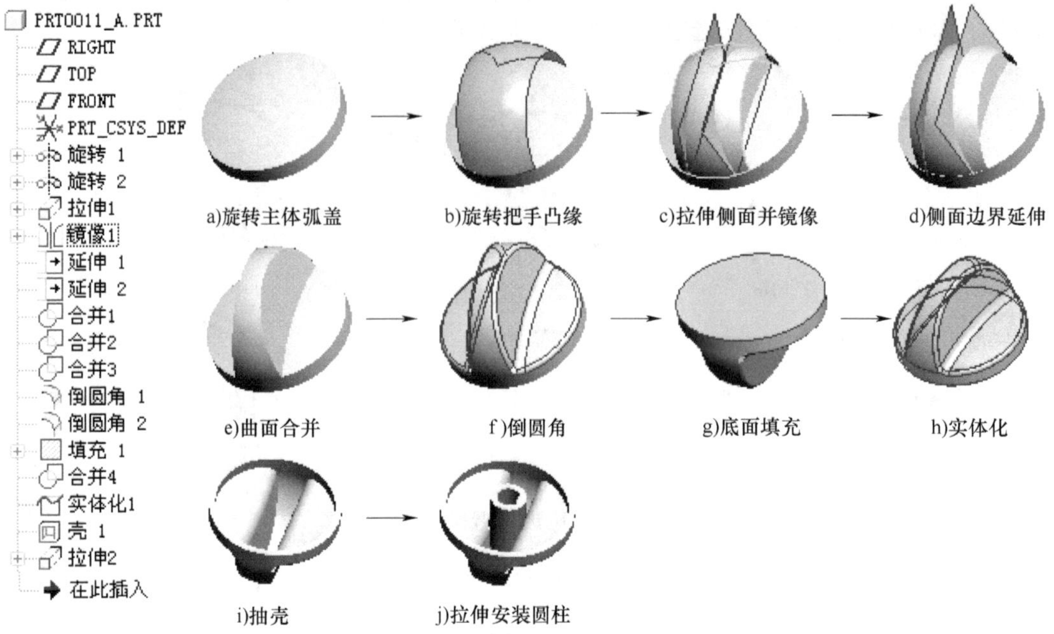

图 4-36　调节旋钮的建模流程图

任务实施

1）启动软件，设置工作目录为 F:\Proe 项目实训\ 曲面建模。

2）新建零件文件，文件名为 prt0011_ A，单位制式为“mmns_ part_ solid”。

3）旋转主体弧盖（曲面），如图 4-37 所示。注意截面不封闭。

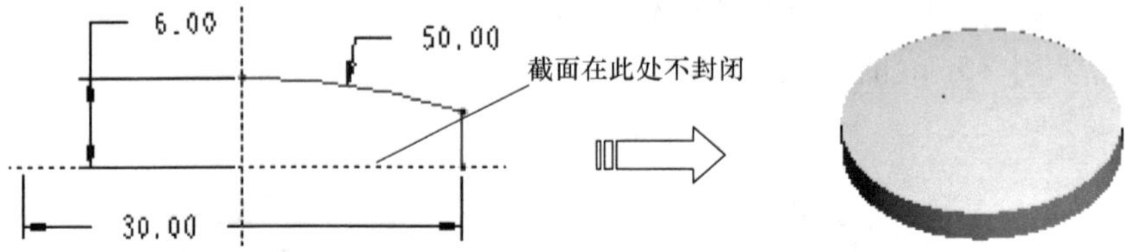

图 4-37　旋转弧盖曲面

4）过圆盖弧顶外侧面棱边创建草绘平面 DTM1，旋转把手凸缘曲面，如图 4-38 所示。

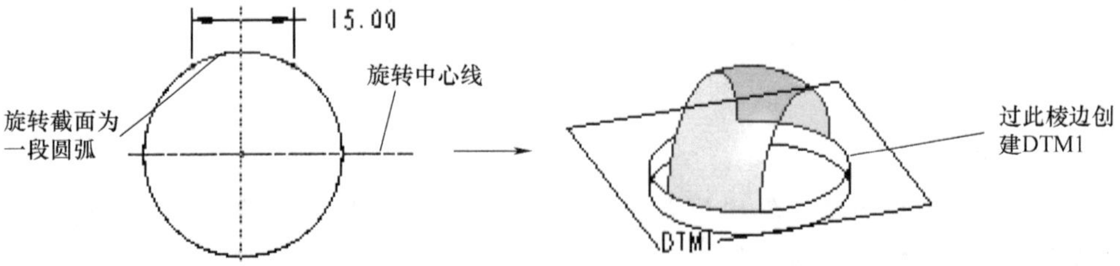

图 4-38　旋转把手凸缘曲面

5）拉伸把手凸缘侧面（曲面），然后镜像，如图 4-39 所示。

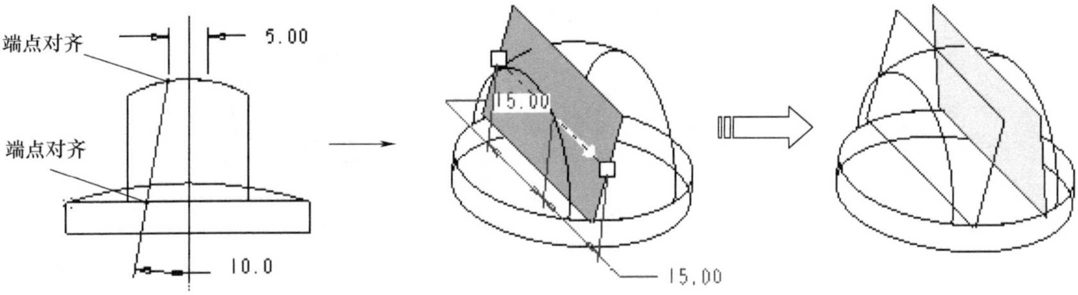

图 4-39 拉伸凸缘侧面

要点提示：截面为一条直线，两端点通过对齐约束来进行定位。

6）分别对两凸缘侧面上侧边界进行延伸，延伸方式为“相同”，延伸值为 2，如图 4-40所示。

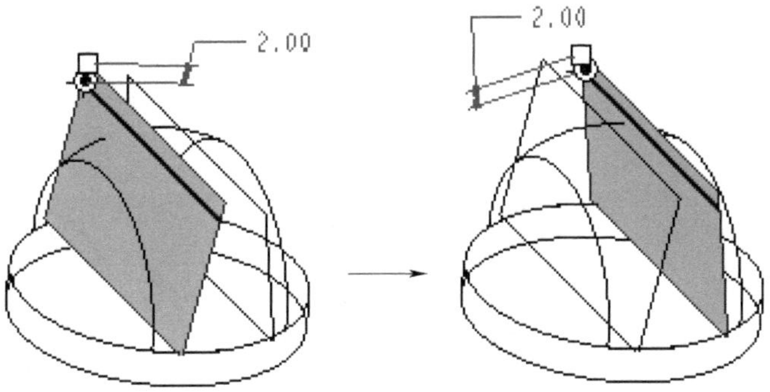

图 4-40 凸缘顶面边界延伸

7）先后对 4 个曲面进行合并，共 3 次合并，如图 4-41 所示。

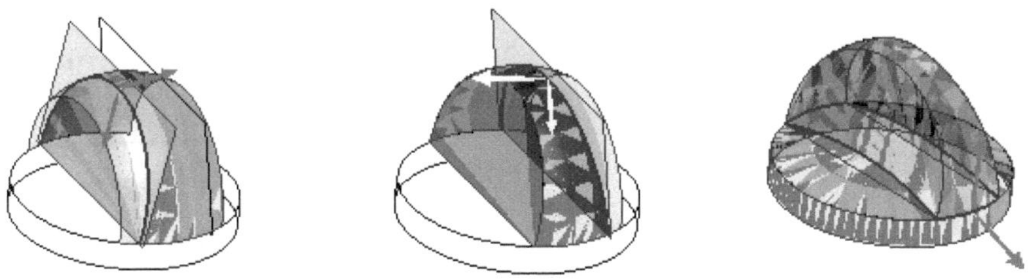

a)左侧面与凸缘顶面合并 b)右侧面与凸缘顶面合并 c)弧盖面与凸缘面合并

图 4-41 曲面合并

8）先后对顶面棱边倒圆角，如图 4-42 所示，注意倒圆角的顺序。

9）以 TOP 面为草绘面创建填充曲面，使旋钮底面封闭，如图 4-43 所示。

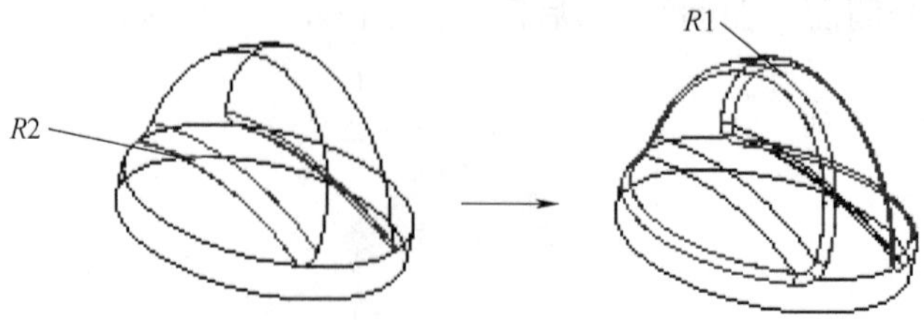

图 4-42　顶面棱边倒圆角

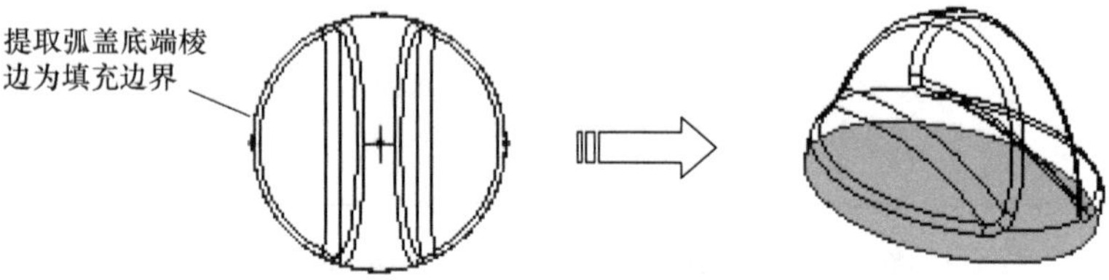

图 4-43　创建填充曲面

10）对填充面与旋钮曲面进行合并，合并方式为“连接”，如图 4-44 所示。

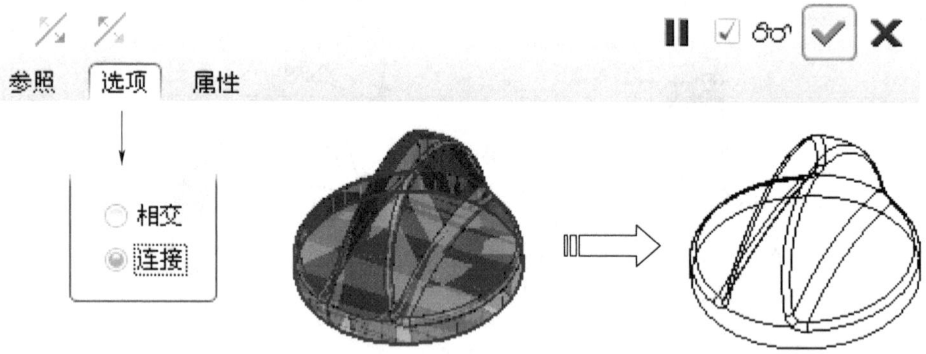

图 4-44　底面与表面合并

11）对曲面进行实体化，实体化方式为创建体积块（❒），如图 4-45 所示。
12）抽壳，壳厚为 1.5，底端面移除，如图 4-46 所示。

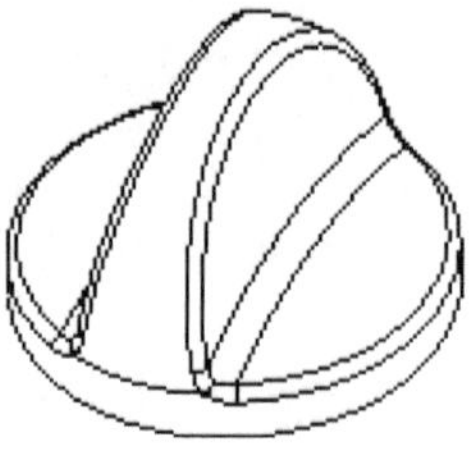

图 4-45　曲面实体化

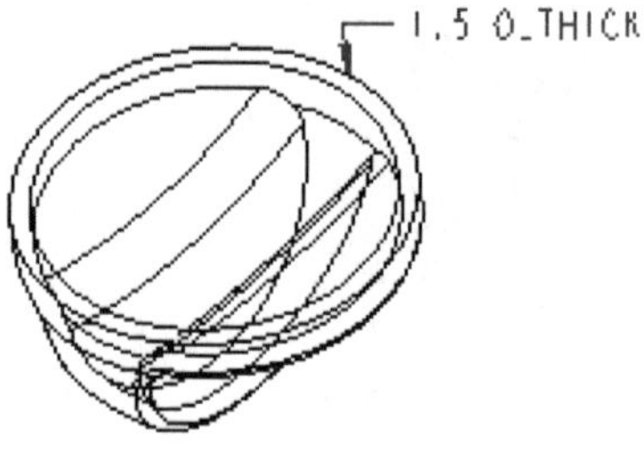

图 4-46　抽壳

13）拉伸中间安装圆柱，注意设置拉伸深度，如图 4-47 所示。
14）单击保存图标▭，保存文件到工作目录中。

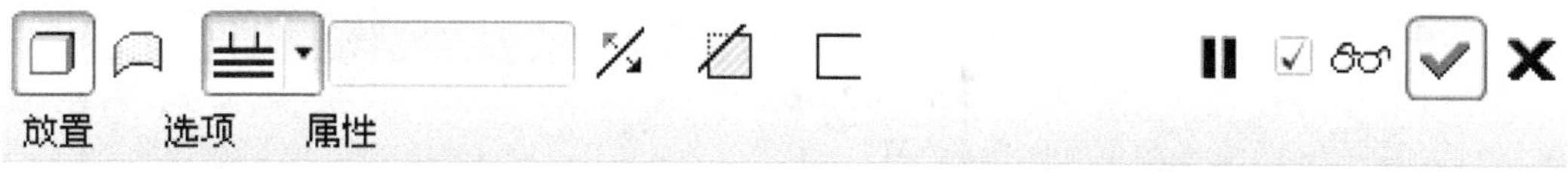

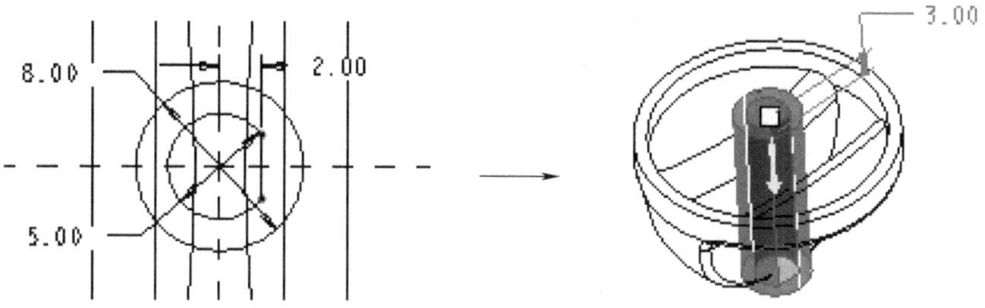

图 4-47 拉伸安装圆柱

相关知识

1. 高级建模方法——唇特征

（1）唇的定义 Pro/Engineer 提供了唇、轴、耳、槽、法兰等高级建模命令，利用这些命令来构建某些特殊的结构非常方便。

如图 4-48 所示，在调节旋钮底端部添加一环形台阶结构，台阶深 1、宽 0.6，带 3°的拔模角。在 Pro/Engineer 中，该类特征称为“唇”。用常规的建模方法如拉伸、旋转、拔模等方式可以创建该结构，但比较繁琐，至少需要三个特征，如果用唇特征来建模，操作非常简单。

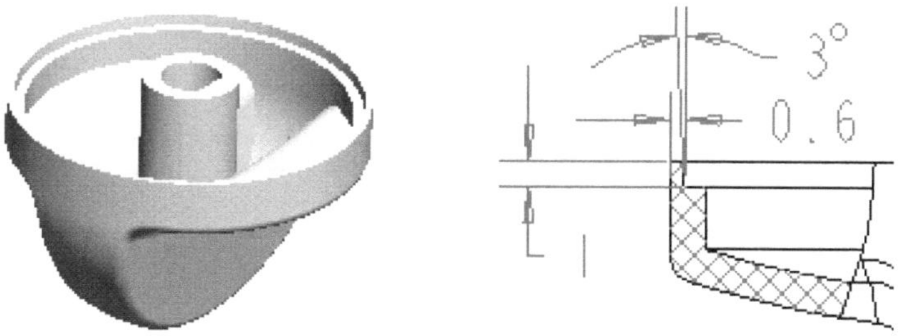

图 4-48 唇结构

（2）唇等高级特征命令的设置 通常情况下，轴、唇、耳、槽等高级建模命令并不可用（界面找不到建模工具），需要进行 Config 设置。图 4-49 中的①~⑥为 Config 设置的操作步骤。

① 单击主菜单中的“工具”→“选项”，弹出“选项”窗口。

② 在窗口左下角的“选项”下的空白栏处输入“ALL”，然后单击“查找”命令，弹出“查找选项”窗口。

③ 单击窗口中的“allow_ anatomic_ features”，并把设置值设置为“yes”，单击“添加/更改”→“关闭”项，退回“查找选项”窗口。

④ 单击“选项”窗口中的“应用”。

⑤ 单击窗口中的保存图标，把 Config. Pro 文件保存到安装目录下指定的文件夹。

⑥ 单击窗口中的“确定”按钮，完成 Config 的设置。

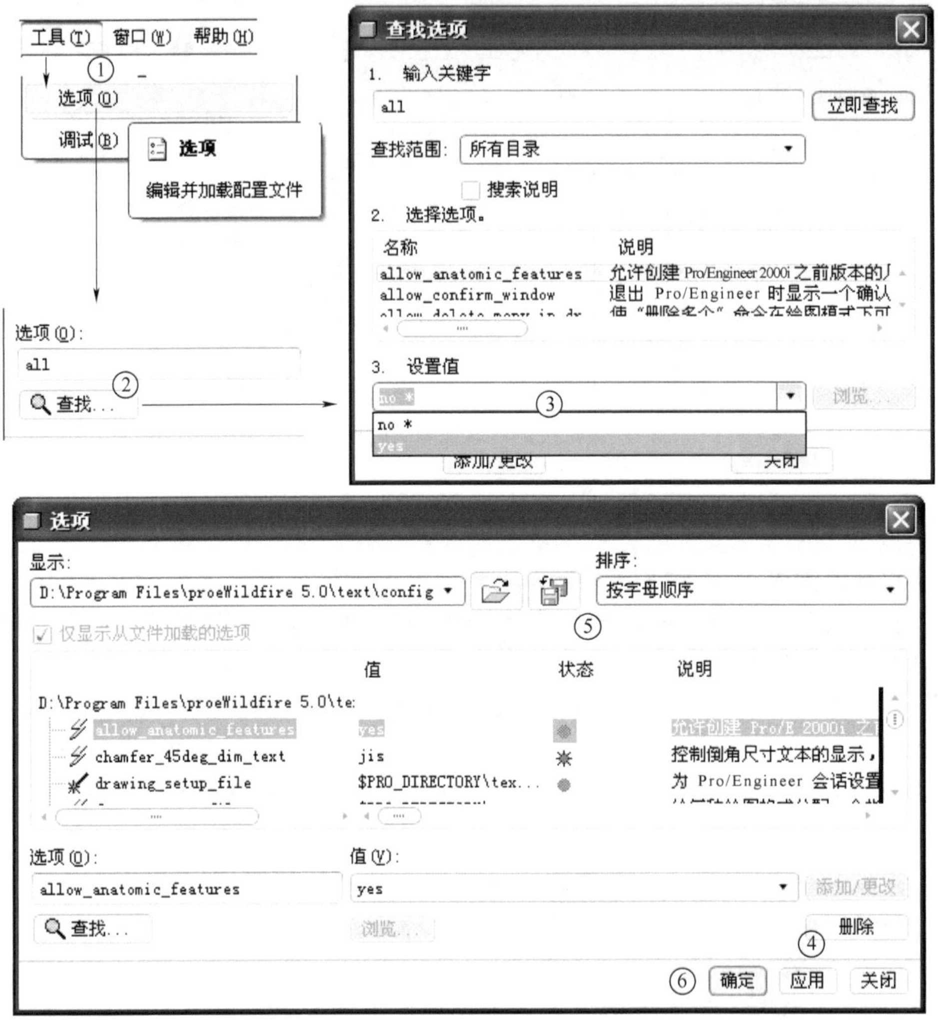

图 4-49　Config 设置的操作步骤

(3) 唇特征建模的操作步骤　图 4-50 中的①~④为旋钮底端部唇的创建步骤。

① 单击主菜单中的“插入”→“高级”→“唇”选项，弹出菜单管理器。

② 定义边选取方式为“链”，在图形中点取一条棱边为唇特征的位置参照边，单击菜单管理器中的“完成”。

③ 在图形中单击旋钮底端面为偏移曲面，输入偏移高度值为 1、偏移宽度值为 0.6。

④ 在图形中单击旋钮底端面为拔模参照曲面（拔模枢轴参照），输入拔模角为 3°。

2. 投影曲线

(1) 投影曲线的定义　草绘曲线一般是平面曲线，拉伸、旋转、扫描的截面曲线也是平面曲线，而投影曲线是空间曲线，是二维曲线通过投射到曲面上形成三维空间曲线。投影参照曲线的定义有投影链和投影草绘两种方式，投影链就是选取已绘制好的曲线为参照曲线，投影草绘即在曲线投影建模中绘制投影曲线。

(2) 曲线投影的操作步骤　图 4-51 中的①~⑥为“投影草绘”方式的曲线投影的操作步骤。

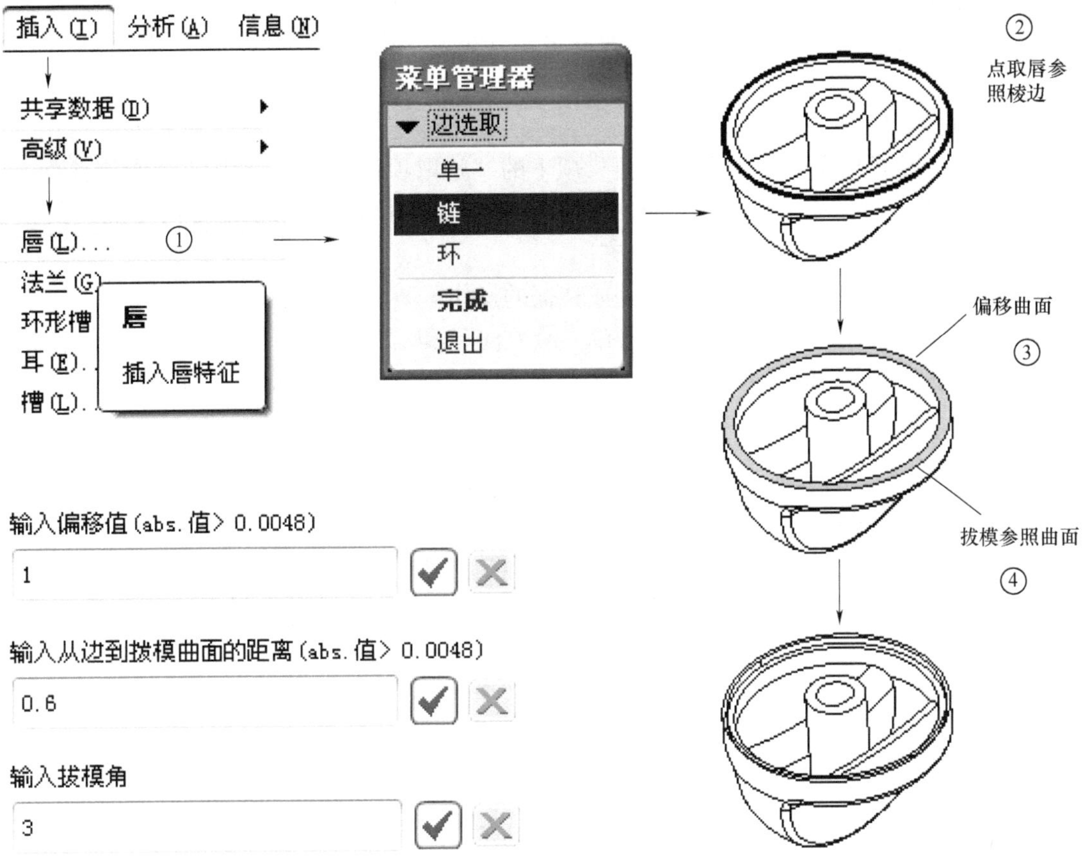

图 4-50　唇的构建操作步骤

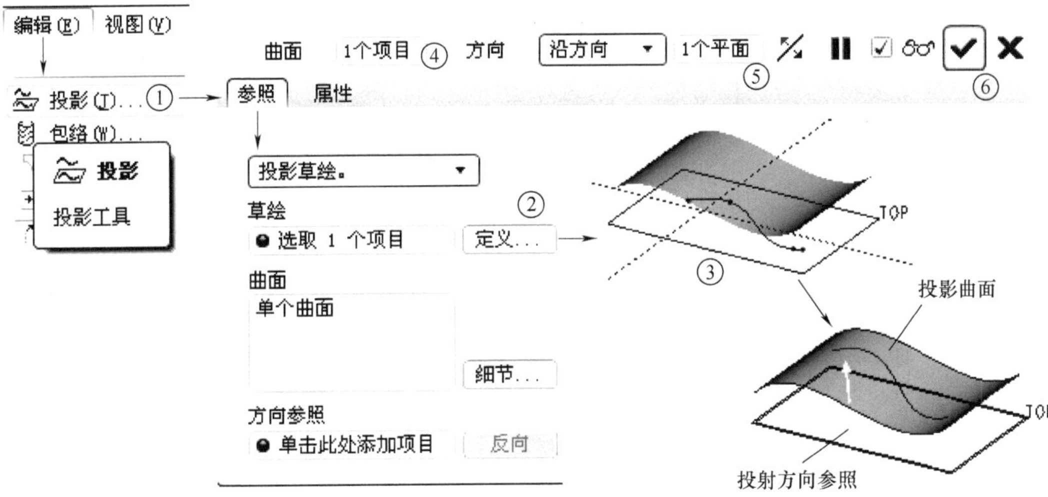

图 4-51　曲线投影的操作步骤

① 单击主菜单中的“编辑”→“投影”项，弹出投影定义栏。

② 单击定义栏中的“参照”，选取曲线定义方式为“投影草绘”→“定义”，进入草绘截面。

③ 绘制投影曲线。

④ 在投影特征定义栏中单击“曲面”项下的“选取项目”，在图形中点取投影曲面。

⑤ 单击“方向”项下的“单击此处添加项目”，在图形中单击投射方向参照，如点取草绘平面，则该平面的法线方向为投影方向。

⑥ 单击定义栏中的完成图标✔，完成特征的操作。

（3）曲线投影方式　曲线投影方式有“沿方向”和“垂直于曲面”两种方式，两种方式的效果是完全不一样的，如图4-52所示，操作时必须根据需要选择合适的方式。

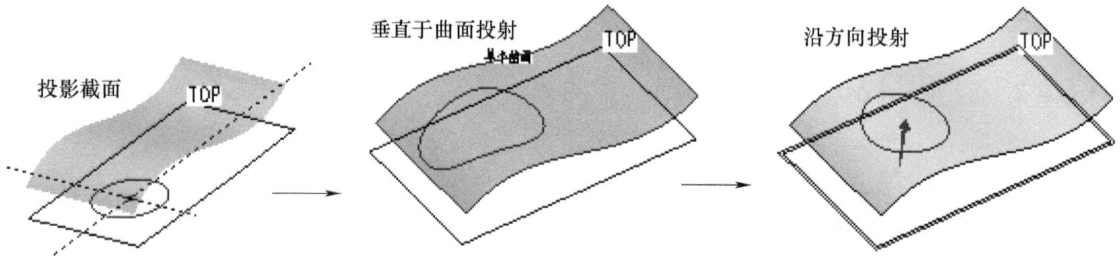

图4-52　曲线投影方式

拓展训练

1. 实训任务

设计如图4-53所示的鼠标下盖零件。

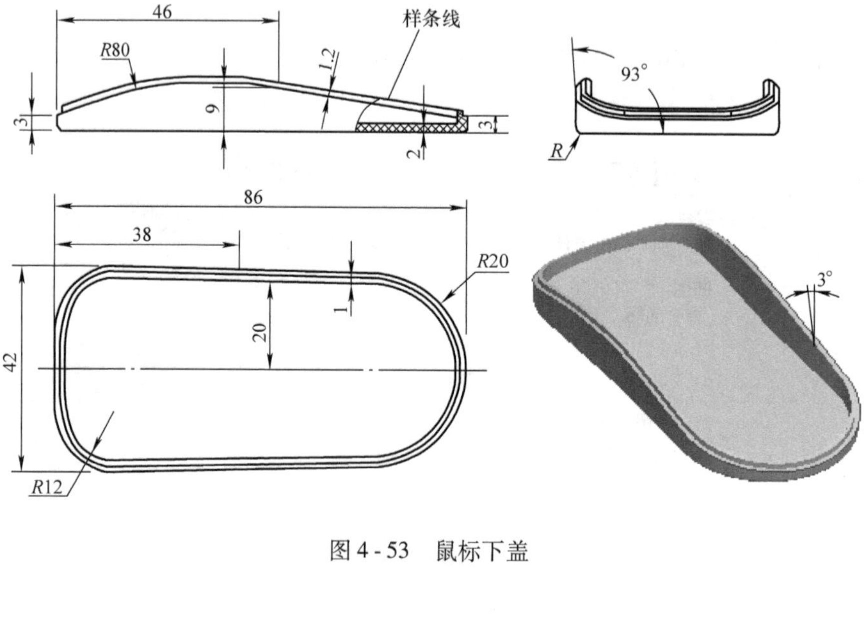

图4-53　鼠标下盖

2. 建模步骤（参考）

图 4-54 所示为鼠标下盖的建模流程图。

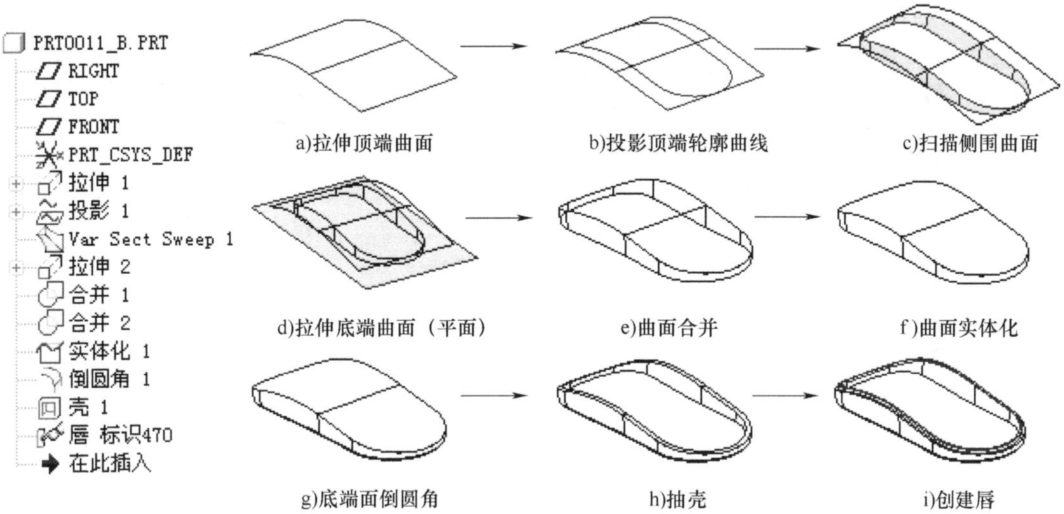

图 4-54 鼠标下盖的建模流程图

3. 重点提示

1）按图 4-54a 所示步骤创建拉伸顶端曲面，拉伸顶端曲面的尺寸定位非常关键，如图 4-55 所示。

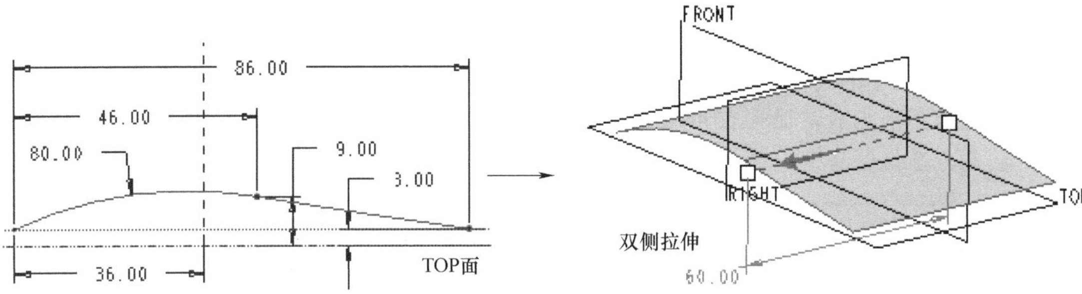

图 4-55 鼠标下盖顶部拉伸曲面

2）按图 4-54c 所示步骤扫描侧围曲面，终点也可延伸至超出 TOP 面参照线，用具体的尺寸来定位，扫描侧面曲面定义参数如图 4-56 所示。

3）按图 4-54d 所示步骤拉伸底端曲面，拉伸截面尺寸和拉伸深度尺寸非常重要，要保证尺寸足够大，因为它们会影响图 4-54i 步骤中唇特征的生成。拉伸底部曲面（平面）如图 4-57 所示。

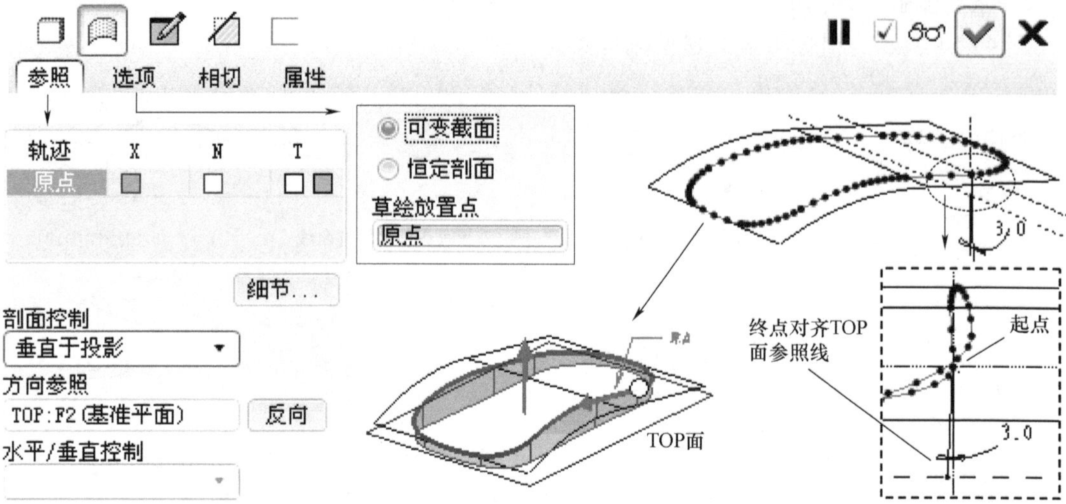

图4-56 扫描侧围曲面定义参数

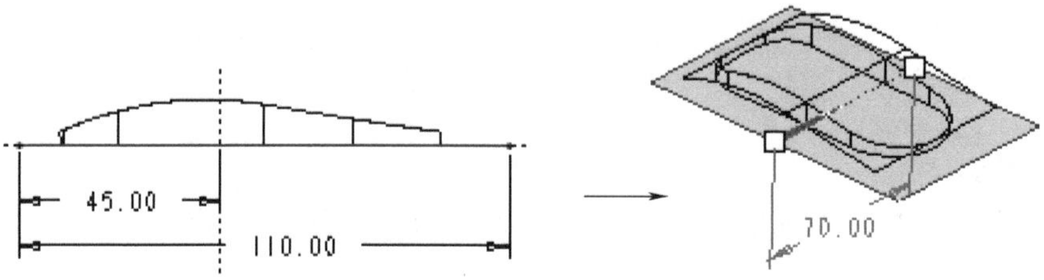

图4-57 拉伸底部平面

要点提示：鼠标底端面也可用填充曲面来构建，构建好后再进行边界延伸，延伸值要大一些，也是为了保证唇特征的生成，读者不妨一试。

4）按图4-54i步骤确定唇特征尺寸，如图4-58所示。

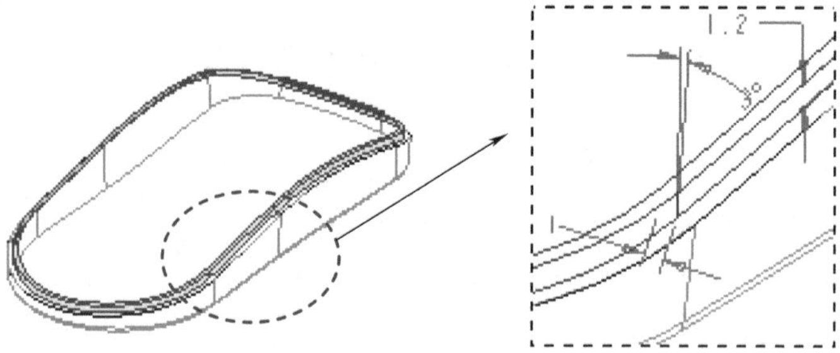

图4-58 唇特征的尺寸

知识小结

1）通过旋钮和鼠标下盖的设计，进一步学习了曲面建模的一般思路和操作方法。在曲面建模中，对曲面的编辑操作会非常多，如曲面合并、边界延伸、曲面偏移、曲面复制、曲面加厚和实体化等。

2）填充曲面实际上就是带有特定形状边界的平面。

3）唇特征给零件的类似唇的结构的建模带来了很大的方便，但唇特征只可编辑，不可进行编辑定义。

4）投影曲线可以把平面曲线转换为空间曲线，这是曲面建模中常用的构建空间轮廓曲线的方法。

思考练习

1. 简述投影曲线的建模操作步骤。
2. 填充曲面与拉伸曲面有什么区别?
3. 用曲面建模方法设计如图 4-59 所示的开关旋钮。

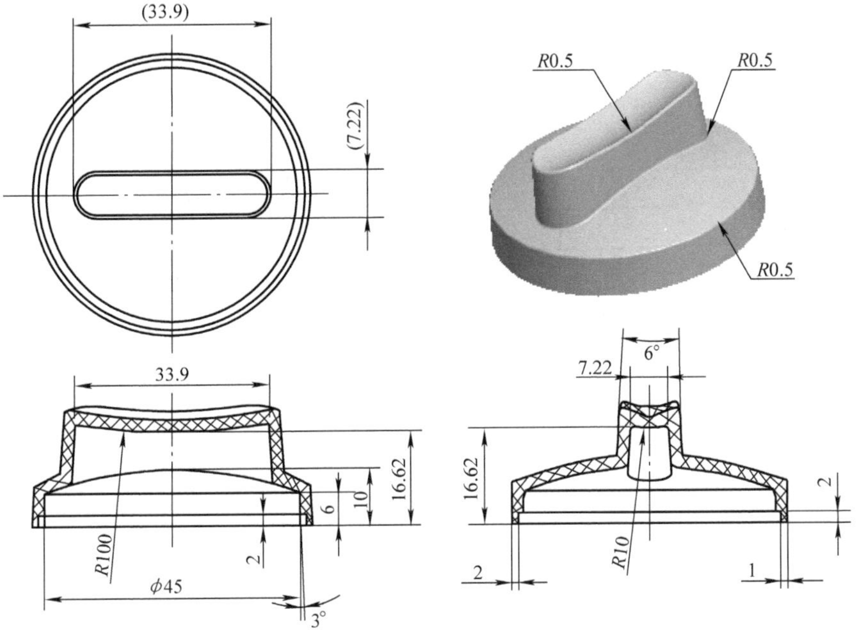

图 4-59 开关旋钮

任务三　曲面建模综合——设计鼠标上盖

学习内容

1. 曲面建模方法：边界曲面。
2. 基准曲线建模：过点创建空间曲线、相交曲线。

实训任务

设计如图 4-60 所示的鼠标上盖。

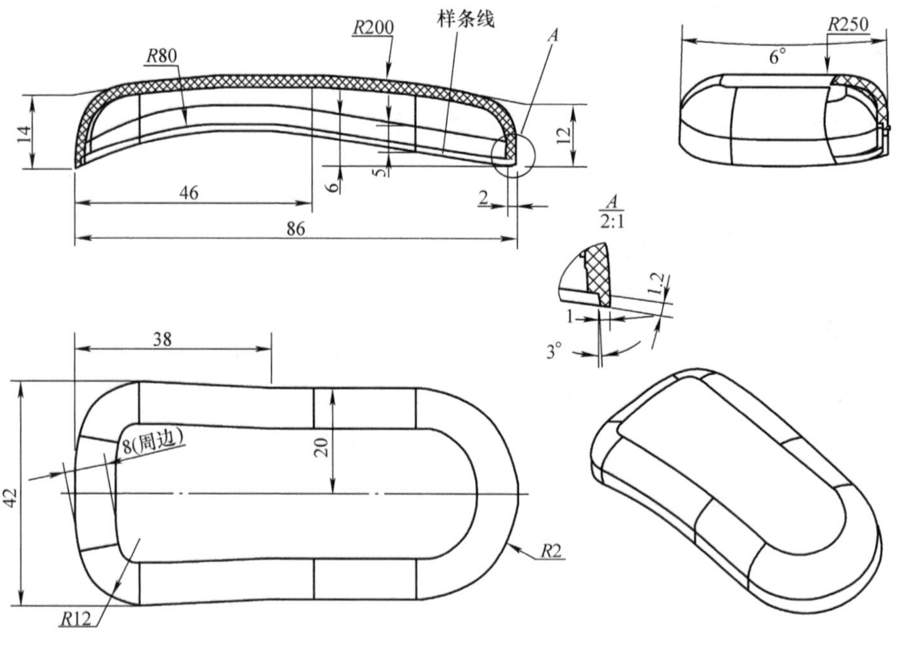

图 4-60　鼠标上盖

基础知识

1. 曲面建模方法——边界曲面

(1) 边界曲面的定义　边界曲面又称边界混合曲面，即通过几条边界按一定的规律混合而形成曲面。边界混合是常用的曲面造型方法，边界的形状和位置决定了边界曲面的形状和走势。

边界曲面一般由两个方向的边界混合而成，也可以是单方向边界混合。图 4-61 所示为边界混合的形式。

(2) 边界曲面的操作步骤　图 4-62 中的①～④为边界混合曲面的建模操作步骤。

① 单击边界混合工具，弹出边界混合特征定义栏。

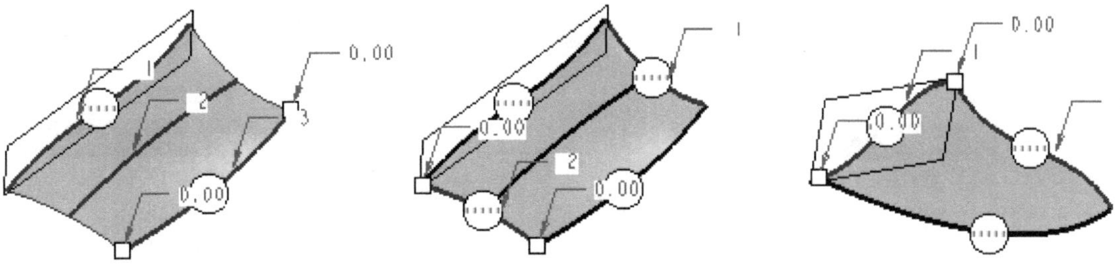

图 4-61 边界混合的形式

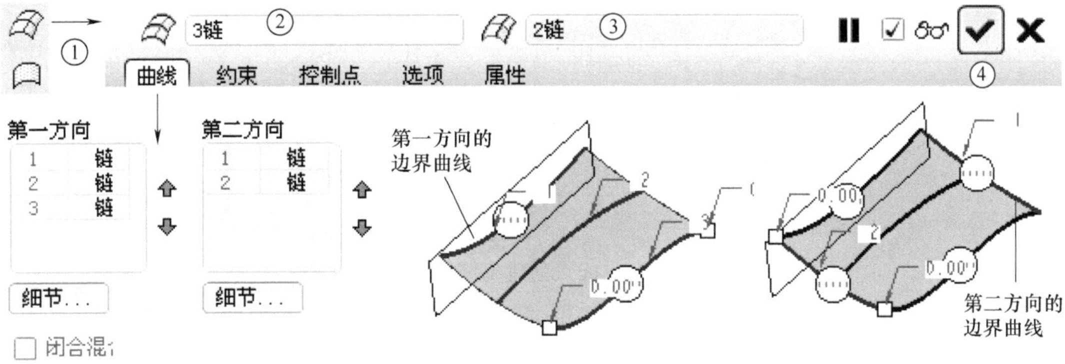

图 4-62 边界混合曲面的操作步骤

② 单击定义栏中的第一方向图标后的空白框，然后在图形中点取第一方向的边界曲线，可借助键盘的“Ctrl”键进行多选。

③ 单击定义栏中的第二方向图标后的空白框，然后在图形中点取第二方向的边界曲线，可借助键盘的“Ctrl”键进行多选。

④ 单击定义栏中的✔，完成边界曲面操作。

2. 基准曲线

（1）基准曲线的定义　曲线分为草绘曲线（2D 曲线）和基准曲线（3D 曲线），基准曲线也即空间三维曲线。Pro/Engineer 提供了“通过点”、“自文件”、“使用剖截面”、“从方程”四种形式来创建 3D 曲线。常用的方式是“通过点”，即把空间点通过样条线等方式连接起来，形成空间曲线。

（2）通过点创建基准曲线的操作步骤　图 4-63 中的①～④为通过空间点创建基准曲线的操作步骤。

① 单击基准曲线工具，弹出菜单管理器。

② 点取“通过点”→“完成”选项，弹出“曲线：通过点”特征定义窗口。

③ 选取连结类型为“样条”→“整个阵列”→“添加点”，然后在图形中依次点取参照点，单击菜单管理器中的“完成”。

④ 单击特征定义窗口中的“确定”按钮，完成基准曲线的创建。

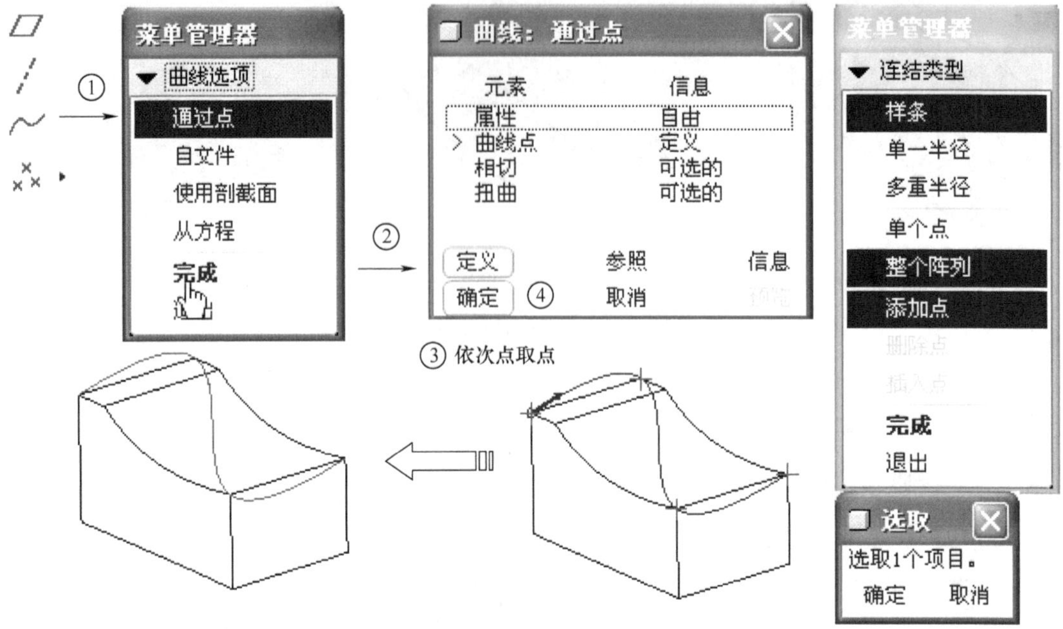

图 4-63　通过空间点创建基准曲线的操作步骤

任务分析

1. 零件结构分析

如图 4-64 所示，鼠标上盖为带凹唇的薄壳零件，外表面为不规整曲面，分别由侧周曲面、顶端曲面和连接曲面组成，其中，连接曲面由 8 个圆滑相切的小曲面构成。

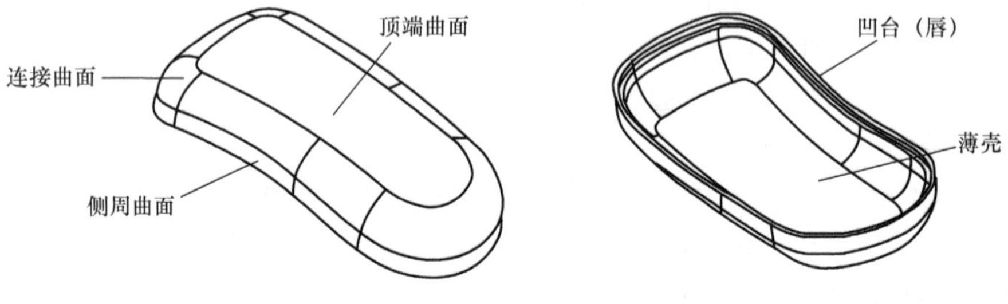

图 4-64　鼠标上盖的结构

2. 零件建模步骤

由于零件的外观是由不规整曲面组成的，只能用曲面造型来建模，而中间的连接曲面造型比较繁琐，可用边界曲面来构建。

图 4-65 所示为鼠标上盖的建模流程图。

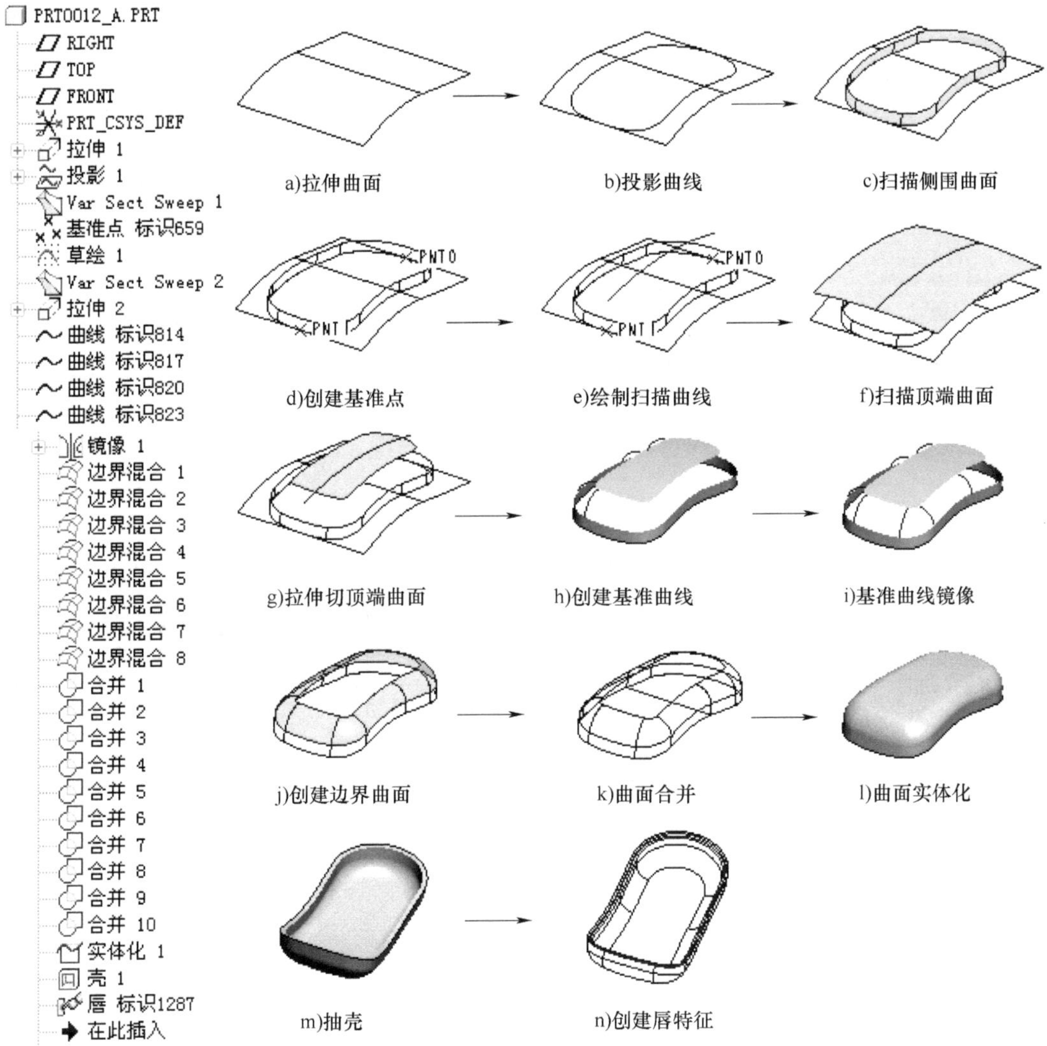

图 4-65 鼠标上盖的建模流程图

任务实施

1）启动软件，设置好工作目录，新建零件文件，文件名为 Prt0012_ A，单位制式为“mmns_ part_ solid”。

2）以 FRONT 面为草绘平面，拉伸底部轮廓曲面，对称拉伸，如图 4-66 所示。

3）以 TOP 面为草绘平面，在底部轮廓曲面上创建投影曲线，如图 4-67 所示。

4）以投影曲线为扫描轨迹，扫描侧围曲面，如图 4-68 所示。

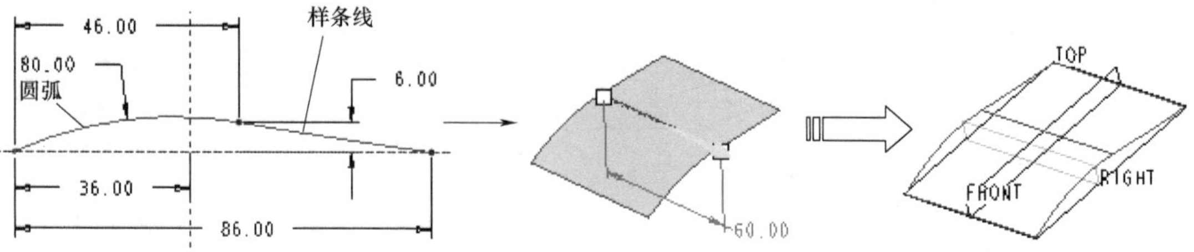

图 4-66　拉伸底部轮廓曲面

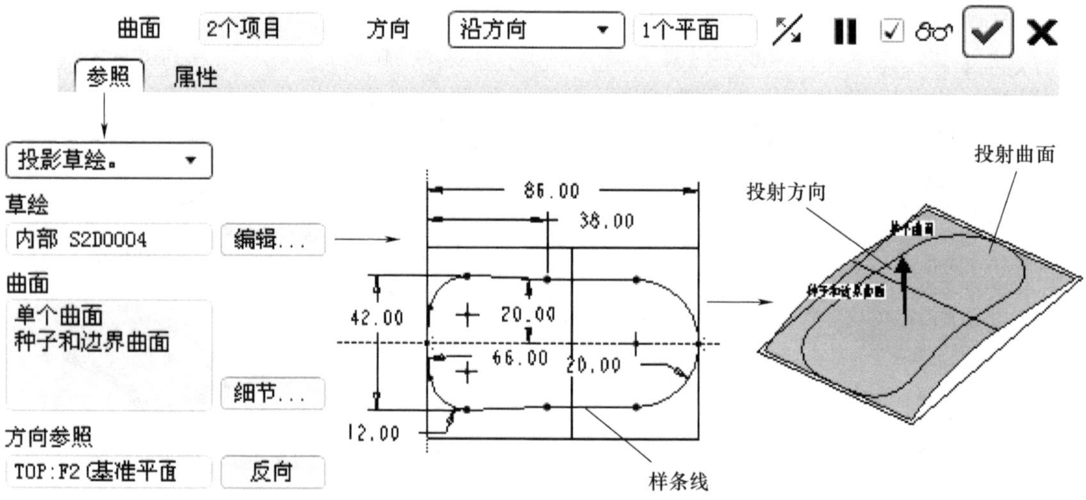

图 4-67　创建投影曲线

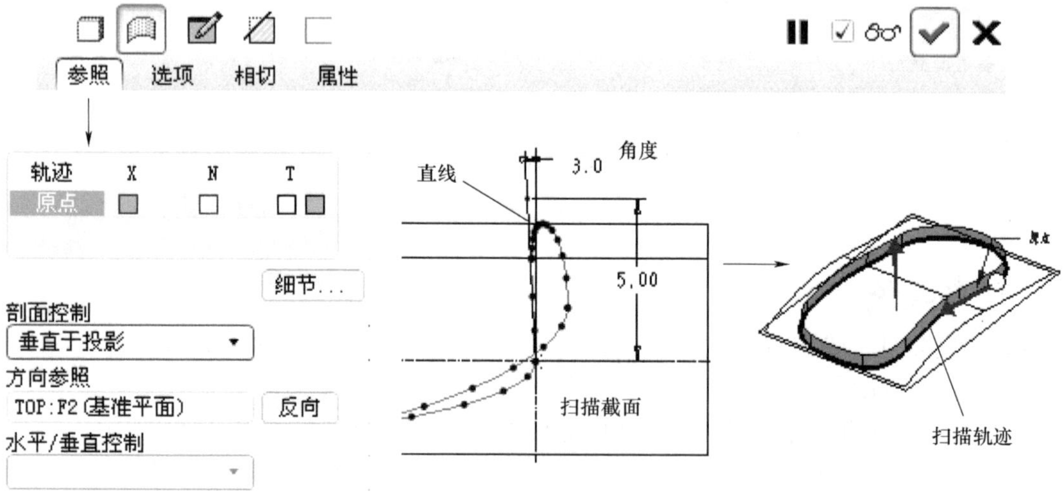

图 4-68　扫描侧围曲面

要点提示：截面控制方式为“垂直于投影”，并选取 TOP 面为投射方向参照。

5）在投影曲线上以比率方式创建基准点 PNT0 和 PNT1，如图 4-69 所示。

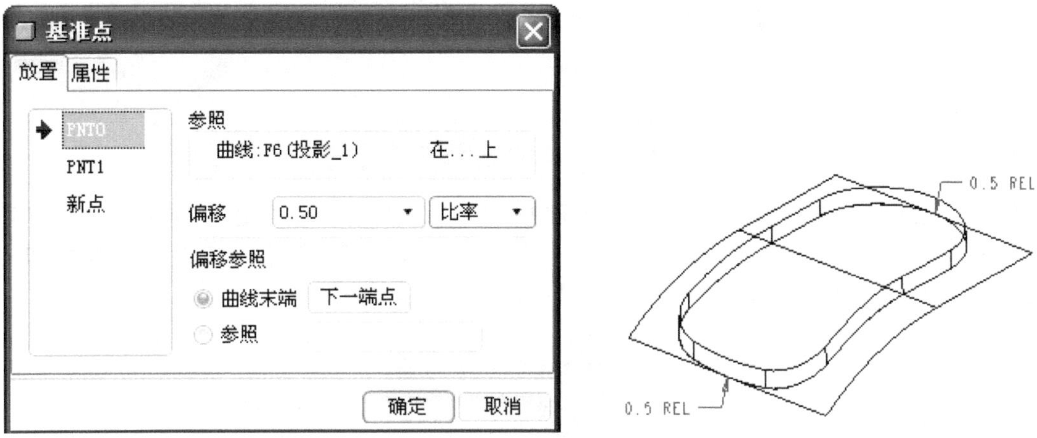

图 4-69 创建基准点

6）以 FRONT 面为草绘平面，PNT0 和 PNT1 为草绘参照，绘制扫描轨迹曲线，如图 4-70所示。

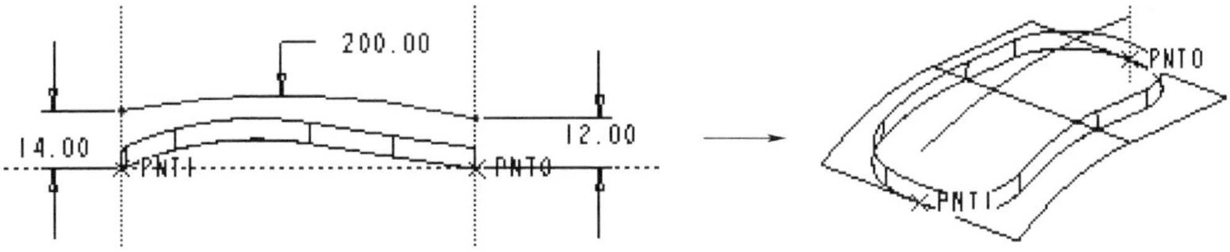

图 4-70 绘制扫描轨迹曲线

7）选取步骤 6）创建的曲线为轨迹，创建顶部扫描曲面，截面控制方式为“垂直于轨迹”，如图 4-71 所示。

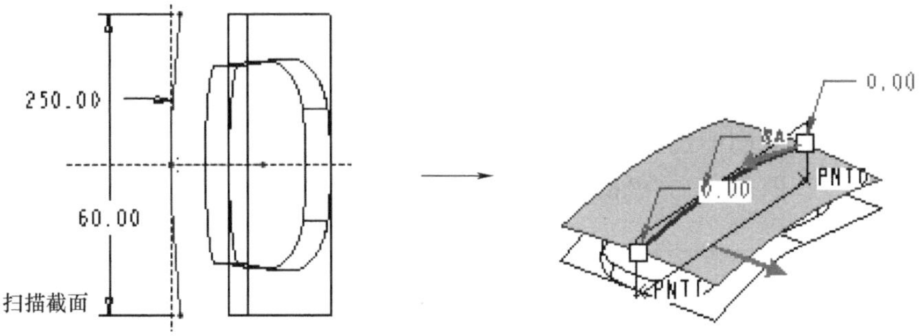

图 4-71 创建顶部扫描曲面

8）以 TOP 面为草绘面拉伸切顶部曲面，如图 4-72 所示。

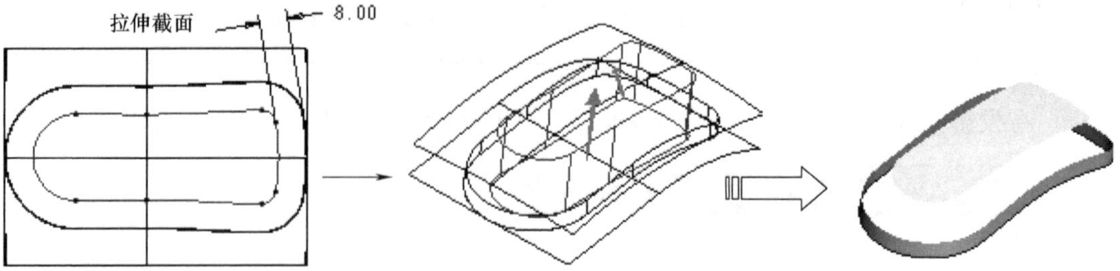

图 4-72　拉伸切顶部曲面

9）在顶部曲面与侧围曲面的轮廓拐角之间以通过点的方式创建基准曲线 1（空间曲线），并设置起始点和终止点处的相切关系，如图 4-73 所示。设置空间曲线端点相切关系的操作（步骤①~⑤）如下：

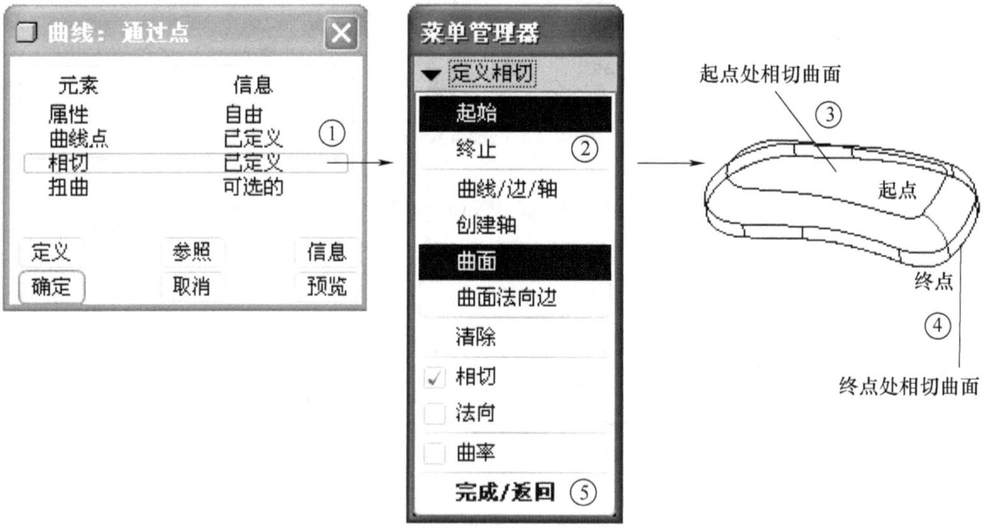

图 4-73　创建基准曲线 1

① 单击定义栏中的“相切”→“定义”，弹出菜单管理器。

② 在菜单管理器中点取“起始”→“曲面”（即与曲面相切）。

③ 在图形起点处单击相应的曲面，可以看到曲线起点处的形状发生了变化。

④ 按同样的操作方法，单击菜单管理器中的“终止”→“曲面”项，在图形终点处单击相应的曲面，可以看到曲线终点处形状发生了变化。

⑤ 单击“完成/返回”，完成操作。

要点提示：此步骤中空间曲线虽然是样条曲线，但只有两点，即为两点之间的连线，如果不设置端点相切或进行扭曲设置，曲线实际上是直线，读者不妨试一试扭曲设置对曲线形状的改变效果。

10）按同样的操作方法，分别创建另外 3 条基准曲线，如图 4-74 所示。

11）对 4 条基准曲线镜像，如图 4-75 所示。

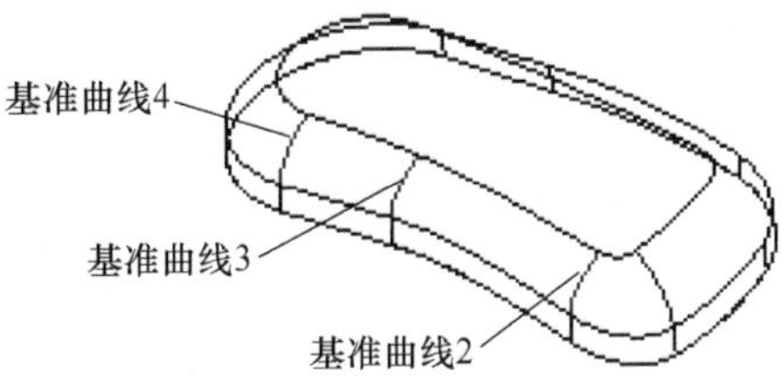

图 4-74 创建基准曲线 2、3、4

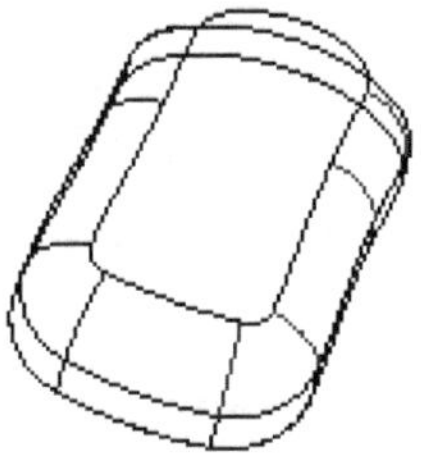

图 4-75 基准曲线镜像

12）创建边界曲面 1，并设置相应的边界条件，如图 4-76 所示。边界曲面边界条件的设置操作（步骤①～③）如下：

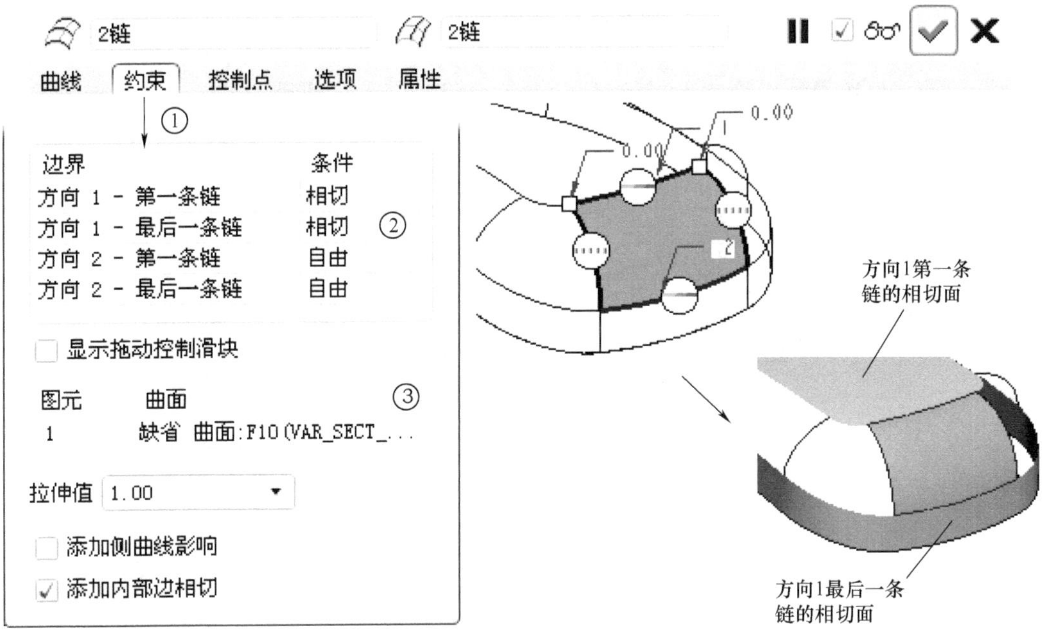

图 4-76 创建边界曲面 1

① 单击定义栏中的“约束”，弹出“约束”窗口。

② 在“约束”窗口中点取相应的边界，设置“条件”为“相切”。

③ 在“曲面”项下方，系统会以“缺省”方式自动导入相邻曲面为边界曲面相切参照，如果边界处有多个相邻曲面，则要在图形中点取相切的曲面。

13）按同样的操作方法，创建边界曲面 2，注意设置 3 条边界条件为“相切”，如图 4-77所示。

14）按同样的操作方法，分别创建边界曲面 3、4、5、6、7、8，第 8 个边界曲面要设置 4 条边，条件均为相切，如图 4-78 所示。

15）曲面合并，如图 4-79 所示。

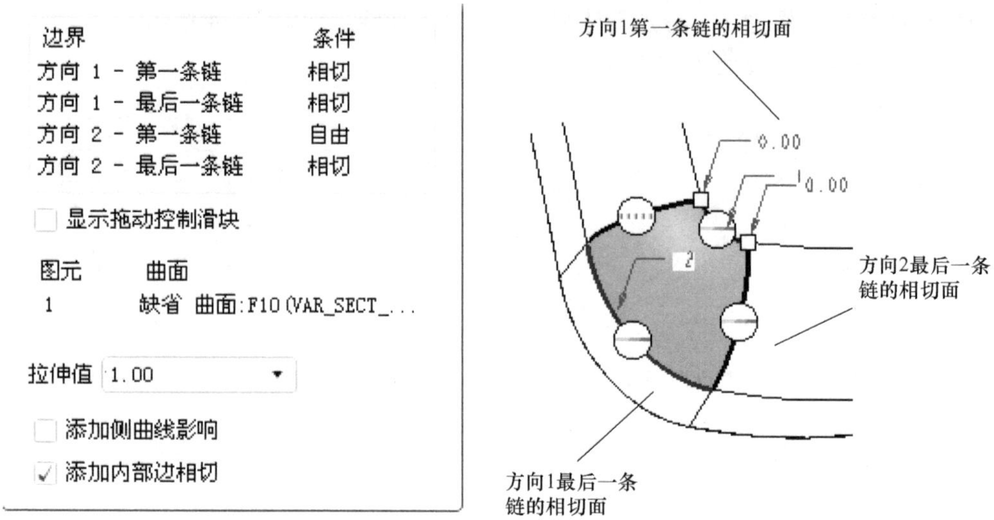

图 4-77 创建边界曲面 2

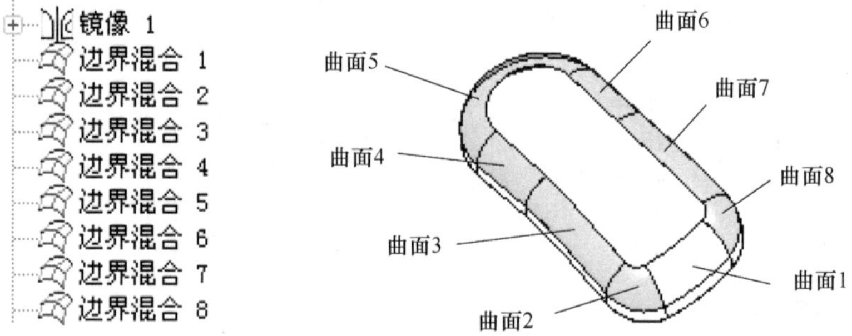

图 4-78 创建边界曲面 3～8

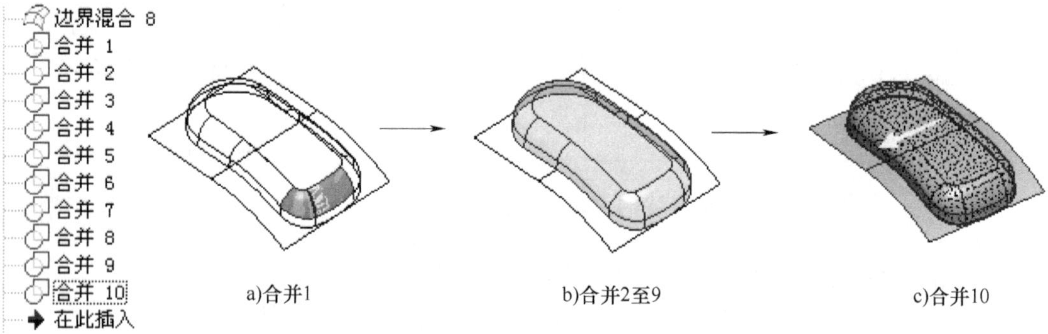

图 4-79 曲面合并

① 点取曲面 1 和曲面 2，单击曲面合并工具，进行曲面合并 1。

② 按同样的操作方法，点取合并曲面 1 与曲面 3 进行合并，形成合并曲面 2；合并曲面 2 与曲面 4，合并成合并曲面 3，再与曲面 5 合并成合并曲面 4，与曲面 6 合并成合并曲面 5，与曲面 7 合并成合并曲面 6，与曲面 8 合并成合并曲面 7，与顶面合并成合并曲面 8，与侧围面合并成合并曲面 9，最后与拉伸曲面 1（底面轮廓曲面）合并成合并曲面 10。

要点提示：在形成合并曲面10前，顶面曲面与侧边的边界曲面以及侧围曲面均为首尾相接，也可以在一次合并操作中同时选取这10个曲面进行合并，只形成一个合并特征，操作又快捷。但这样的操作对后续的唇特征的生成会不会有影响？读者不妨一试。

16）曲面实体化，如图4-80所示。

17）抽壳，壳厚为2，如图4-81所示。

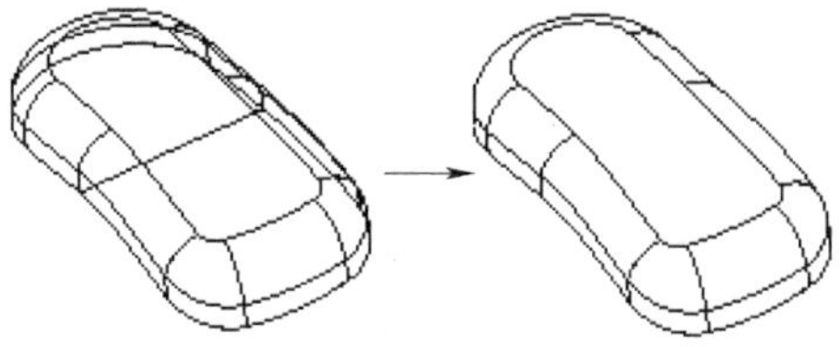

图4-80 曲面实体化

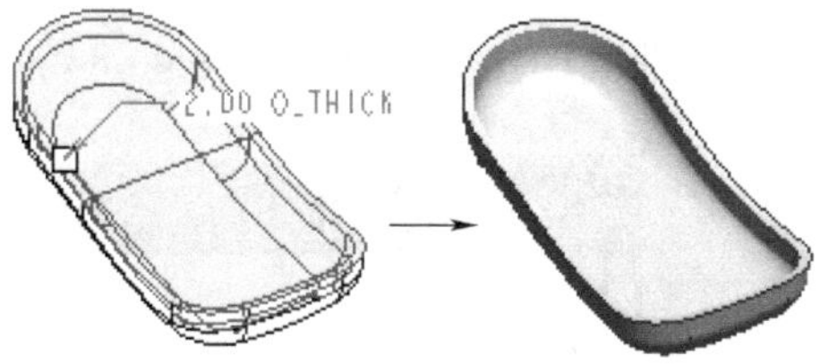

图4-81 抽壳

18）创建唇特征（凹唇），如图4-82所示。

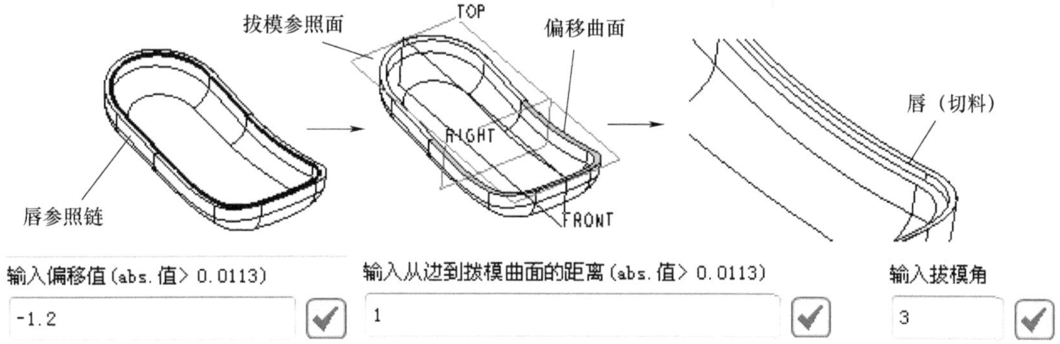

图4-82 创建唇特征

19）文件存盘。

相关知识

1. 基准曲线的形状控制

基准曲线（空间曲线）的形状可以通过相切和扭曲两种方法来调节控制，使曲线的形状达到特定的效果。

（1）基准曲线的端点条件 在基准曲线定义窗口中，通过单击“相切”→“定义”来设置曲线的端点条件（端点状态）。曲线的端点条件有“相切”和“垂直”两种。

如图4-83所示，在鼠标上盖顶部曲面和侧围曲面间构建基准曲线时，如果端点为自由状态（清除端点条件），则曲线成了直线（两点构建样条线为直线），如图4-83a所示；如果加上端点条件为相切（与曲面相切），则曲线明显在端点处与连接曲面圆滑相接，如图4-83b所示；如果端点条件为与曲面垂直，则在端点处与曲面正交，如图4-83c所示。

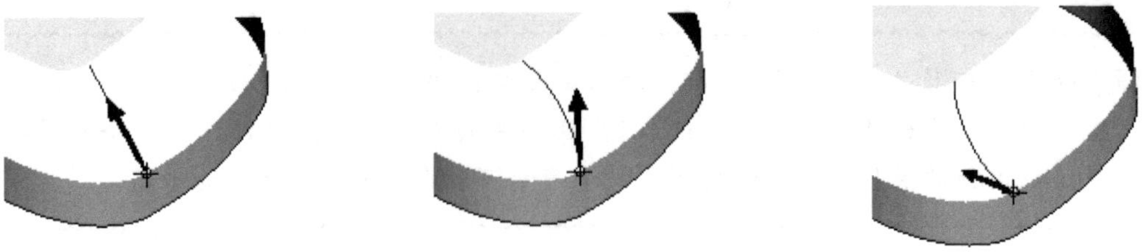

a)自由状态　　b)与曲面相切　　c)与曲面垂直

图4-83　曲线端点条件

（2）曲线的扭曲设置　如图4-84所示，通过扭曲设置调整曲线的形状。

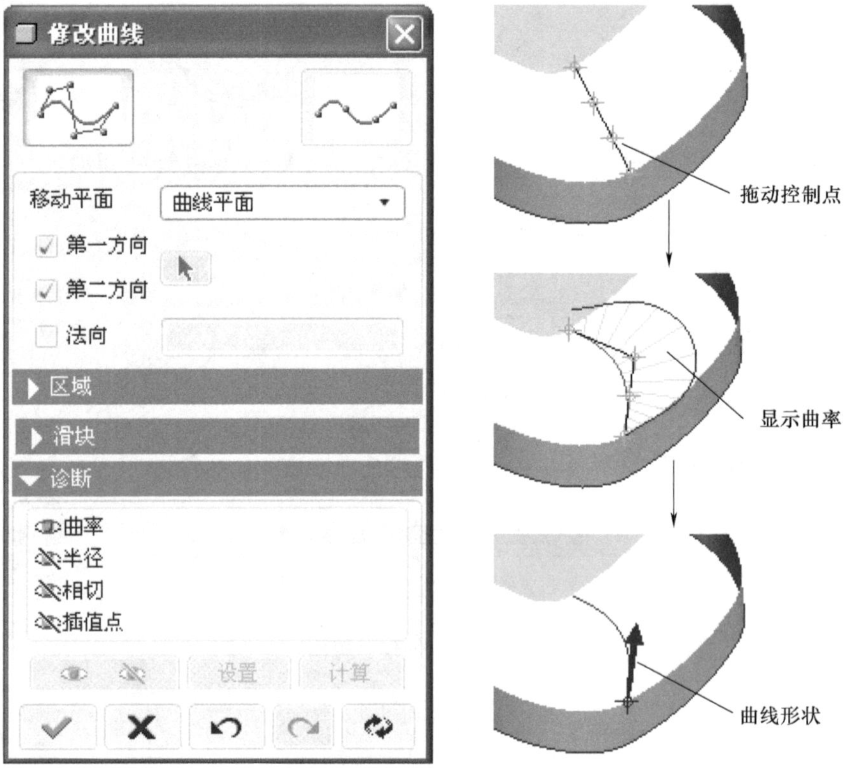

图4-84　曲线扭曲设置

1）单击基准曲线定义窗口中的“扭曲”→“定义”选项，弹出“修改曲线”窗口。

2）点取“修改曲线”窗口中的“诊断”→“曲率”→“ ”，以显示曲线曲率。

3）在图形中拖动曲线的控制点到适当位置，观察曲率的变化。

4）曲率合适后点取图标✔，完成曲线的扭曲设置。

要点提示：曲率的显示比率可以通过单击“修改曲线”窗口中的“设置”进行修改，以达到较好的显示效果。

2. 曲面的边界条件

与基准曲线相同，边界曲面可以通过定义栏中的“约束”来设置曲面边界条件，以调整曲面的形状，使曲面在边界处与相邻曲面能顺滑连接。

如果4-85所示，曲面边界条件有“自由”、“相切”“曲率”和“垂直”4种形式，默认形式为“自由”，常用的设置为“相切”和“垂直”形式。

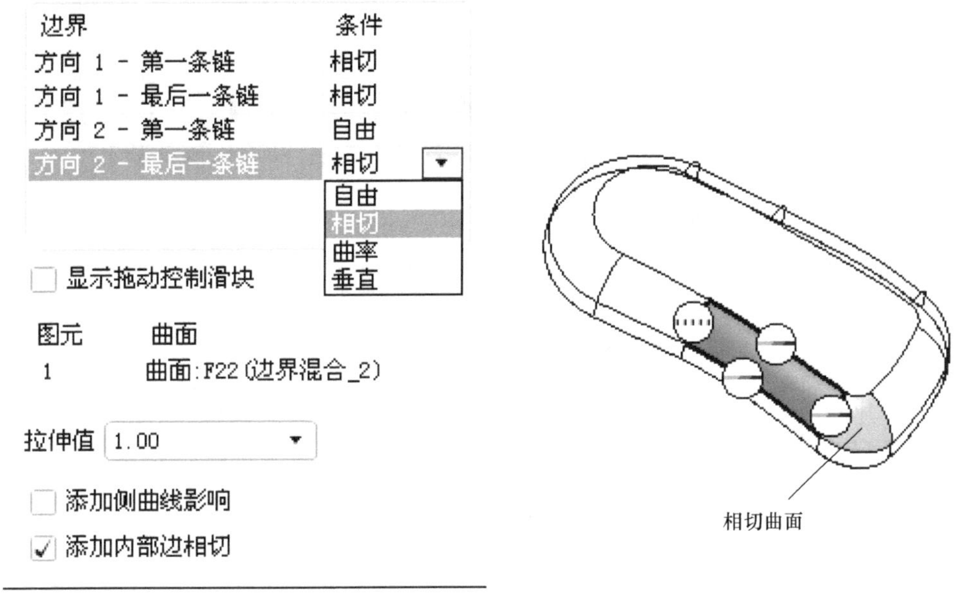

图4-85　边界条件设置

要点提示：边界条件设置为相切时，如果该边界为相邻曲面的轮廓边界线，系统会自动导入相邻曲面为相切参照，不必选取；如果该边界为一条曲线，窗口“曲面”项会出现“未定义”，必须人工选取。

---

3. 相交曲线

（1）相交曲线的定义　规则的基准曲线（空间曲线）可以通过曲线方程等方式导入，不规则的空间曲线可以通过空间点进行串连，形成空间曲线。但有些空间曲线上点的位置（坐标）难以确定，用点来构建难以实现。在工业设计中，产品的空间轮廓曲线经常用相交曲线来构建。

相交曲线即二次投影曲线，即通过两条不同方向的平面曲线进行相互投影从而形成的空间曲线。建模时先绘制产品空间轮廓在两个方向的投影曲线（2D 曲线），再把两条投影曲线通过相交的方法形成空间曲线（3D 曲线），这就是相交曲线的建模思路。

（2）相交曲线的建模操作步骤　如图4-86所示，汤勺外轮廓曲线通过二次投影方式进行构建，其步骤①~⑤的操作如下。

① 绘制第一个方向的投影曲线1。

② 绘制第二个方向的投影曲线 2。

③ 点取任意一条投影曲线，单击主菜单中的“编辑”→“相交”命令，弹出相交特征定义栏。

④ 在图形中点取另外一条投影曲线。

⑤ 单击定义栏中的图标，完成相交曲线的定义。

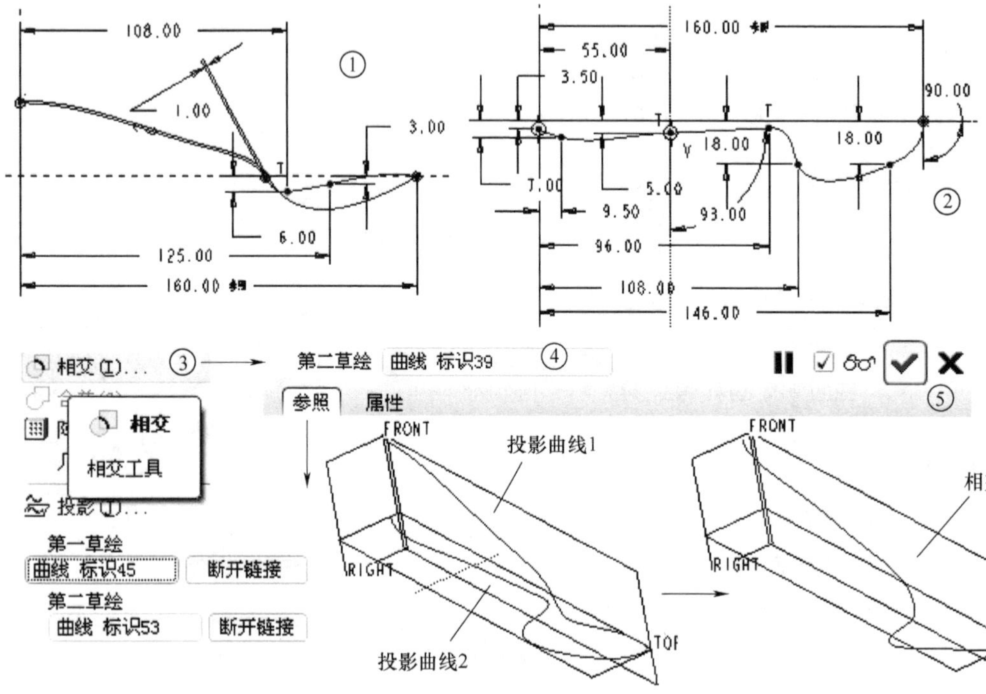

图 4-86　相交曲线的建模步骤

要点提示：

1）由于两条投影曲线均已绘制，也可以先选取两条投影曲线，然后再点取相交命令，这样就不必在定义栏中选取第二条投影曲线了，系统将直接生成相交曲线。

2）如果第二条投影曲线没有绘制，可以通过定义栏中“第二草绘”下的“定义”进行绘制。

3）相交命令也可用于求两曲面之间的相交曲线。

4）相交曲线也可理解为以两条投影曲线为拉伸截面所形成的两个拉伸曲面的交线。

拓展训练

1. 实训任务

用点、线、面综合建模方法设计如图 4-87 所示的汤勺零件。

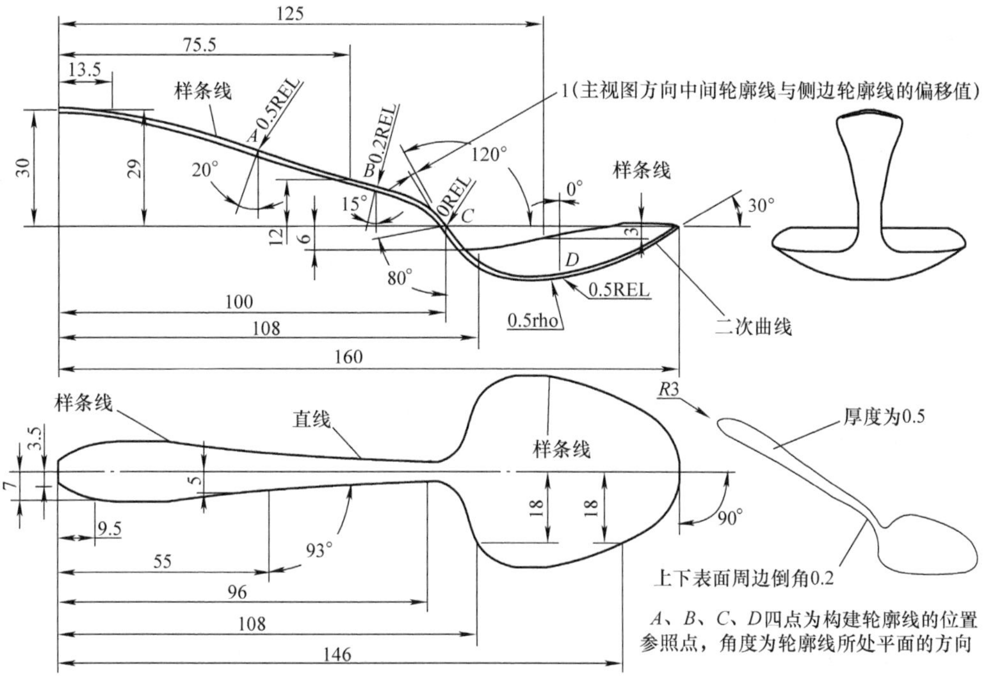

图 4-87 汤勺

2. 建模步骤（参考）

图 4-88 所示为汤勺的建模操作流程图。

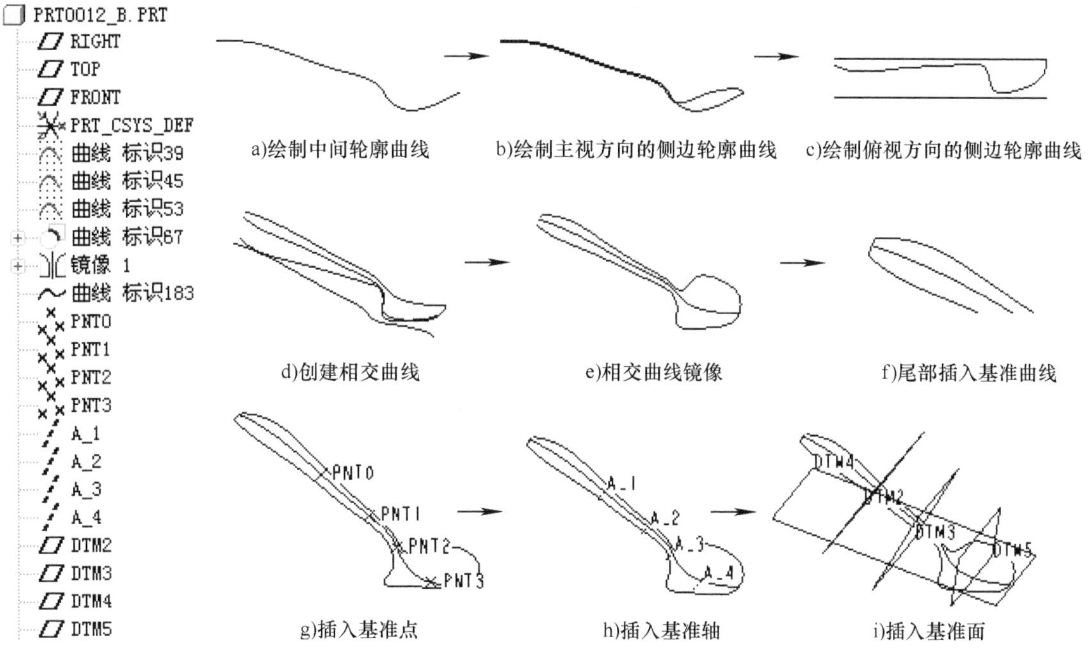

图 4-88 汤勺的建模操作流程图

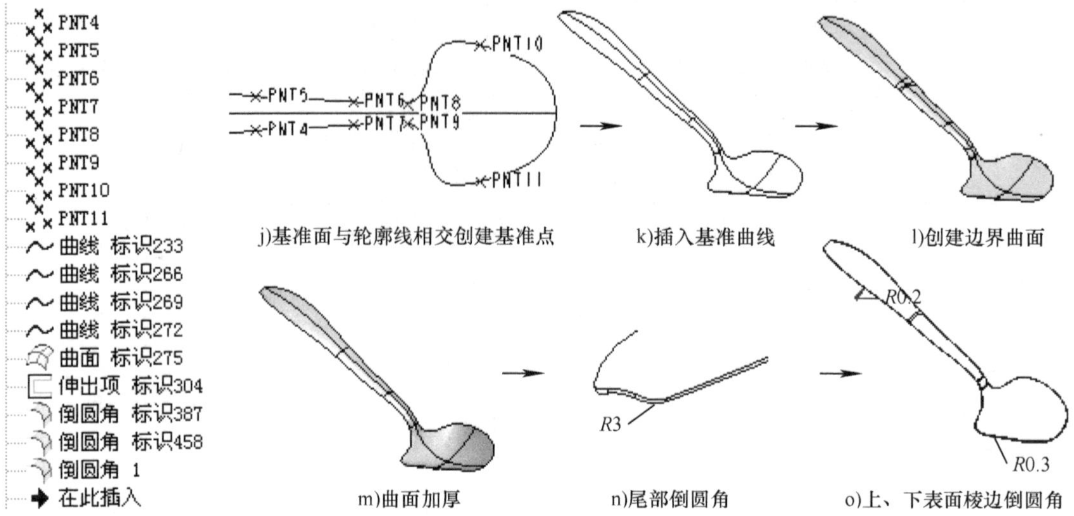

图 4-88 汤勺的建模操作流程图（续）

3. 重点提示

1）按图 4-88a 步骤绘制汤勺中间轮廓曲线，中间轮廓曲线参数如图 4-89 所示。图 4-88b的主视方向侧边轮廓曲线和图 4-88c 的俯视方向侧边轮廓曲线的绘制参照图 4-86 中的曲线 1 和曲线 2。

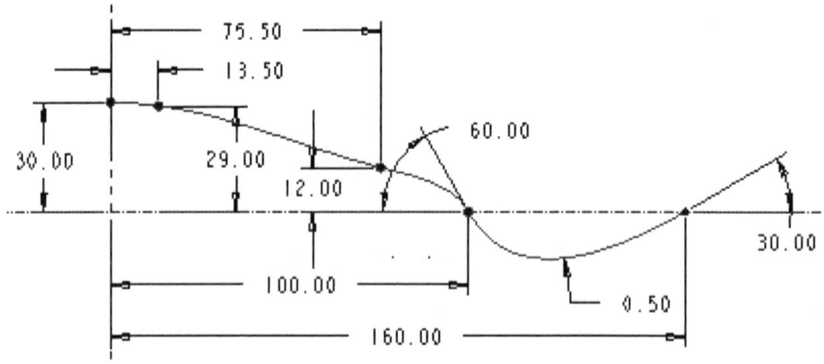

图 4-89 汤勺中间轮廓曲线

2）按图 4-88g 步骤插入基准点，基准点比率参数选择如图 4-90 所示。

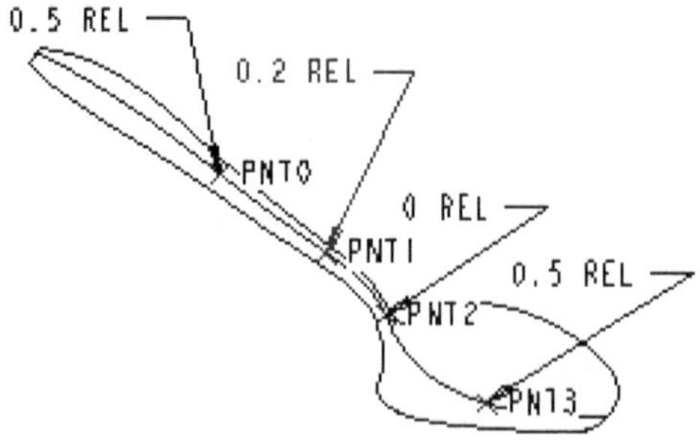

图 4-90 基准点 PNT0、PNT1、PNT2 和 PNT3 的比率参数

3）按图 4-88h 步骤定义基准轴 A_ 1，如图 4-91 所示。其他的轴参考 A_ 1 轴定义操作。

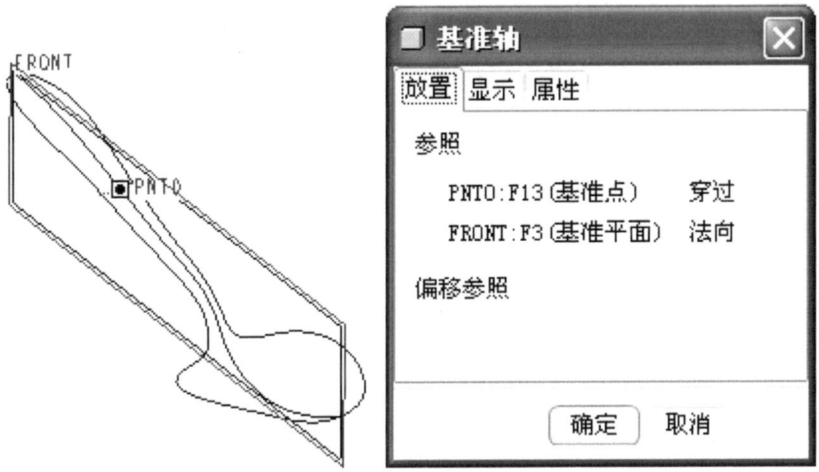

图 4-91 定义基准轴

4）按图 4-88i 步骤定义基准面 DTM2，如图 4-92 所示。其他的基准面参考 DTM2 的定义操作。

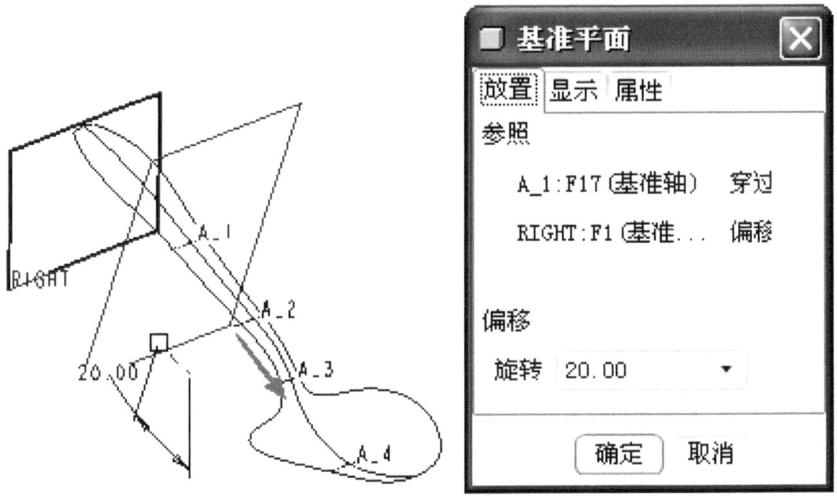

图 4-92 定义基准面 DTM2

5）按图 4-88l 步骤创建边界曲面（），第二方向有 5 条链（曲线）和一个顶点，如图 4-93 所示。

6）按图 4-88m 步骤加厚曲面（），加厚方向向下，如图 4-94 所示。

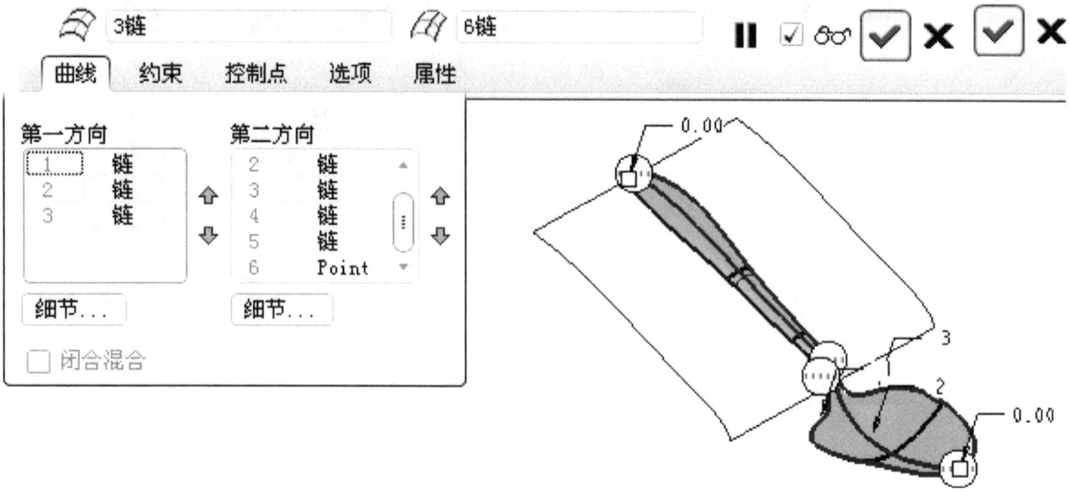

图 4-93 创建边界曲面

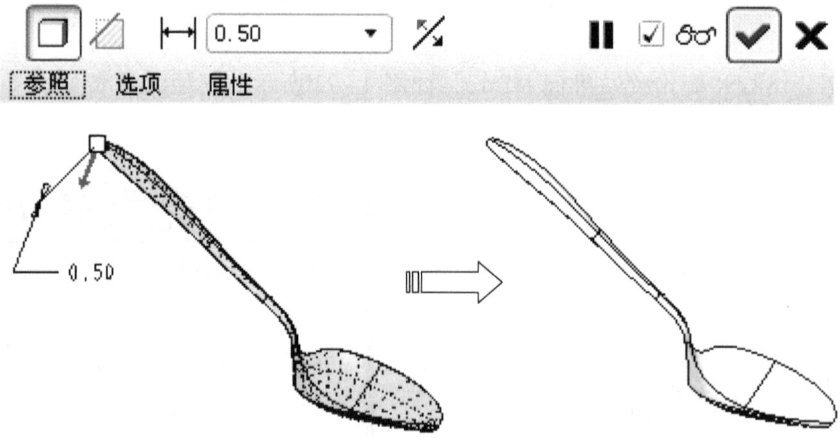

图 4-94 曲面加厚

知识小结

1）边界曲面是曲面建模的常用方法，构建边界曲面的曲线要求首尾相接。

2）空间曲线可以通过端点条件设置来控制曲线的形状，边界曲面也可通过边界条件来控制曲面的形状。

3）汤勺的建模是典型的打点、架线、构面的曲面建模操作模式，建模时最关键是要分析出曲面的骨架线形状和位置。

4）相交曲线给零件空间轮廓曲线的构建带来了很大的方便。

思考练习

1. 叙述打点、架线、构面的建模思路和基本步骤。

2. 投影曲线与相交曲线有什么区别?
3. 用曲面综合建模方法设计如图 4-95 所示的不倒翁小闹钟的外观模型。

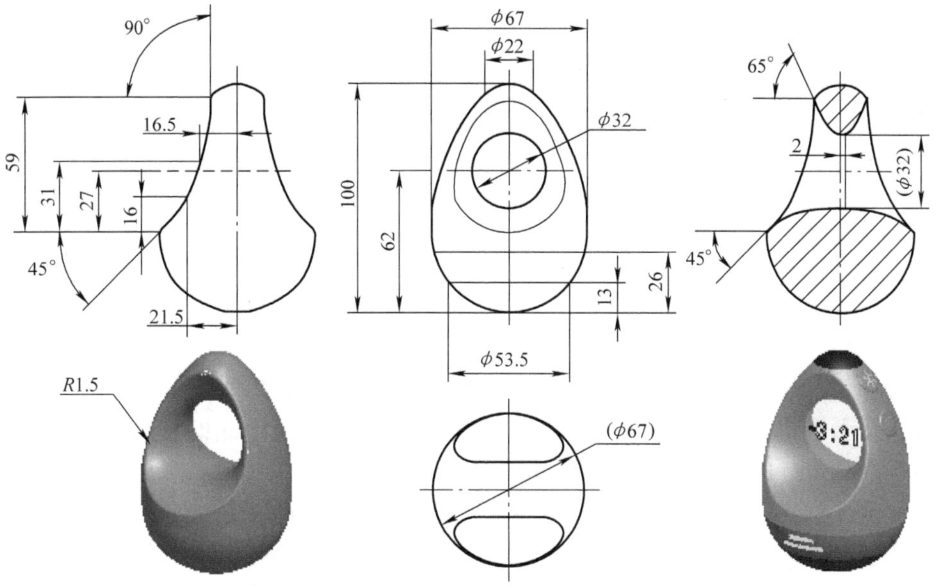

图 4-95 不倒翁小闹钟

模块五

Pro/Engineer 装配设计

知识导入

装配设计是 Pro/Engineer 产品设计的一个重要环节。通过装配设计，对零件进行装配约束，通过装配干涉检查，分析零件之间的位置关系，同时检查产品的整体结构和外观效果，对保证整个产品设计的合理性，有着重要的意义。

在装配设计中，还可以进行产品的零件设计和装配模型的特征创建，可以利用零件之间的装配关系进行不同零件之间的数据（特征）复制，达到数据共享的目的，实现数据的统一，不但保证了数据的正确性，还减少了不必要的重复设计，提高了设计效率。

图 5 - 1 所示为连杆装配图和铰链装配图，通过这两个装配设计案例，熟练 Pro/Engineer 产品装配的基本操作和装配设计的基本思路。

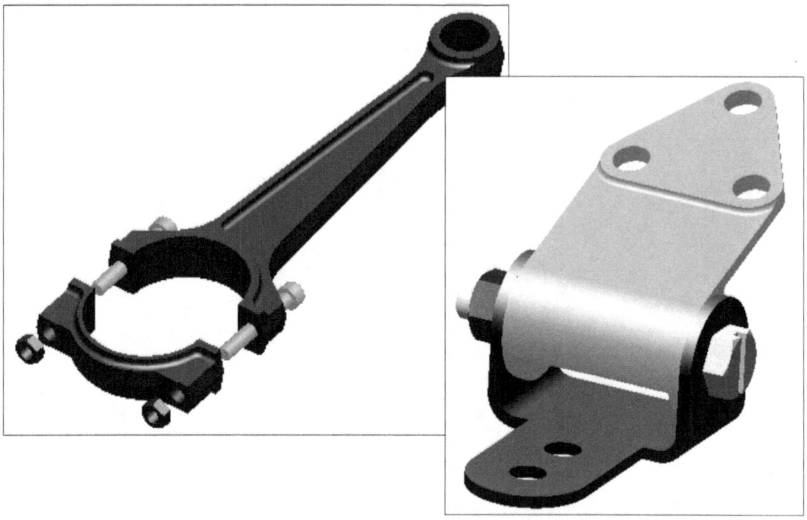

图 5 - 1　连杆装配图和铰链装配图

模块主题

1. Pro/Engineer 产品装配的基本操作和装配的约束方法。
2. Pro/Engineer 装配设计的基本思路和操作要点。
3. 视图管理器的操作。

任务一　装配设计基础——装配连杆

学习内容

1. 产品装配的基本流程。
2. 装配的约束方法：配对、对齐、缺省、插入、坐标系对齐。
3. 视图管理器的操作：定向视图、分解视图、显示样式。

实训任务

完成如图 5-2 所示连杆的装配，并创建装配分解图。

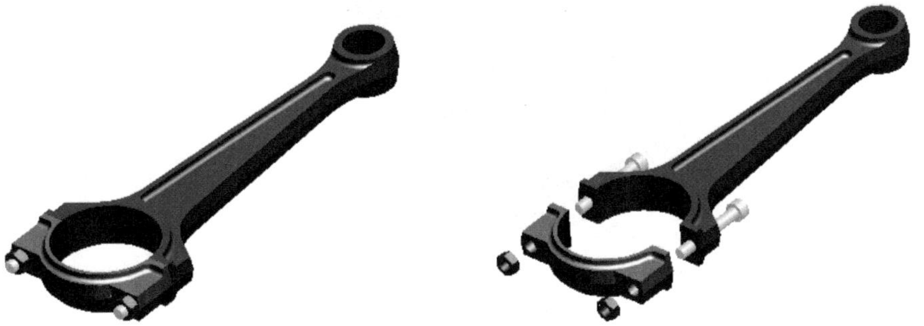

a)连杆装配图　　b)连杆装配分解图

图 5-2　连杆的装配

基础知识

1. 装配设计界面

图 5-3 所示为 Pro/Engineer 野火 5.0 的装配设计界面。装配界面与零件设计界面基本相同，只是多了两个工具图标，一个是装配工具，另一个是创建新元件工具。

2. 装配约束关系

(1) 装配约束的定义　在 2D 草绘中，经常用约束对图元进行定形和定位，约束方式主要有平行、垂直、相等和相切等。装配中的约束与草绘中的约束不同，装配中的约束即零件之间的装配关系，通过设置零件之间的装配关系，确定零件之间的装配位置，从而完成零件的装配。

(2) 装配约束的类型　图 5-4 所示为零件装配定义栏，单击“放置”→“自动”，弹出“约束类型”选项窗口，可以看到不同的约束类型工具图标。常用的约束类型主要有配对、对齐、插入、坐标系和缺省等。单击“偏移”下的“重合”项，弹出“偏移”选项，有偏移、定向、重合等 3 项选择。偏移选项一般只用于面与面之间的约束关系定义。

图 5-3　Pro/Engineer 野火 5.0 的装配设计界面

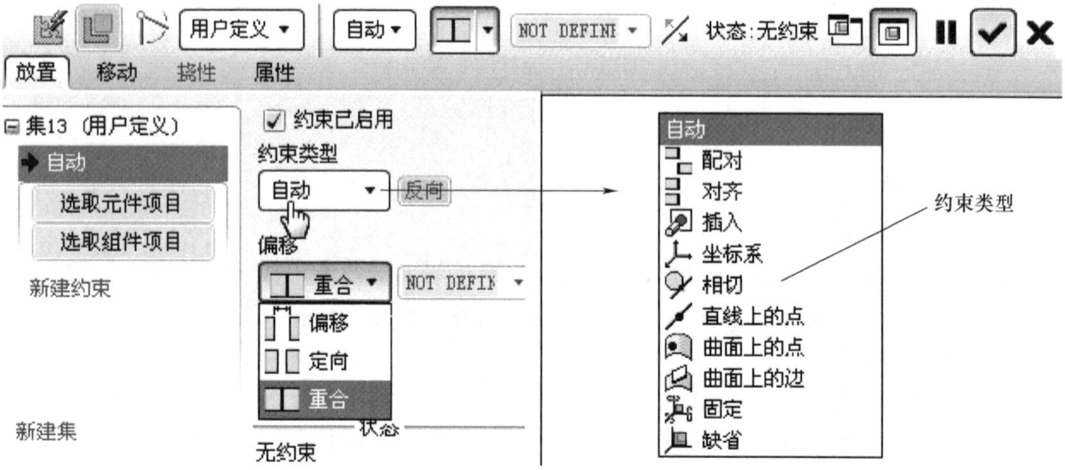

图 5-4　装配定义栏和约束关系

1）平面配对——约束两个平面或基准面的位置关系，将它们的法线彼此相对，使两个平面贴合在一起或偏距一定距离。

2）平面对齐——两个平面或基准面法线同向，使两个面平齐，或朝向相同但相距一定距离。

如图 5-5 所示为平面装配的约束类型。

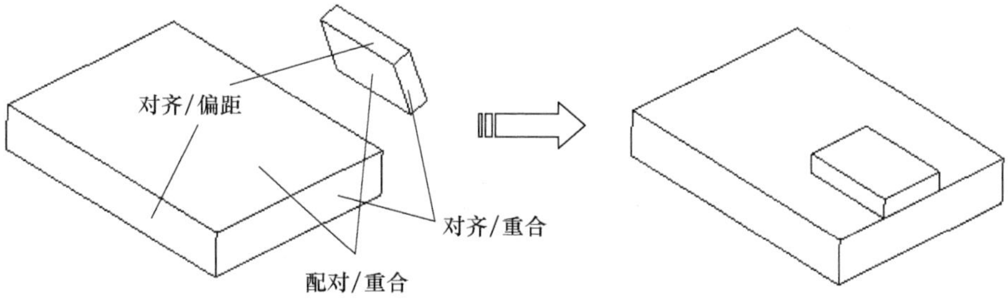

图 5-5　平面装配约束关系——对齐、匹配

3）坐标系对齐——分别在两装配零件上点取两坐标系，按坐标系对齐（X、Y、Z 轴重合且方向一致）的关系约束零件位置，如图 5-6 所示。

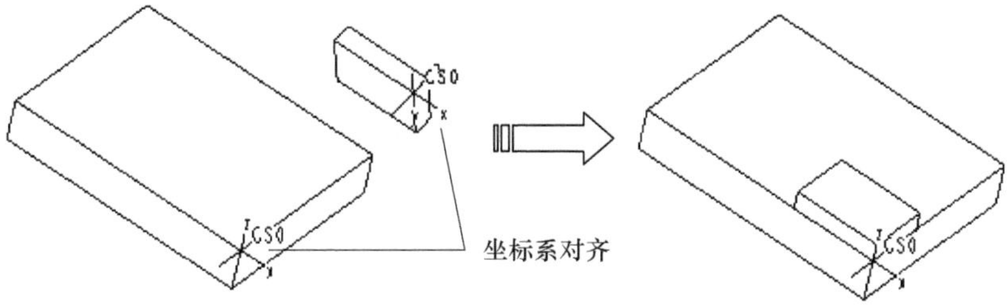

图 5-6　装配约束关系——坐标系对齐

4）缺省——单击图标，按系统缺省坐标系对齐方式来确定装配约束关系，如图 5-7 所示。

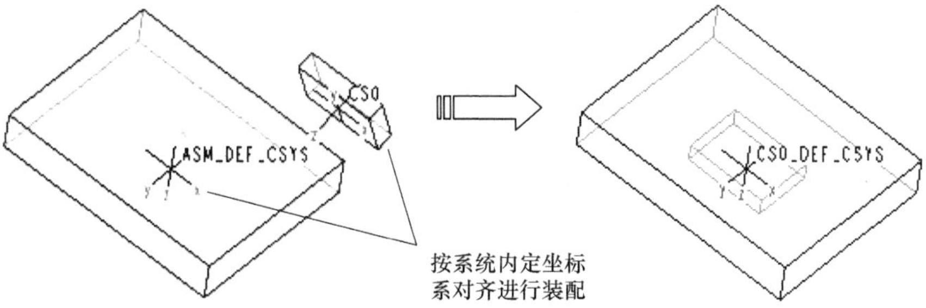

图 5-7　装配约束关系——缺省

5）插入——一个旋转曲面插入到另一旋转曲面中，使它们同轴。当轴对齐选取无效或不方便时，可以用这个约束，如图 5-8 所示。

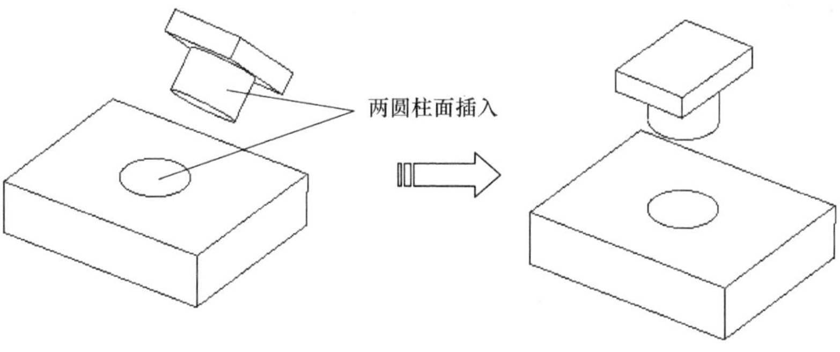

图 5-8　装配约束关系——插入

任务分析

1. 产品结构分析

图 5-9 所示为连杆的结构，包括连杆、锁紧块、两个联接螺栓和两个锁紧螺母。零件之间的装配关系主要是平面匹配、对齐和轴线对齐。

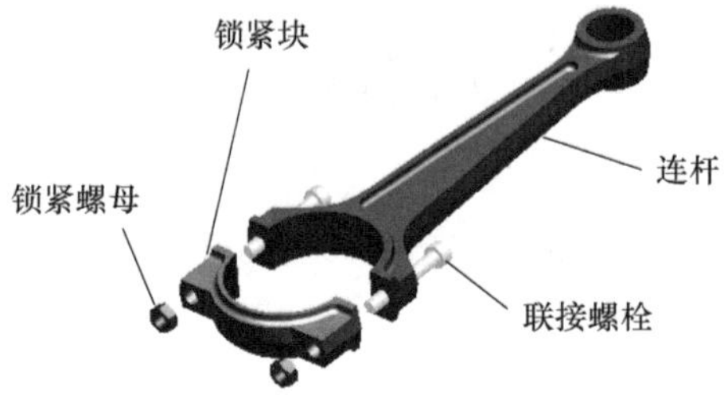

图 5-9 连杆的结构

2. 装配设计步骤

图 5-10 所示为连杆的装配流程图。

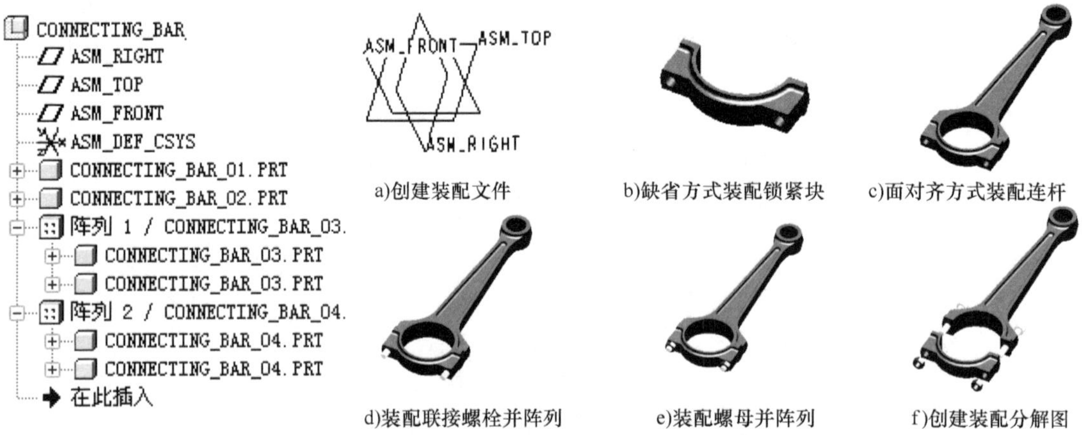

a)创建装配文件　b)缺省方式装配锁紧块　c)面对齐方式装配连杆

d)装配联接螺栓并阵列　e)装配螺母并阵列　f)创建装配分解图

图 5-10 连杆的装配流程图

任务实施

1）新建工作目录为 F:\Proe 项目实训\装配设计\连杆装配。图 5-11 所示为新建工作目录的操作：单击窗口主菜单中的"文件"→"设置工作目录"项，弹出"选取工作目录"窗口，在窗口空白处单击右键，选取快捷命令"新建文件夹"，输入新文件夹的名称即可。

2）把需要装配的零件文件另存到装配文件夹（工作目录）中，以便于装配时调用。

① 打开 PRT0006_ A（F:\Proe 项目实训\实体设计文件夹中），然后以保存副本的形式在工作目录中另存为 connecting_ bar_ 01，如图 5-12 所示。

图 5-11　新建工作目录

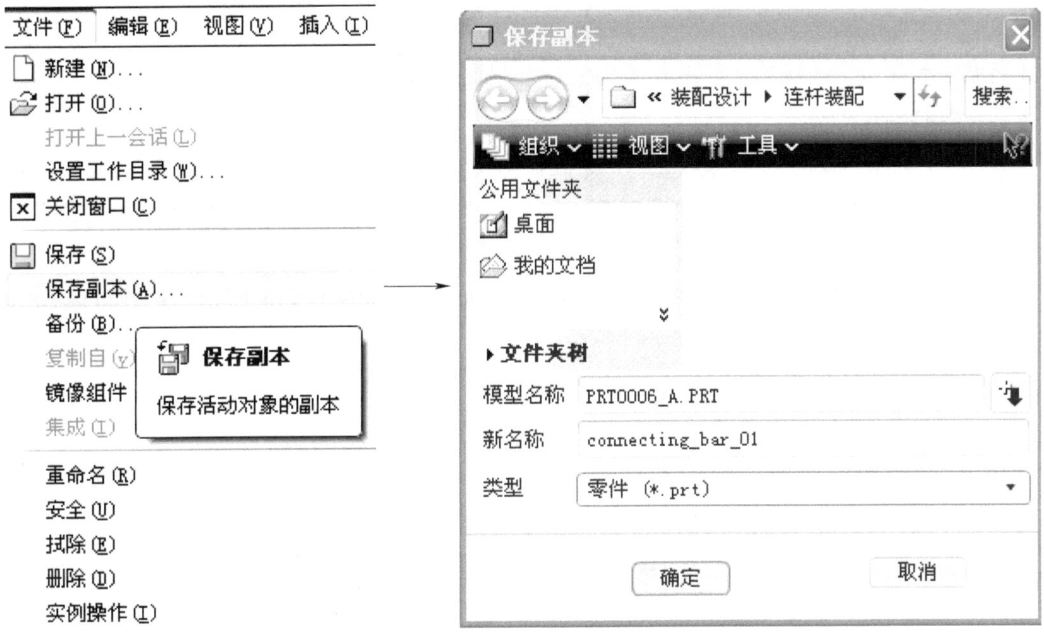

图 5-12　零件保存副本

② 以同样的方法，分别打开 PRT0006_ B、PRT0003_ A 和 PRT0003_ B，在工作目录中保存副本为 connecting_ bar_ 02、connecting_ bar_ 03 和 connecting_ bar_ 04。

要点提示：如果装配模型的装配零件文件不在同一个文件夹（工作目录）中，重新打开装配文件时，系统会因为找不到零件模型，而使装配模型再生失败（打不开），所以要把前面已建好的模型保存到装配目录中。

3）创建装配文件，文件类型为“组件”，文件名为 connecting_ bar，取消“使用缺省模板”，并设置单位制式为“mmns_ asm_ design”，如图 5-13 所示。

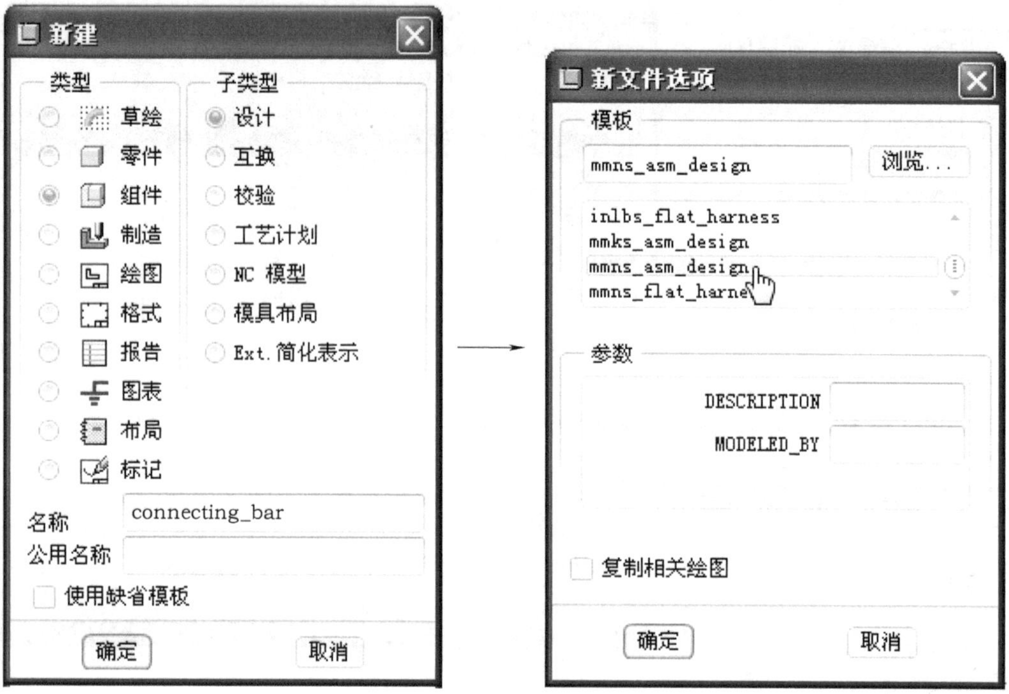

图 5-13　创建装配文件

4）以缺省方式装配 connecting_ bar_ 01（锁紧块），如图 5-14 所示，图中①～③为操作步骤。

① 单击装配工具，打开零件 connecting_ bar_ 01，弹出装配定义栏。

② 选择装配约束类型为“缺省”。

③ 单击定义栏中的✔，完成零件装配。

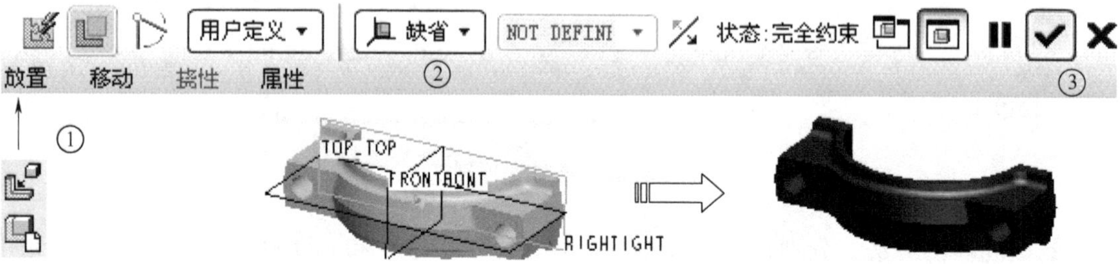

图 5-14　以缺省方式装配锁紧块

5）以面对齐和配对方式装配连杆，如图 5-15 所示，其步骤①～④的操作如下。

① 单击装配工具，打开零件 connecting_ bar_ 02，弹出装配定义栏。

② 单击连杆端面和锁紧块端面，并在放置定义窗口中设置约束类型为“配对”→“重合”。

③ 单击连杆的基准面 TOP 和锁紧块的基准面 TOP，设置约束类型为“对齐”→“重合”。

④ 单击连杆的基准面 FRONT 和锁紧块的基准面 FRONT，设置约束类型为“对齐”→

"重合"。

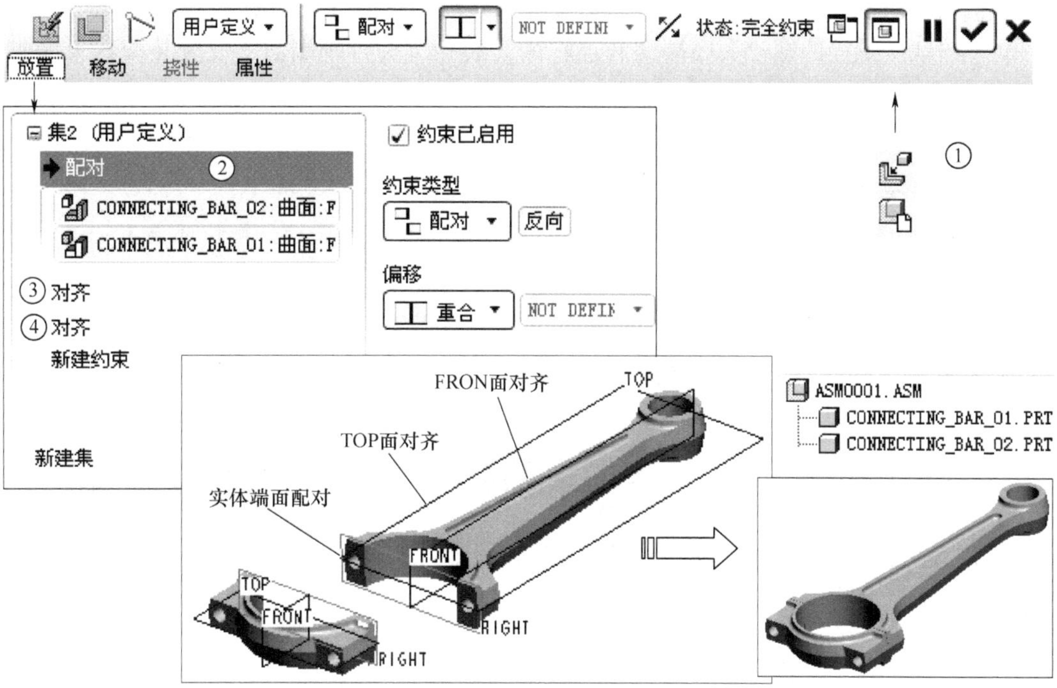

图 5 - 15　装配连杆

要点提示：零件装配时一般需要三个方向进行装配约束，否则零件是不完全定位，也就是说零件还有自由度。

6）以面配对和轴对齐方式装配联接螺栓，如图 5 - 16 所示（隐藏了锁紧块）。

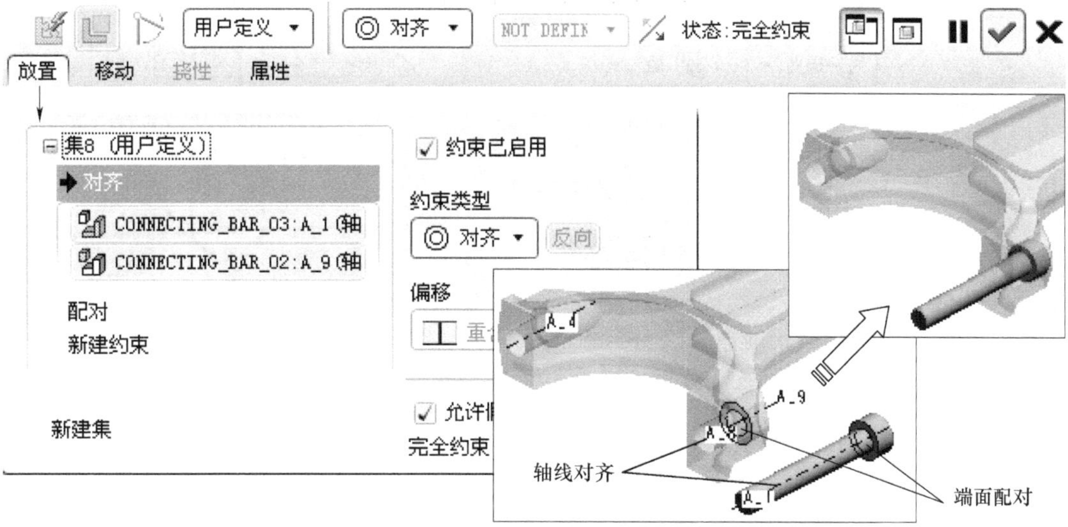

图 5 - 16　装配联接螺栓

① 单击装配工具，弹出装配定义栏后，在图形中单击联接螺栓的中心轴 A_ 1，然后再单击连杆的安装孔轴 A_ 8，在放置窗口中设置装配约束类型为“对齐”。

② 单击联接螺栓的螺栓头底端面和连杆的安装孔沉头台阶端面，设置装配约束类型为“配对”。

③ 单击定义栏中的✔，完成零件装配。

要点提示：联接螺栓的装配只用了两个装配约束，装配完成后，螺栓还具有一个旋转自由度，即可以绕着轴线旋转。

7）联接螺栓阵列，如图 5-17 所示，图中①～④为操作步骤。

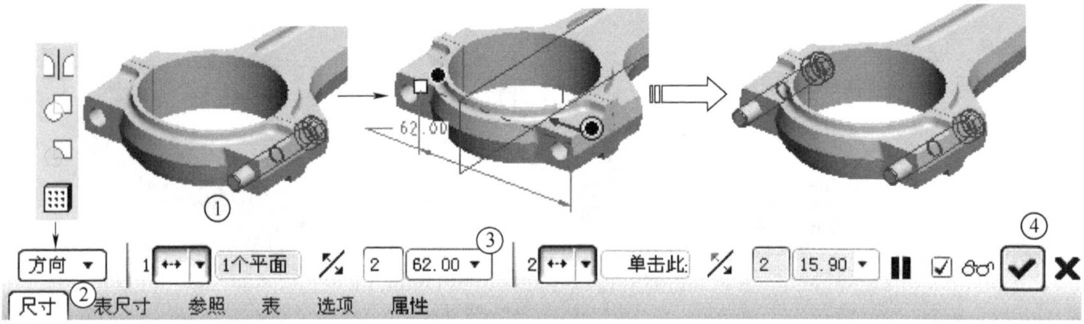

图 5-17 联接螺栓阵列

① 在图形中点取联接螺栓，单击阵列工具，弹出阵列定义栏。

② 设置阵列方式为“方向”，并在图形中点取装配基准面 ASM_ FRONT 为方向参照。

③ 通过单击方向图标，调整阵列方向，输入阵列数量为 2，增量为 62mm。

④ 单击定义栏中的✔，完成阵列。

8）以面配对和插入方式装配锁紧螺母［参照步骤 6］，如图 5-18 所示。

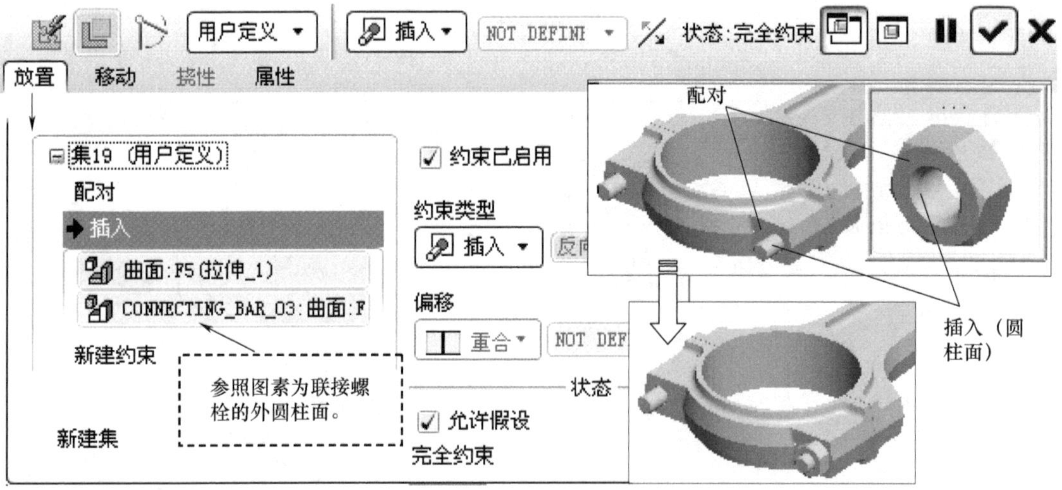

图 5-18 装配锁紧螺母

要点提示：单击装配定义栏中的图标，可以在单独的窗口中显示装配零件，单击图标，使图标弹起，可以使装配零件不在组件窗口中显示，这样可以根据需要使装配零件以不同方式显示，以便于操作。

9）对锁紧螺母进行阵列，如图 5-19 所示。

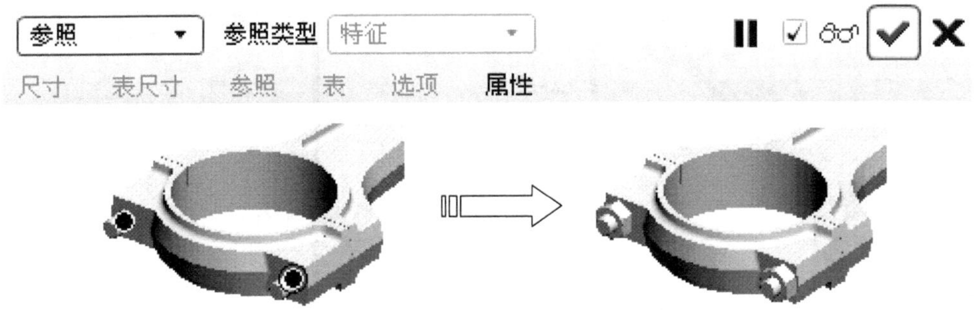

图 5-19 锁紧螺母阵列

① 在图形中点取锁紧螺母，单击阵列工具，弹出阵列定义栏。
② 系统自动导入阵列方式为“参照”。
③ 单击定义栏中的，完成阵列。

要点提示：锁紧螺母的阵列方式与联接螺栓的阵列方式不同。因为锁紧螺母装配时插入约束的参照图素为联接螺栓的外圆柱面，而联接螺栓已阵列，螺母便可参照螺栓进行阵列。如果锁紧螺母装配时插入约束的参照图素为锁紧块安装孔的圆柱面，锁紧螺母还可以参照其方式阵列吗？读者不妨一试。

10）创建定向视图，如图 5-20 所示，图中①~⑤为操作步骤。
① 单击视图管理器工具，弹出“视图管理器”窗口。
② 单击“定向”→“新建”选项，新建定向视图 View0001。
③ 旋转图形到适当的视角方位。
④ 单击“编辑”→“保存”，弹出“保存显示元素”窗口。
⑤ 选取“方向”选项，单击“确定”→“关闭”，完成操作。
11）创建分解视图，如图 5-21 所示，图中①~⑦为操作步骤。
① 单击视图管理器工具，弹出“视图管理器”窗口。
② 单击“分解”→“新建”选项，新建分解视图 Exp0001。
③ 单击“编辑”→“编辑位置”选项，弹出“编辑位置”定义栏。
④ 在图形中单击锁紧块，单击拖动方向轴（装配方向轴），按下鼠标左键，拖动鼠标，移动锁紧块到适当位置，松开鼠标左键。

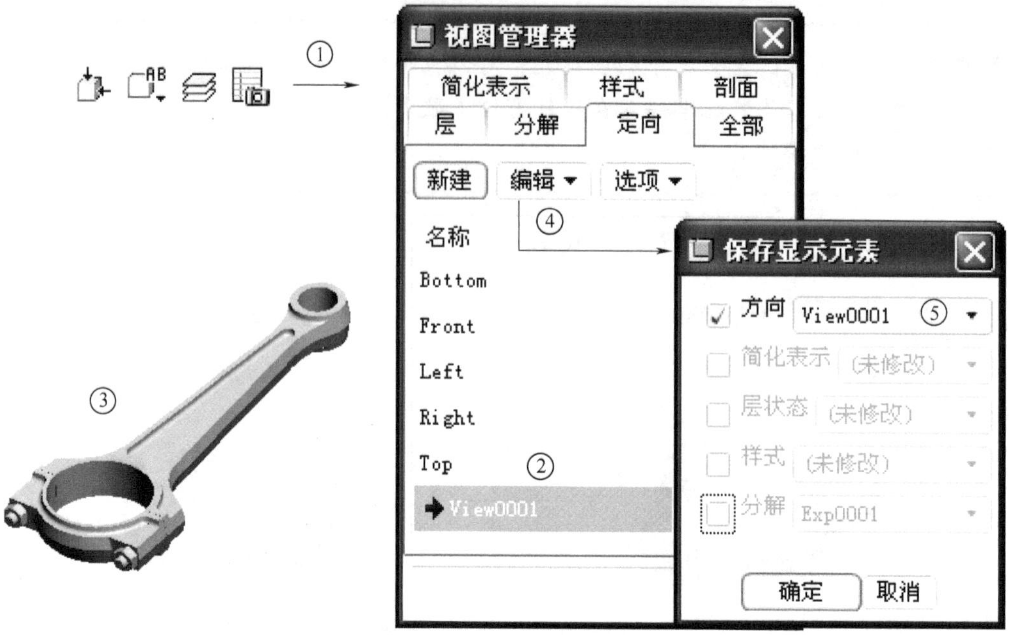

图 5-20 创建定向视图

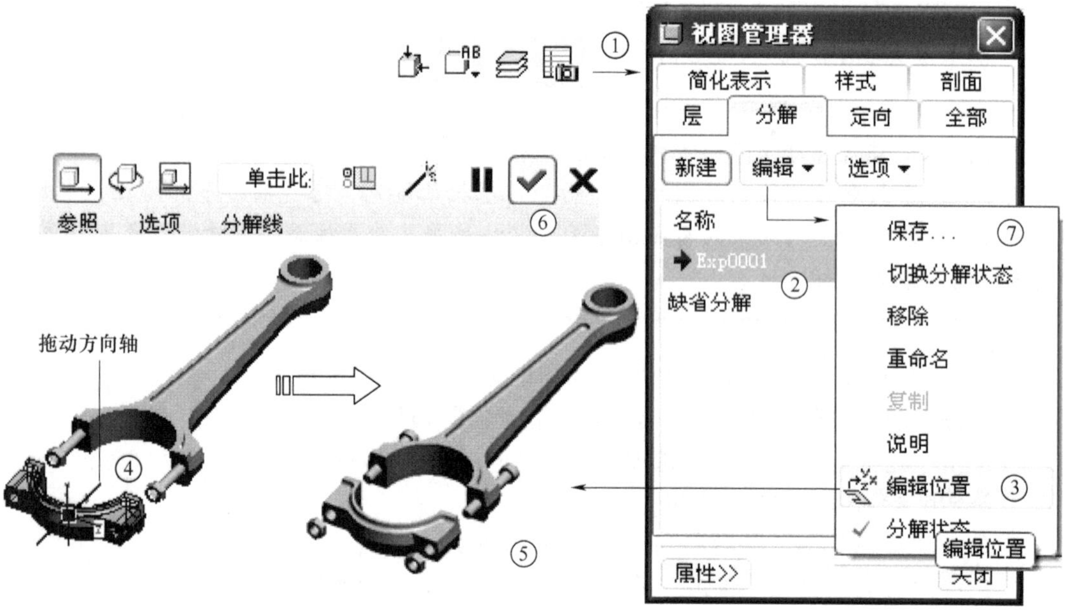

图 5-21 创建分解视图

⑤ 以同样的方法，按装配方向移动联接螺栓和锁紧螺母到适当位置。

⑥ 单击定义栏中的✔，完成位置编辑。

⑦ 单击“视图管理器”窗口的“编辑”→“保存”，弹出“保存显示元素”窗口。选取“分解”选项，单击“确定”→“关闭”，完成操作。

要点提示：为了保证两个螺母或螺栓的移动位置平齐，可以按下键盘的“Ctrl”键选取两个零件同时进行移动。

12）取消分解视图，如图 5-22 所示。单击主菜单中的“视图”→“分解”→“取消分解视图”选项，可以看到图形切换到装配状态。

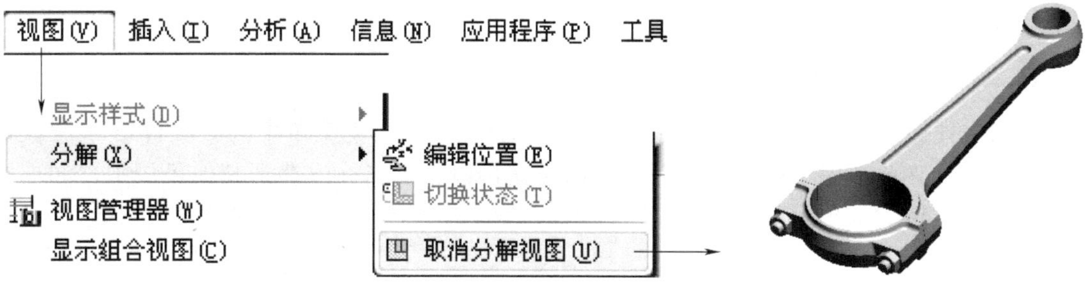

图 5-22　取消分解视图

13）产品渲染，如图 5-23 所示。

图 5-23　产品渲染

14）创建模型显示样式，如图 5-24 所示，图中①～⑤为操作步骤。

① 单击视图管理器工具，弹出“视图管理器”窗口。

② 单击“样式”→“新建”选项，输入新建样式名称为 Style0001，回车，弹出“编辑”窗口。

③ 单击“编辑”窗口中的“显示”→“消隐”选项。

④ 在模型中点取锁紧块和连杆，单击预览图标，可以看到选取的零件呈消隐的线框显示。

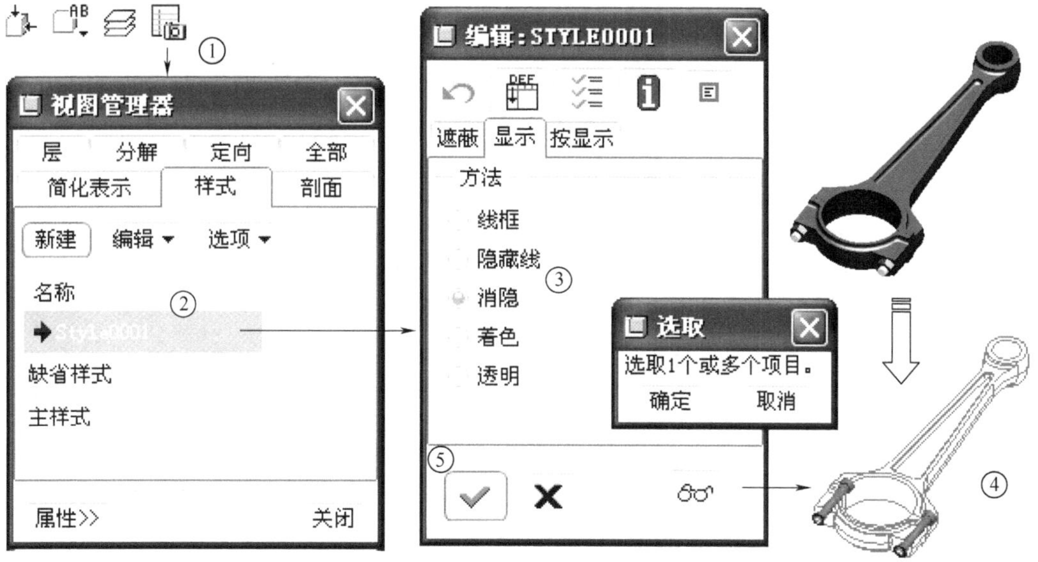

图 5-24　创建显示样式

⑤ 单击“编辑”窗口中的✔和“视图管理器”窗口中的“关闭”，完成操作。

要点提示：在图形中单击零件，单击主菜单中的“视图”→“显示样式”，也可对零件设置不同的显示样式。

15）文件存盘。

相关知识

1. 文件保存副本

单击文件保存工具，文件便可按原有名称存盘。单击主菜单中的“文件”→“保存副本”选项，弹出“保存副本”窗口，可以把文档以新的名称保存到其他目录中。如连杆装配设计中步骤 2）的操作。

2. 文件备份

单击主菜单中的“文件”→“备份”选项，弹出“备份”窗口，可以把文件按原有名称保存到其他目录中。

3. 删除文件的旧版本

当已保存的模型修改后再击一次存盘，就会产生一个新版本的同名文档，而旧版本文档继续保留在文件目录中。如图 5-25 所示，在连杆装配的目录（工作目录）下，保存了 4 个装配文档 connecting_ bar 的版本（即该文档共存盘了 4 次），装配零件也保存了多个版本。

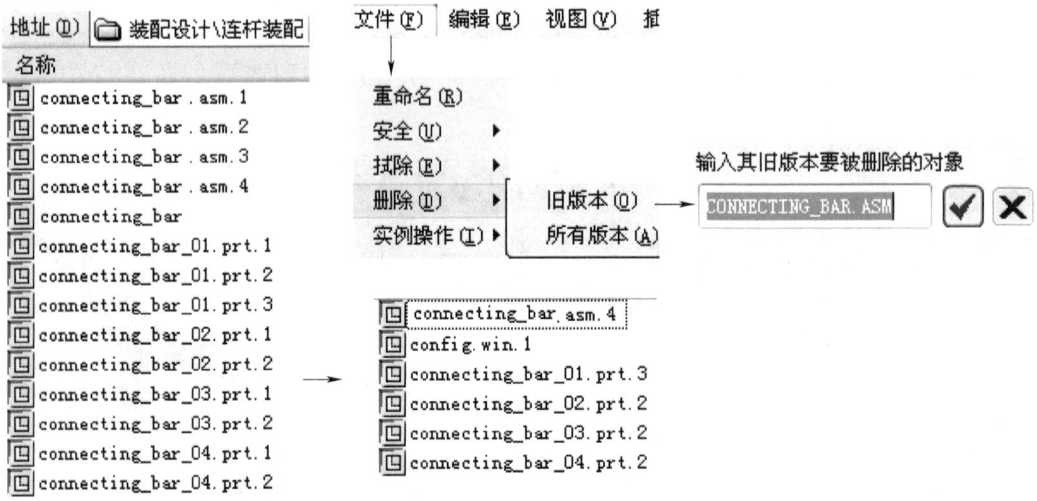

图 5-25 删除旧版本

在确定旧版本文件已没有什么用时，就要对旧版本文档进行删除，否则，文件将占用很大的硬盘空间。可以在工作目录文件夹中进行文档的删除，但操作比较繁琐，而且容易删错。在 Pro/Engineer 文档操作中可以通过删除旧版本来进行操作。

单击主菜单中的“文件”→“删除”→“旧版本”选项，弹出输入栏，输入文档名称

(不一定是当前文档名称，也可是其他文档名称)，单击输入栏中的✔。从工作目录文件夹中可以看到，文档保留了最高版本（最后保存的版本），其余旧版本全部删除。

4. 拭除内存中的文档

当从工作目录中调出文档或新建文档时，在系统内存中将暂时保存该文档，装配文件打开时，所有的装配零件也都会暂时保存在内存中，装配模型的零件较多时，内存中的文档会非常多。当内存被占用太多时，会影响系统的运算速度，使建模生成慢，甚至会退出软件或死机。因此，当确定内存文档已保存或没有用后，需要进行内存的清除。

单击主菜单中的“窗口”→“关闭”选项，关闭所有的 Pro/Engineer 文档窗口。单击主菜单中的“文件”→“拭除”→“不显示”选项，弹出“拭除未显示的”窗口，单击“确定”按钮，把未显示的模型文档全部拭除（也可以选取部分文档进行拭除），即清空内存，如图 5-26 所示。

图 5-26 拭除内存中的文档

单击主菜单中的“文件”→“打开”选项，弹出“文件打开”窗口，单击窗口左侧的“在会话中”，即内存中的文档，可以看到，内存中没有文档，已被清空。

拓展训练

1. 实训任务

如图 5-27 所示，完成鼠标的装配，并创建装配分解视图。

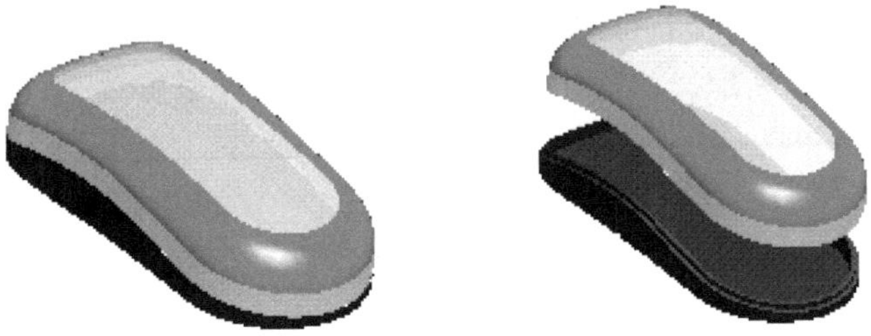

图 5-27 鼠标的装配

2. 装配设计步骤（参考）

图 5-28 所示为鼠标的装配流程图。

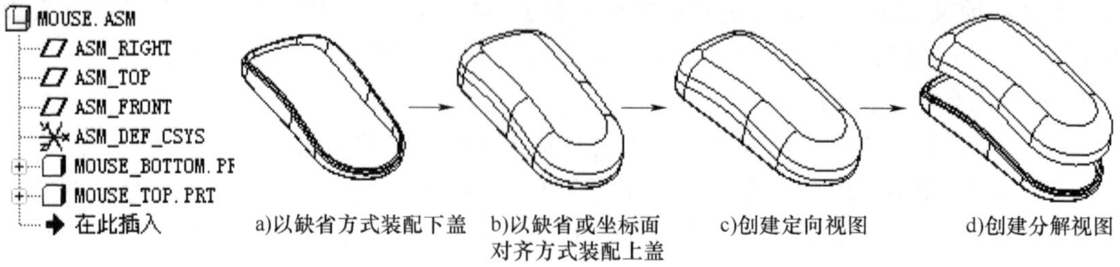

图 5-28 鼠标装配流程图

3. 重点提示

1）新建工作目录 F:\Proe 项目实训\装配设计\鼠标装配。分别打开文件 Prt0011_ B 和 Prt0012_ A，保存副本为 Mouse_ bottom 和 Mouse_ top。新建装配文件 Mouse。

2）按图 5-28b 所示步骤装配鼠标上盖时，因上盖和下盖的坐标系位置相同（见图 5-29），因此，可以用缺省方式进行装配。如果上、下盖坐标系位置不同，只能用基准平面配对或对齐等方式进行装配。

图 5-29 鼠标上下盖的坐标系位置

知识小结

1）零件装配操作并不复杂，每个零件装配的步骤基本相同，与零件的特征建模没有关系。但装配前一定要清楚零件之间的装配关系，以选择正确的装配约束类型，而且用于装配的零件模型必须放置在同一个文件加工（工作目录）中。

2）文件存盘操作非常重要，文件备份只可更改保存路径，保存副本既可以更改保存路径又可以修改文件名称。在建模过程中，经常要进行旧版本文件的删除和内存的清理。

3）在零件建模中，第一个特征的建模位置非常重要，要合理选择坐标系方向以及草绘平面，以便于后续的产品装配，如鼠标上盖的装配中，坐标系位置一致，可直接用坐标系对齐方式进行装配。

思考练习

1. 简述零件装配的一般操作步骤。
2. 常用的装配约束类型主要有哪些？
3. 文件存盘有哪几种操作方式，各有什么不同？

任务二　装配设计进阶——装配铰链机构

学习内容

1. 装配特征的创建。
2. 装配中创建新零件。
3. 装配干涉的检查。
4. 装配元件的操作。

实训任务

如图 5 - 30 所示，完成铰链机构的装配，并创建装配分解图。

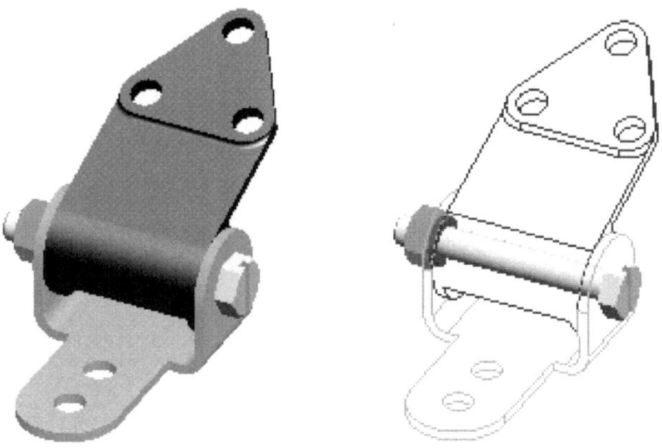

a)装配渲染　　b)装配零件消隐显示

图 5 - 30　铰链机构的装配图

基础知识

1. 装配模型树

与零件设计界面相同，装配设计界面也有模型树，但通常情况下，装配模型树不显示模型特征。图 5 - 31 所示为鼠标装配模型树。

图 5 - 31　鼠标装配模型树

单击装配模型树上方的设置工具 ，单击快捷命令“树过滤器”，弹出“模型树项目” 窗口，选取“特征” → “确定” 项，如图 5 - 32 所示，即在模型树中显示出装配基准特征和零件特征。

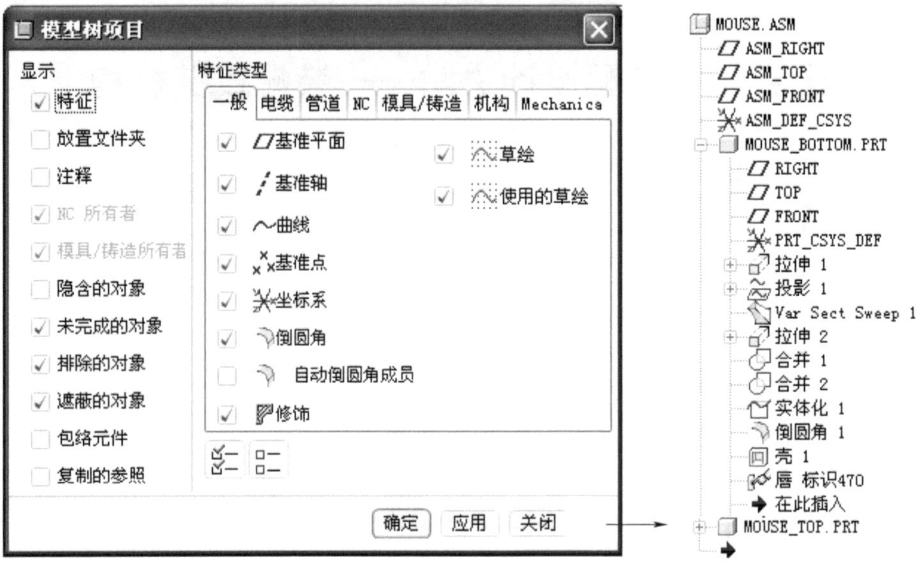

图 5-32　装配模型树的特征显示

2. 装配特征

与零件设计界面相同，在零件装配界面的右侧也有特征创建工具，如拉伸、旋转、扫描等基础特征工具，基准面、基准点、草绘曲线、坐标系等基准特征，还有倒圆角、倒角、放置孔、拔模等工程特征，也就是说，在装配环境下也可以对零件进行特征构建。装配环境下创建的特征为装配特征。

在装配环境下进行特征构建，其特征工具的应用方式与零件设计基本相同，但也有不同之处。

1）装配特征可以作用于一个零件，也可作用于多个零件。如图 5-33 所示，在装配环境下创建拉伸切料特征，对鼠标下盖切一圆孔，如果相交零件自动更新，拉伸切料将同时对上盖和下盖起作用，上盖和下盖都切出一圆孔。

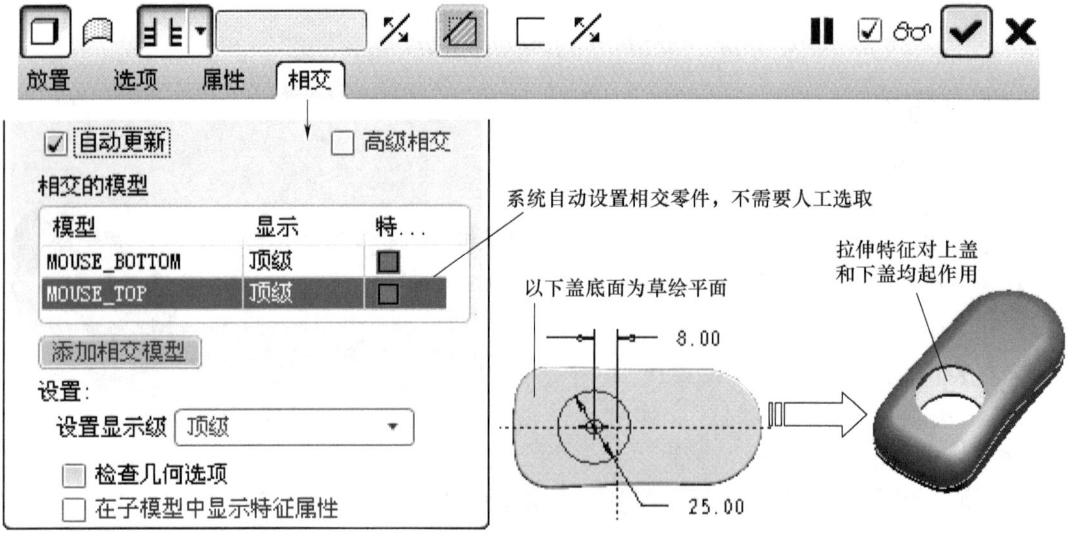

图 5-33　自动更新装配特征的相交模型

如图 5-34 所示，对装配特征的相交零件进行人工选取，虽然拉伸高度设置为（贯穿），但只对下盖起作用。

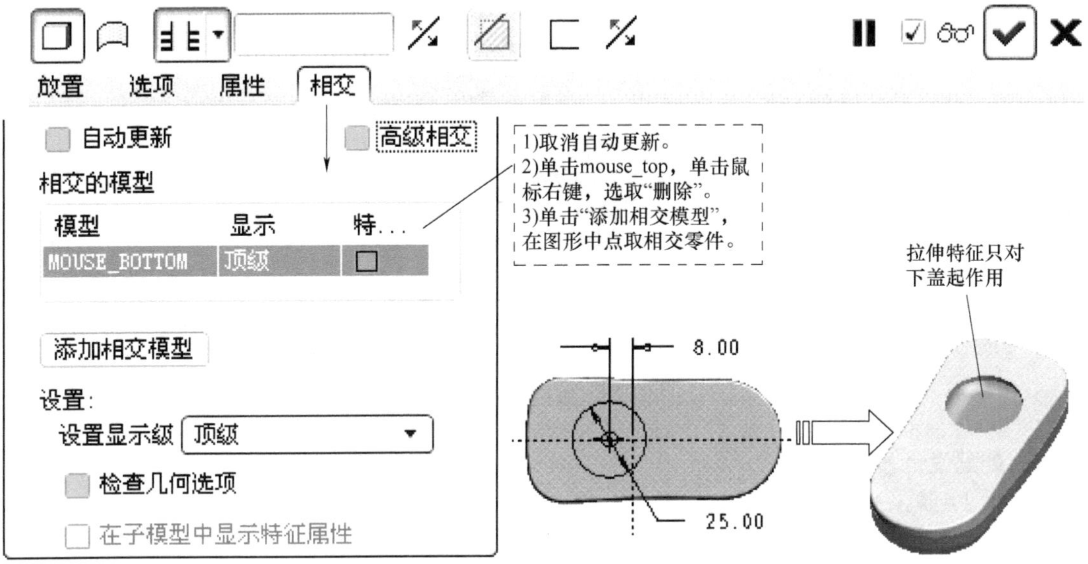

图 5-34　选取装配特征的相交模型

2）装配模式下创建的特征属于装配特征，不属于零件特征。也就是说，在装配环境下对零件创建的特征，在零件状态下不继承。如图 5-35 所示，在装配环境下创建拉伸切料特征，对鼠标下盖切出圆孔，但在下盖的零件模型中并不继承。

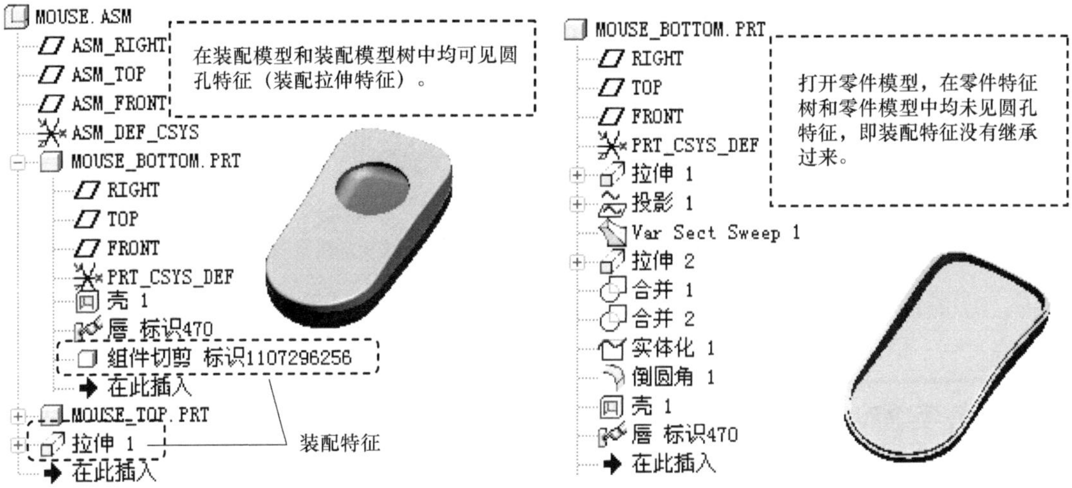

图 5-35　装配特征在零件模型中不继承

任务分析

1. 产品结构分析

如图 5-36 所示，铰链机构由支架板、连接板、联接螺栓、锁紧螺母和垫圈组成，其中支架板和连接板已完成零件的建模（Prt0001_ A 和 Prt0001_ B），而联接螺栓、锁紧螺母和垫圈需要在装配环境中进行创建。

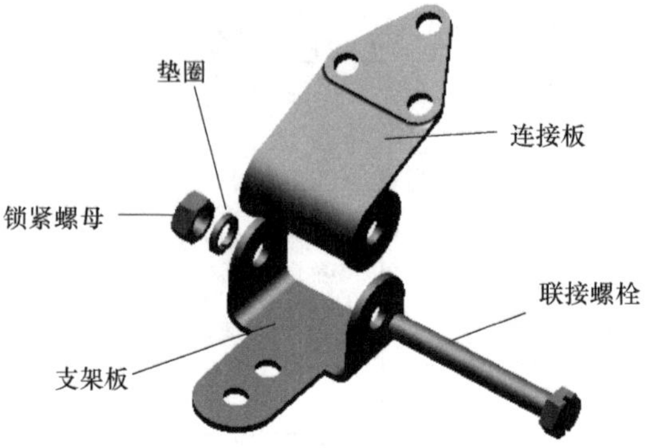

图 5 - 36　铰链机构的结构

2. 装配设计步骤

图 5 - 37 所示为铰链装配的设计流程图。

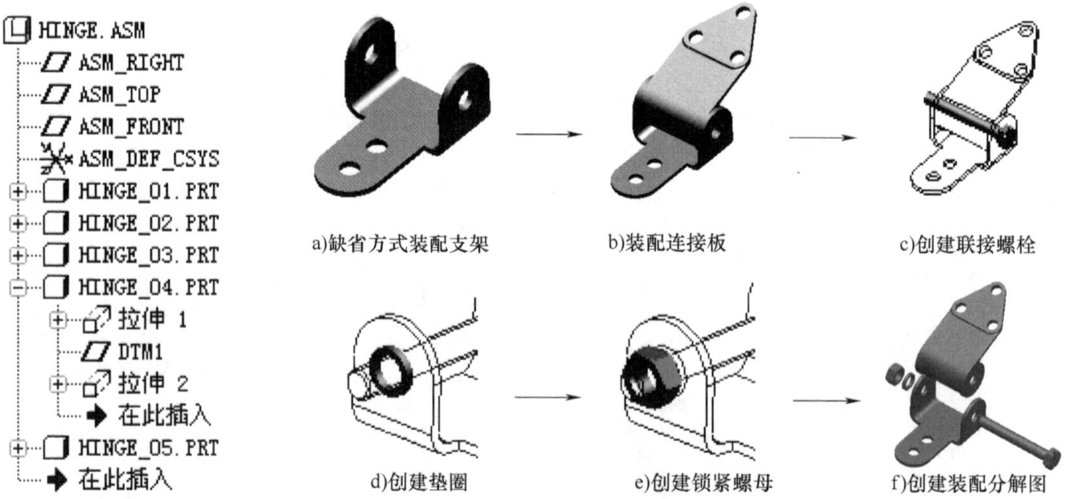

图 5 - 37　铰链装配的设计流程图

任务实施

1）新建工作目录为 F:\Proe 项目实训\ 装配设计\ 铰链装配。

2）在相应的文件夹中打开 Prt0001_ A 和 Prt0001_ B，然后分别以保存副本的形式在工作目录中将其另存为 hinge_ 01 和 hinge_ 02。

3）创建装配文件 hinge，并设置单位制式为“mmns_ asm_ Design”。

4）以缺省方式装配 hinge_ 01（支架板）。

5）以轴对齐、面对齐角度偏移和中间基准面配对/重合方式装配铰链板，如图 5 - 38 所示。

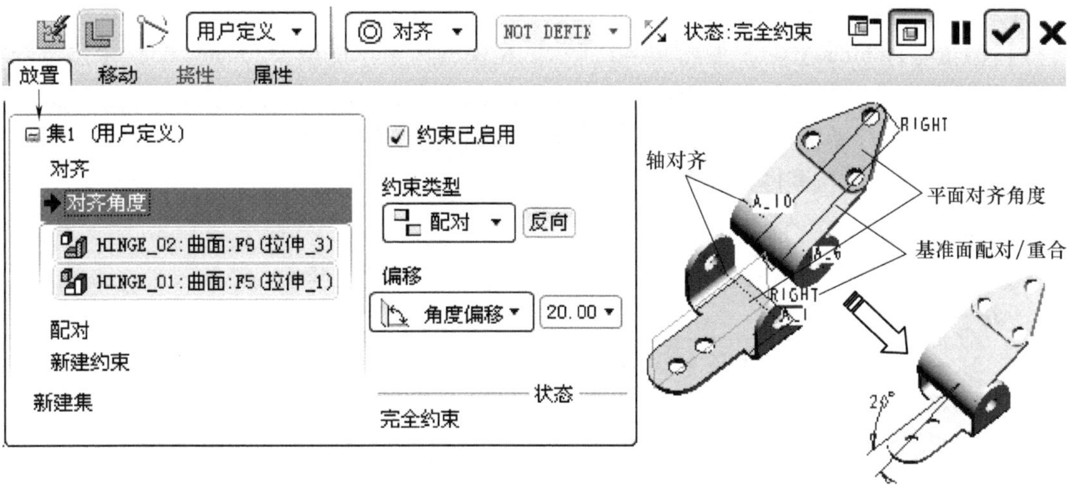

图 5-38　装配铰链板

（以下步骤为设计联接螺栓）

6）创建联接螺栓，如图 5-39 所示，图中①~④为操作步骤。

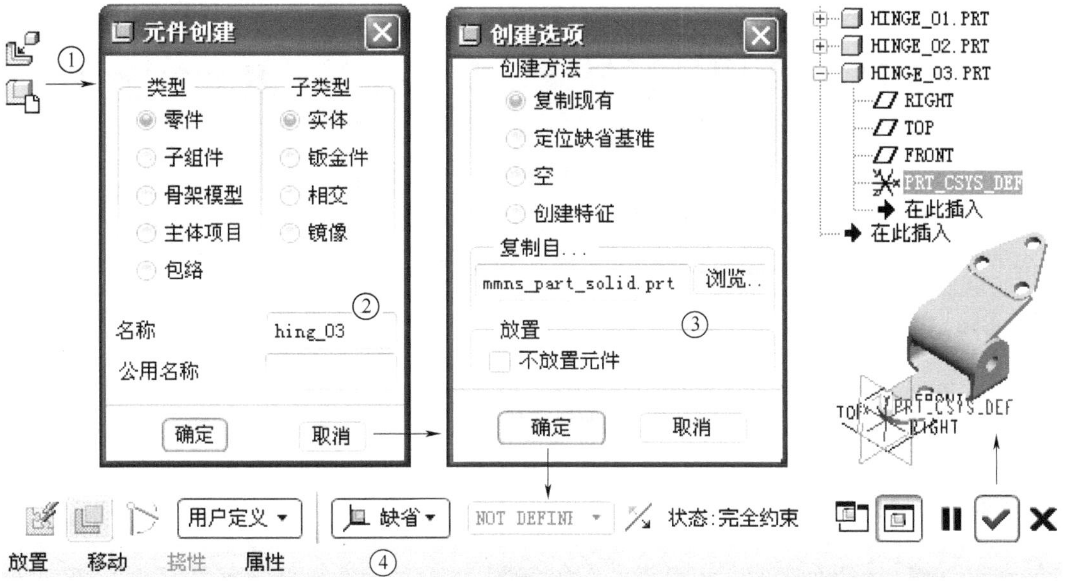

图 5-39　创建新元件（联接螺栓）

① 单击创建新元件工具，弹出“元件创建”窗口。

② 选择元件类型为“零件”→“实体”，输入元件名称为“hinge_ 03”，单击“确定”按钮，弹出“创建选项”窗口。

③ 设置创建方法为“复制现有”（复制现有的单位制式文件），然后单击“浏览”按钮，从 Pro/Engineer 安装路径下导入单位制式 mmns_ part_ solid. prt，单击“确定”按钮，弹出装配定义栏，即对新创建的元件进行装配。

④ 在装配定义栏中选择装配方式为“缺省”，单击定义栏中的，完成零件装配。

7）激活零件 hinge_ 03，如图 5-40 所示。在模型树中单击模型 hinge_ 03，单击鼠标右键，点取快捷命令“激活”，可以看到图形中零件的支架板和连接板均呈虚色显示，模型树中的 hinge_ 03 零件图标上有激活标识，图形窗口右侧的装配工具图标和新建元件图标已不存在了，界面完全与零件设计界面相同。

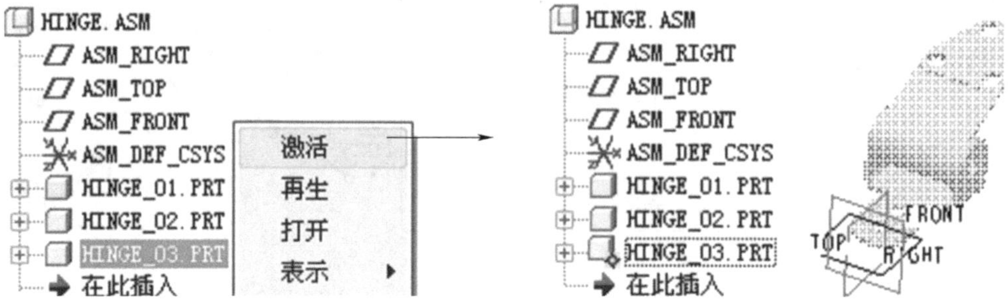

图 5-40　激活零件 hinge_ 03

8）拉伸螺栓杆，如图 5-41 所示。单击拉伸工具，弹出拉伸定义栏，以 hinge_ 03 的中间基准面（RIGHT 面）为草绘平面，以支架板侧壁安装孔的圆心为参照，绘制拉伸截面，分别设置两侧的不同拉伸深度。

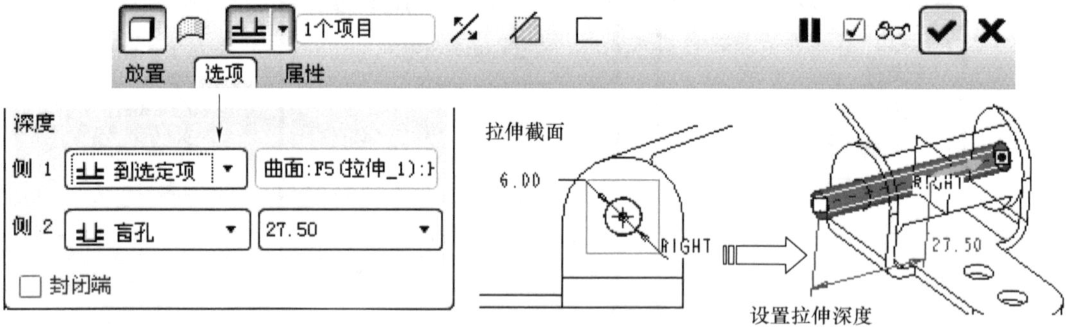

图 5-41　拉伸螺栓杆

9）以螺杆右端面为草绘平面，绘制正六边形截面，拉伸六角螺栓头，如图 5-42 所示。

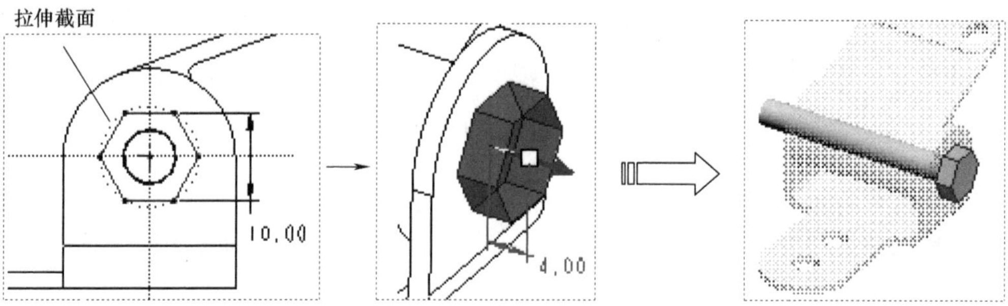

图 5-42　拉伸螺栓头

10）过螺栓中心轴线的平行 FRONT 面创建基准面 DTM1，如图 5-43 所示，注意创建的基准面与螺栓头侧面垂直。

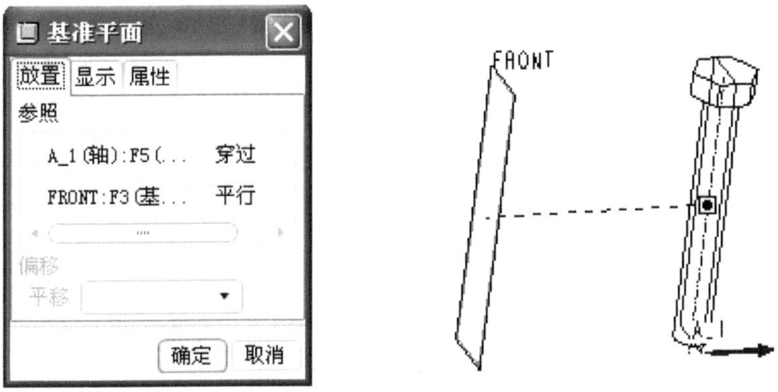

图 5-43 创建基准平面

11）以 DTM1 为草绘平面，旋转切螺栓头的圆弧倒角，如图 5-44 所示。

12）螺栓端部倒 C0.5 斜角，如图 5-45 所示。

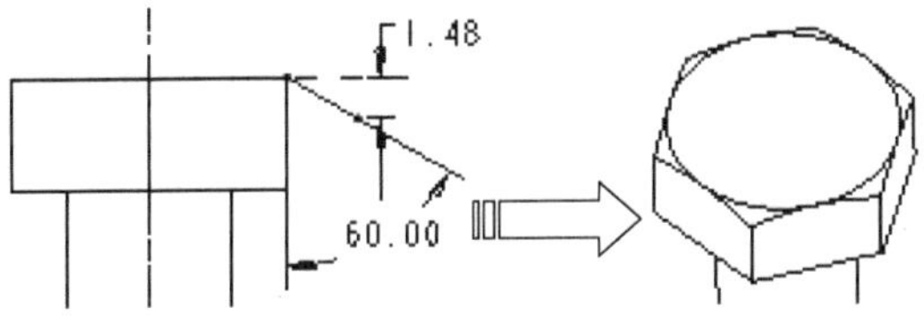

图 5-44 旋转切螺栓头的圆弧倒角

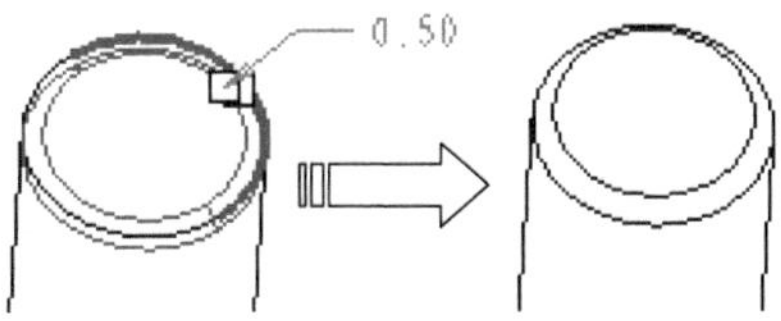

图 5-45 螺杆端部倒角

13）以螺栓头端面为草绘平面拉伸切槽，如图 5-46 所示。

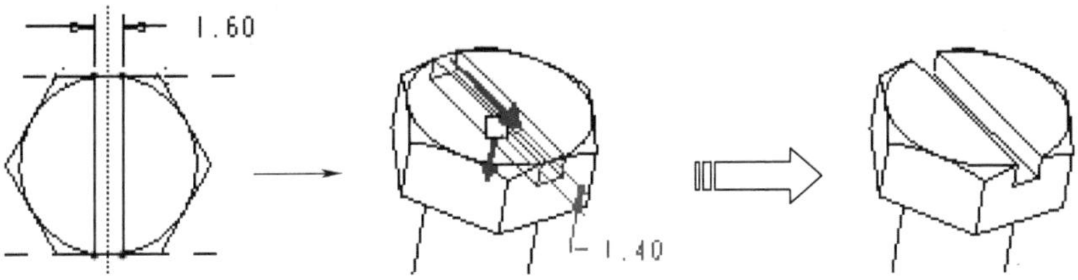

图 5-46 拉伸切槽

14）创建装饰螺纹，如图 5-47 所示。

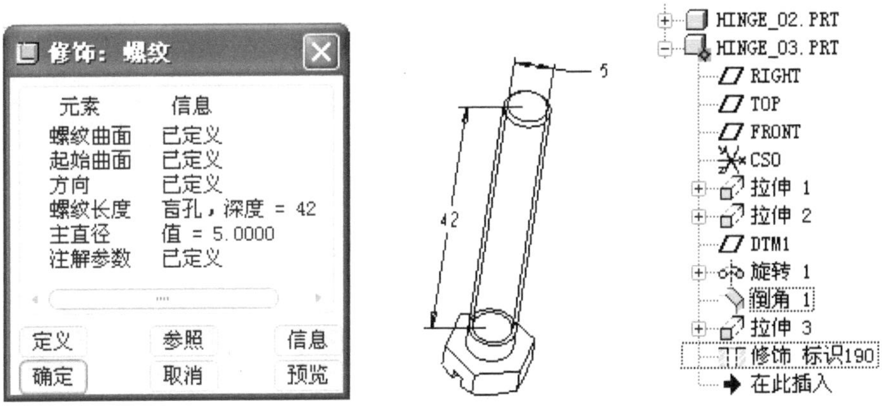

图 5-47 创建装饰螺纹

15）激活装配模型，如图 5-48 所示。在模型树中点取装配文件名称，单击右键，选取快捷命令“激活”，图形中的三个装配零件全部正常显示，窗口切换到装配界面。

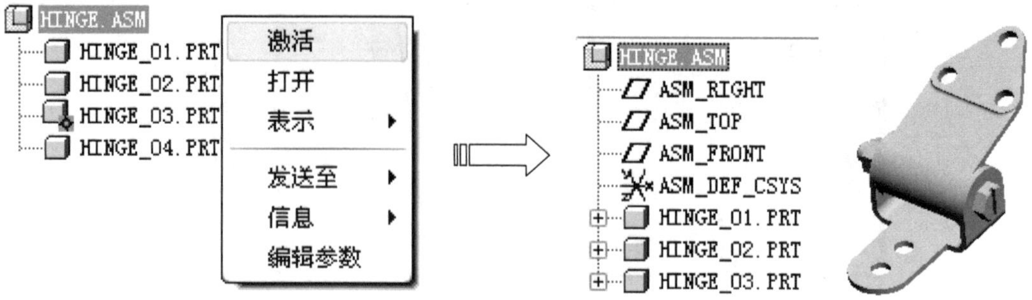

图 5-48　激活装配模型

（以下步骤为设计垫圈）

16）参照步骤 6）创建新模型 hinge_ 04，在“创建选项”中点取创建方法为“创建特征”，单击“确定”按钮后，直接激活 hinge_ 04，如图 5-49 所示。

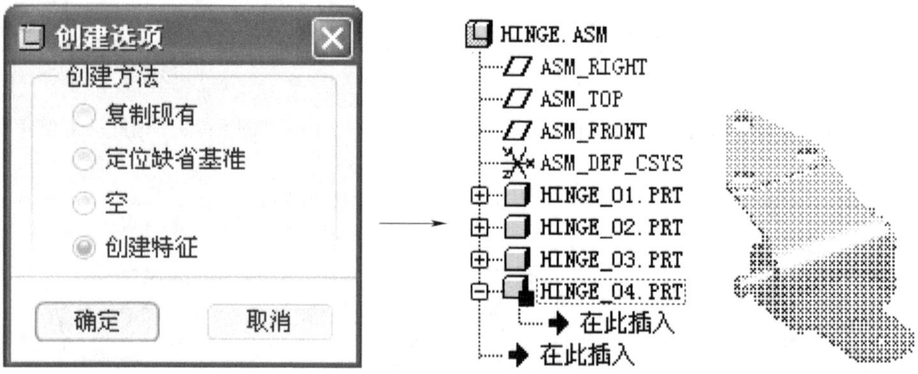

图 5-49　新建 hinge_ 04

17）拉伸圆环，如图 5-50 所示。隐藏 hinge_ 02，单击拉伸工具，以 hinge_ 01 的左侧外表面为草绘平面，以薄壁方式拉伸圆环。

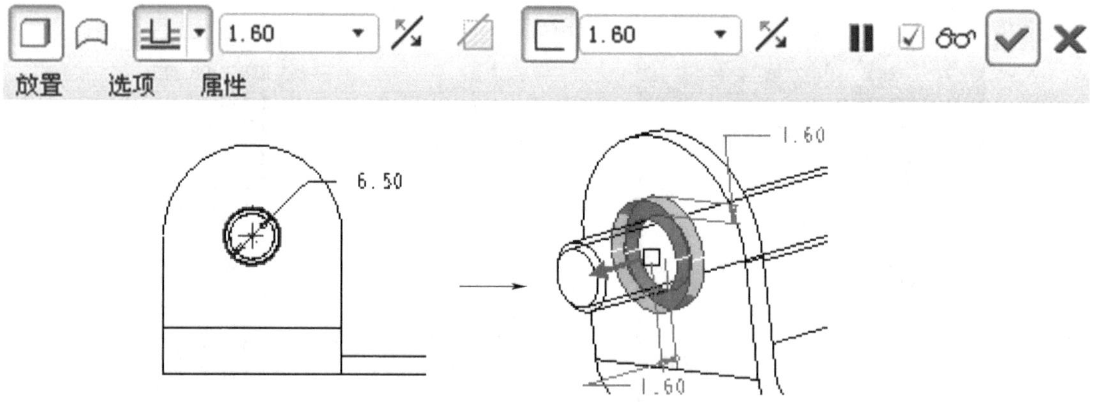

图 5-50　拉伸垫圈圆环

18）隐藏 hinge_ 01 和 hinge_ 03，过垫圈中心轴和内圈轮廓顶点创建基准面 DTM1，如图 5-51 所示。

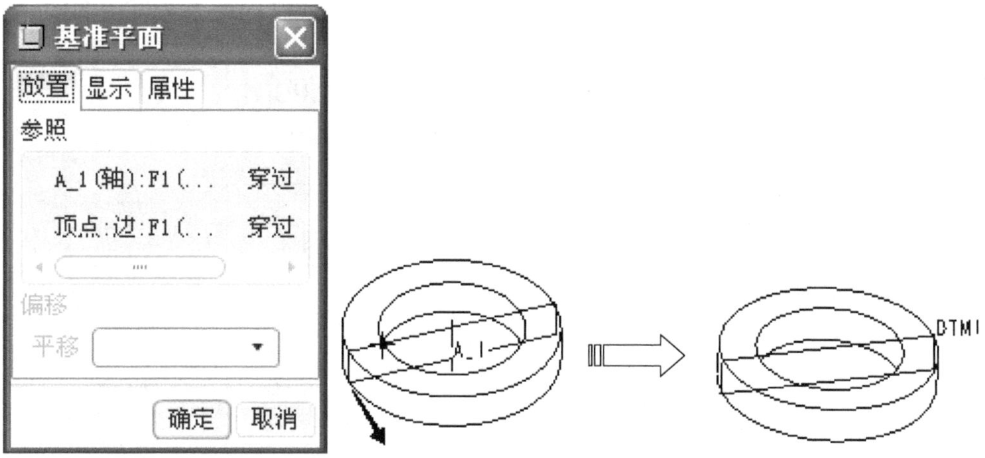

图 5-51　创建基准面

19）以 DTM1 为草绘平面，点取上顶面为草绘视图方向参照，拉伸切斜槽，如图 5-52 所示。

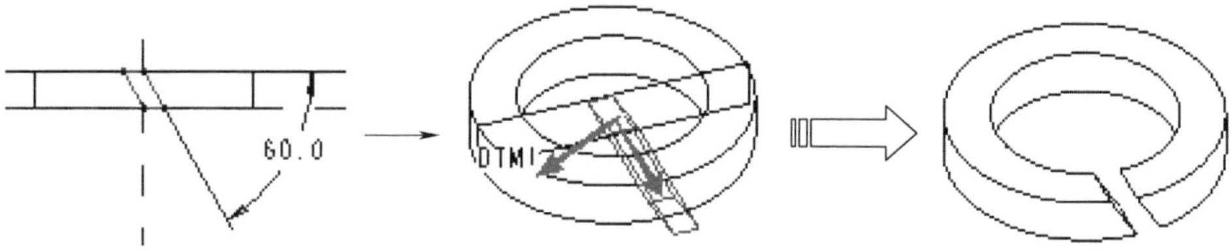

图 5-52　拉伸切斜槽

（以下步骤为设计锁紧螺母）

20）参照步骤 16）创建新模型 hinge_ 05。

21）以垫圈左侧端面为偏移参照，创建基准面，如图 5-53 所示，图中①~④为操作步骤。

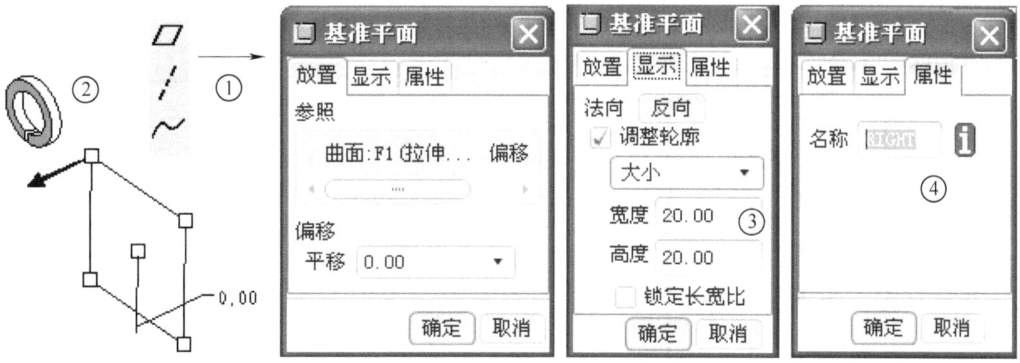

图 5-53　创建基准面 RIGHT

① 单击平面工具，弹出“基准平面”窗口。

② 单击垫圈左侧端面，设置平移值为 0。

③ 单击“基准平面”窗口中的“显示”，勾选“调整轮廓”，输入宽度为 20mm、高度为 20mm。

④ 单击“基准平面”窗口中的“属性”，修改名称为“RIGHT”。

22）参照步骤 21)，分别创建基准面 TOP 和 FRONT，如图 5-54 所示。

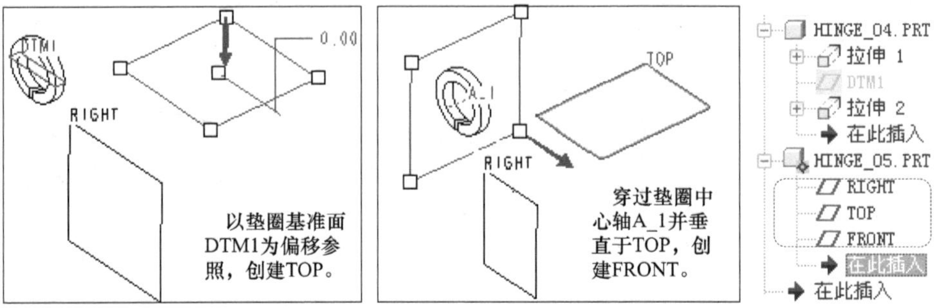

图 5-54 创建基准面 TOP 和 FRONT

23）单击旋转工具，以 hinge_ 05 的 FRONT 为草绘平面绘制旋转截面，选取 hinge_ 04（垫圈）的中心轴为旋转轴，旋转圆柱体，如图 5-55 所示。

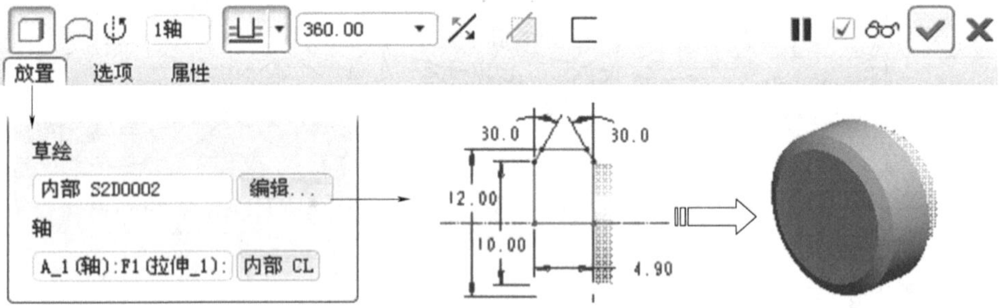

图 5-55 旋转圆柱体

24）在模型树中单击 hinge_ 05，单击右键，选取“打开”，进入 hinge_ 05 的零件设计界面，如图 5-56 所示。

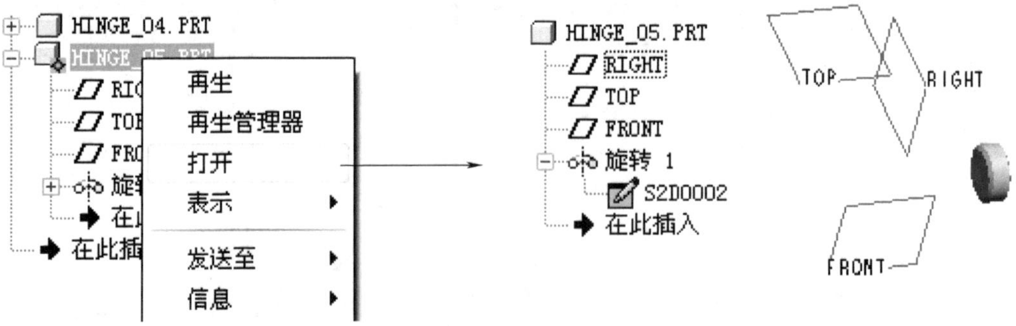

图 5-56 打开 hinge_ 05 零件设计界面

25）在 hinge_ 05 零件的设计环境下，单击孔工具，插入螺纹孔，如图 5-57 所示。

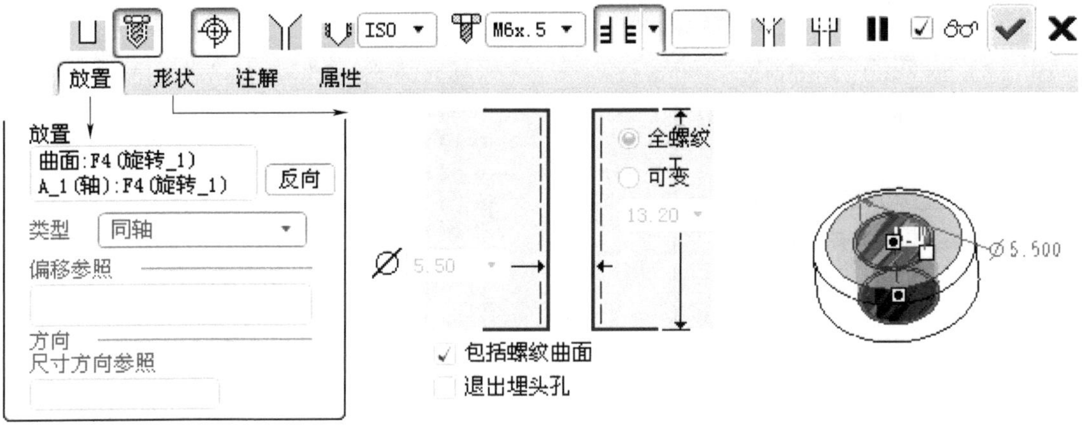

图 5-57　插入螺纹孔

要点提示：此螺纹孔也可在步骤 23）中先旋转一底孔，然后再创建一装饰螺纹特征。

26）单击倒角工具，对螺纹孔的端面棱边倒角 $C0.5$，如图 5-58 所示。

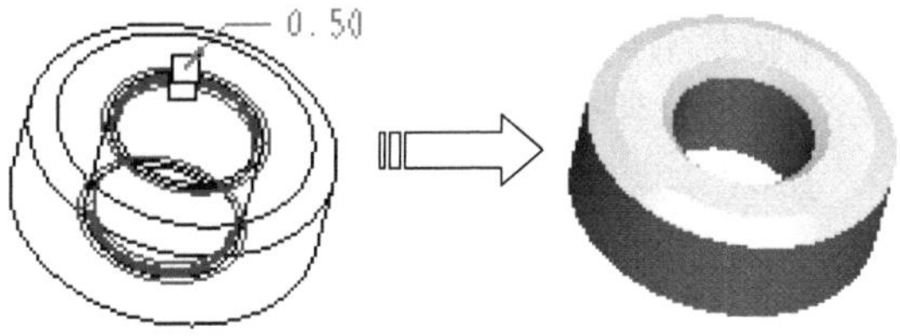

图 5-58　螺纹孔端面棱边倒角

27）单击拉伸工具，切六边形外形，如图 5-59 所示。

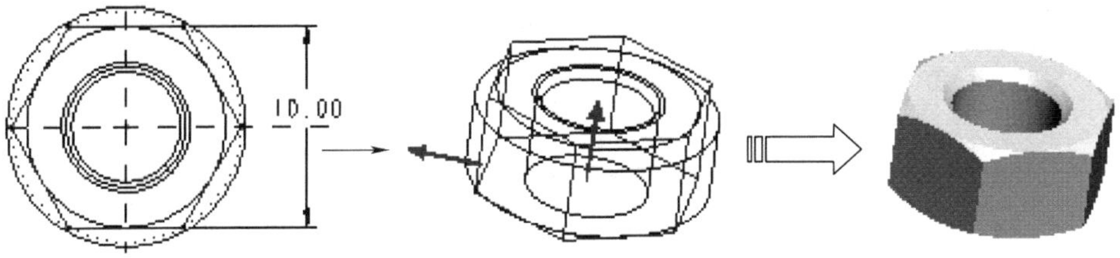

图 5-59　拉伸切六边形外形

要点提示：步骤 25）、26）、27）对 hinge_ 05 零件创建的特征也可在装配环境中进行操作，但要注意在装配环境中进行零件特征建模时，尽量选用本模型的图素和特征为建模参照，不要随意选用其他模型的图素为参照，以免产生不必要的父子关系。

28）单击 hinge _ 05 零件设计界面主菜单中的“窗口”选项，点取装配文档 HINGE. ASM，切换窗口到装配界面，如图 5-60 所示。

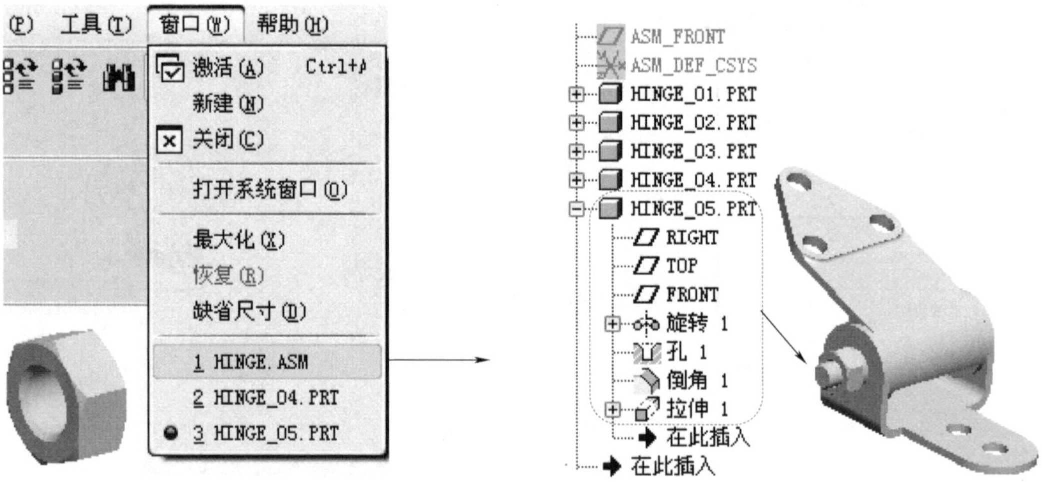

图 5-60 切换窗口界面

要点提示：通过设计界面主菜单的“窗口”单击已打开的 Pro/Engineer 文件，可以直接切换到该文件窗口并激活，即切换到新的窗口后可以马上进行建模等操作，如果通过单击电脑桌面下方已打开的 Pro/Engineer 文件的最小化图标，也可切换到该文件界面，但文件并未激活，需要单击主菜单的“窗口”→“激活”，才可进行建模操作。

29）创建剖面视图，如图 5-61 所示，图中①～④为操作步骤。

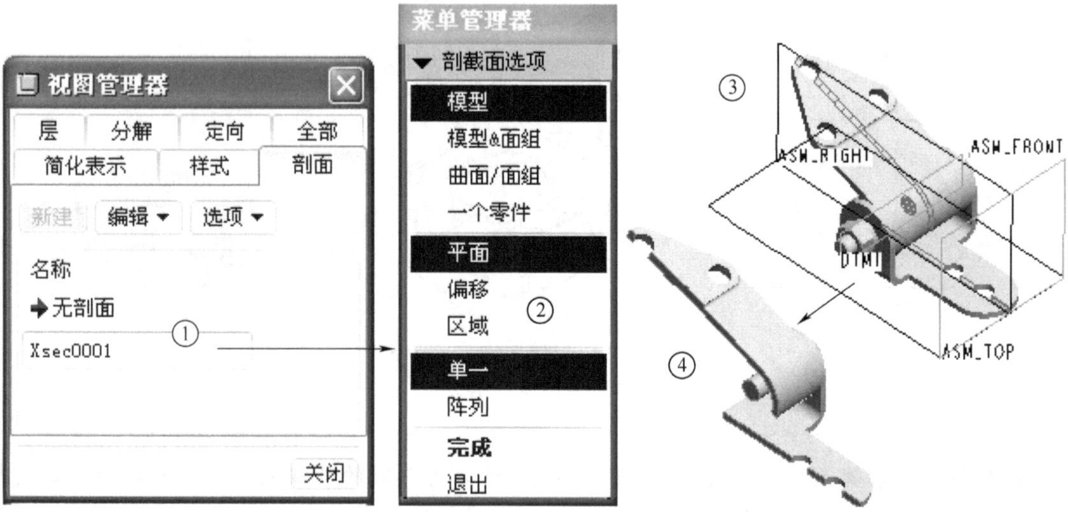

图 5-61 创建剖面视图

① 单击视图管理器工具，单击“视图管理器”窗口中的“剖面”→“新建”选项，输入剖面名称 Xsec0001，回车后弹出菜单管理器。

② 设置剖截面选项为“模型”→“平面”→“单一”，单击“确定”按钮。

③ 在图形中点取剖切位置参照面为 ASM_ RIGHT，单击“确定”按钮。

④ 在“视图管理器”窗口中双击剖面 Xsec0001，显示剖面视图。

30）创建定向视图 View0001、显示样式 Style0001 和装配分解视图 Exp0001，并进行模型渲染，如图 5 - 62 所示。

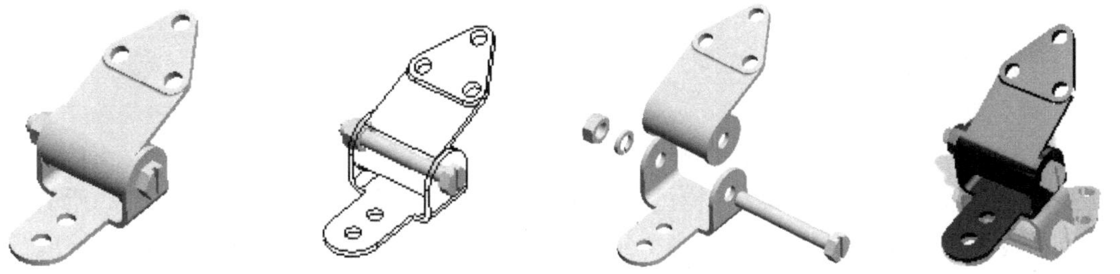

a)View0001　b)Style0001　c)Exp0001　d)模型渲染

图 5 - 62　创建定向视图、显示样式和分解视图及模型渲染

31）模型干涉检查，如图 5 - 63 所示。单击主菜单中的“分析”→“模型”→“全局干涉”选项，弹出“全局干涉”窗口，单击预览图标，系统计算后在窗口中显示 hinge_ 03 和 hinge_ 05 之间有干涉，干涉体积为 18.7579mm^3，在图形中以红色显示干涉位置。

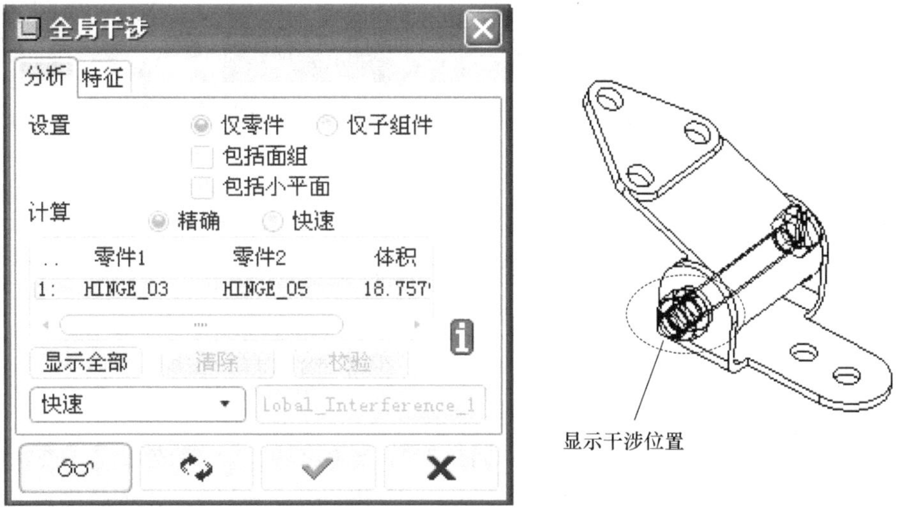

图 5 - 63　模型干涉检查

要点提示：因为联接螺栓和锁紧螺母均为装饰螺纹，没有真实的螺纹结构，所以在螺纹配合处发生干涉。

32）文件存盘。单击文件保存工具，对装配文件进行存盘，然后再删除文件的旧版本。

要点提示：在装配设计界面对装配文件进行存盘，不仅保存了装配模型，也对装配零件同时进行了存盘，所以在装配中新建的模型 hinge_ 03、hinge_ 04 和 hinge_ 05 不必要在零件设计界面重复进行存盘操作。

相关知识

1. 模型缩放

在零件设计环境中，单击主菜单中的“编辑”→“模型缩放”选项，输入缩放比例，弹出“确认”窗口，单击“是”，模型便按比例进行整体缩放并再生模型，模型的所有线性尺寸均按比例进行了缩放，角度尺寸不变。而在装配设计界面中，要先激活需要缩放的零件，然后再进行缩放操作。

如图 5-64 所示为在装配环境下对 hinge_ 02 进行模型缩放。通过模型再生，hinge_ 02 缩小了一半，但 hinge_ 01 等其他零件没有变化，即 hinge_ 02 和其他零件装配的结构数据没有相关性。

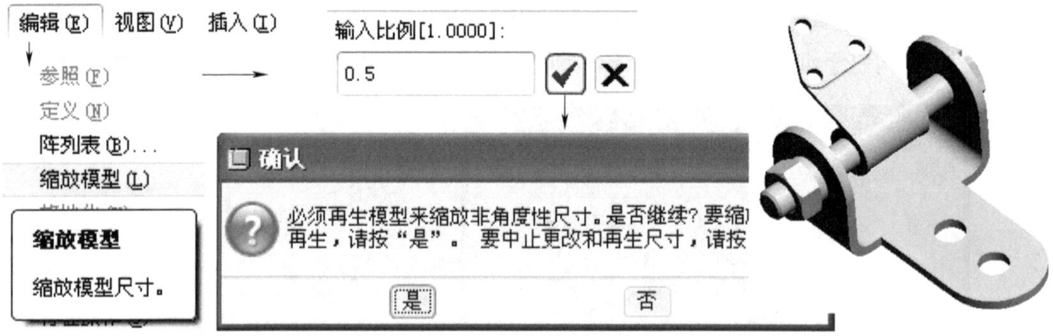

图 5-64 模型缩放

2. 零件特征的修改

在装配环境下同样可以对模型特征进行修改，但先要通过模型树中的设置工具使特征显示，然后单击装配模型的特征进行编辑定义。

如图 5-65 所示，修改 hinge_ 02 的侧面拉伸特征（拉伸 2），修改截面，去除中间的圆孔。模型再生后进行干涉检查，可以看到 hinge_ 02 和 hinge_ 03 在两侧面位置发生干涉。

3. 元件操作

在装配环境下，可以通过元件操作进行零件之间的合并和切除。如图 5-66 所示为 hinge_ 02 通过“切除”，用联接螺栓进行侧面切孔，其步骤①~⑤的操作如下。

① 单击主菜单中的“编辑”→“元件操作”选项，弹出“菜单管理器”。

② 在“菜单管理器”中单击“切除”选项。

③ 在图形中点取 hinge_ 02（需要切除的零件），单击“确定”按钮。

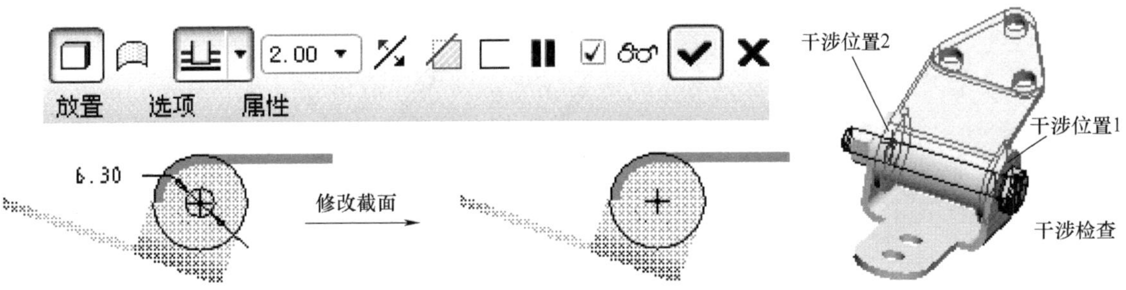

图 5-65　模型特征的修改

④ 单击 hinge_ 03（用来进行切除操作的参照零件），单击“确定”按钮。

⑤ 单击菜单管理器中的“完成”→“完成/返回”，完成操作。

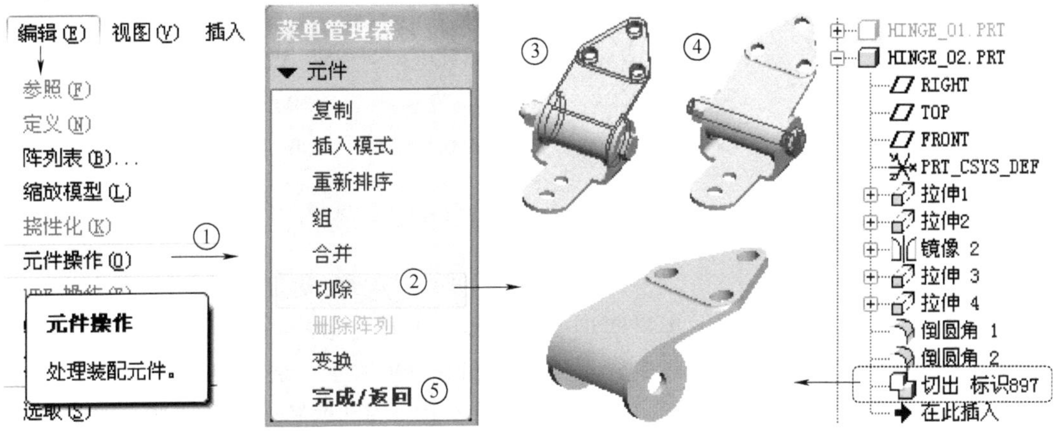

图 5-66　元件操作

要点提示：

1）虽然 hinge_ 03 螺栓为圆柱，但在 hinge_ 02 产生的侧孔系统中并不认同其为圆孔，草绘时如果提取该孔的轮廓，系统不当成为圆弧。而且，切除的孔与螺栓杆是无间隙配合，可以通过表面偏移的方式对 hinge_ 02 的孔进行扩大，以达到间隙配合的效果。

2）hinge_ 03 螺杆部分有装饰螺纹，因螺纹部分比较长，hinge_ 02 的切孔中也会产生装饰螺纹示意轮廓，该轮廓实体显示时看不到，线框显示时可以看到。

3）模型树中 hinge_ 02 增加了一个“切出”特征，该特征将继承到零件模型中，即打开模型 hinge_ 02，在零件设计界面的模型树和图形中将显示该特征。

拓展训练

1. 实训任务

如图 5-67 所示，在装配设计环境中，通过元件操作由鼠标下盖对鼠标上盖进行切除，产生上盖的凹唇结构。

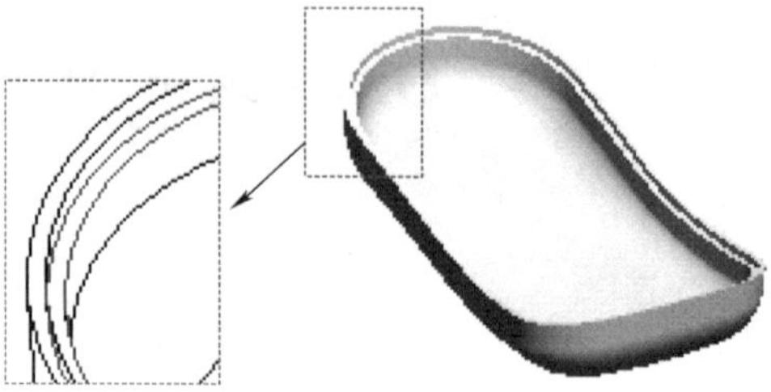

图 5 - 67　切除鼠标上盖凹唇

2. 建模步骤（参考）

图 5 - 68 所示为鼠标上盖凹唇的建模流程图。

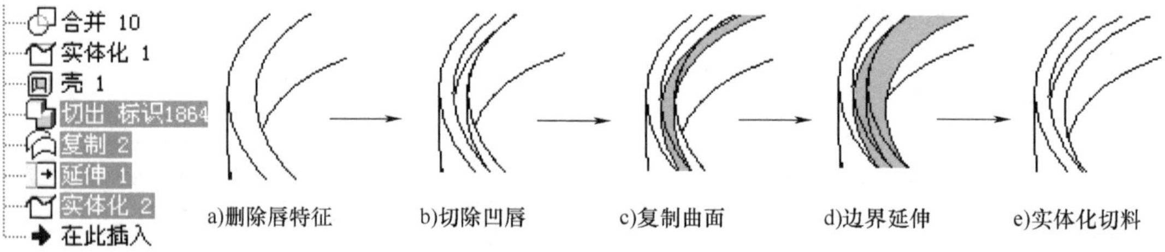

图 5 - 68　鼠标上盖凹唇的建模流程图

3. 重点提示

1）设置工作目录为 F:\Proe 项目实训\ 装配设计\ 鼠标装配。打开鼠标装配文件，通过分析，可以发现鼠标上、下盖有三处干涉，如图 5 - 69 所示。通过剖面显示，分析出是上、下盖的安装凸台位置出现干涉，即下盖的凸唇与上盖的凹唇特征数据不统一，需要重新修改。修改方法就是在装配设计中通过元件操作中的“切除”进行特征重构。

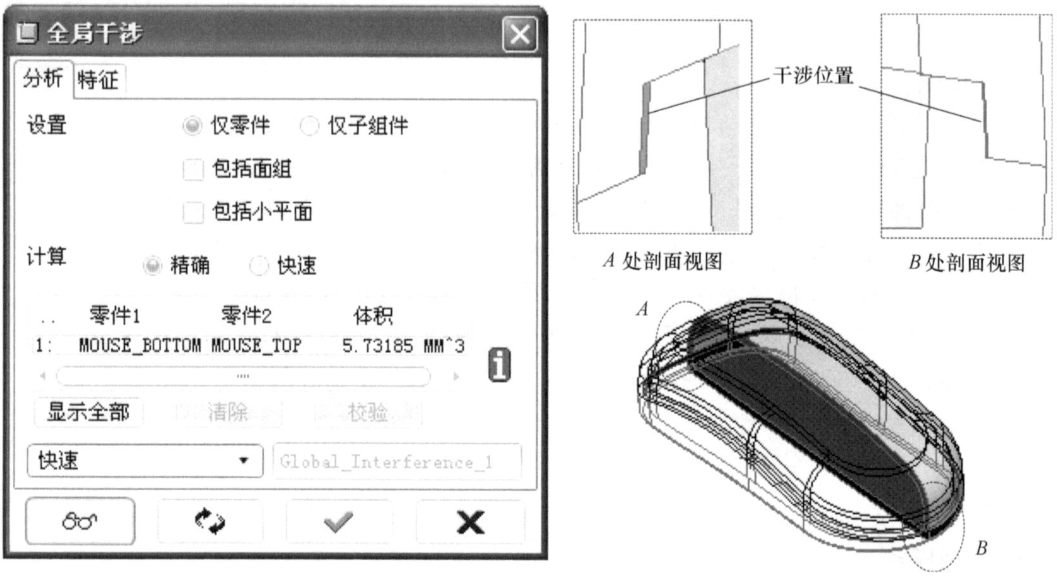

图 5 - 69　鼠标干涉分析

2）按图 5-68b 所示步骤切除凹唇，通过装配设计主菜单中编辑下的“元件操作”对上盖进行切除，上盖的凹唇形状出来了，但内侧边缘部分没有切干净，如图 5-70 所示。

3）按图 5-68c 步骤复制曲面。先激活鼠标下盖零件，切换选取类型模式为“几何”，然后按下键盘的“Ctrl”键进行多选，选取完成后单击主菜单中的“编辑”→“复制”选项，再单击“编辑”→“粘贴”选项，单击复制定义栏中的✔，如图 5-71 所示。

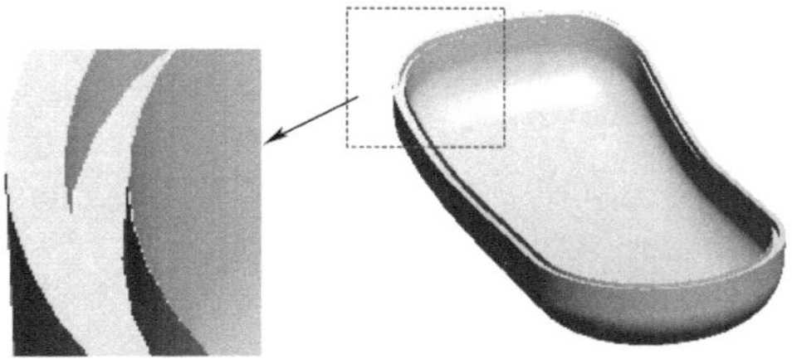

图 5-70 上盖切除效果

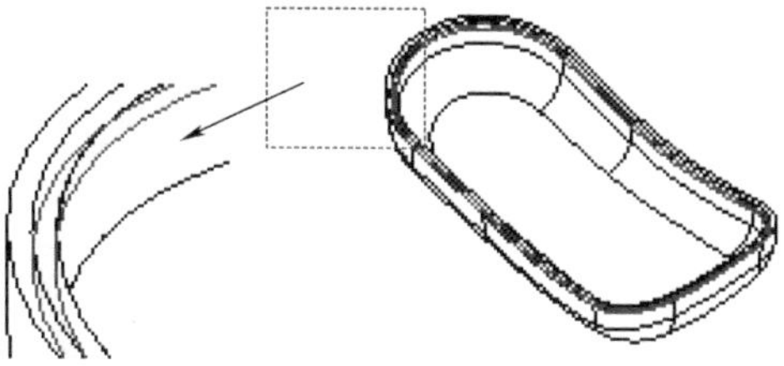

图 5-71 复制曲面

4）按图 5-68d 步骤延伸边界，边界的选取是关键，在“智能”选取模式下，按图 5-68c 步骤点取复制的曲面，单击曲面的一条边界，按下键盘的“Shift”键，单击曲面，这样即把曲面的整条内边界全部串连选取。

知识小结

1）装配设计的目的是通过零件之间的装配，分析产品的整体效果，检查零件之间的位置关系，以发现装配干涉等问题。通过装配中的元件操作，还可以共享零件之间的表面数据。

2）在装配环境中进行零件设计，是装配设计的主要内容。通过装配设计中零件特征的建模，选取其他零件的图元为参照，产生必要数据的相关性，是 Pro/Engineer 产品设计的主要方式。

3）装配设计中创建新元件的方式很多，如图 5-39 所示的“创建选项”窗口，用什么方式来创建新的图元，需要根据零件的结构特点和装配要求而定。

4）在装配环境下创建的装配特征属于装配模型的一个结构，在装配模型树中可以看到，装配特征与装配零件是平行级别的装配图元，如图 5-72 所示的鼠标装配特征。

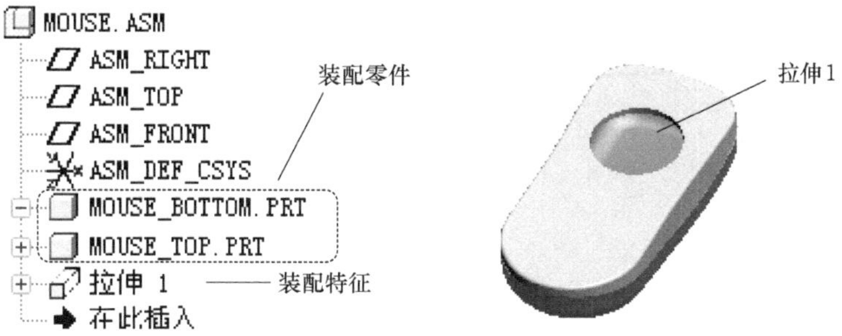

图 5-72 装配特征与装配零件的关系

思考练习

1. 装配设计中创建的特征与零件设计中创建的特征有什么不同？
2. 在装配环境中创建新的模型文件，常用的方式有哪些？
3. 在装配环境下可以做哪些模型检测？

模块六

Pro/Engineer 工程图创建

知识导入

工程图一般是工程设计的最后环节。目前，产品设计虽然有三维造型，而且三维数据可以通过 IGES、STEP 等通用格式输出到其他的软件和机床进行编程加工，可以实现无纸化加工，但在实际的生产过程中，工程图样还是车间生产的主要技术资料和质量检测依据。

目前，主流的二维工程绘图软件是 AutoCAD 等软件，但 Pro/Engineer、UG 等三维设计软件具有更强大的工作图创建功能，操作更加灵活。

Pro/Engineer 工程图创建是一个从三维造型到二维视图的数据转换过程。Pro/Engineer 的工程图模块在工程图创建时能使工程图视图共享三维造型时的特征数据，把特征数据自动导入视图，可自动显示特征尺寸，并能实现特征数据的智能修改，大大节省了二维视图绘制的时间，缩短了整个产品设计的周期。

图 6-1 所示为机床挂挡手柄工程图。

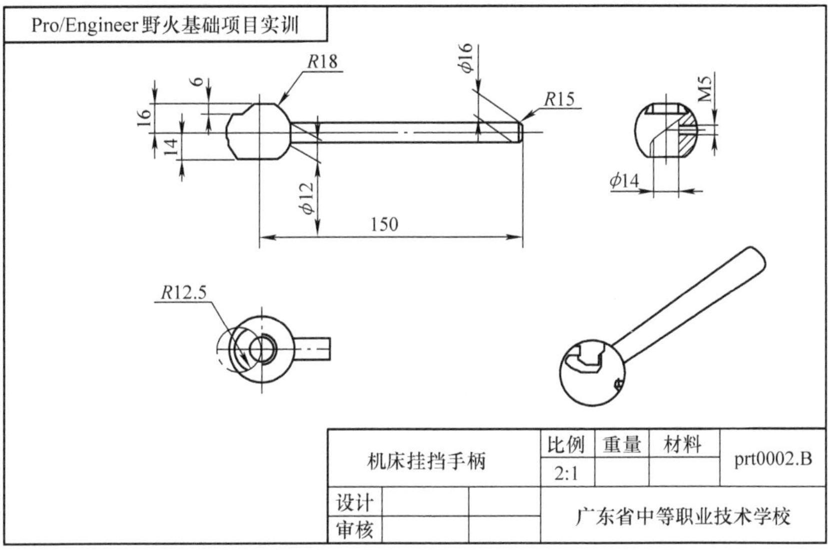

图 6-1　机床挂挡手柄工程图

模块主题

1. Pro/Engineer 工程图的创建方法和操作要点。
2. Pro/Engineer 工程图创建的操作流程。

任务一　标准图框——创建 A4 标准图框

学习内容

1. 标准格式图框创建的基本步骤。
2. 工程图选项的设置。
3. 工程图基本操作：草绘、表、文本输入。

实训任务

如图 6-2 所示，创建学校通用的 A4 横放标准格式的工程图图框。

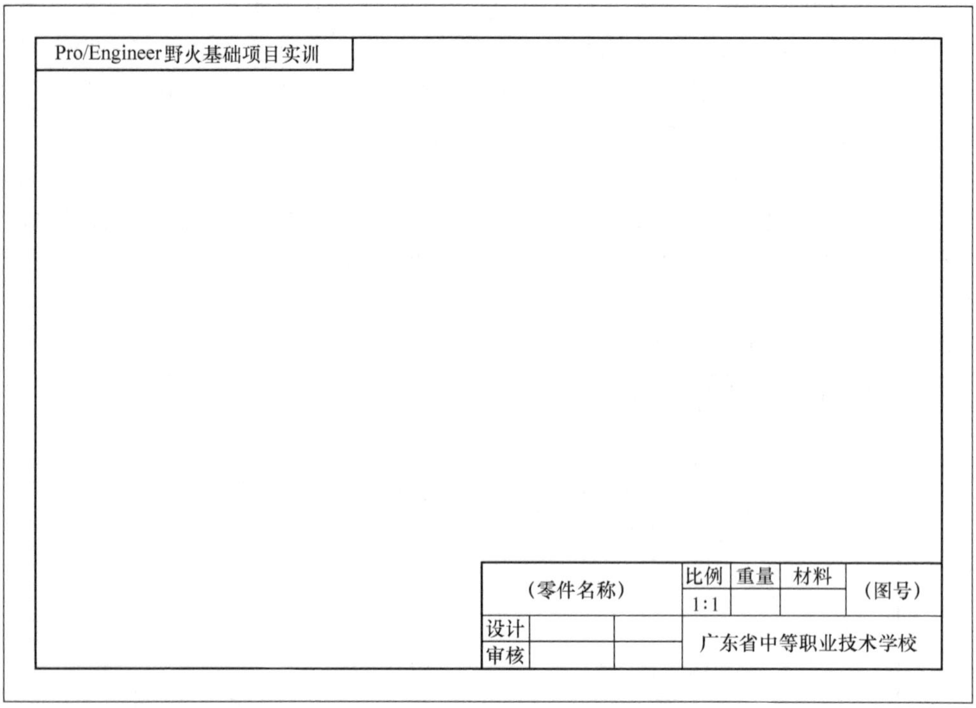

图 6-2　标准 A4 图框（学校用）

基础知识

1. 标准 A4 图框的结构

工程图框的格式已标准化，工程图样从大到小分为 A0、A1、A2、A3 和 A4 共 5 种。A4 工程图样的大小为 297mm × 210mm，非装订工程图图框与图样边界距离为 10mm，图框线条为粗实线，学校用图框标题栏尺寸为 140mm × 32mm，标题栏外边框用粗实线，内表格框用细实线。

2. 工程图设计界面

图 6-3 所示为野火 5.0 工程图设计界面。

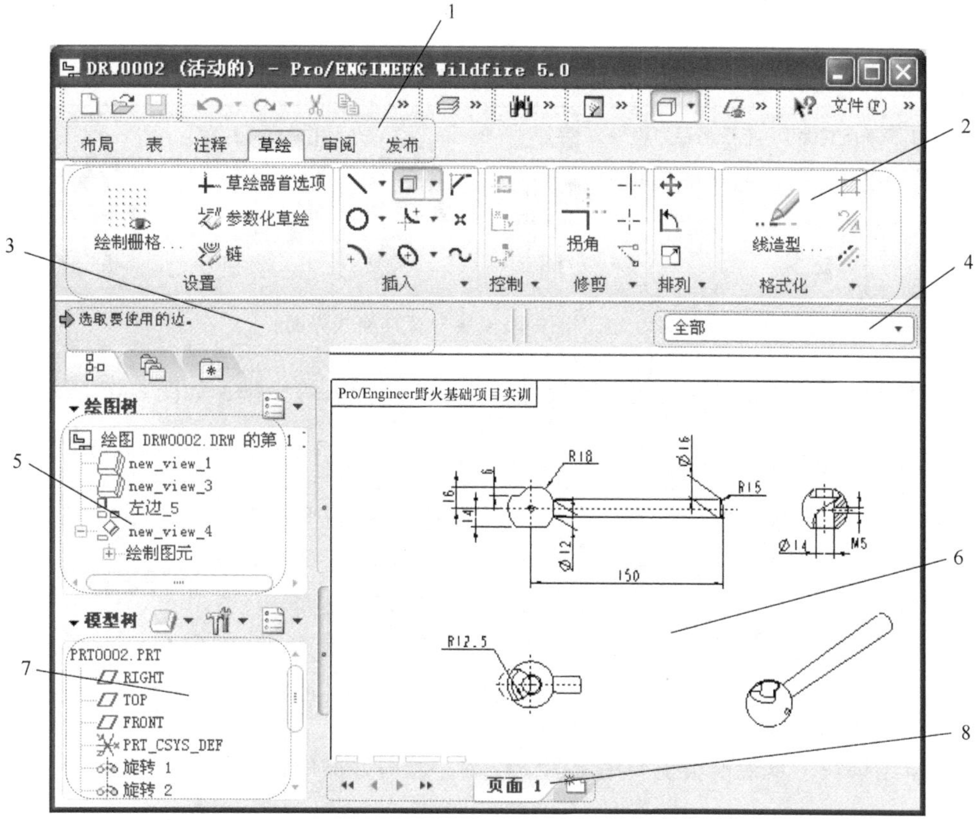

图 6-3 工程图设计界面（零件工程图）

1—操作类型模块 2—工具图标区 3—提示区 4—选取模式 5—绘图树 6—图形操作区 7—模型树 8—页面切换区

3. 工程图的操作类型模块

与以前的 Pro/Engineer 版本相比，野火 5.0 工程图的功能图标进行了分类，形成了不同类型的操作模块（操作页），使操作界面更清晰，使用更方便。工程图操作类型有布局、表、注释、草绘、审阅和发布共 6 大模块，单击不同的模块，在工具图标区会显示不同的工程图操作图标。

（1）布局模块 布局模块有文档、模型视图、格式化和插入等操作内容，主要用于页面设置、视图操作、线型管理和图形导入等操作，如图 6-4 所示。

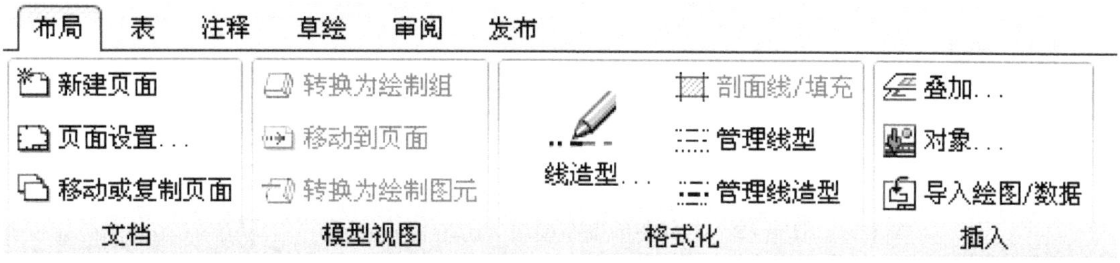

图 6-4 工程图的布局模块（标准格式界面）

（2）表模块　表模块主要用于标题栏和明细栏等表格的创建操作，包括创建表格、表格的行列尺寸和合并处理、明细栏的自动生成、文本格式化和球标创建等内容，如图 6-5 所示。

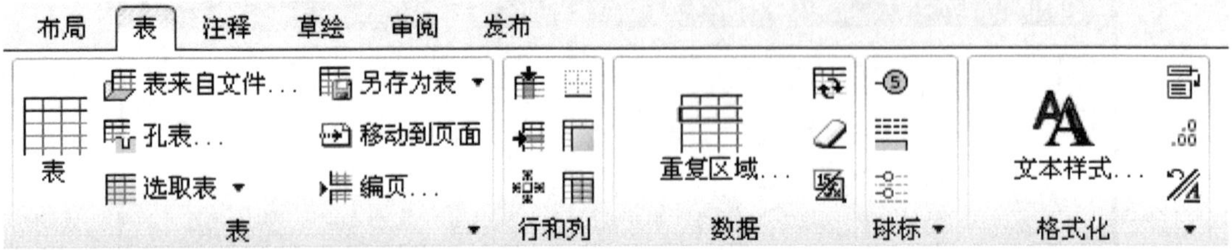

图 6-5　工程图的表模块（标准格式界面）

（3）注释模块　注释模块主要用于尺寸标注和文本插入等操作，如图 6-6 所示。

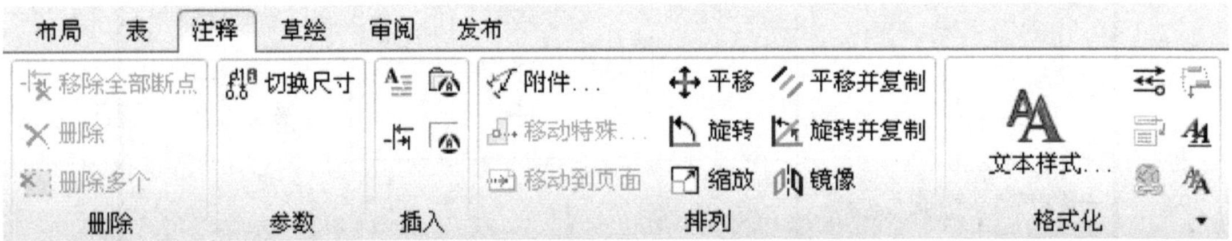

图 6-6　工程图的注释模块（标准格式界面）

（4）草绘模块　草绘模块主要用于图线绘制、修剪等操作，如图 6-7 所示。

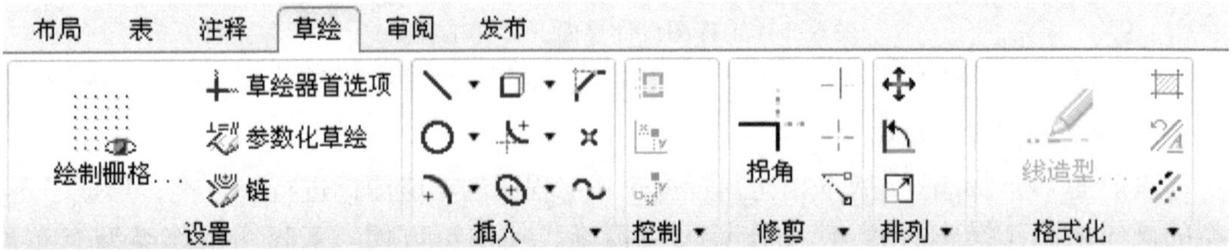

图 6-7　工程图的草绘模块（标准格式界面）

（5）发布模块　发布模块主要用于图样打印和数据输出等操作，如图 6-8 所示。

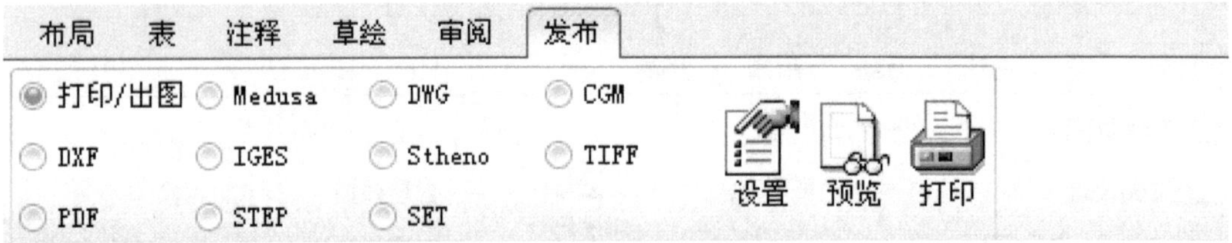

图 6-8　工程图的发布模块（标准格式界面）

任务分析

1. 工程图结构分析

如图 6-9 所示，标准 A4 工程图框的结构包括图样边界线、图框、标题栏和项目栏。标题栏和项目名称文本用仿宋体，图框线和标题栏边框线用粗实线。

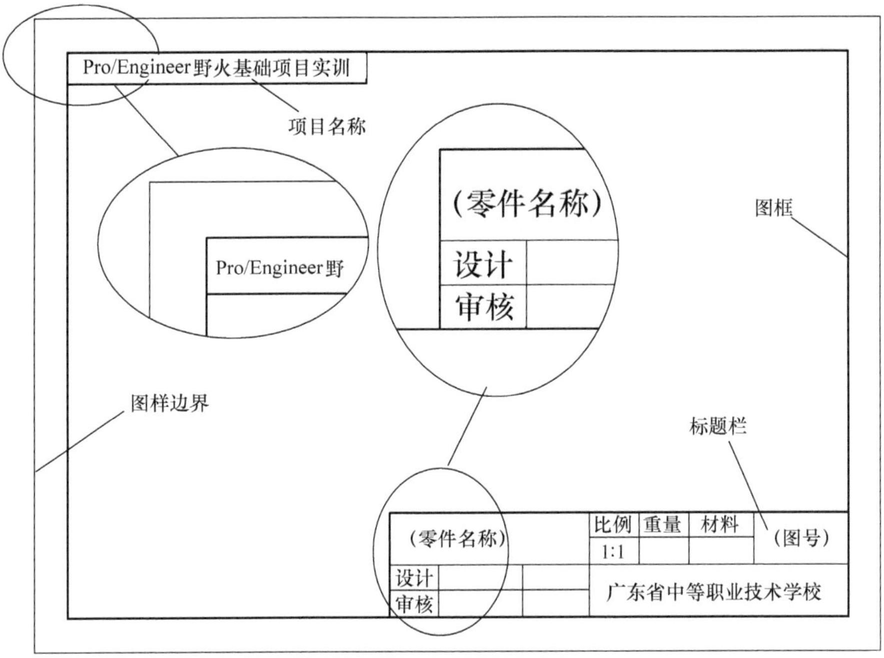

图 6-9 学校用 A4 标准图框结构

2. 工程图创建步骤分析

图 6-10 所示为 A4 横放标准图框的创建流程图。

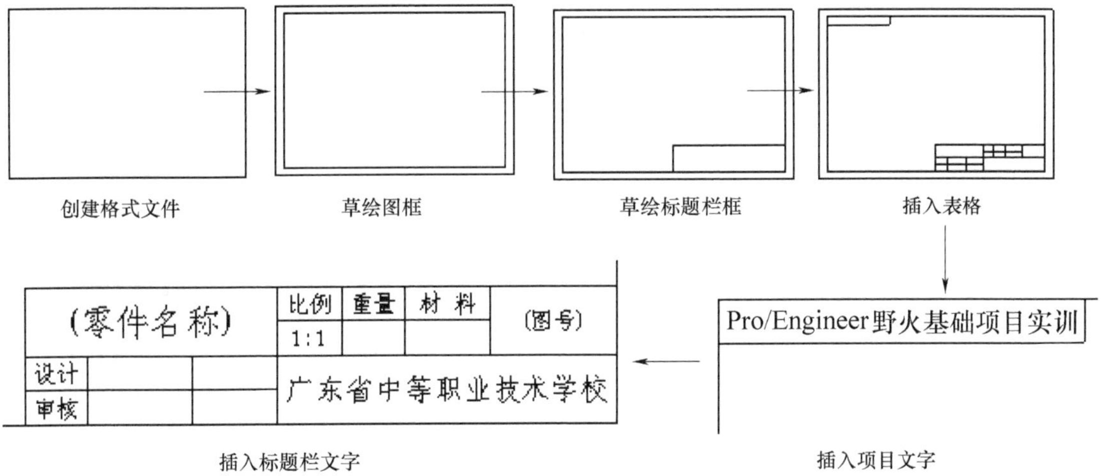

图 6-10 学校用 A4 标准图框创建流程图

任务实施

1）新建工作目录 F:\Proe 项目实训\ 工程图\ 标准图框。

2）新建格式文件 Frm0001，图框大小为 A4，如图 6-11 所示。

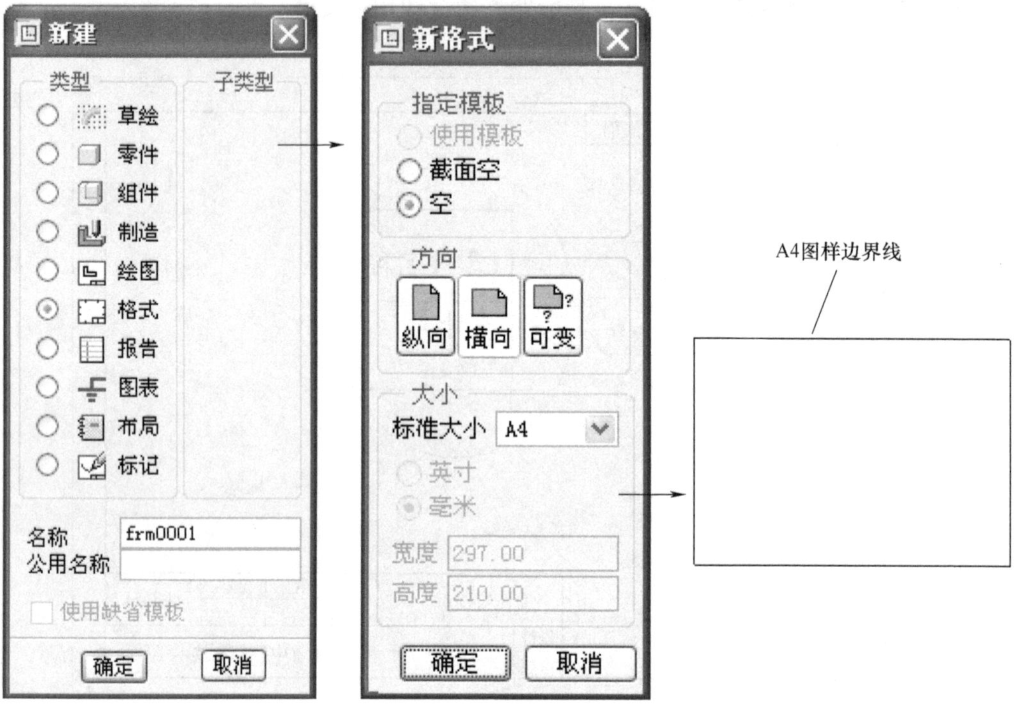

图 6-11 创建格式文件

3）如图 6-12 所示，设置绘图选项，并保存到工作目录。

这些选项控制与其他选项无关的文本				
drawing_text_height	3.000000	0.156250	✱	用"drawing_ur
text_thickness	0.000000 *	0.000000	●	对再生后的新
text_width_factor	0.800000 *	0.800000	●	设置文本宽度
draft_scale	1.000000 *	1.000000	●	确定绘图上的
这些选项控制控制文本和线型				
default_font	font *	font	●	指定用于确定
这些选项控制引线				
draw_arrow_length	2.500000	0.187500	✱	设置导引线箭
draw_arrow_style	filled	closed	✱	控制所有带箭
draw_arrow_width	0.800000	0.062500	✱	设置导引线箭
draw_attach_sym_height	DEFAULT *	default	●	设置导引线斜
draw_attach_sym_width	DEFAULT *	default	●	设置导引线斜
draw_dot_diameter	DEFAULT *	default	●	设置导引线点
leader_elbow_length	5.000000	0.250000	✱	确定导引弯肘
这些选项控制表，重复区域和材料清单球标				
sort_method_in_region	delimited *	delimited	●	决定重复区域

图 6-12 绘图选项的设置

杂项选项				
draft_scale	1.000000 *	1.000000	●	确定绘图上的
drawing_units	mm		☒	设置所有绘图
line_style_standard	std_ansi *	std_ansi	●	控制绘图中的
node_radius	DEFAULT *	default	●	设置显示在符
sym_flip_rotated_text	no *	no	●	如果设置为"是
yes_no_parameter_display	true_false *	true_false	●	控制 "是/否"

图 6-12　绘图选项的设置（续）

① 单击主菜单中的“文件”→“绘图选项”，弹出选项定义窗口。

② 按照国家制图标准修改绘图选项。

③ 修改完成后，单击保存图标，保存选项文件到工作目录。

要点提示： 标准格式文件选项设置在图 6-12 中已用线框标出，设置值只供参考，如有设置好的标准的工程图选项文件，也可以单击打开图标，导入该文件。

4）以偏移方式创建图框，如图 6-13 所示，图中①～⑤为操作步骤。

图 6-13　偏移图样边框

① 单击图形显示区上方的绘图模块“草绘”→（偏移边）→“链图元”（菜单管理器中）。

② 按下键盘的“Ctrl”键，单击图样的 4 条边框线，然后单击鼠标中键，此时弹出偏移输入窗口（偏移方向向外）。

③ 输入偏移值为 -10，单击图标✓，然后单击鼠标中键，退出选取状态，再单击鼠标中键，退出偏移定义状态。

④ 按下鼠标右键，单击快捷命令“线造型”，弹出“修改线造型”窗口。

⑤ 输入线宽度为 0.5，单击“应用”→“关闭”，完成操作。

5）绘制标题栏边框线，如图 6-14 所示，图中①~④为操作步骤。

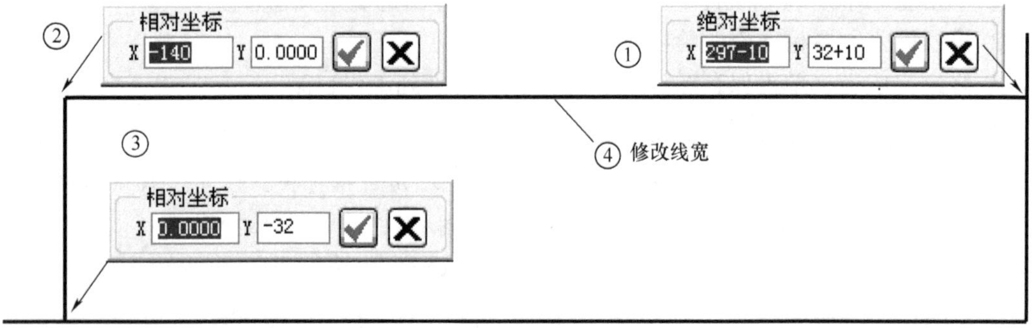

图 6-14 绘制标题栏边框线

① 单击绘图模块“草绘”中的绘制直线工具＼→ 绝对坐标(U)，输入坐标值 $X=287$、$Y=42$。

② 单击 相对坐标(V)，输入坐标值 $X=-140$、$Y=0$，绘制水平线。

③ 单击水平线的左端点，然后单击 相对坐标(V)，输入坐标值 $X=-0$、$Y=-32$，绘制竖直线，再单击鼠标中键，退出绘图状态。

④ 参照步骤 4）中的④和⑤把直线线宽修改为 0.5。

6）插入标题栏表格。

① 点取命令：切换工程图操作模块为“表”→“表（T）”，弹出菜单管理器，如图 6-15所示。

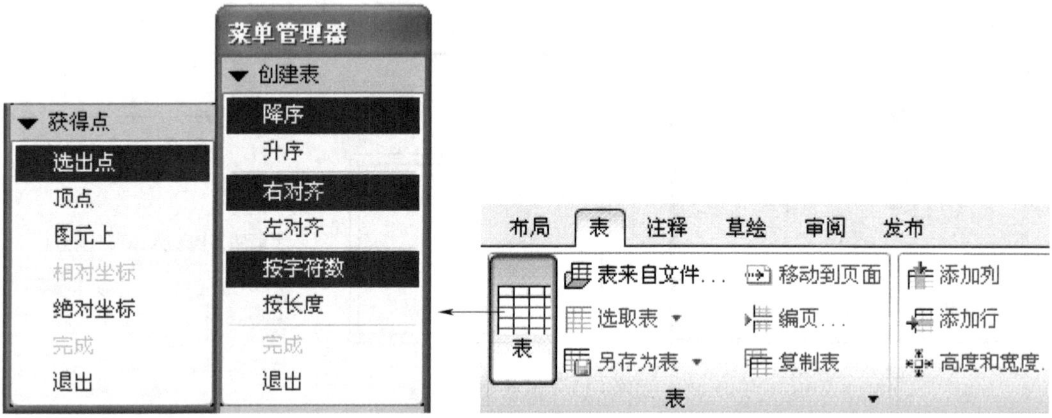

图 6-15 插入表命令

② 插入表格：在图形显示区水平方向间隔单击 8 次，然后单击鼠标中键，在竖直方向

单击 4 次，再单击鼠标中键，产生 7 列 4 行的表格，如图 6 - 16 所示。

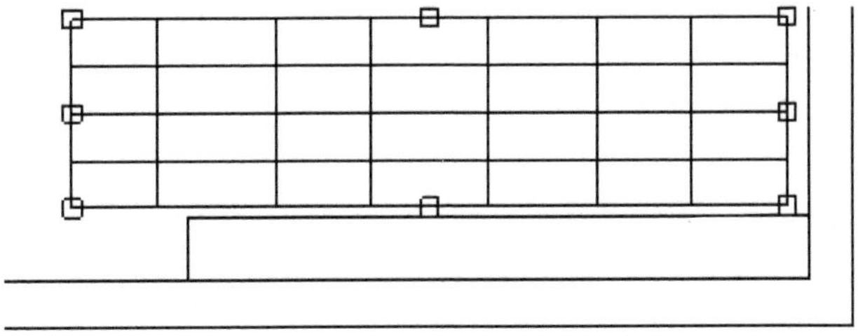

图 6 - 16　插入表格

③ 设置每行高度和列宽，如图 6 - 17 所示。

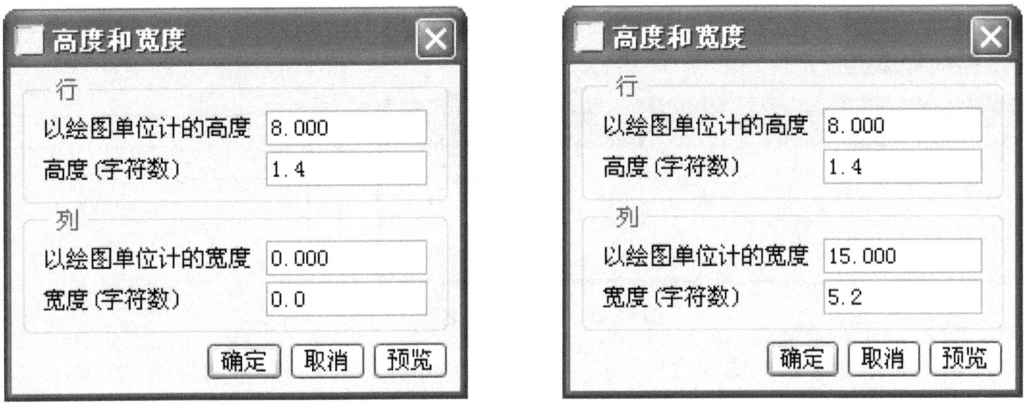

图 6 - 17　设置行高和列宽

设置行高：按下鼠标右键，点取快捷命令“高度和宽度”，输入行高度为 8。

设置列宽：单击表格第一列中的第一个方框（或框选第一列的 4 个方框），然后按下鼠标右键，点取快捷命令“高度和宽度”，输入列宽度为 15。

按同样的方法操作，分别设置表格第 2 列到第 7 列的宽度分别为 25、20、15、15、15、35。

④ 表格定位：如图 6 - 18 所示，框选整个表格，将鼠标移动到表格的右下角，按鼠标右键，点取快捷命令“移动特殊”，输入移动到点的坐标为 $X=287$、$Y=10$。

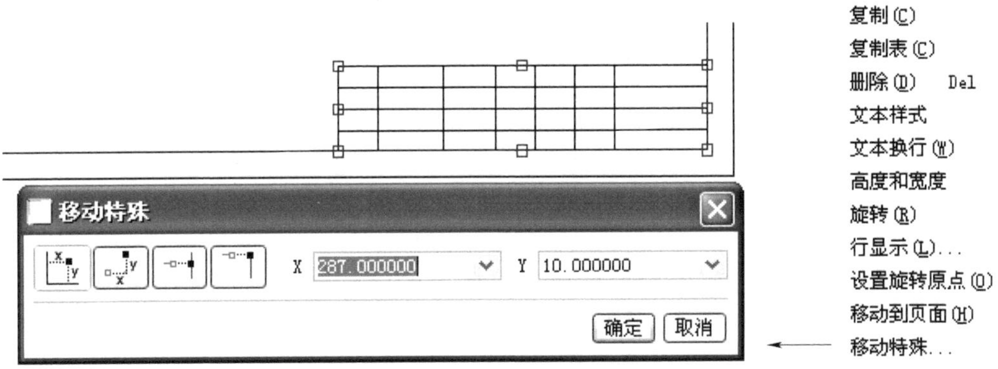

图 6 - 18　表格定位

⑤ 合并表格：按下键盘的“Ctrl”键，点取表格中第一行的前3格和第二行的前3格，然后单击“合并单元格”，对所选框格进行合并。按同样的操作方法，对表格中另外两处进行合并，如图6-19所示。

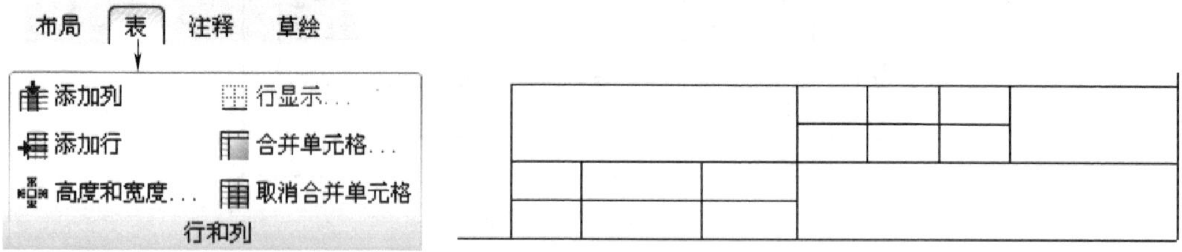

图6-19　合并表格

⑥ 按上述创建表格的方法，创建项目名称表格（只有一个方格），行高10、列宽80，并通过移动特殊进行定位，如图6-20所示。

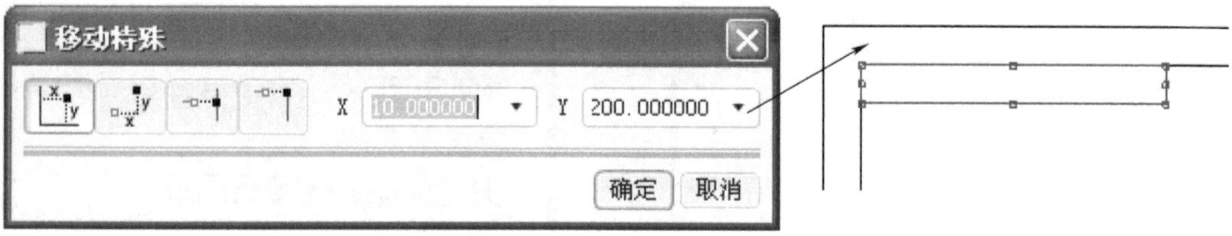

图6-20　创建项目名称表格

7）输入表格文字，如图6-21所示。双击表格中的第一格（合并的方格），弹出“注解属性”窗口，然后输入文本名称为“(零件名称)”，修改文本样式。按同样的操作方法，输入表格中的其他文本，单位名称文本采用Fangsong_ GB2312，5号字体。

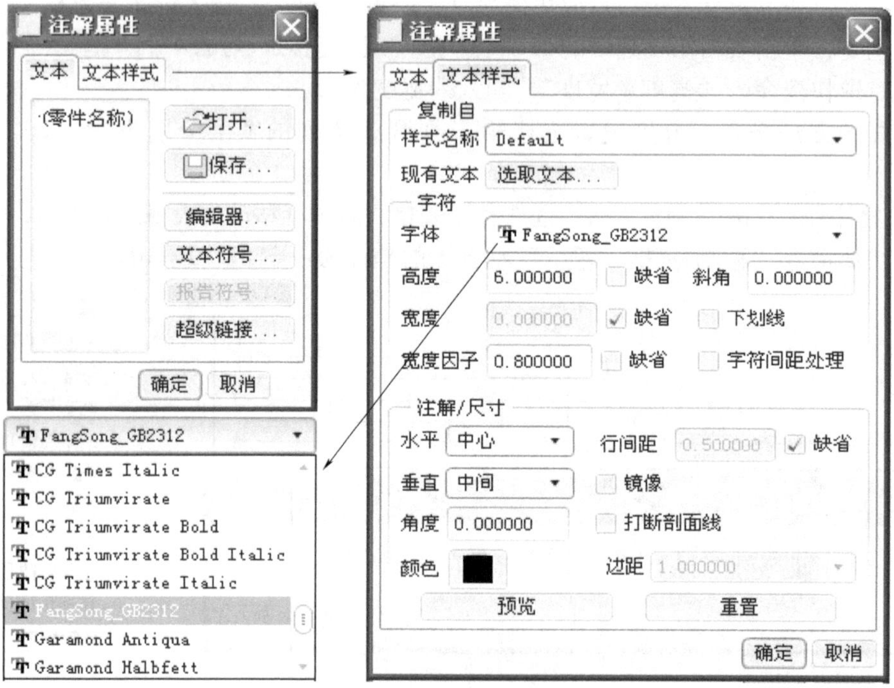

图6-21　输入表格文字

图 6-21 输入表格文字（续）

要点提示： 系统默认的文本字体为 font，这是 Pro/Engineer 系统内的单线字体，这样的字体转入到 AutoCAD 后显示不了，需要改成常用的文本字体，如宋体、仿宋等，但需要事先把字体复制到 Pro/Engineer 的字库中。

8）文件存盘。

相关知识

1. 文本字体的复制

文本字体的设置对工程图来说非常重要，Pro/Engineer 字库没有汉字字体，需要把常用的汉字字体复制到 Pro/Engineer 的字库中。

图 6-22 所示为把 Windows 系统的中文字体复制到 Pro/Engineer 的字库中的操作。

1）在 Windows 系统的字库文件夹 C:\WINDOWS\Fonts 中选取需要复制的字体，如仿宋体、黑体、楷体和宋体 & 新宋体等，单击“编辑”→“复制”命令。

2）将上述字体复制到 Pro/Engineer 安装路径的文本字体文件夹（如 D:\Program Files\proeWildfire 5.0\text\fonts）中。

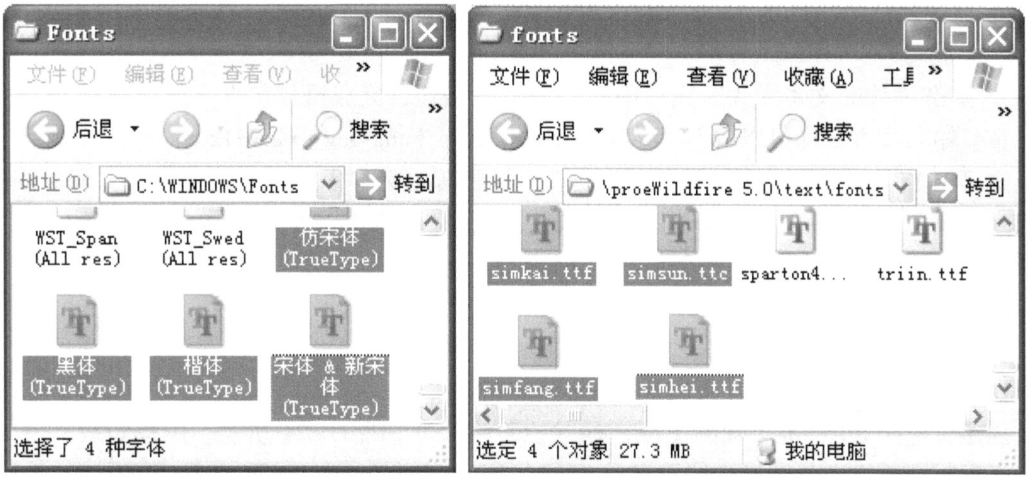

图 6-22 复制字体到 Pro/Engineer 字库

2. 文本字体的设置

如图6-22所示，因系统默认文本的字体是font，每次输入文本时，都要重新选取才可设置所需要的字体，如Fangsong_ GB2312（仿宋体）。如果需要把默认文本字体设置为仿宋体，则可以通过字体格式化进行修改，如图6-23所示，图中①~④为操作步骤。

图6-23　文本样式字体的修改

① 单击操作模块中的“表”→“格式化”→“管理文件样式”，弹出“文本样式库”窗口。

② 点取默认样式“default”，单击“修改”，弹出“修改文本样式”窗口。

③ 修改默认的字体为Fangsong_ GB2312，并设置好放置方式，如水平为“中心”，垂直为“中间”。

④ 单击“修改文本样式”窗口中的“确定”按钮，完成操作。

重新输入文本，即可以看到默认文本字体改成了Fangsong_ GB2312。

也可单击“文本样式库”中的“新建”，创建新的文本样式，样式名称为“Fangsong”，样式字体设置为Fangsong_ GB2312，然后通过格式化下的“缺省文本样式”，设置默认文本样式为Fangsong。

拓展训练

1. 实训任务

创建企业用A4标准工程图图框，标题栏表格尺寸如图6-24所示，图样竖放，留装订边，图框装订边方向与图样边缘距离为25mm，其余边为5mm，如图6-25所示。

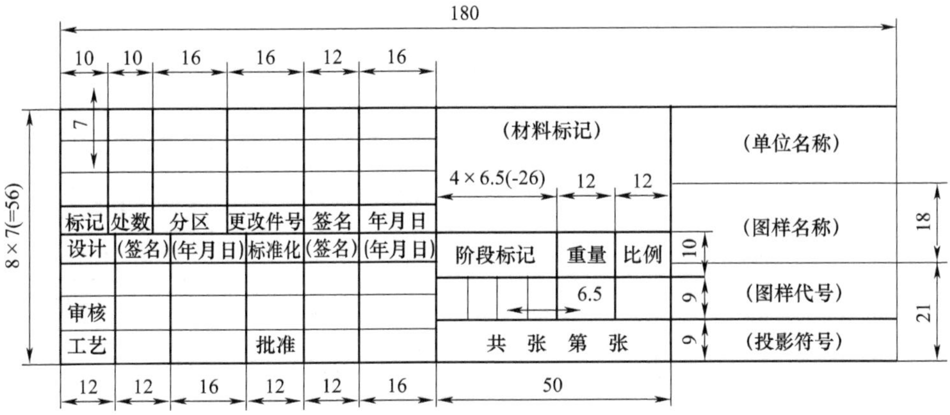

图 6-24　企业用标题栏

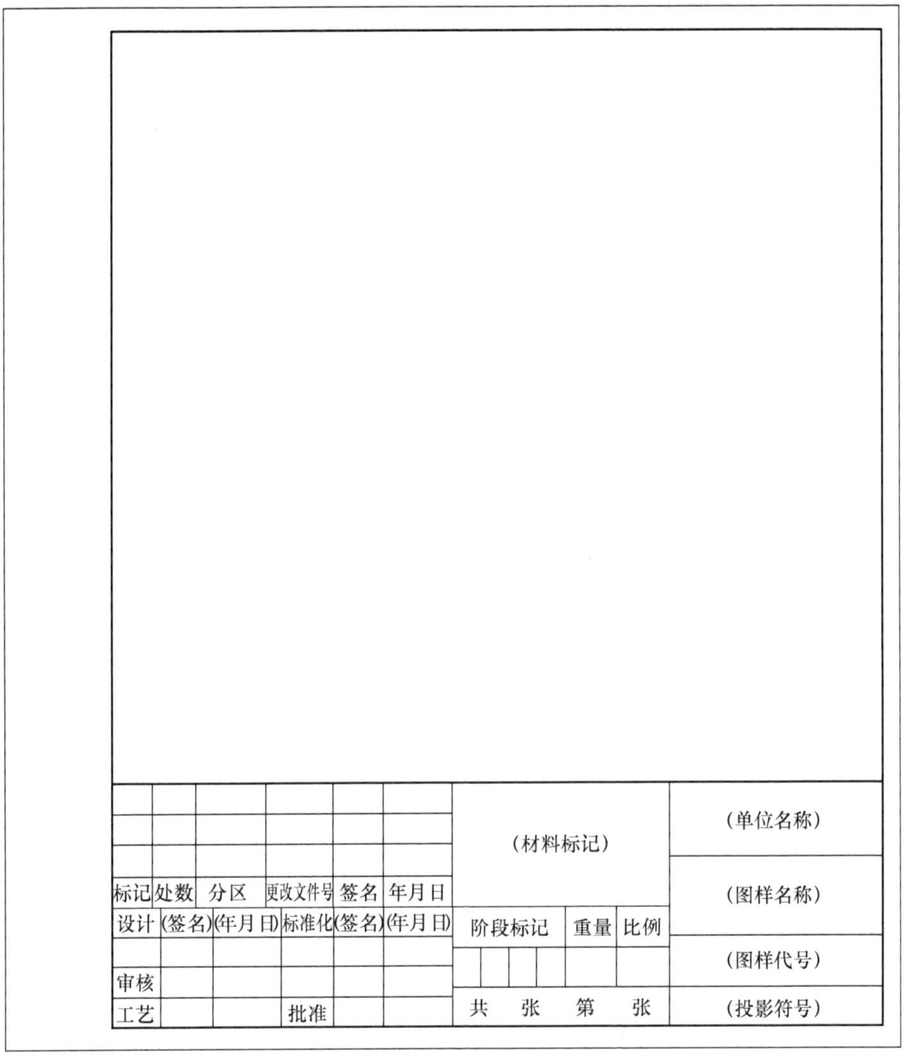

图 6-25　企业用 A4 竖放标准工程图图框

2. 工程图创建步骤（参考）

图 6 - 26 所示为 A4 竖放标准工程图框的创建流程图。

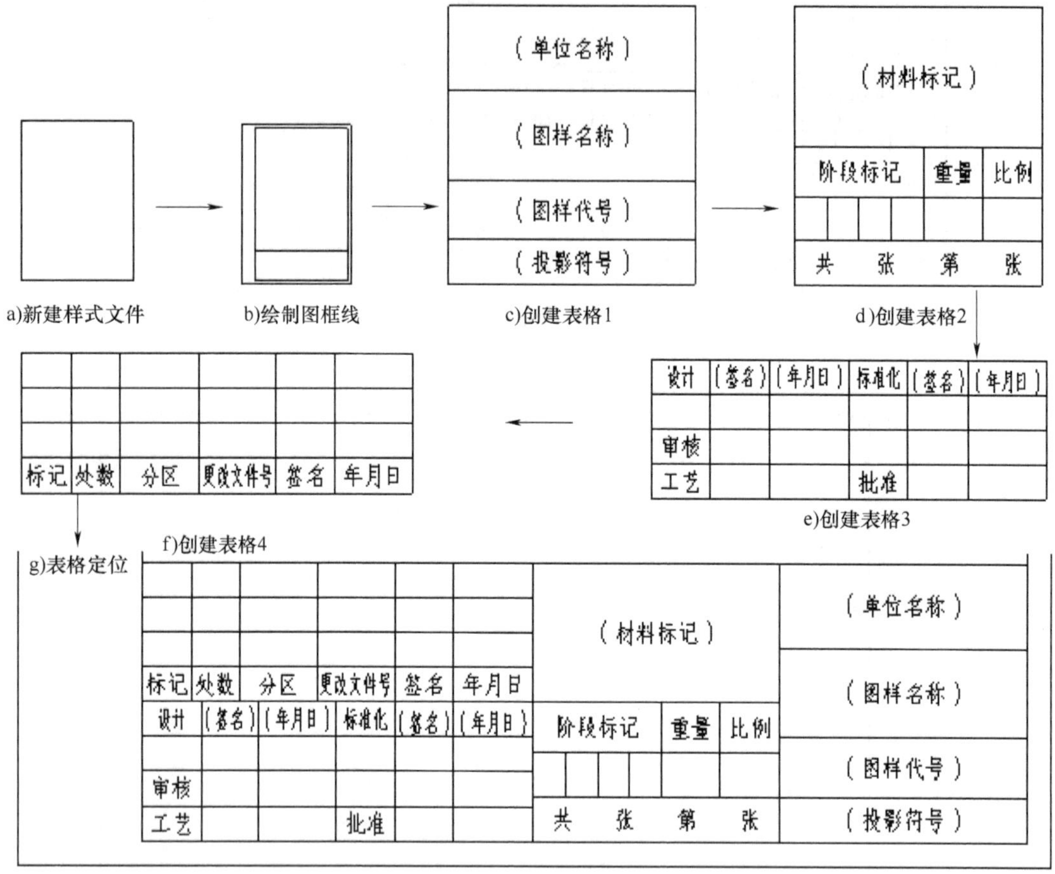

图 6 - 26 A4 竖放标准工程图框的创建流程图

3. 重点提示

1）按图 6 - 26b 步骤绘制图框线：单击“草绘”下的偏移边工具，并用“单一图元”进行偏移，然后通过拐角工具进行修剪。图 6 - 27 所示为图线偏移，图 6 - 28 所示为图线的修剪。

2）表格文本输入时采用 Fangsong_ GB2312 字体，但括号输入时要切换成英文输入状态，中文状态下输入的括号，Pro/Engineer 不会显示。

知识小结

1）标准图框的重要内容是标题栏，标准的样式文件将根据项目设计的特点和要求来设计和填写标题栏。创建好标准图框后，可方便在创建工程图中调用。

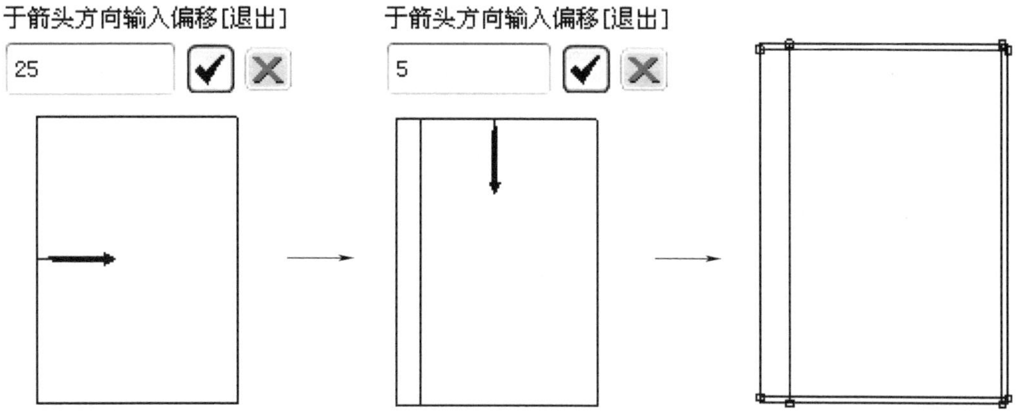

图 6-27　图线偏移

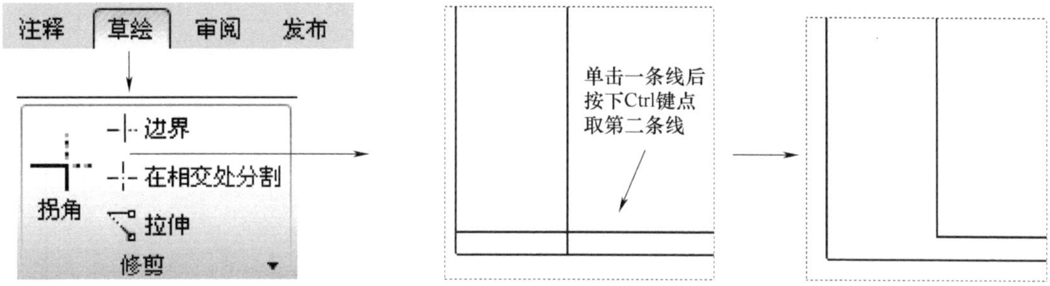

图 6-28　图线的修剪

2）图框的绘制一般采用偏移边的方法，也可采用直线绘制 线 的方法，但要通过绝对坐标或相对坐标输入具体的坐标尺寸。图线的修剪可以采用 拐角 方式，也可采用 在相交处分割 的方式。

3）文本字体的设置非常重要，可以通过“表”操作模块下的“格式化”中的“管理文本样式”新建或修改现有的文本样式，并通过“缺省文本样式”进行默认文本样式的设置。

4）表格的创建有两种方式，一种是单击表工具 表，通过指定行和列的尺寸插入表格，一种是单击工具 表来自文件，插入现有的表格。对已做好的表格可以单击工具 另存为表 进行保存，以备调用。

5）产品设计的一般工作流程：零件设计完成后进行产品的装配设计，通过装配设计检查零件结构数据，分析产品的外观效果，并进行反复的调整和修改。在确认数据合理之后，再制作工程图，有了工程图，就可进行产品的生产了。

思考练习

1. 工程图的基本内容有哪些？

2. Pro/Engineer 野火 5.0 工程图界面中，常用的操作类型模块有哪些？绘制图线在哪个模块下操作？

3. Pro/Engineer 工程图中，系统默认的文本格式为什么字体？简述把 Windows 操作系统中的文本复制到 Pro/Engineer 字库中的操作过程。

任务二 零件工程图——创建机床挂挡手柄工程图

学习内容

1. 调用标准格式图框。
2. 三视图的生成，轴测图的生成。
3. 尺寸的生成和标注。
4. 图形位置的调整和比例的修改。

实训任务

创建如图 6-29 所示的机床挂挡手柄工程图。

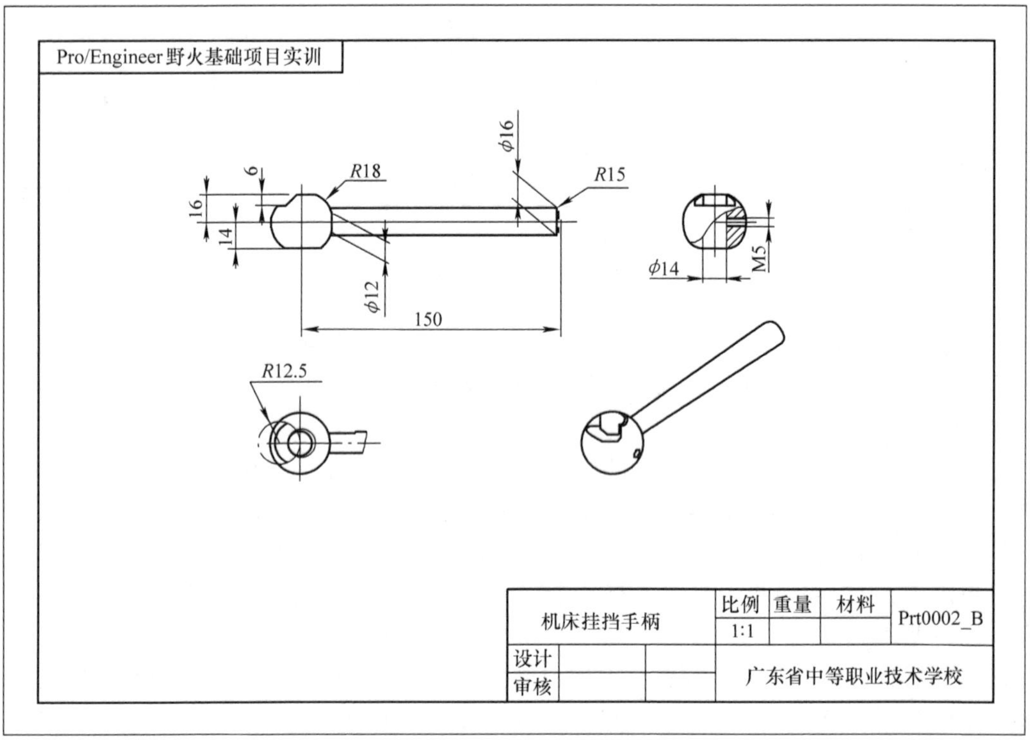

图 6-29 机床挂挡手柄工程图

基础知识

1. 工程图的操作类型模块

零件工程图的操作界面与标准样式工程图的操作界面基本相同，但布局和注释操作模块有些区别。

（1）布局模块 图 6-30 所示为零件工程图布局模块，是在样式工程图布局模块的基础上添加了绘图模型工具，用于绘图模型的设置和管理。在模型视图中增加了视图的插入操作工具，有 一般、投影、详细、辅助 等常用视图类型插入工具。格式化中的 元件显示可以对装配图中的元件显示进行设置，边显示可以对视图的线条显示进行设置。

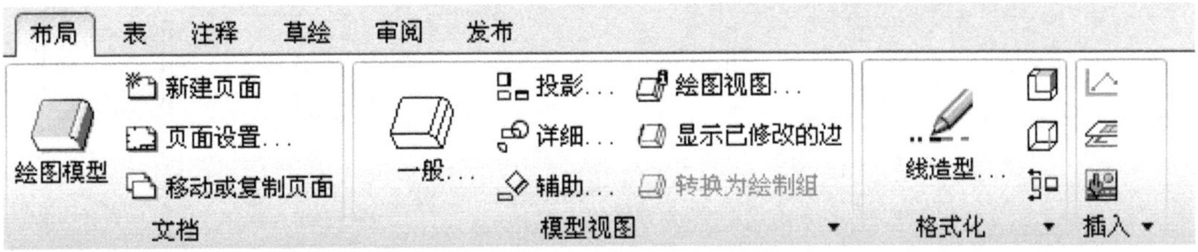

图 6-30　零件工程图布局模块

（2）注释模块　图 6-31 所示为零件工程图注释模块，它在样式图注释模块的基础上添加了注释显示、插入尺寸、几何公差以及表面符号等工具图标。

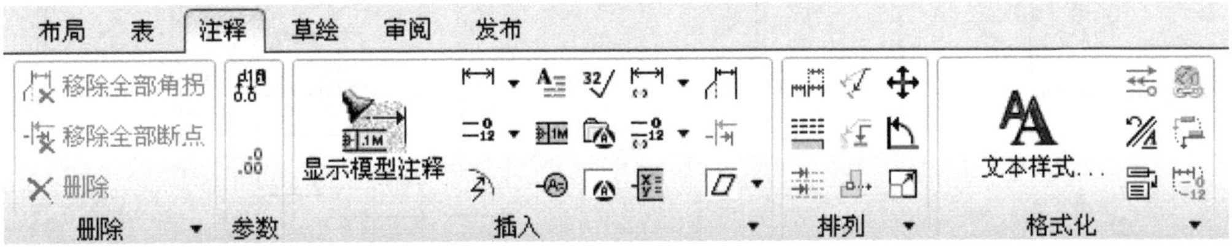

图 6-31　零件工程图注释模块

2. 创建零件工程图的一般操作流程

创建工程图的工作内容一般包括调用标准格式图框（见图 6-32 步骤①）、绘图选项设置（见图 6-32 步骤②）、插入视图（见图 6-32 步骤③）、标注尺寸（见图 6-32 步骤④）和填写标题栏（见图 6-32 步骤⑤）等基本操作步骤，内容比较繁琐，但操作模式基本相同，如图 6-32 所示。

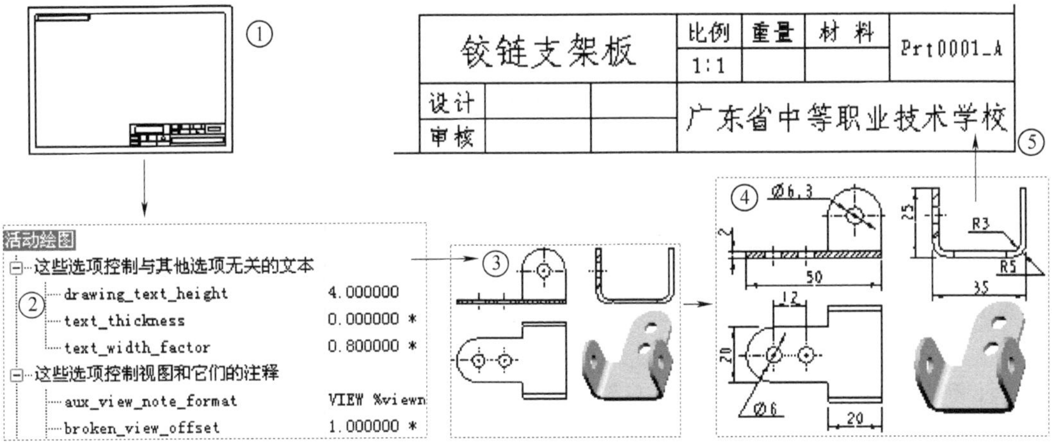

图 6-32　创建工程图的基本内容和步骤

在零件工程图的创建中，零件视图的插入和文本尺寸的标注是主要内容，包括插入三视图、插入轴测图、设置视图的表达方式和标注尺寸及几何公差。

图 6 - 33 所示为铰链支架板的视图插入和尺寸标注操作。

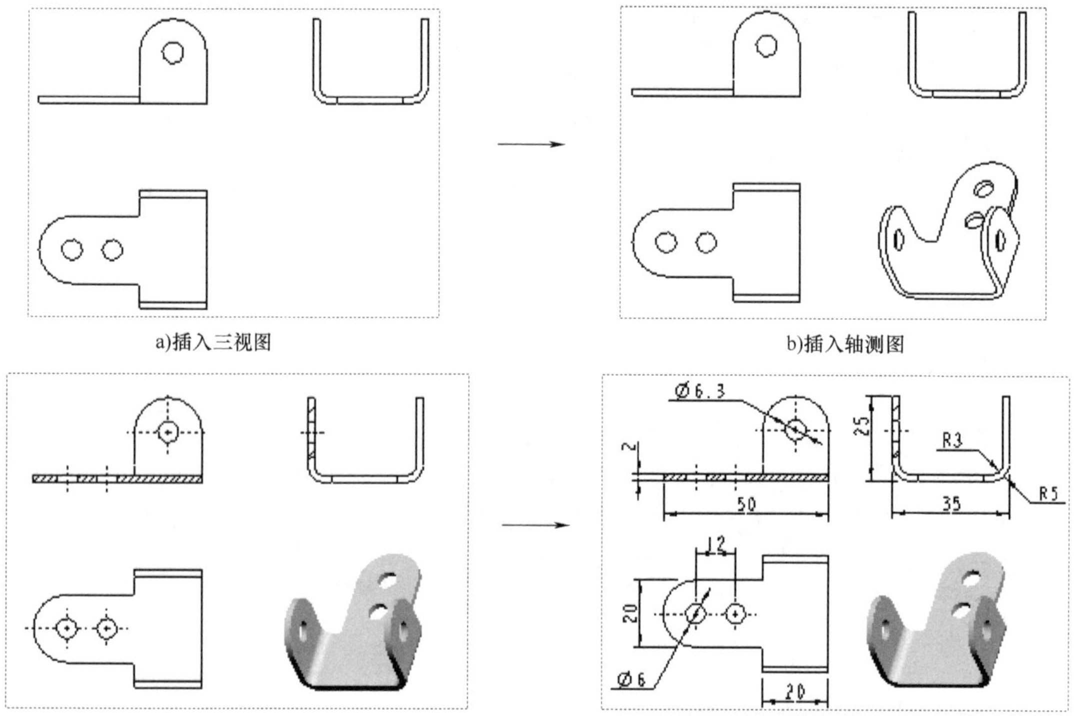

a)插入三视图　b)插入轴测图

c)设置视图表达方式　d)显示和标注尺寸

图 6 - 33　工程图的视图插入和尺寸标注

3. “绘图视图” 窗口

工程图视图的设置主要在“绘图视图”窗口进行。单击“布局”→“一般”选项（或把鼠标放置在图形窗口的空白处，然后单击鼠标右键，选择“插入普通视图”），在图形窗口的空白处单击鼠标，显示零件的轴测图，同时弹出“绘图视图”窗口（见图 6 - 34）。在“绘图视图”窗口中有视图类型、可见区域、比例、截面、视图状态、视图显示等常用视图设置操作。

（1）视图类型　视图类型即设置视图方向，可以通过调用现有的视图名称进行设置，如 FRONT、LEFT 等，也可通过“几何参照”进行设置，并通过角度调整方位。

如图 6 - 34 所示，铰链支架板主视图的方向为 LEFT。

（2）视图比例　视图比例的首选项是“页面的缺省比例”，即系统会根据零件的大小自动设置比例。通过“定制比例”可以按需要进行比例设置。

如图 6 - 35 所示，铰链支架板主视图的比例改为了 2:1。

（3）截面　截面即对视图进行剖切设置，系统默认的选项为“无剖面”，还可以根据需要设置 2D 剖面和 3D 剖面。2D 剖面可用于零件工程图和装配工程图，3D 剖面只用于装配

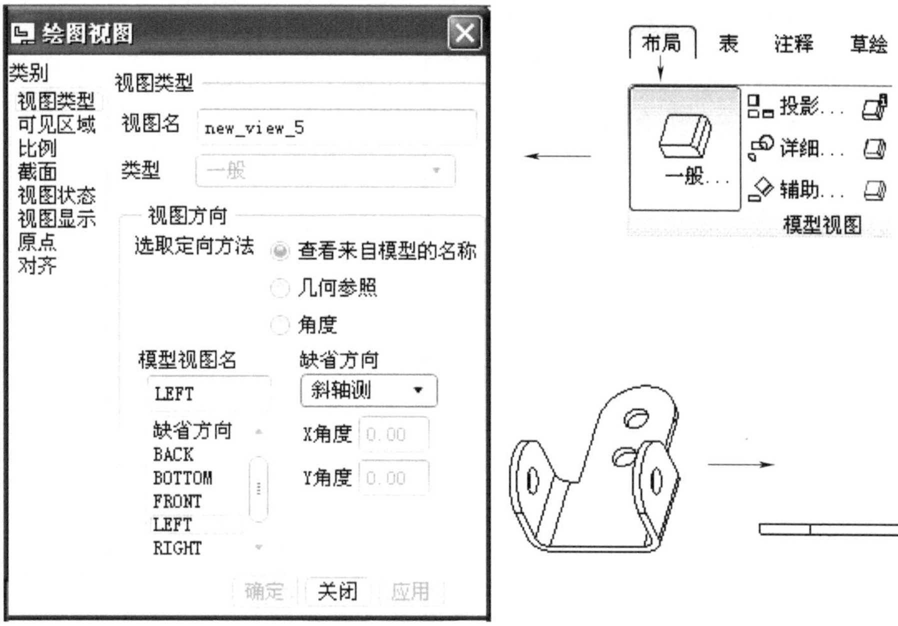

图 6-34 视图方向设置

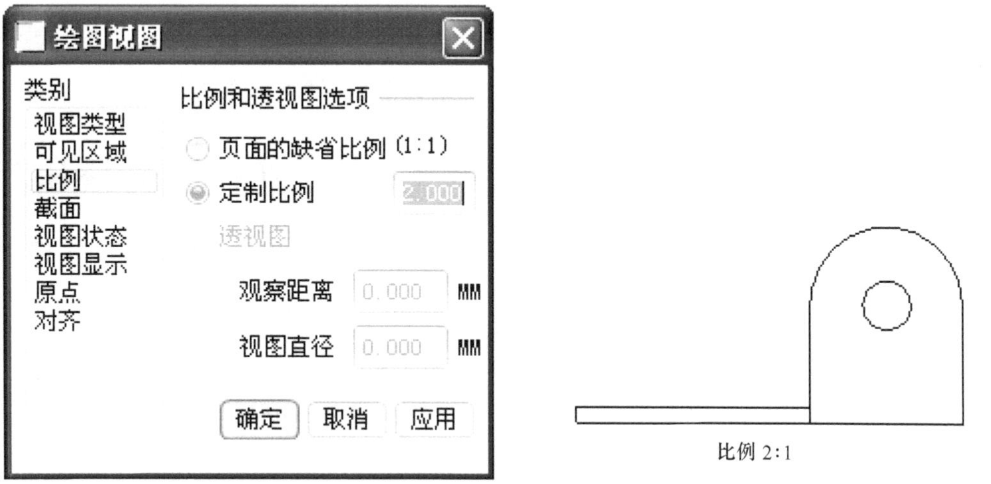

图 6-35 设置视图比例

工程图。剖面可以在零件图或装配图中通过视图管理器预先设置好，以便工程图直接调用。如果没有设置好，可以单击“+”→“创建新…”按钮进行创建，也可单击“−”按钮，去除已选取的剖面。

如图 6-36 所示，铰链支架板主视图设置为全剖视图。

（4）视图显示　视图显示主要用于设置视图的显示样式和相切边的显示样式。系统默认的视图显示样式为“从动环境”，即视图的显示样式由工程图界面的图形显示样式决定。视图的相切边的显示样式系统默认为“缺省”，即以实线方式显示相切边界。如果设置为

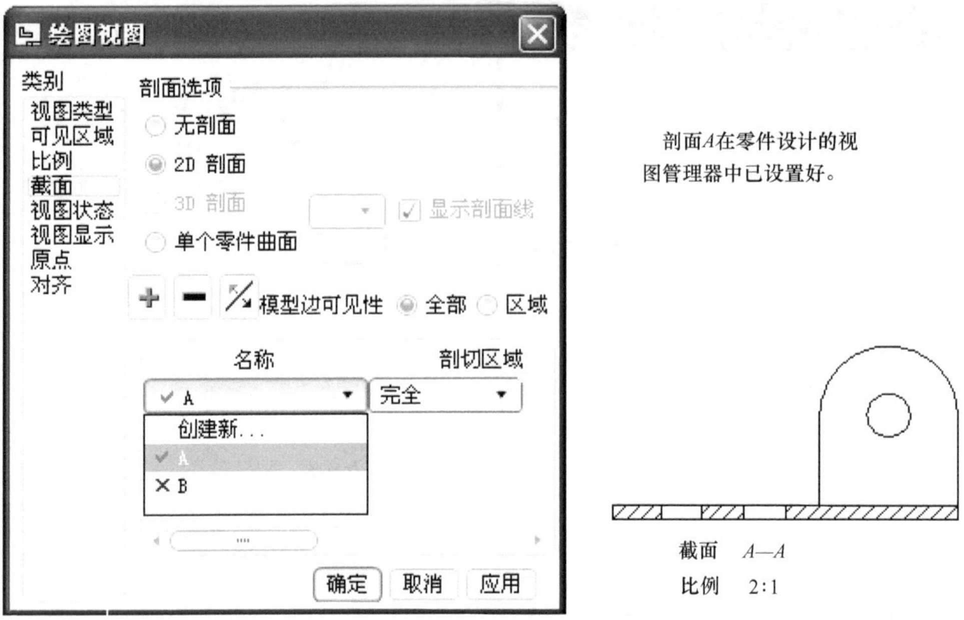

图 6-36　设置视图剖面

“无”，则视图将不显示相切线，符合机械制图国家标准。如图 6-37 所示的铰链支架板工程视图中，轴测图设置为 着色，左视图和俯视图相切边显示样式设置为“无”。

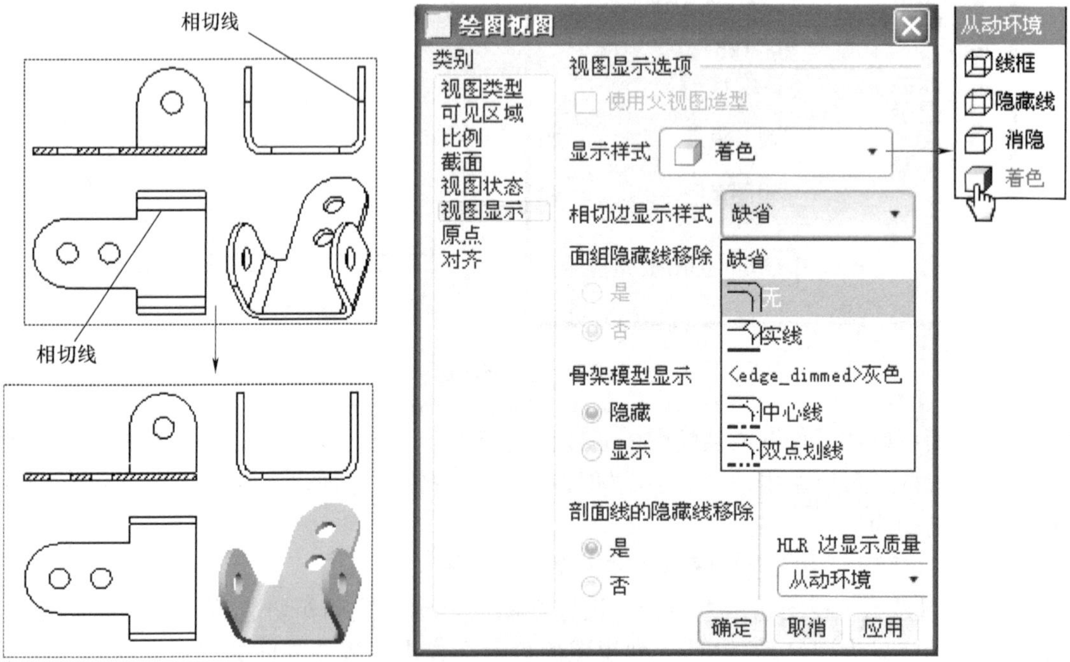

图 6-37　设置视图显示样式

任务分析

1. 工程图结构分析

如图 6 - 29 所示，机床挂挡手柄的工程图调用了标注格式文件 FRM0001，工程图包括 4 个视图，即主视图、左视图、俯视图和轴测图，其中左视图采用局部剖视，俯视图采用局部显示，俯视图中为了标注尺寸 *R*12. 5mm，绘制了一个轮廓圆。

2. 工程图创建步骤分析

图 6 - 38 所示为机床挂挡手柄的工程图创建流程图。

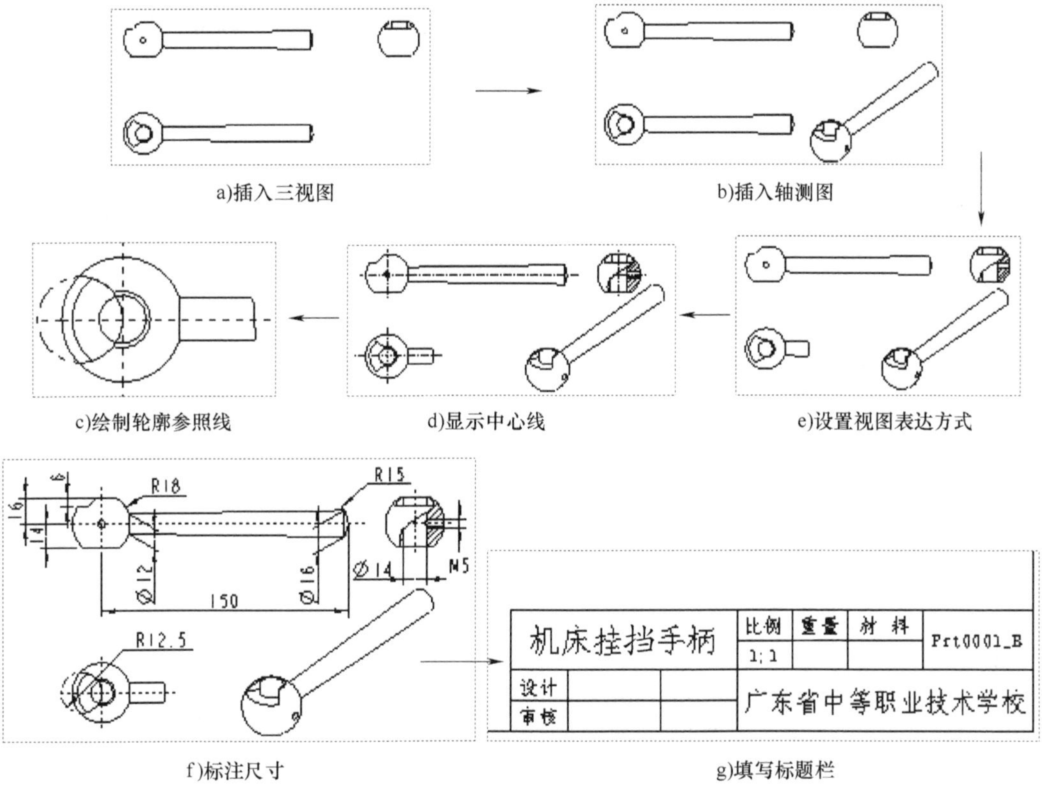

图 6 - 38　机床挂挡手柄的工程图创建流程图

任务实施

1）启动软件，新建工作目录 F:\Proe 项目实训\ 工程图\ 机床挂挡手柄。

2）打开文件 Prt0002_ B. PRT，以备份的方式保存到工作目录中，然后关闭所有窗口，清空内存（单击“文件”→“拭除”→“不显示”）。

3）新建绘图文件 Prt0002_ B，通过“新建绘图”窗口下的“浏览”导入“缺省模型”为工作目录中的 Prt0002_ B. PRT，设置模板“格式为空”，并通过“格式”下的“浏览”项，导入格式文件 FRM0001，如图 6 - 39 所示。

图 6-39　创建绘图文件

4）如图 6-40 所示，导入绘图选项文件。

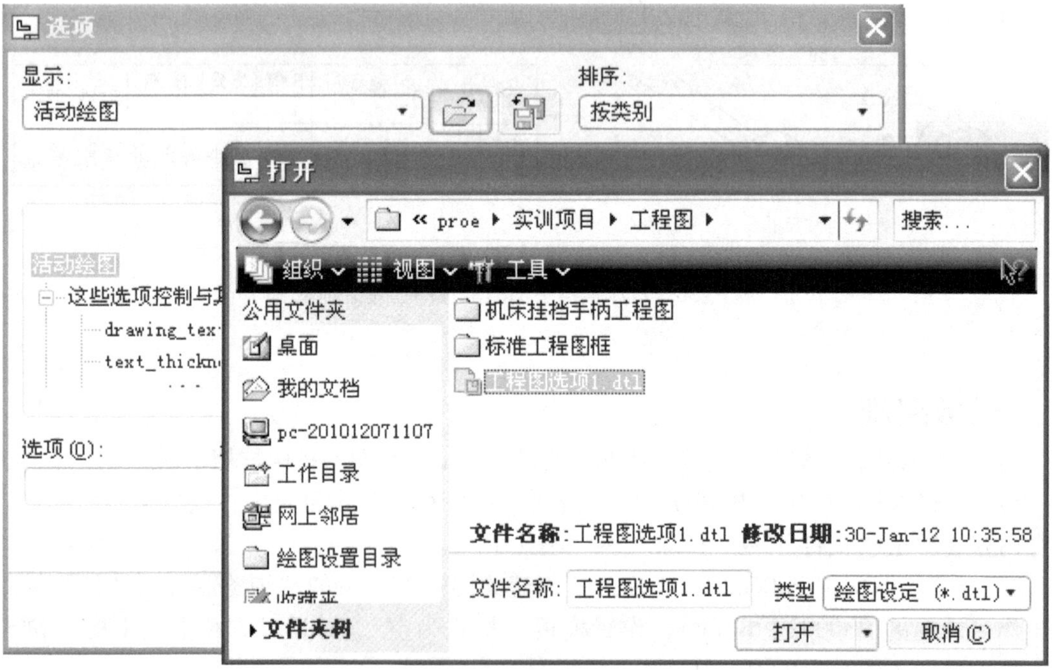

图 6-40　导入绘图选项文件

① 单击主菜单中的“文件”→“绘图选项”，弹出“选项”定义窗口。

② 单击打开图标，导入已修改好的绘图选项文件。

5）以几何参照方式插入主视图，如图 6-41 所示，图中的①～③为操作步骤。

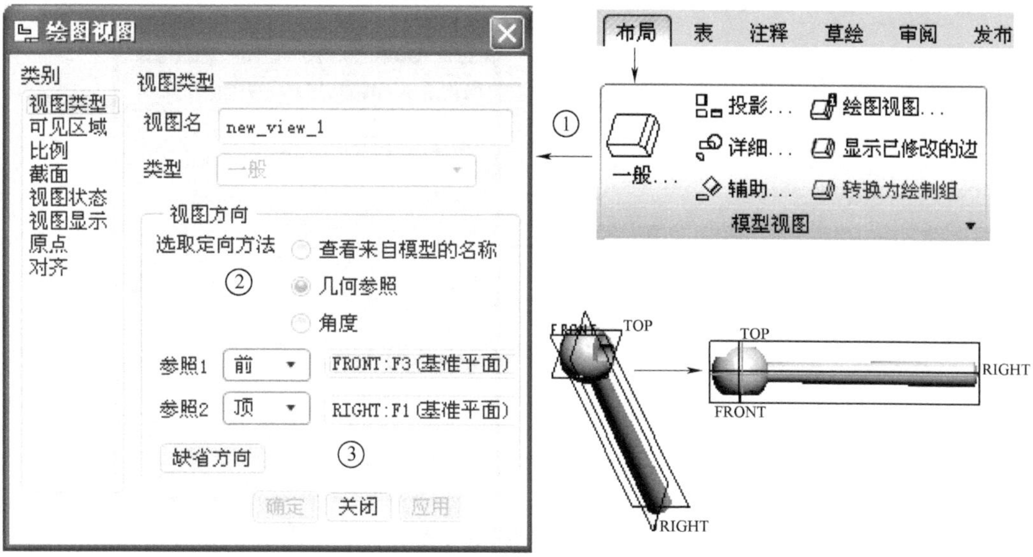

图 6-41 插入主视图

① 单击“布局”→“一般”项，弹出“绘图视图”窗口。

② 单击“视图类型”中的“几何参照”为视图方向定义方式。

③ 在图形中点取 FRONT 面为前面，点取 RIGHT 面为顶面。

可以看到，视图由轴测图切换成了沿 FRONT 方向水平放置的平面图，系统默认视图比例为 1:2。

6）插入左视图和俯视图，如图 6-42 所示，图中的①～③为操作步骤。

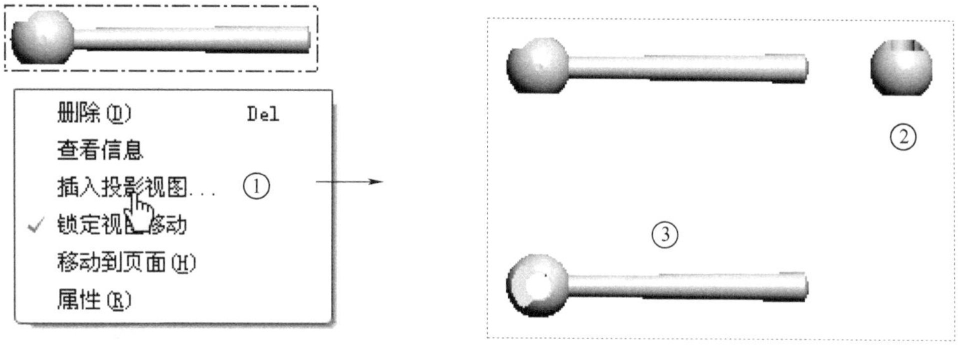

图 6-42 插入左视图和俯视图

① 单击主视图，点鼠标的右键，然后选择快捷命令“插入投影视图”。

② 在主视图的右侧位置单击，生成左视图。

③ 以同样的操作方法，单击主视图，通过单击右键点取快捷命令，然后在主视图下方单击，生成俯视图。

7）插入轴测图。

创建定向视图。打开工作目录中的零件 Prt0002_ B. PRT，把图形旋转到合适的方位，然后通过视图管理器，创建定向视图 View0001，如图 6-43 所示。

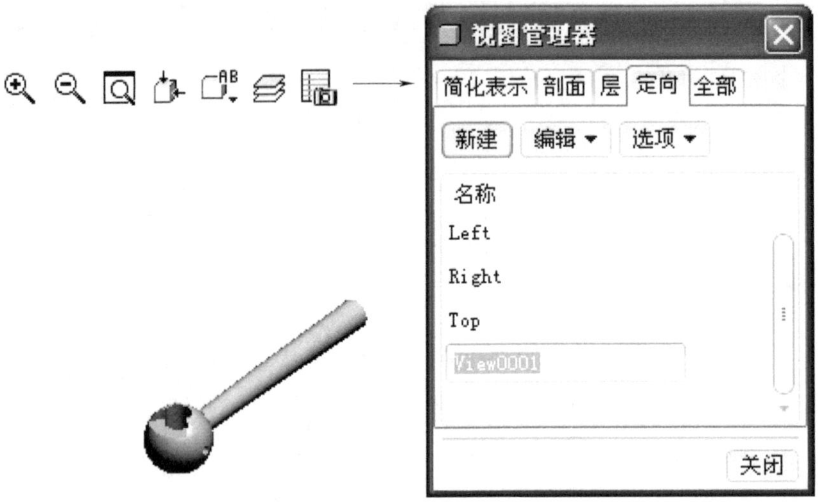

图 6-43　创建定向视图

在工程图中插入轴测图，如图 6-44 所示，图中的①～③为操作步骤。

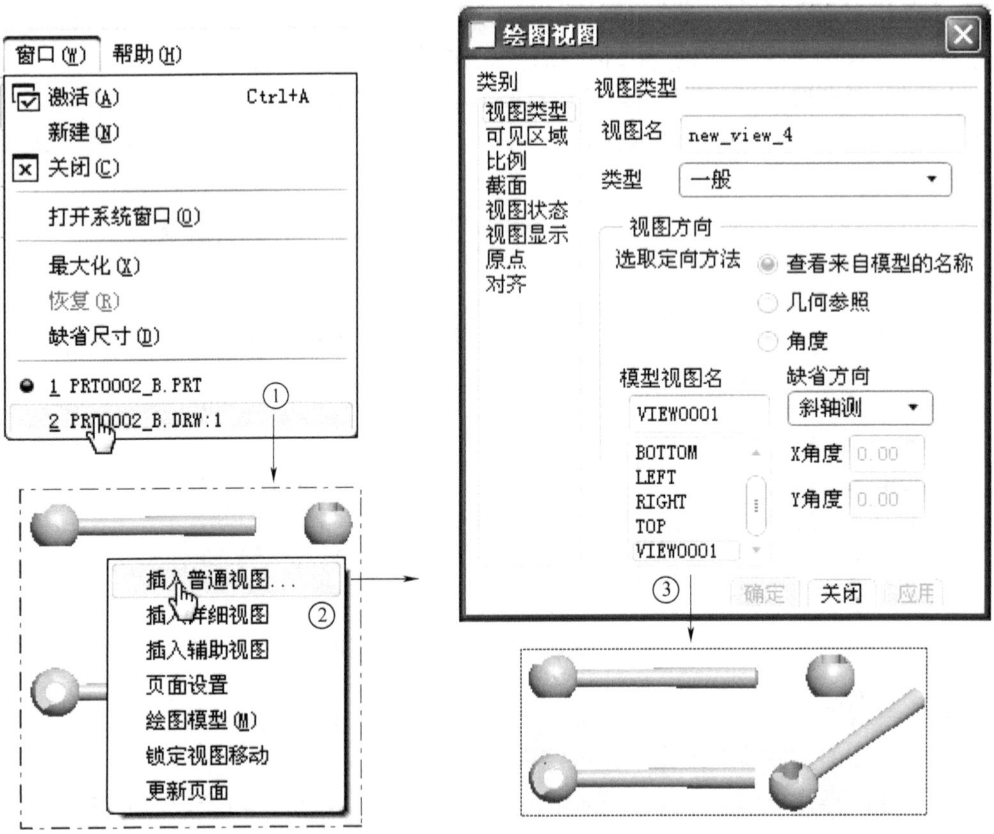

图 6-44　插入轴测图

① 通过主菜单中的“窗口”切换到手柄的工程图（Prt0002_ B. DRW）。

② 在图形窗口的空白处点鼠标右键，选取快捷命令“插入普通视图…”，在左视图的下方适当位置单击鼠标左键，显示零件的缺省方向的轴测图，同时弹出“绘图视图”窗口。

③ 在“绘图视图”窗口的“视图类型”中选取模型视图名称为 View0001。

8）设置左视图为局部剖视图。

创建剖面视图。由主菜单中的“窗口”切换到 Prt0002_ B. PRT，通过视图管理器创建剖面 *A*，如图6-45所示。

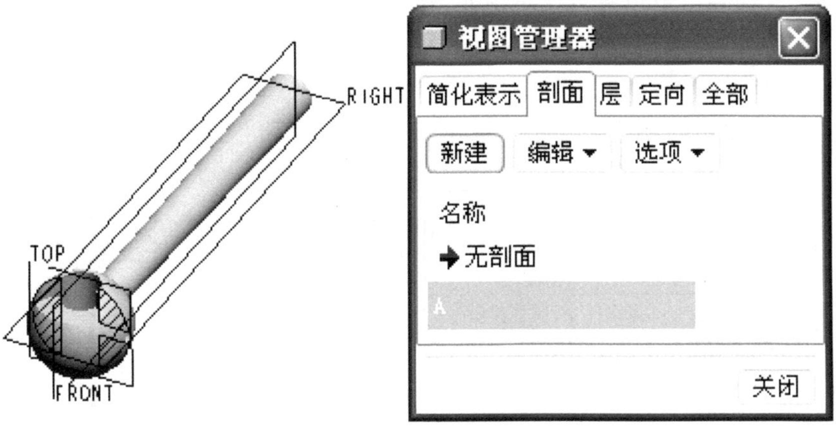

图 6-45 创建剖面视图

设置左视图为局部剖视，如图 6-46 所示。切换窗口到工程图界面，并通过窗口下的“激活”按钮，使窗口激活，然后设置图形显示样式为 消隐，图中的①~⑥为操作步骤。

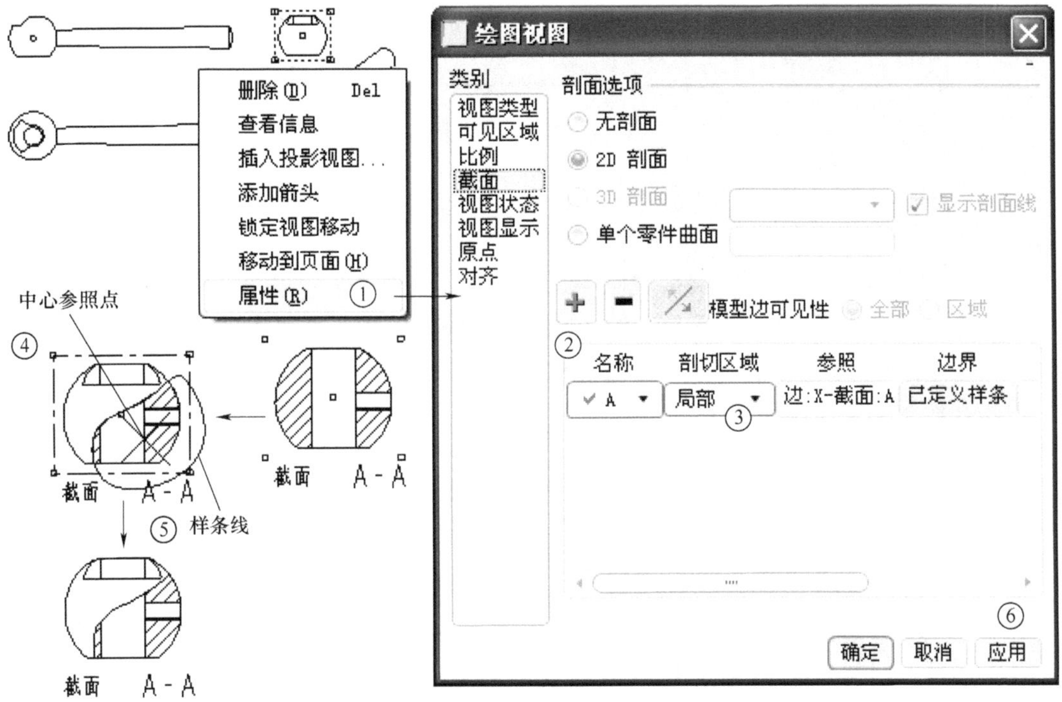

图 6-46 设置左视图为局部剖视

① 在“布局”操作模式下，单击左视图，点鼠标右键，单击“属性”，弹出“绘图视图”窗口。

② 在“绘图视图”窗口中单击“截面”→“2D 剖面”→“+”，选取剖面名称为“A”。

③ 设置“剖切区域”为“局部”。

④ 在图形中点取中心孔竖直边上的点为剖切区域的中心参照点。

⑤ 绘制封闭样条线（剖切区域）：移动鼠标到视图外的适当位置，单击鼠标左键（样条线的第一点），间隔一定距离再次单击左键（样条线的第二点），连续单击多个点后，绘制封闭样条线（首尾相接），然后单击鼠标中键，退出样条线绘制状态（参考2D草绘中的样条线的绘制操作）。

⑥ 单击“绘图视图”窗口的“应用”→“确定”按钮，完成操作。

9）设置俯视图为局部视图，如图6-47所示，图中的①~④为操作步骤。

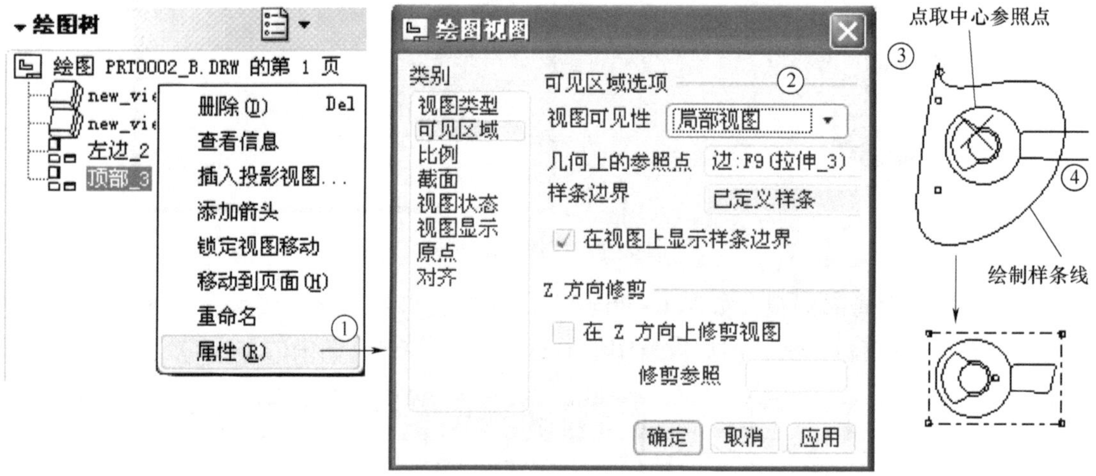

图6-47 设置俯视图为局部视图

① 在绘图树中单击俯视图（顶部_3），点鼠标右键，点取“属性”，弹出“绘图视图”窗口。

② 设置“可见区域”为“局部视图”。

③ 在俯视图中点取中心参照点，并绘制区域样条线（参照步骤8操作）。

④ 单击窗口中的“应用”→“确定”按钮，完成操作。

10）在俯视图中绘制轮廓圆。

绘制轮廓圆，如图6-48所示。

① 单击“草绘”→“参数化草绘”→“○”，弹出“捕捉参照”窗口。

② 单击↖，点取俯视图中的圆弧轮廓为参照，单击“确定”→“关闭”按钮。

③ 以参照圆弧的中心点为圆心绘制圆，圆的大小与参照圆重合，单击鼠标中键，退出绘图状态。

修改线型，如图6-49所示，图中的①~④为操作步骤。

① 单击轮廓圆，点鼠标右键，点取“线造型”，弹出“修改线造型”窗口。

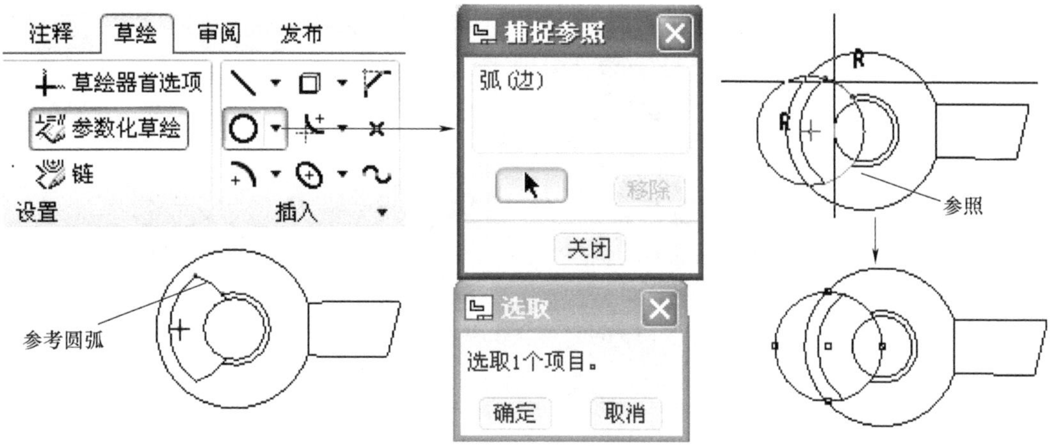

图 6-48　绘制轮廓圆

② 在“属性”下修改线型为“双点画线”。

③ 设置“颜色”为“草绘”。

④ 单击“应用”→“关闭”按钮，完成操作。

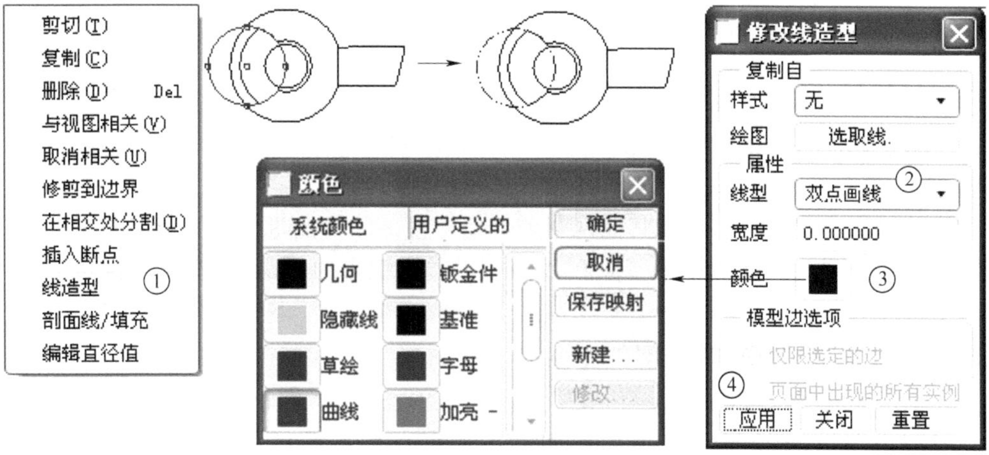

图 6-49　修改线型

11）显示中心线。

① 显示中心线，如图 6-50 所示。单击轴显示工具，单击重画工具，在视图中显示基准轴。在窗口右上角切换选取类型模式为“基准轴”。在“注释”模式下，点取主视图中的水平基准轴 A_ 1，单击右键，点取“显示”。按同样的操作方法，显示其他轴。单击轴显示工具，然后单击重画工具，关闭轴的显示。

② 调整中心线长度，如图 6-51 所示。单击主视图中的水平轴，将鼠标放在轴的右端点上，出现拖动符号↔，按下鼠标左键拖动鼠标，使轴伸长。按同样的操作方法，调节其他轴的长度。

12）调整视图间距和位置，如图 6-52 所示。

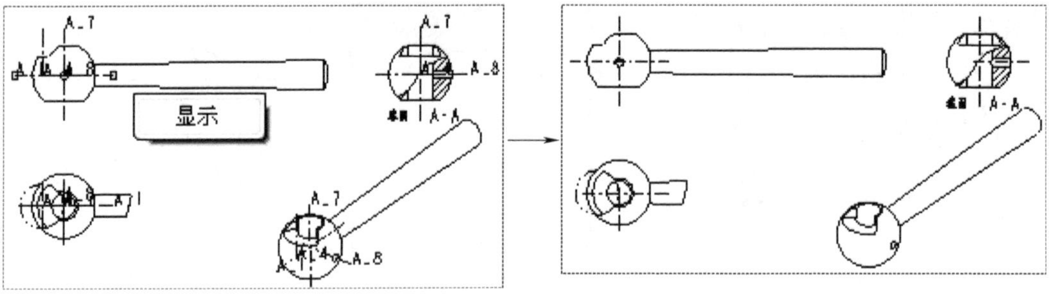

图 6-50　显示中心线

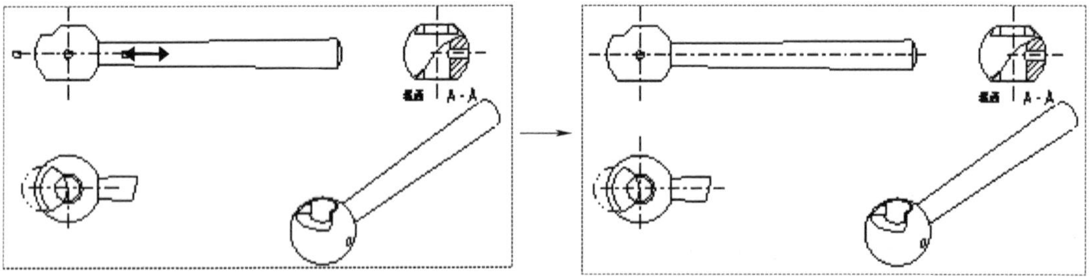

图 6-51　调整中心线长度

① 单击主视图，点右键，弹出快捷菜单，取消“锁定视图移动”。

② 单击主视图，把鼠标放在视图中，出现移动符号✥，按下鼠标左键，拖动鼠标，移动主视图到图样的适当位置。

③ 按同样的操作方法，移动其他视图到合适位置，调整视图之间的合理间距。

④ 单击左视图下的剖切注释“截面 A—A”，单击键盘的“Del”键进行删除。

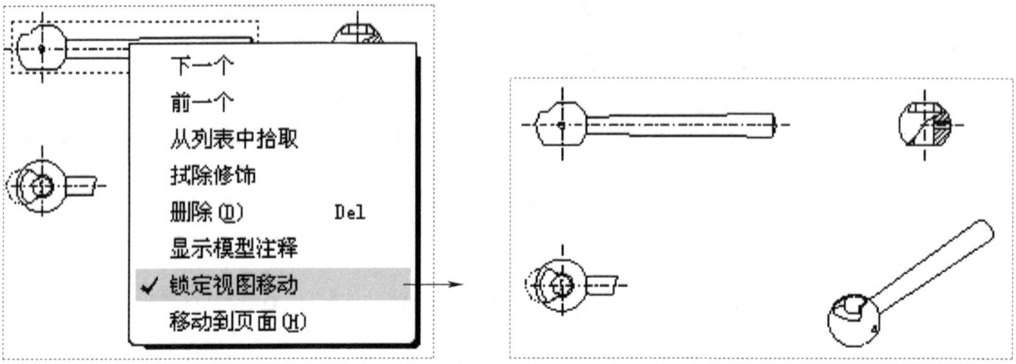

图 6-52　调整视图间距和位置

13）显示尺寸。

① 显示旋转 1 的尺寸：在模型树中点取特征“旋转 1”，点右键，点取“显示模型注释”，弹出“显示模型注释”窗口。勾选半径尺寸 R18mm，单击“应用”→“确定”按钮。如图 6-53 所示，显示旋转 1 的尺寸。

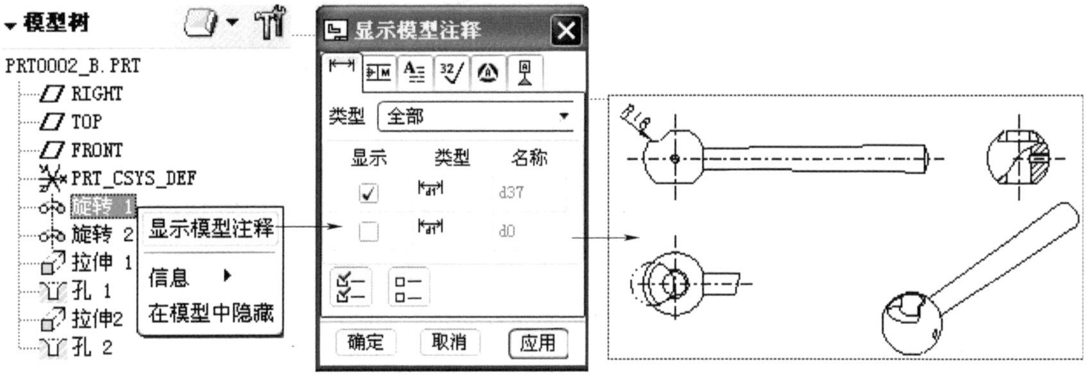

图 6-53　显示旋转 1 的尺寸

② 显示旋转 2 的尺寸。

a. 参照步骤①，显示旋转 2 的尺寸（旋转角度不显示），从图 6-54 中可以看出，尺寸位置比较乱。

显示	类型	名称
☑		d3
☑		d17
☑		d18
☑		d19
☐		d2

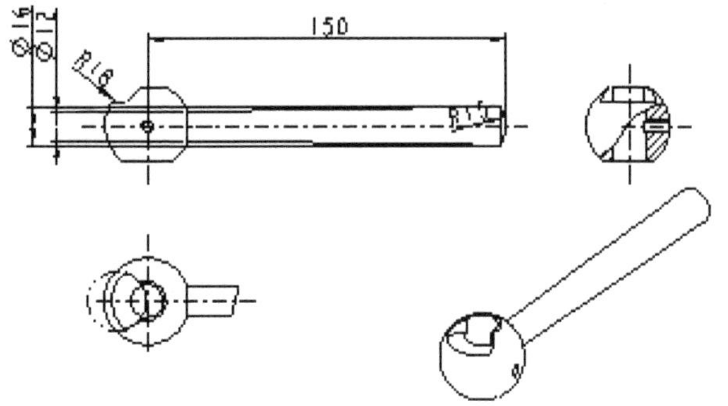

图 6-54　显示旋转 2 的尺寸

b. 调整尺寸位置。在视图中单击尺寸，将鼠标放在尺寸的小方框□上，出现移动符号✥或拖动符号⟷后，按下鼠标左键，拖动鼠标，进行尺寸移动，调整尺寸位置，如图 6-55b 所示为调整后的主视图。

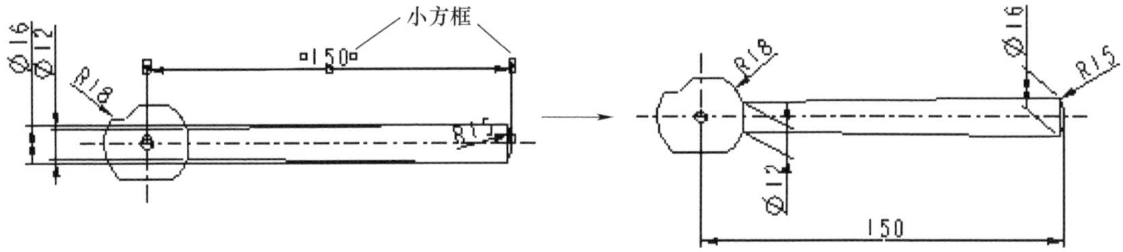

a)　　　　b)

图 6-55　调整尺寸位置

要点提示：

1）单击尺寸后，尺寸上所有的小方框均可以拖动。

2）尺寸 $\phi12$ 和 $\phi16$ 要进行斜标，可拖动尺寸界线端部的小方框，向垂直尺寸界线方向拖动。

14）显示拉伸1和孔1的尺寸，如图6-56和图6-57所示。

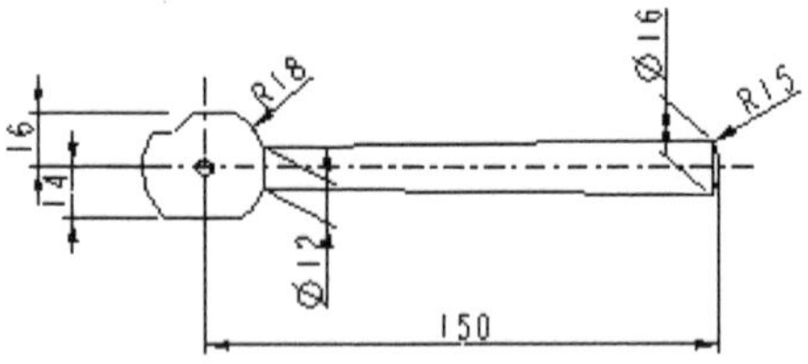

图6-56　显示拉伸1的尺寸

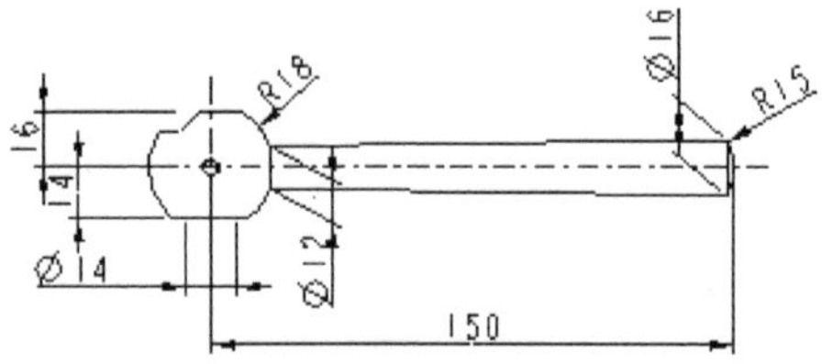

图6-57　显示孔1的尺寸

15）显示拉伸2和孔2的尺寸，如图6-58和图6-59所示。

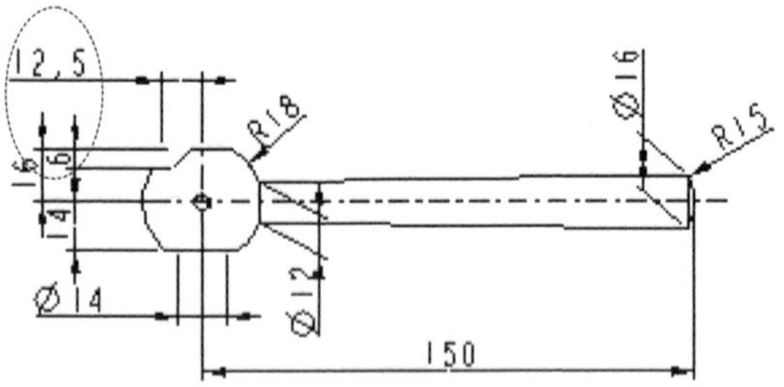

图6-58　显示拉伸2的尺寸

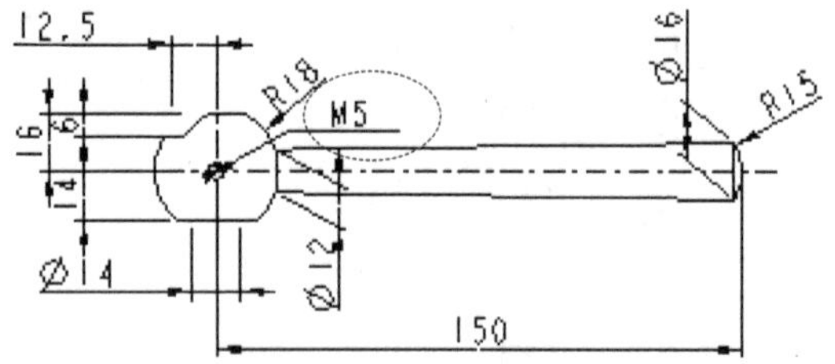

图6-59　显示孔2的尺寸

16）移动尺寸到其他视图。从图形尺寸显示可以看到，所有尺寸都显示到了主视图上，有些尺寸在主视图上标注并不合理，需要移动到其他视图上。单击要移动的尺寸，点鼠标右键，点取“将项目移动到视图”，然后点取尺寸移动的目标视图，如图6-60所示，移动3个尺寸。

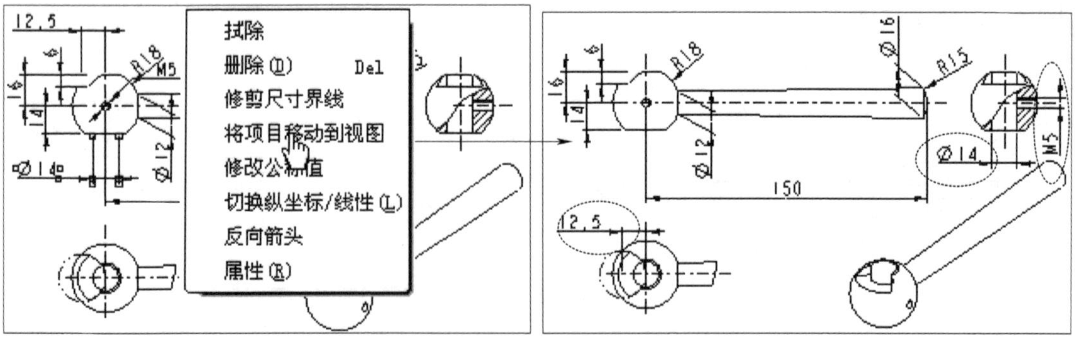

图6-60　移动尺寸到其他视图

17）标注轮廓圆尺寸，如图 6-61 所示。俯视图上的定位尺寸 12.5，不能清楚表达圆弧轮廓的大小，需要重新标注为半径尺寸，图 6-61 中的①~③为操作步骤。

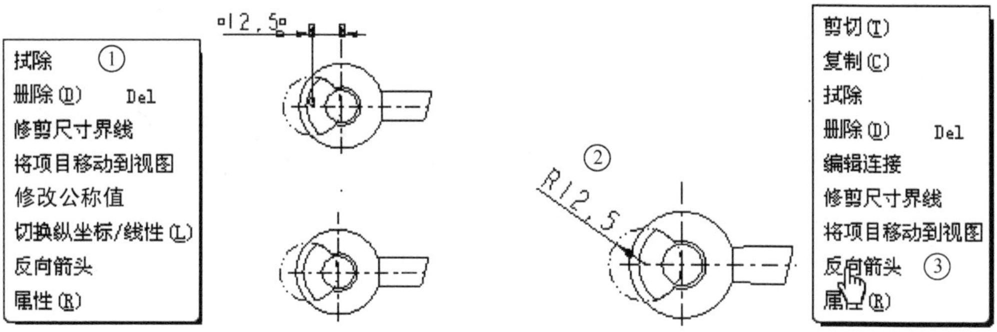

图 6-61　标注轮廓圆尺寸

① 拭除尺寸：单击尺寸 12.5，单击右键，单击“拭除”。

② 标注尺寸：单击“注释”下的尺寸工具，在俯视图中点取步骤 10）绘制的轮廓圆，点鼠标中键，生成新尺寸 *R*12.5。

③ 调整尺寸箭头方向：单击尺寸 *R*12.5，点右键，点取“反向箭头”，调整尺寸箭头由圆心指向外。

18）调整尺寸文本方向。调整圆弧半径尺寸数字为水平放置，如图 6-62 所示。单击尺寸 *R*12.5，点右键，点取“属性”，弹出“尺寸属性”窗口。单击“显示”，设置文本方向为“位于延伸弯头上方”，单击“确定”按钮。按同样的操作方法，设置 *R*18 和 *R*15 两圆弧尺寸数字水平放置，并调整好尺寸位置。

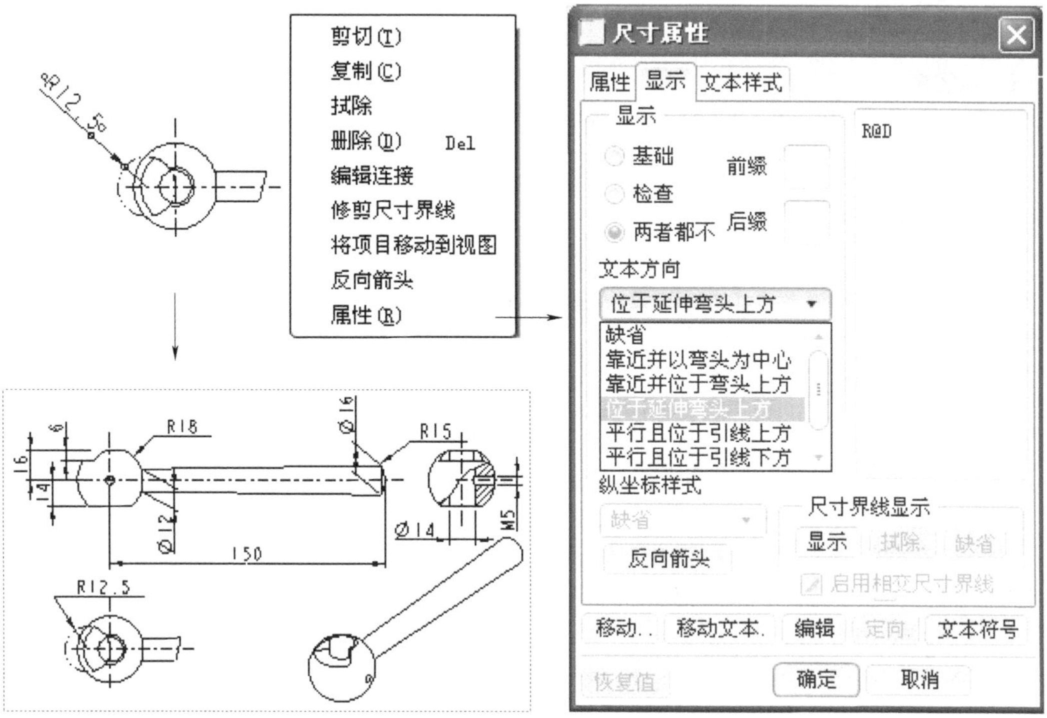

图 6-62　调整尺寸文本方向

19）填写标题栏，如图6-63所示。双击标题栏中的“（零件名称）”，弹出“注解属性”窗口，修改注释为“机床挂挡手柄”。按同样的操作方法，修改“（图号）”为“Prt0002_ B”，修改比例为“1:2”。

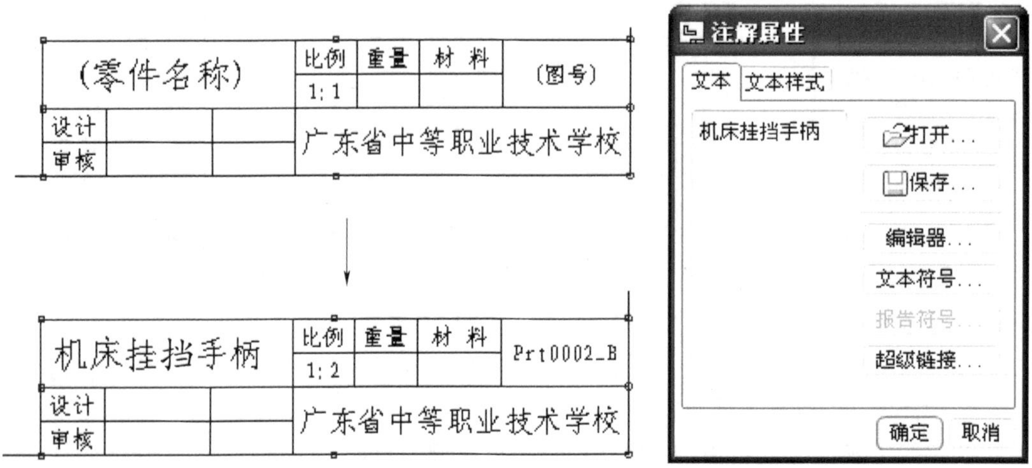

图6-63 填写标题栏

20）移动各视图，重新调整好视图位置和尺寸位置，保存文件，并删除旧版本。

相关知识

1. 绘图树

工程图界面左侧，有绘图树和模型树。模型树与零件设计界面的模型树操作方法完全一致，绘图树内容会随着工程图操作模式的不同而不同。图6-64所示为机床挂挡手柄工程图在不同操作模式下绘图树中的不同内容。

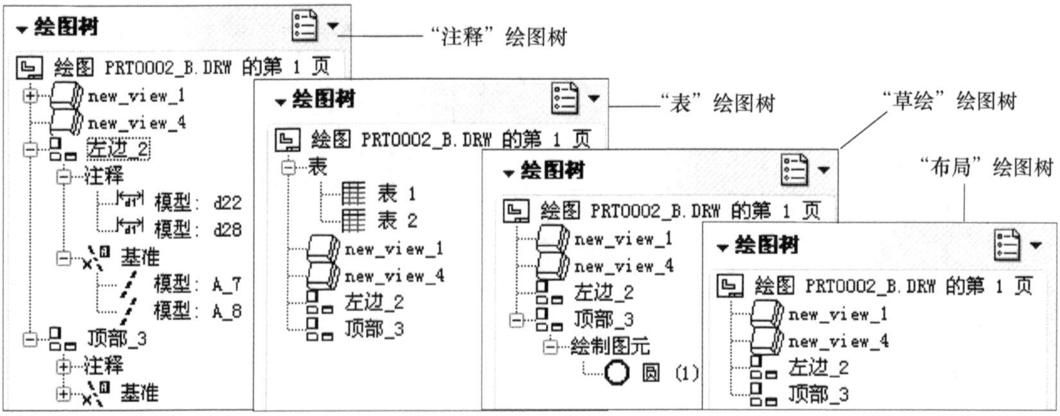

图6-64 不同操作模式下的绘图树

"布局"绘图树显示图样共有 4 个视图，两个一般视图（主视图和轴测图）和两个投影视图（俯视图和左视图）。"草绘"绘图树显示在顶部_ 3（俯视图）上绘制了一个圆。"表"绘图树显示图样有两个表格。"注释"绘图树显示各视图下的尺寸和中心轴线等。

2. 工程图尺寸的修改

工程图尺寸一般来自于零件设计的特征尺寸，所以工程图中的尺寸与零件特征尺寸具有相关性。当零件特征尺寸更改时，工程图尺寸会作相应的修改；反之，在工程图中修改尺寸，零件特征也会作相应的修改。

如图 6-65 所示为修改机床挂挡手柄工程图尺寸。在"注释"模式下，单击圆锥体长度尺寸 150，使尺寸呈红色显示，将鼠标移动到尺寸数字上，双击尺寸数字，输入新尺寸为 120（见图 6-65a），回车，然后单击主菜单中的"编辑"→"再生模型"选项，从主视图可以看到，手柄的圆锥体部分长度变短了（见图 6-65b），打开模型 Prt0002_ B. PRT，检查旋转 2 特征的尺寸，也可以看到长度变成了 120（见图 6-65c）。

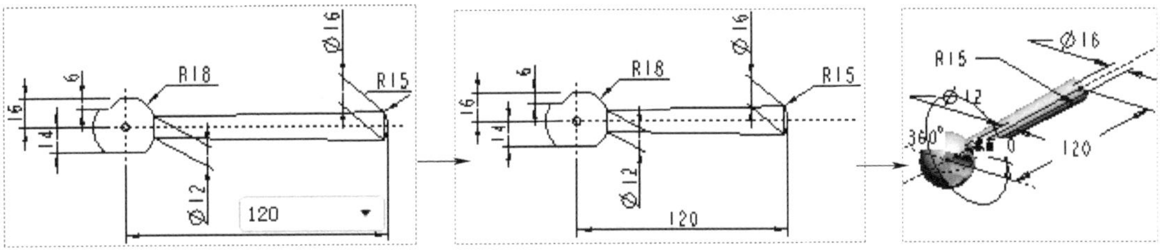

a)修改尺寸　　b)再生模型　　c)查看零件特征尺寸

图 6-65　修改工程图尺寸

在零件特征建模中，如某些尺寸标注不合理，可以在工程图中重新标注。但在工程图中重新标注的尺寸与零件特征没有相关性，即重新标注的尺寸不可修改，如轮廓圆的半径尺寸 *R*12. 5mm。

拓展训练

1. 实训任务

如图 6-66 所示，创建零件端盖 I 的工程图。

2. 工程图创建分析（参考）

该零件工程图的创建步骤与机床挂挡手柄工程图的创建基本相同，不同之处有以下几点：

1）轴测图采用了着色显示，且视图比例与三视图不同。

2）俯视图有局部剖视，该局部剖切位置不在基准面的位置，如何设置剖面是操作的要点。

3）尺寸标注中有三个尺寸带有公差，如何显示尺寸公差，是本例的重点。

3. 重点提示

1）轴测图着色显示：在"绘图视图"窗口的"视图显示"中，设置"显示样式"为 着色。

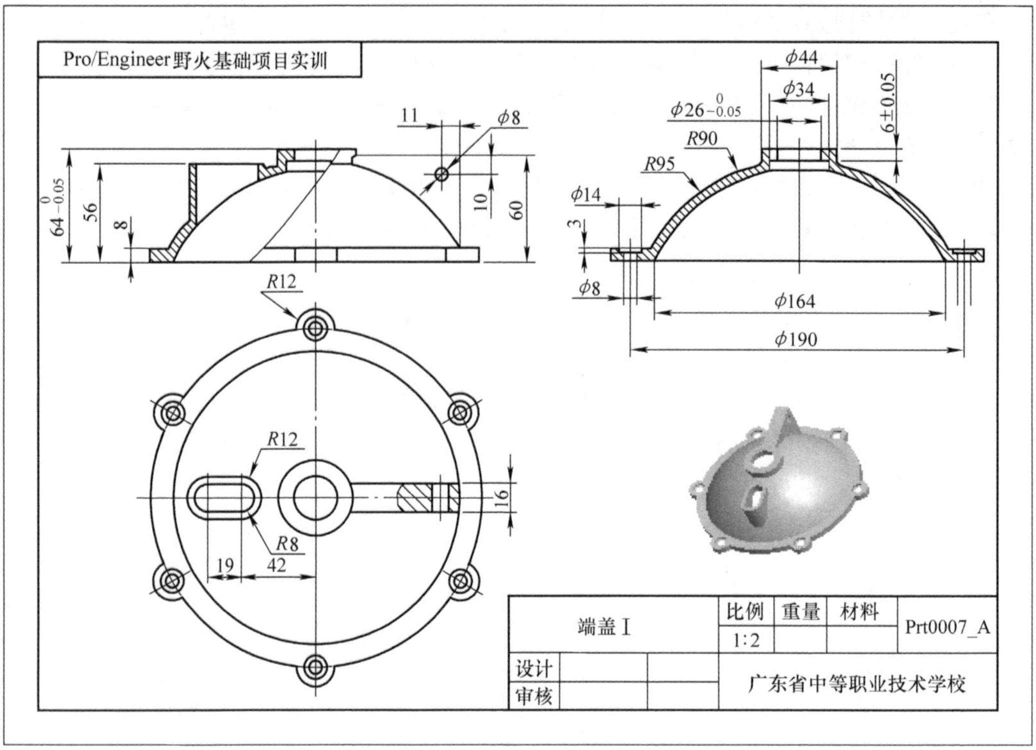

图 6-66　端盖 I 的工程图

2）俯视图的局部剖视设置。

① 设置“绘图视图”窗口中的“截面”为“2D 剖面”→“”→“创建新…”，弹出菜单管理器。

② 选取“平面”→“单一”→“完成”，输入剖面名称，如“D”。

③ 在菜单管理器中点取“产生基准”→“穿过”，在主视图中单击方形凸台的小侧孔中心轴 A_ 20，然后在菜单管理器中点取“平行”，在主视图中点取 TOP 面为平行参照，单击“完成”，产生基准面 DTM3。

④在“绘图视图”窗口中设置“剖切区域”为“局部”，参照机床挂挡手柄工程图的步骤，绘制剖切区域。

如图 6-67 所示为剖面 *C—C* 的“绘图视图”窗口和局部剖视图效果。

3）尺寸公差的设置。

① 显示尺寸公差：在绘图选项中设置“tol_ display”的值为“yes”，单击“应用”→“确定”，然后单击重画工具，可以看到视图的尺寸变成了极限尺寸显示。图 6-68 所示为主视图的尺寸显示。

② 设置尺寸显示为公称尺寸，如图 6-69 所示。在“注释”模式下，切换选取模式为“尺寸”，然后框选所有尺寸，点右键，点取“属性”，在“尺寸属性”窗口的“属性”页下，设置“公差”项为“公称”，单击“确定”按钮，可以看到视图尺寸变换为公称尺寸显示。

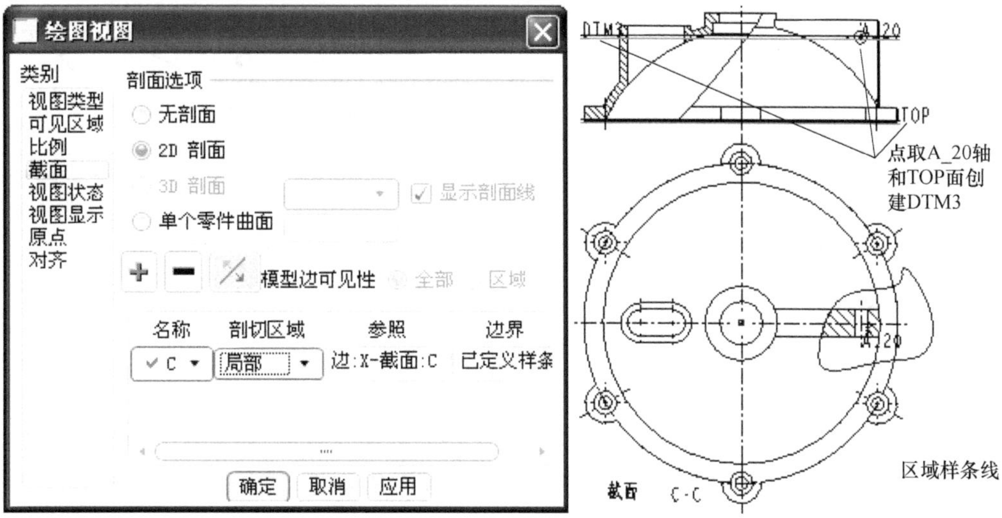

图 6-67　设置俯视图的局部剖视

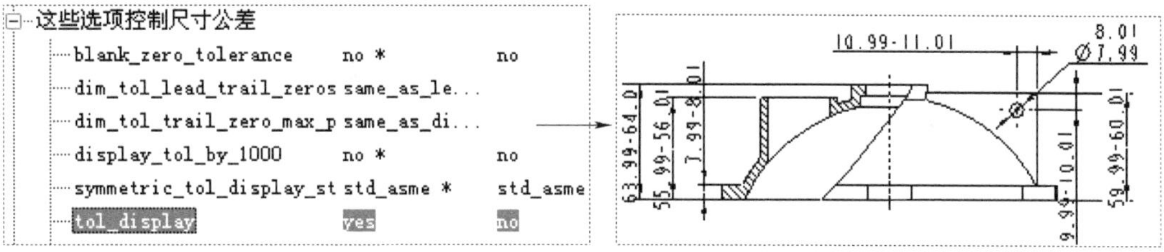

图 6-68　设置显示尺寸公差

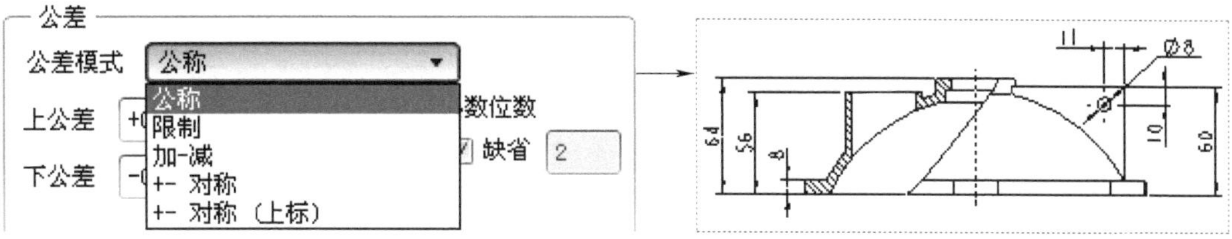

图 6-69　设置尺寸为公称尺寸显示

③ 设置个别尺寸为公差显示：单击主视图中的高度尺寸 64，在“尺寸属性”的“属性”页下设置公差显示样式为“加 - 减”，并设置上极限偏差为 0.00 和下极限偏差为 -0.05，如图 6-70 所示。

按同样的操作方法，设置左视图中的尺寸 $\phi26$ 的公差显示样式为“加 - 减”，并设置上、下极限偏差，设置尺寸 6 的公差显示样式为“ + - 对称”，公差值为 0.05。

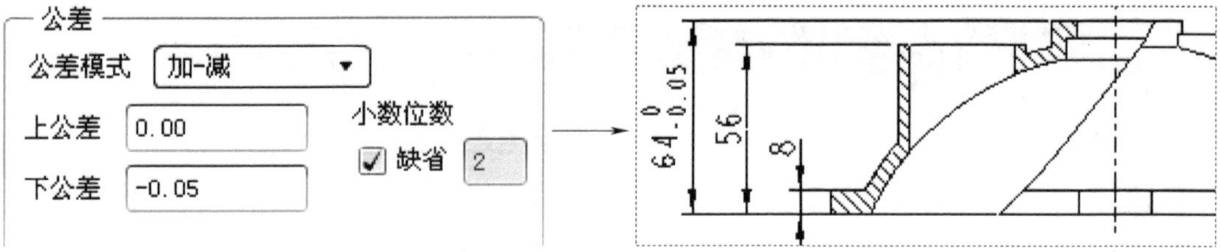

图 6-70 设置尺寸公差

知识小结

1）出工程图是工程设计中必须的环节，也是工程设计的一项重要内容。要出好工程图，首先要具备一定的工程图知识，要有一定的工程图绘制经验。工程图很细，比较繁琐，虽然 Pro/Engineer 可以用三维图形直接转二维图形，给视图的创建带来了极大的方便，但视图的表达有多种方式，要合理设置，视图尺寸虽然可以从零件特征中继承，但如何放置尺寸，尺寸的公差设置等细节内容都需要耐心细致对待。

2）在尺寸标注时，多余的视图尺寸可以删除，也可以拭除，两种方式是不同的。拭除的尺寸只是不显示，但在绘图树中仍可以找到，并可通过“取消拭除”使其重新显示。如图 6-71 所示的机床挂挡手柄工程图中俯视图上的轮廓圆定位尺寸 12.5mm，在尺寸标注时被拭除了，在注释的绘图树中可以找到该尺寸，只是呈暗色显示，但可以单击右键，然后点取“取消拭除”，重新显示该尺寸。

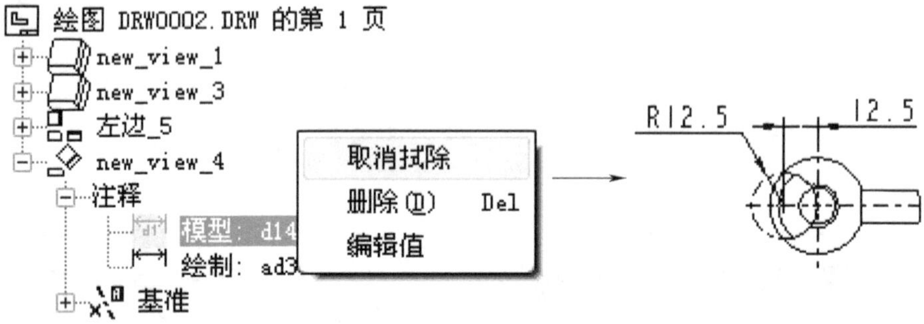

图 6-71 拭除尺寸的重新显示

3）工程图可以在“发布”模式进行打印出图，或输出到 AutoCAD 软件下进行其他细节的设计。

思考练习

1. 简述工程图创建的基本操作流程。
2. 创建如图 6-72 所示的塑料小水杯的工程图。

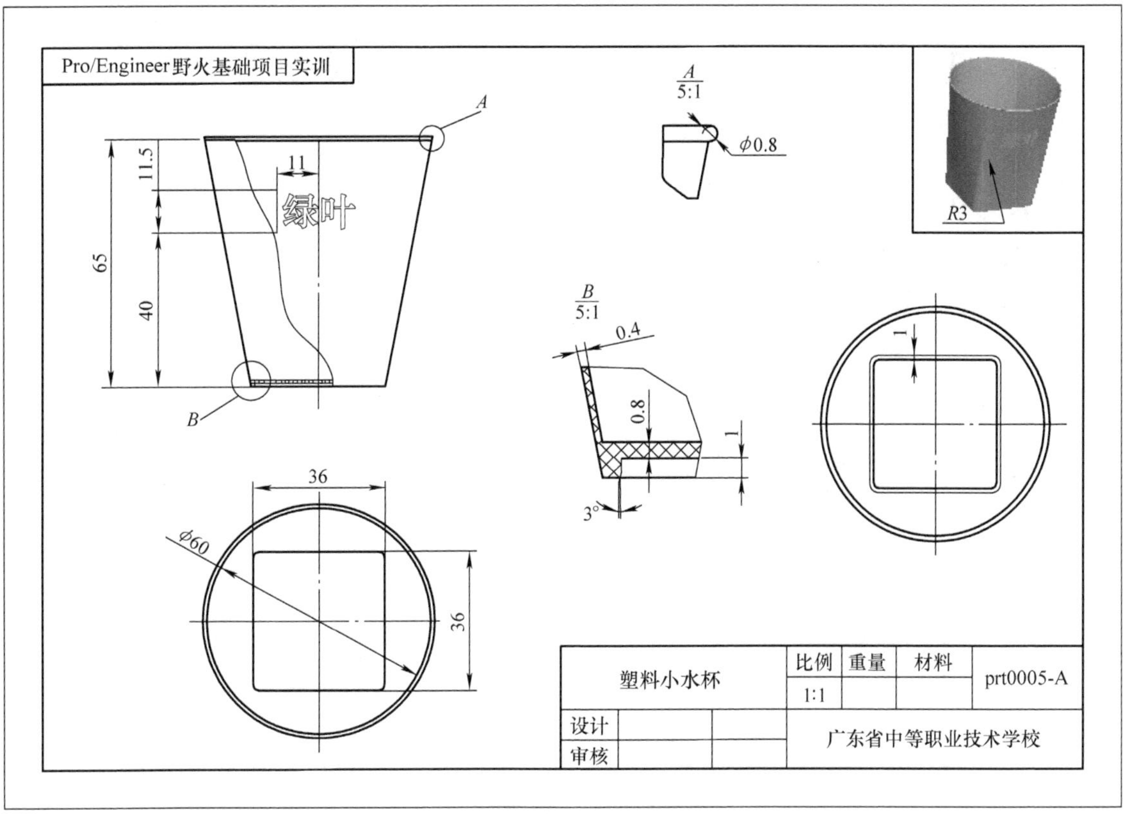
Pro/Engineer野火基础项目实训
A
B
11.5
11
绿叶
65
40
A
5:1
φ0.8
R3
B
5:1
0.4
0.8
1
3°
1
36
φ60
36
塑料小水杯
比例
重量
材料
1:1
prt0005-A
设计
审核
广东省中等职业技术学校

图 6-72 塑料小水杯

任务三　装配工程图——创建连杆装配工程图

学习内容

1. 装配工程图的基本操作及要点。
2. 创建球标注释。
3. 创建明细栏。

实训任务

创建如图6-73所示的连杆装配工程图。

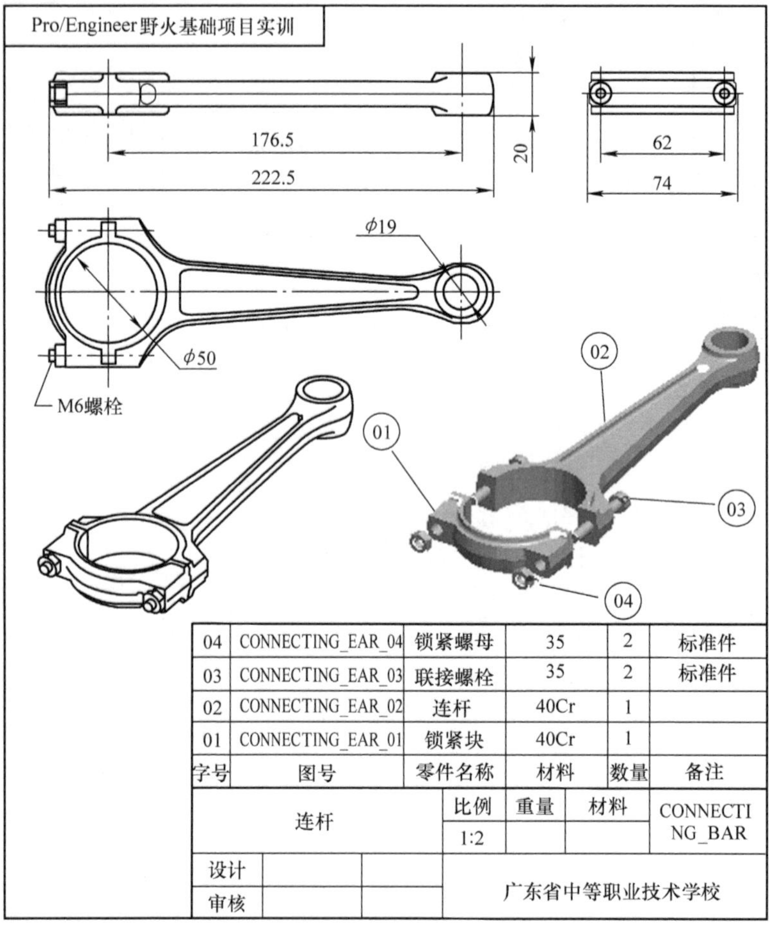

04	CONNECTING_EAR_04	锁紧螺母	35	2	标准件
03	CONNECTING_EAR_03	联接螺栓	35	2	标准件
02	CONNECTING_EAR_02	连杆	40Cr	1	
01	CONNECTING_EAR_01	锁紧块	40Cr	1	
字号	图号	零件名称	材料	数量	备注

连杆		比例	重量	材料	CONNECTING_BAR
		1:2			
设计			广东省中等职业技术学校		
审核					

图6-73　连杆装配工程图

基础知识

1. 工程图页面

创建零件工程图时，可以每个零件创建一个工程图文件，每个工程图文档只有一页，但对于由很多零件组装的产品，工程图文件会很多，文件管理会很混乱。其实在一个工程图中可以设置多页，每一页上创建不同零件的工程图，这样，工程图文档数就可以大大减少。

1）页面的插入：在工程图中插入新的页有两种操作方式：一种是在“布局”模式下，点取“新建页面”；另一种是点取视图窗口左下角的，如图 6-74 所示。

图 6-74　插入新的页面

2）页面的移动或复制：在视图窗口左下角点取要移动或复制的页面，如“页面 2”，单击“布局”→“移动或复制页面”，弹出“移动或复制页面”窗口，点取要移动到的目标页面，如“页面 3”，单击“确定”按钮。如果勾选“创建副本”，则会在目标页面后产生新的页面，新页面的视图内容和格式与被移动或复制的页面完全一致，但注释文本不会复制。图 6-75 所示为页面移动和复制。

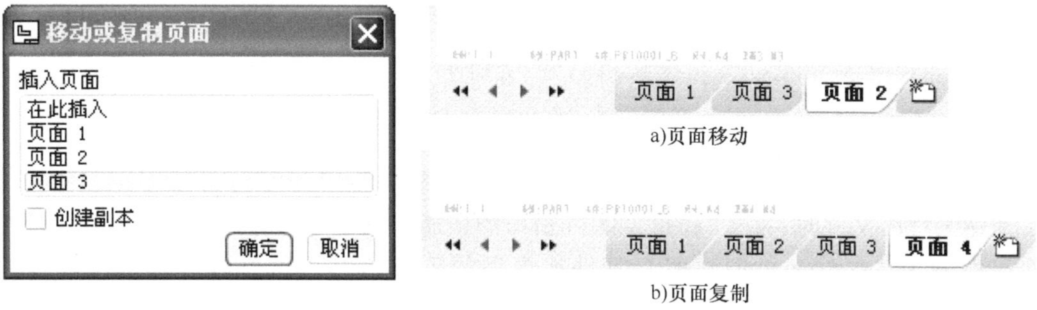

a)页面移动

b)页面复制

图 6-75　页面移动和复制

3）页面操作的快捷命令：在视图窗口左下角点取某页面，单击右键弹出快捷命令，如图 6-76 所示。

4）页面的设置：对于某些页面，需要变更图样大小或图框放置方式，可以通过页面设置来实现。点取快捷命令“设置”（或单击布局下的“页面设置”，或直接单击视图窗口左下方的暗色字体，如 A4），弹出“页面设置”窗口，通过格式下的“浏览”项，调入新的格式文件。如图 6-77 所示，页面图框由 A4 横放改为了 A4 竖放。

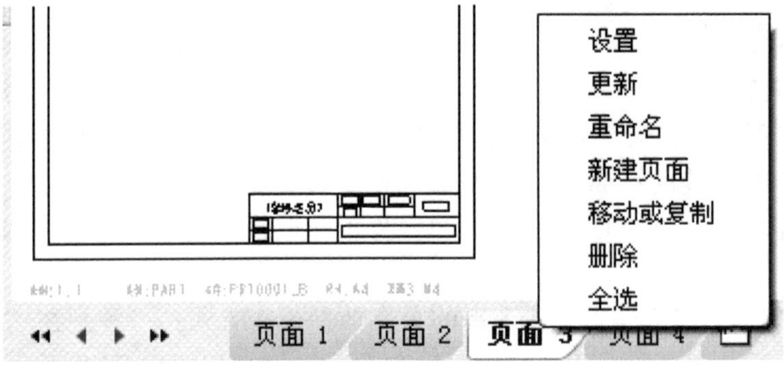

图 6-76　页面操作快捷命令

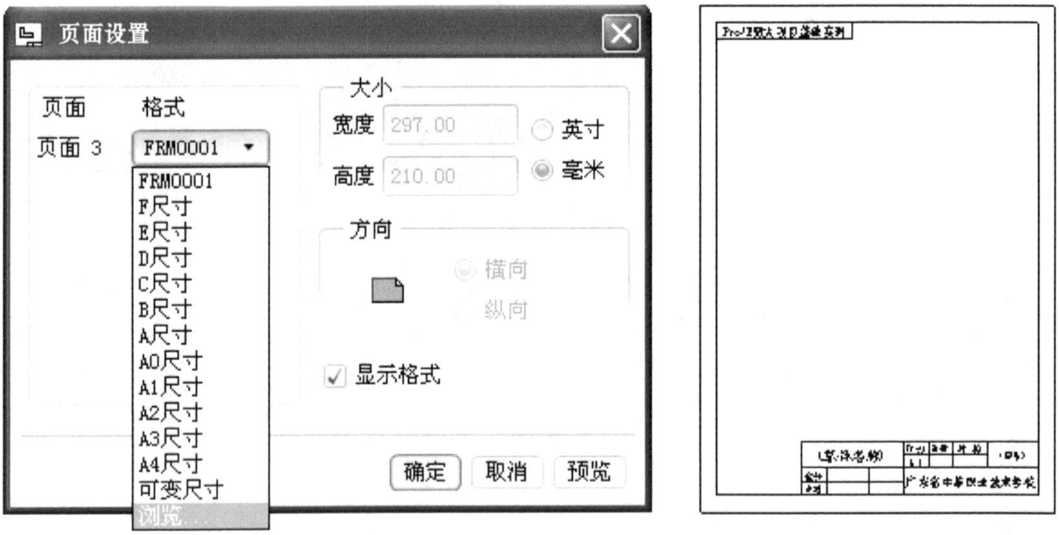

图 6-77　页面设置

2. 工程图模型的设置

新建工程图文件时，在“新建绘图”窗口中，通过浏览可以导入“缺省模型”。在同一个工程图文件中分多页创建多个零件或模型的工程图时，就必须重新导入新的零件模型。

1）导入新绘图模型：单击“布局”→“绘图模型”，弹出菜单管理器，单击“添加模型”，便可导入新的模型。新模型导入后，便在模型树中显示该模型及特征。

2）激活绘图模型：要把已导入的模型设置为当前模型（即激活，在模型树中显示），有三种方式。一种方式便是单击菜单管理器中的“设置模型”，弹出“绘图模型”小窗口，点取需要激活的模型，如图 6-78 所示。另一种方式是在模型树中进行操作，单击模型树中的绘图模型工具，点取要激活的绘图模型，单击“主表示”，如图 6-79 所示。第三种方式是直接单击视图窗口左下方的暗色字体。

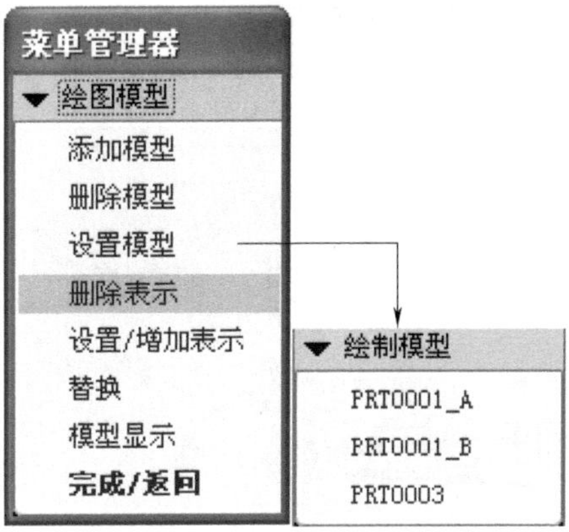

图 6-78 设置绘图模型

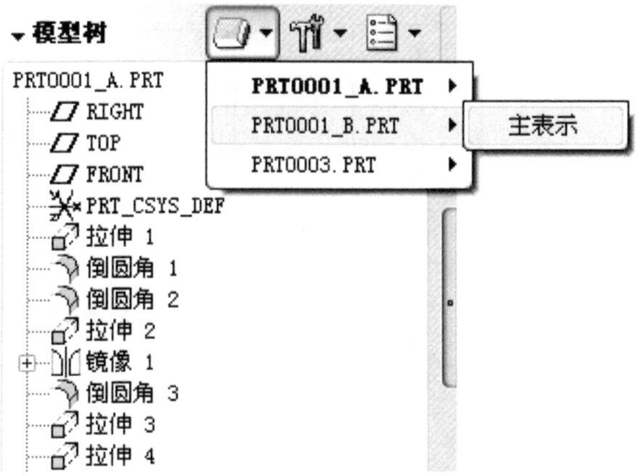

图 6-79 在模型树中激活绘图模型

任务分析

1. 工程图结构分析

如图 6-73 所示，连杆装配工程图采用了 A4 竖放图纸，图样比例为 1:2，除了标题栏和项目名称栏外，还创建了装配明细栏。工程图包括 5 个视图，即主视图、左视图、俯视图和两个轴测图，其中，左侧轴测图着色显示，并且是分解状态，标注有零件序号（球标）。工程图的尺寸只标注了产品的长、宽、高总体尺寸和重要的装配尺寸。

2. 工程图创建步骤

按零件工程图创建的基本思路和步骤来创建装配工程图。因事先未创建学校用 A4 竖放标准图框格式文件，需要重新绘制图框和标题栏边框，需要新建表格以创建明细栏。

图 6-80 所示为连杆装配工程图的创建流程图。

任务实施

1）启动软件，设置工作目录 F:\ProEngineer 项目实训\装配设计\连杆装配。

2）保存标题栏表格文件：打开标准格式文件 Frm0001. frm 文件，在“表”操作模式，在绘图树中单击表 1（标题栏表格），另存为表格文件 01. tbl，按同样的方法保存表 2（项目栏表格）为 02. tbl，然后关闭该格式文件，如图 6-81 所示。

3）新建工程图文件 Connecting_ bar，取消“使用缺省模板”，在“新建绘图”窗口中导入连杆装配文件 Connecting_ bar. ASM 为默认模型，指定模板为“空”，图样方向为“纵向”，图纸大小为 A4，如图 6-82 所示。

4）设置绘图选项：单击主菜单中的“文件”→“绘图选项”，弹出“选项”窗口，然后单击，从 F:\ProEngineer 项目实训\工程图\标准格式文件中导入工程图标准选项文件工程图选项. dtl。

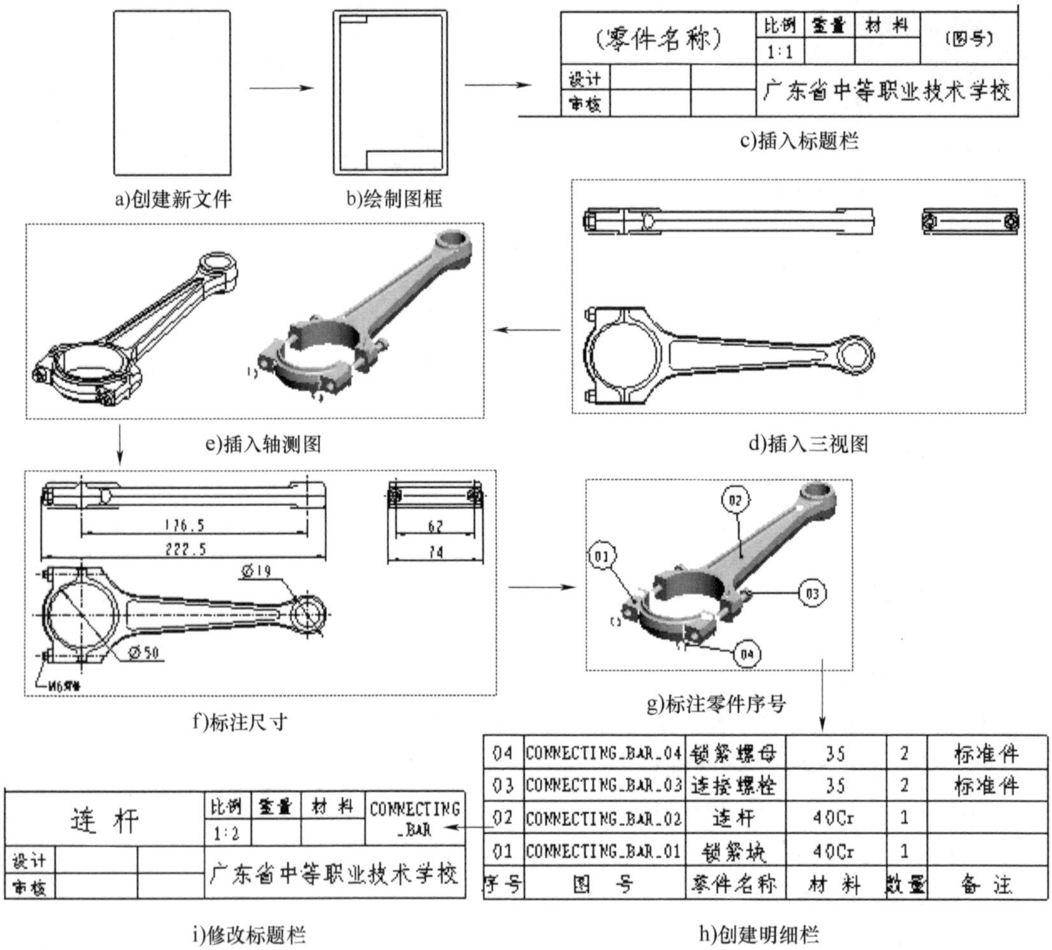

图 6-80 连杆装配工程图的创建流程图

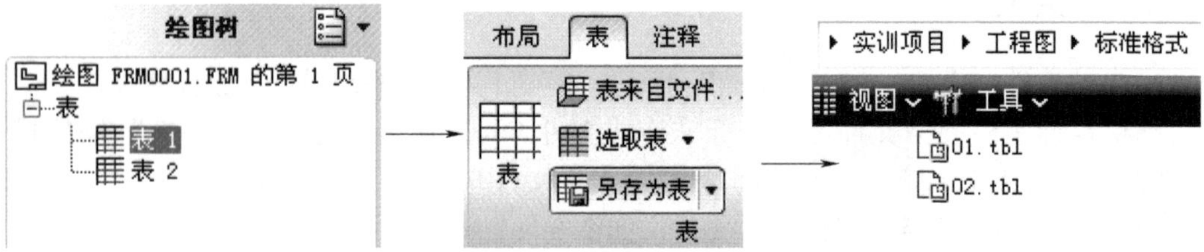

图 6-81 保存表格文件

5）绘制图框、标题栏边框和项目栏边框。边框线均用粗实线，线粗 0.5，如图 6-83 所示。

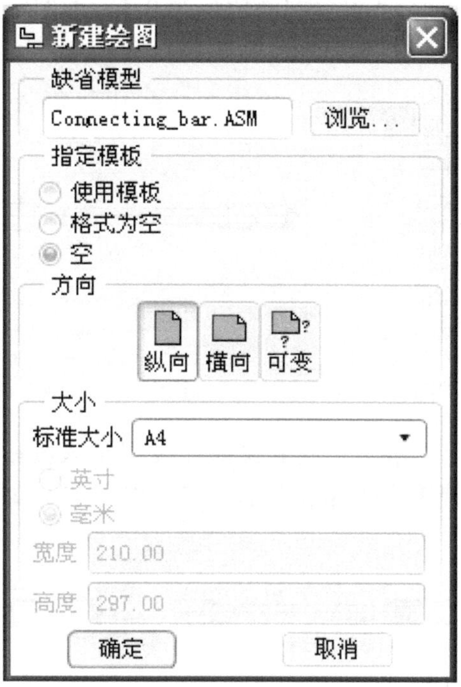

图 6-82 新建工程图文件

图 6-83 绘制图框、标题栏边框和项目栏边框

6）插入表格：单击“表”→“表来自文件”，打开表文件 01. tbl，在视图区空白处随意位置单击鼠标，插入表格，然后将鼠标移动到表格右下角出现移动符号✥，单击鼠标右键，点取快捷命令“移动特殊”，在“移动特殊”窗口中输入图框右下角点的 *X*、*Y* 坐标，单击“确定”按钮，如图 6-84 所示。

按同样的操作方法，插入项目栏表格。

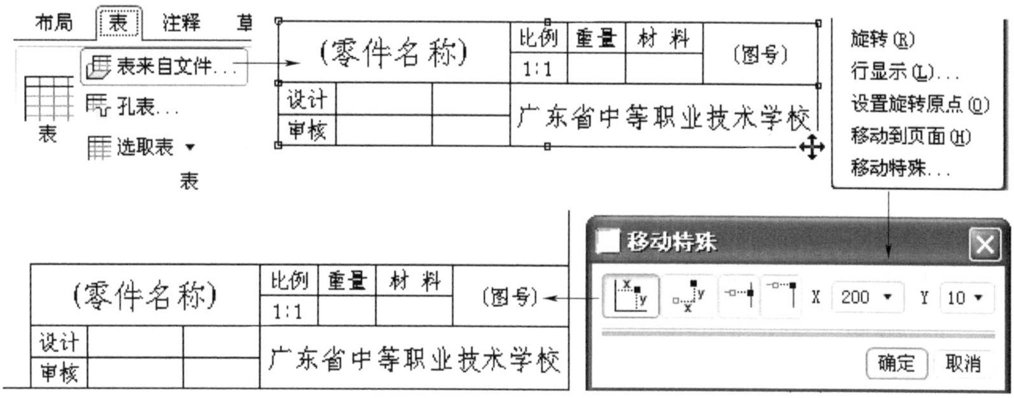

图 6-84 插入标题栏和项目栏

7）插入视图。

① 插入主视图：单击布局下的“一般”，弹出“选取组合状态”窗口，选择“无组合状态”→“确定”，在视图窗口中的适当位置单击鼠标，显示模型的轴测图，在“绘图视

图”窗口中设置“视图类型”（视图方向）为 FRONT，并设置视图比例为 0.5，如图6-85所示。

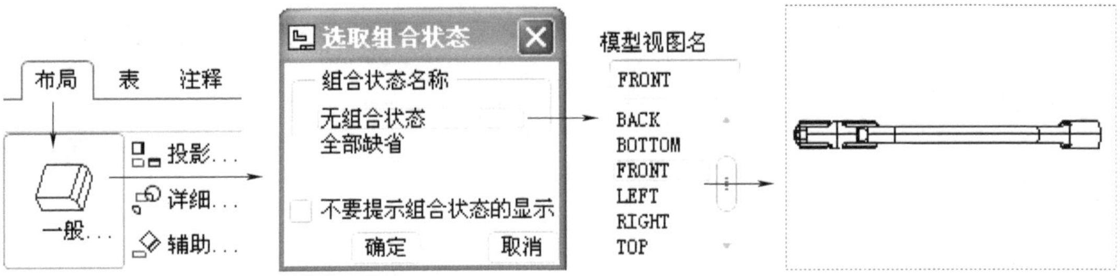

图 6-85　插入主视图

② 插入俯视图和左视图：单击主视图，单击鼠标右键，点取快捷命令“插入投影视图”，在主视图下方单击鼠标，插入俯视图，在主视图右方单击鼠标，插入左视图，如图6-86所示。

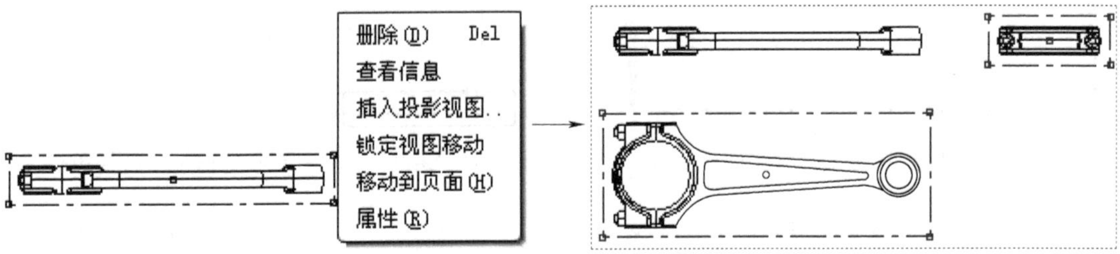

图 6-86　插入俯视图和左视图

③ 插入轴测图：参考步骤①，插入一般视图，选择“无组合状态”，视图方向选择定向视图 View0001，设置视图比例为 0.5，插入轴测图 1。按同样的操作方法，插入轴测图 2，并在“视图状态”中设置“组件分解状态”为 EXP0001，在“视图显示”中设置“显示样式”为“着色”，如图 6-87 所示。

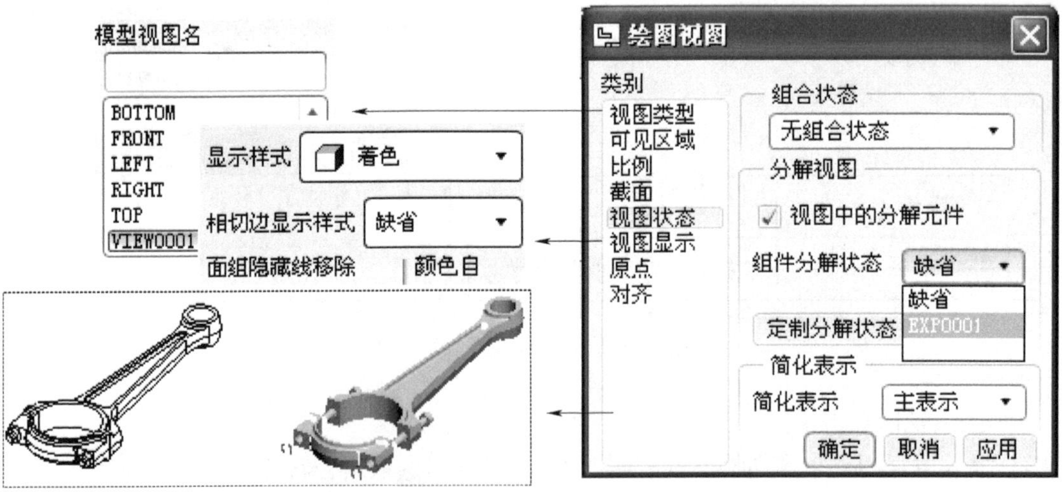

图 6-87　插入轴测图

8）修改视图的相切边显示样式，如图 6-88 所示。在布局模式下，按下键盘的“Ctrl”键点取主视图、左视图、俯视图和轴测图 1，单击鼠标右键，选取“属性”，在“绘图视图”窗口中设置“相切边显示样式”为“无”。

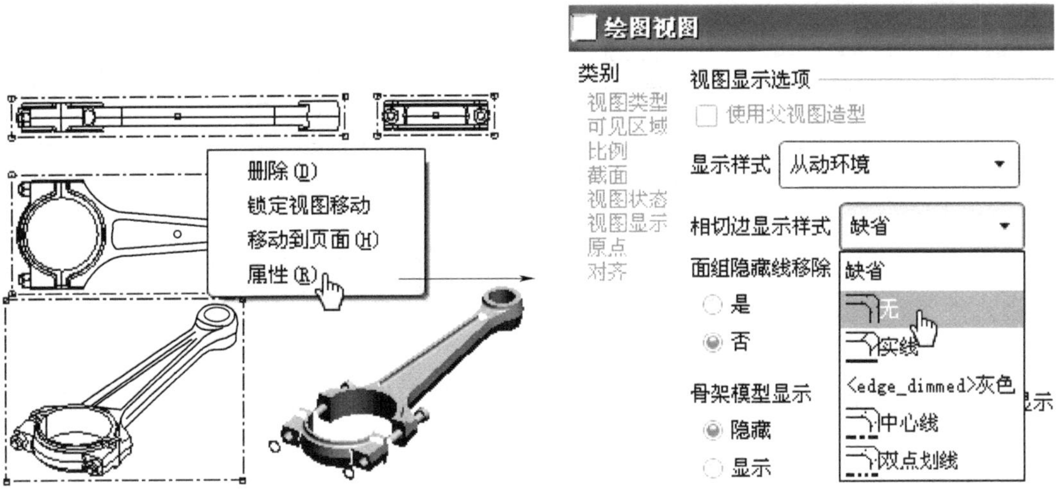

图 6-88　设置相切边显示样式

要点提示：

1）选取多个视图后，在“绘图视图”窗口中只可设置视图显示选项。

2）轴测图 2 为着色显示，所以不必设置相切边的显示。

9）显示中心轴线，如图 6-89 所示。单击轴显示工具，在主视图中点取右侧圆孔中心轴线，单击鼠标右键，选取“显示”（即在视图中插入中心轴线）。按同样的操作方法，显示其他需要显示的轴线，单击轴显示工具，使其弹起，关闭轴显示。

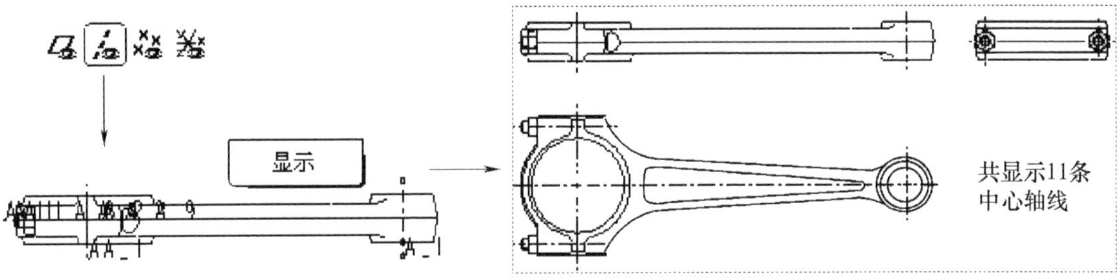

图 6-89　显示中心轴线

10）标注尺寸。

① 标注中心距尺寸，如图 6-90 所示。单击“注释”页下的尺寸工具，在主视图先后点取左侧竖直中心轴线和右侧竖直中心轴线，单击鼠标中键，创建中心距离尺寸 176.5。按同样的操作方法，标注左视图的中心距尺寸 62。

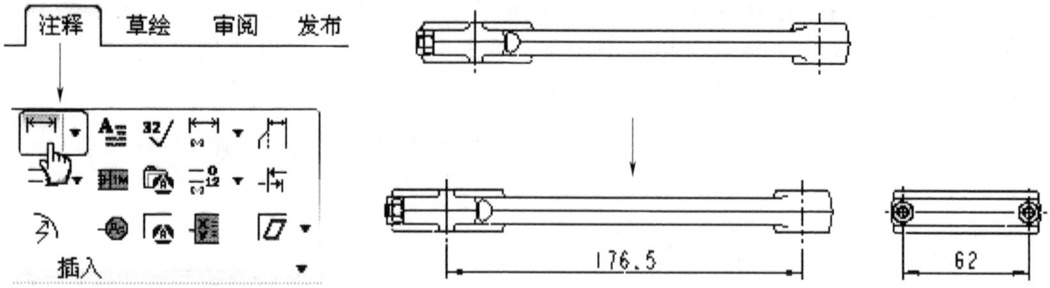

图 6-90　标注中心距尺寸

② 标注外形总体尺寸，如图 6-91 所示。单击“注释”页下的尺寸工具，在菜单管理器中点选“依附类型”为“图元上”，先后点取主视图的左、右外轮廓斜边，然后单击鼠标中键，在菜单管理器中点选“尺寸方向”为“水平”，创建总长尺寸 333.5。按同样的操作方法，在左视图创建总宽尺寸 74。在主视图点取上、下表面轮廓，单击鼠标中键，创建总高尺寸 20。

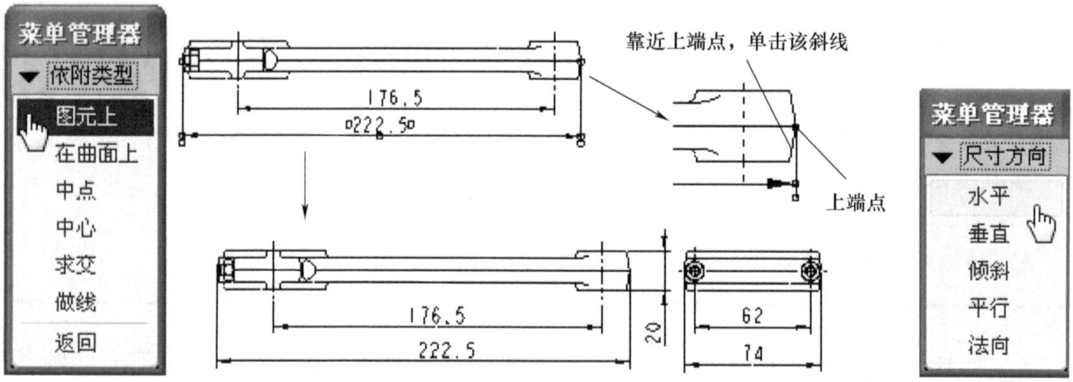

图 6-91　标注外形总体尺寸

③ 标注中心安装孔直径尺寸，如图 6-92 所示。单击“注释”页下的尺寸工具，点取俯视图中左侧大孔锁紧块圆弧轮廓，然后再次点取该圆弧轮廓，单击鼠标中键，创建大孔的直径尺寸 $\phi50$。按同样的操作方法，创建右侧小孔的直径尺寸 $\phi19$。

点取两个直径尺寸，单击鼠标右键，点取“属性”，在“尺寸属性”窗口的“显示”页下，设置尺寸数字水平放置（位于延伸弯头上方）。

通过移动，调整好各尺寸的位置。

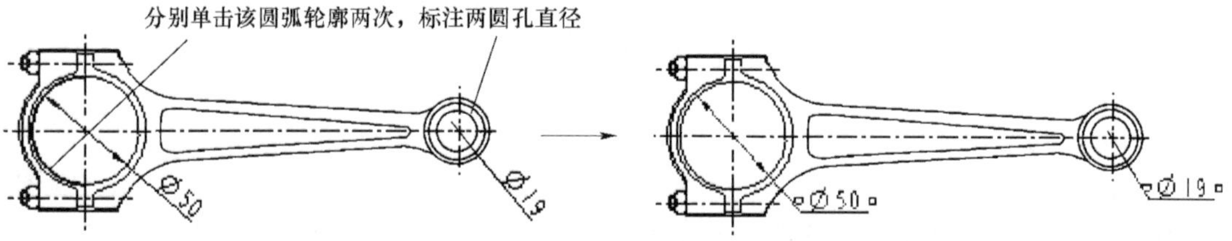

图 6-92　标注中心安装孔直径尺寸

11）插入文本注释，如图 6-93 所示。

① 点取“注释”页下的注释工具，弹出菜单管理器。

② 在菜单管理器的“注释类型”中设置文本为“带引线”，其他选项按系统默认，单击“进行注释”，在菜单管理器的“依附类型”中设置“在曲面上”→“没有箭头”。

③ 在俯视图中点取螺钉表面，单击鼠标中键，输入“M6 螺栓”，单击输入栏中的（两次）。

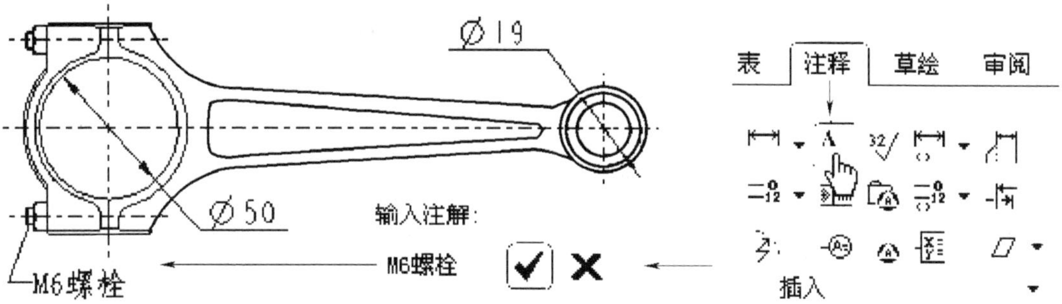

图 6-93 插入文本注释

12）插入零件序号球标，如图 6-94 所示。

① 单击“注释”页下的球标注释工具，在菜单管理器的“注释类型”中设置文本为“带引线”，其他选项按系统默认，单击“进行注释”，在菜单管理器的“依附类型”中设置“在曲面上”→“点”，然后在轴测图 2 中点取锁紧块的上表面，单击鼠标中键，输入“01”。

② 按同样的操作方法，标注其他零件的序号球标。

③ 单击球标，将鼠标移动到球标文本（数字）上，出现平移符号后，按下鼠标左键，拖动鼠标，移动球标到合适的位置。

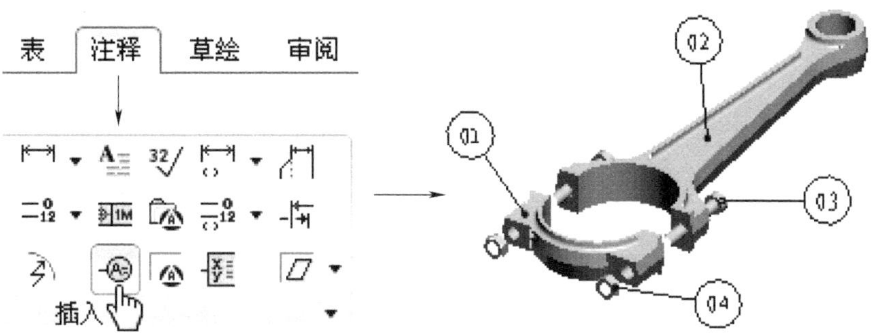

图 6-94 插入球标

13）创建明细栏。

① 插入 5 行 6 列的表格，并设置表格行高为 8，列宽分别为 10、40、25、25、10 和 30。

② 通过移动特殊对表格进行定位，定位方式为指定定点，如图 6-95 所示。

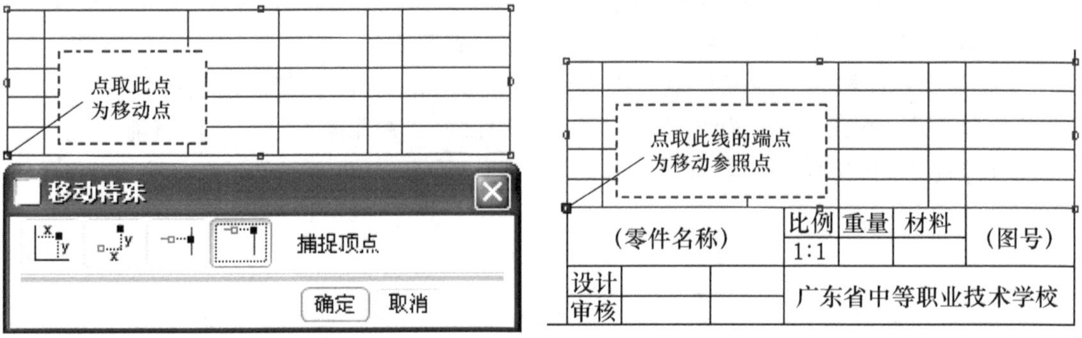

图 6-95　创建明细栏

③ 输入明细栏文本，并绘制明细栏边框线，如图 6-96 所示。

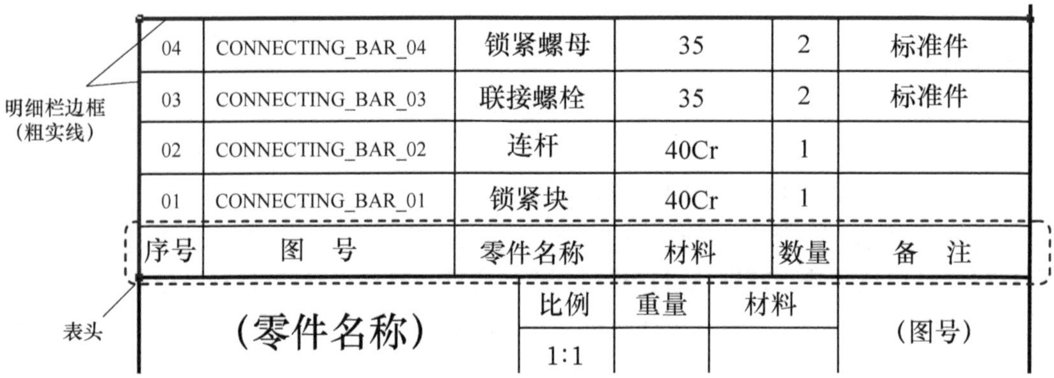

图 6-96　输入明细栏文本

14）修改标题栏，如图 6-97 所示。

图 6-97　修改标题栏

15）文件存盘。

相关知识——工程图数据的输出

1. 图样的输出

在工程图的发布操作模式下，可以进行图样打印和数据输出等操作。数据输出的主要格式有 DWG、DXF、IGES 和 STEP 等，如图 6-8 所示。

目前 2D 工程图绘制的主流软件还是 AutoCAD。企业的大部分工程技术人员对 AutoCAD 等二维绘图软件非常熟悉，所以很多工程技术人员喜欢用 Pro/Engineer 进行零件设计后创建工程图的主要视图，然后转换到 AutoCAD 进行图样的细节绘制和尺寸标注，特别是在模具设计中，需要转到其他专门软件下进行标准件插入、流道和水道等设计。

(1) DWG 的导出环境设置　工程图数据输出最重要的是输出设置，如图 6-98 所示，在发布模式下，单击"◉ DWG"→"设置"，弹出"DWG 的导出环境"窗口，然后在窗口中可以进行输出的 AutoCAD 版本设置、图元的设置、页面的设置以及属性设置等操作。

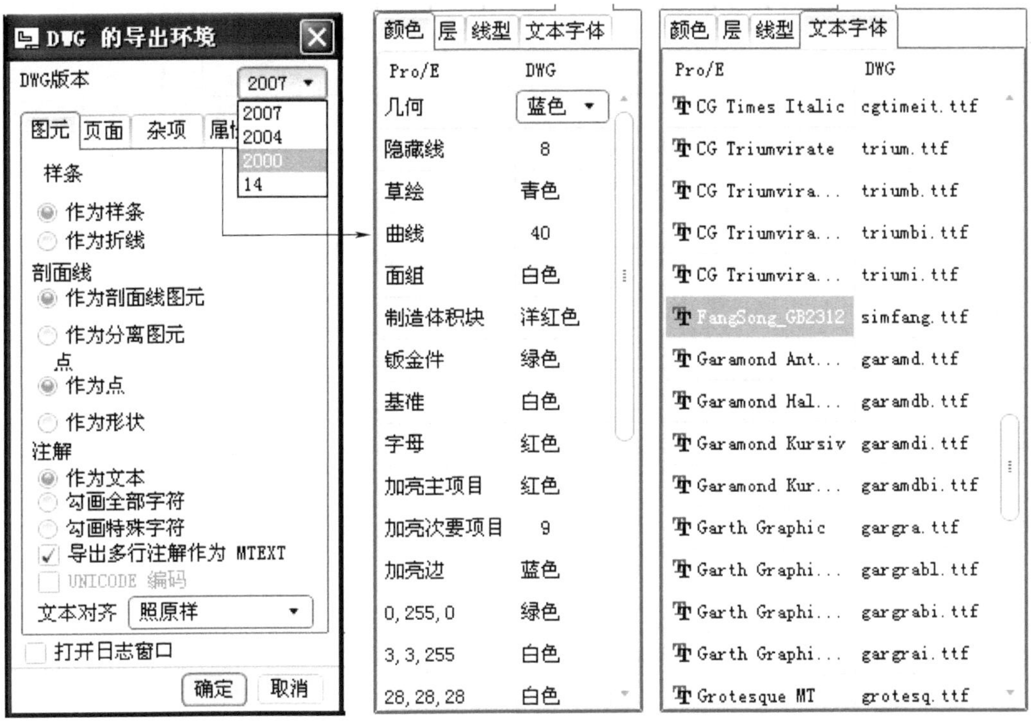

图 6-98　DWG 的导出环境设置

(2) DWG 导出　工程图导出设置完成后，可以单击预览工具，对输出图形进行预览，对视图、线型、文本等显示效果进行检查，然后单击导出工具进行文件导出。如图 6-99所示为机床挂挡手柄工程图导出后，在 AutoCAD 界面打开的效果。

2. 装配工程图明细栏数据的输出

装配工程图标题栏和明细栏表格内容均可以通过保存为 CSV 格式，用 Excel 表格打开。

1) 明细栏标题栏表格的保存为 CSV 格式：在表格模式下点取明细栏表格，单击另存为 SCV 工具，即可保存为 CSV 文件，如图 6-100 所示为保存连杆装配明细表格为 CSV 文件。

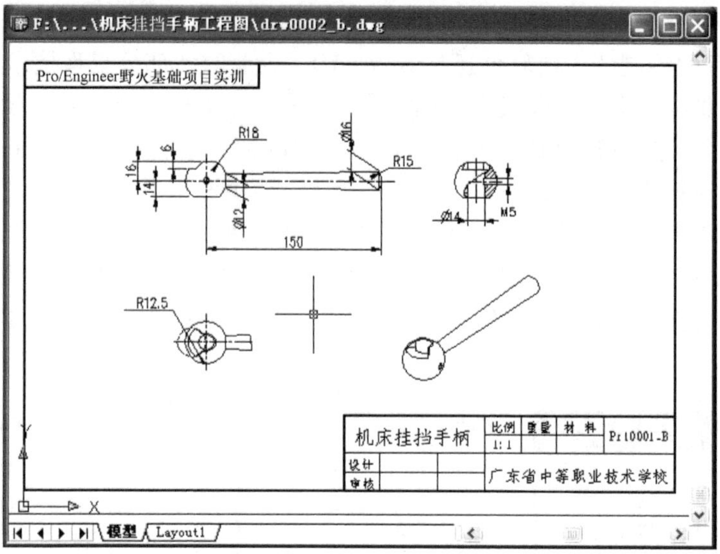

图 6-99　机床挂挡手柄工程图在 AutoCAD 界面打开的效果

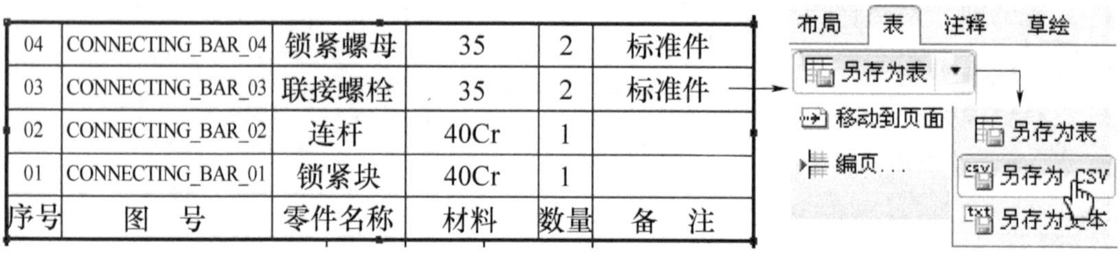

图 6-100　保存表格文件为 CSV 格式

2）打开 CSV 格式表格。在工作目录下，以 Excel 方式打开保存的 CSV 格式的表格文件，如图 6-101 所示。

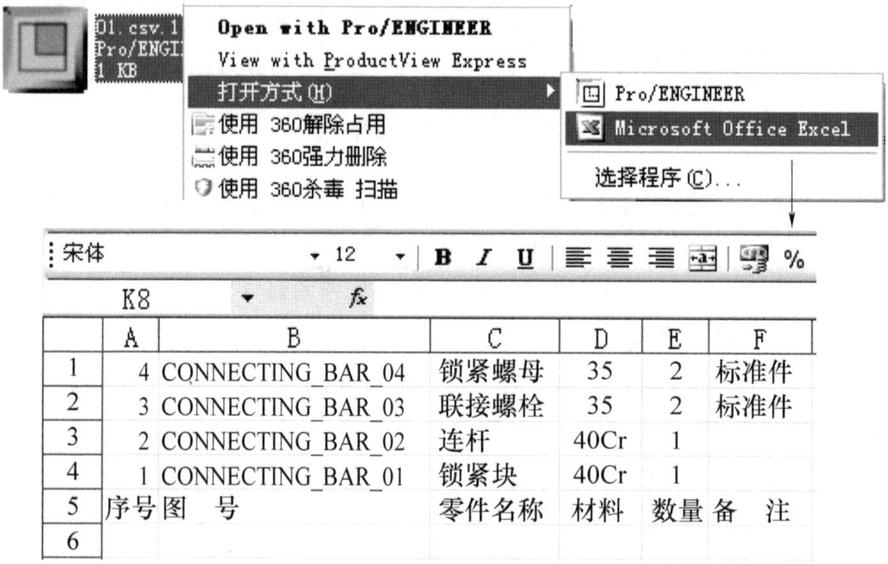

图 6-101　以 Excel 方式打开 CSV 格式的表格文件

拓展训练

1. 实训任务

创建如图 6-102 所示的铰链机构装配工程图。

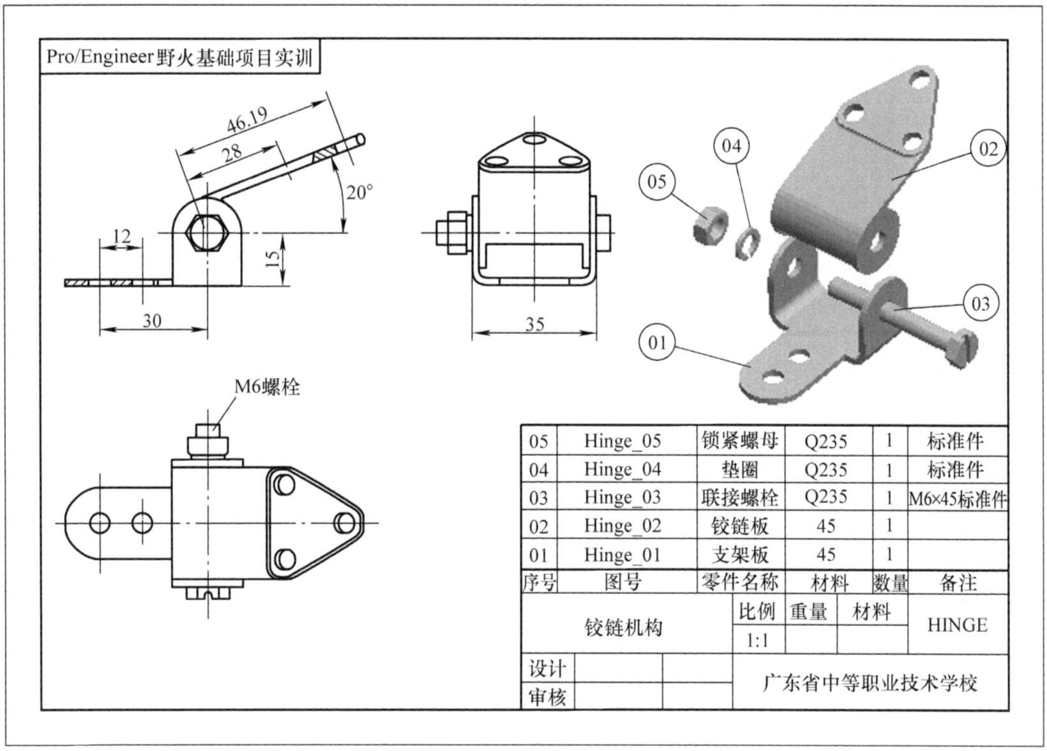

05	Hinge_05	锁紧螺母	Q235	1	标准件
04	Hinge_04	垫圈	Q235	1	标准件
03	Hinge_03	联接螺栓	Q235	1	M6×45标准件
02	Hinge_02	铰链板	45	1	
01	Hinge_01	支架板	45	1	
序号	图号	零件名称	材料	数量	备注

铰链机构	比例	重量	材料	HINGE
	1:1			
设计			广东省中等职业技术学校	
审核				

图 6-102　铰链机构装配工程图

2. 工程图创建分析（参考）

与连杆装配工程图相比，该装配工程图有以下几处不同。

1）主视图采用了局部剖视的表达方式。

2）视图中部分相切线未显示。

3）为了更清楚地表示 M6 螺栓与支架板和铰链板的装配位关系，在左视图和俯视图中铰链板零件（Hinge_ 02）可设置为透明虚线显示。

3. 重点提示

1）主视图的剖切表达设置：在“绘图视图”窗口中，添加 2D 截面 XSEC0001，并设置剖切区域为“局部”，参照为铰链板（HINGE_ 02）的棱边，绘制好边界（样条线）。单击＋按钮，再次添加 2D 截面 XSEC0001，并设置为局部剖视，参照为支架板（HINGE_ 01）的棱边，绘制好边界（样条线），如图 6-103 所示。

2）视图的相切线设置为不显示（拭除），如图 6-104 所示，图中的①~⑤为操作步骤。

① 单击布局下的“边显示...”，弹出菜单管理器。

② 选择菜单管理器中的边显示为“拭除直线”→“切线缺省”→“任意视图”。

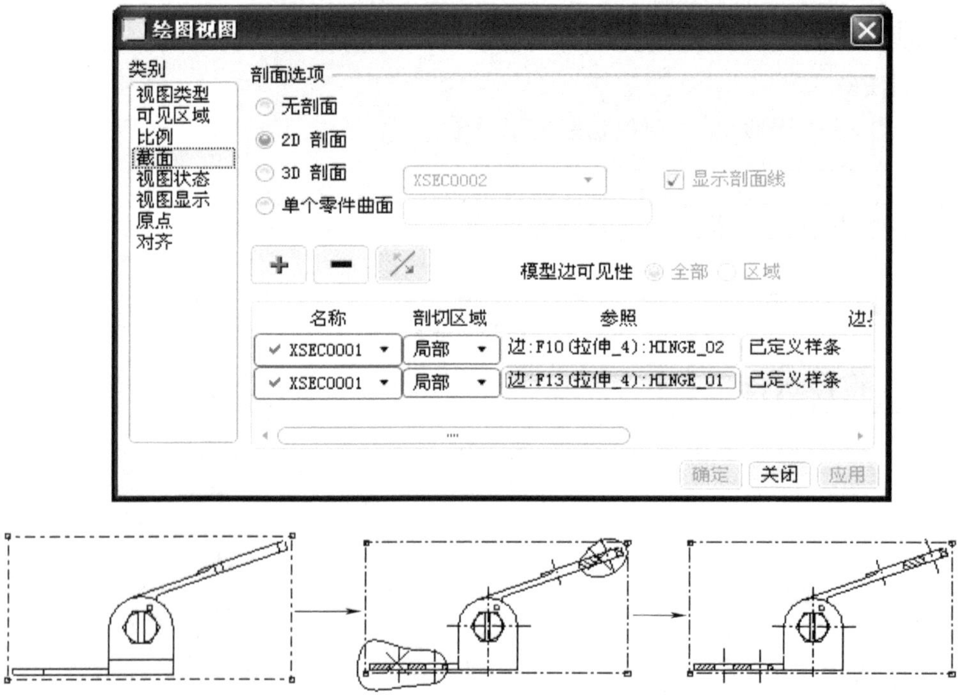

图 6-103 主视图局部剖切的设置

③ 在左视图中点取不需要显示的相切线（左视图中 5 处粗实线）。

④ 在俯视图中点取不需要显示的相切线（俯视图中 7 处粗实线）。

⑤ 单击菜单管理器中的“完成”按钮，完成操作。

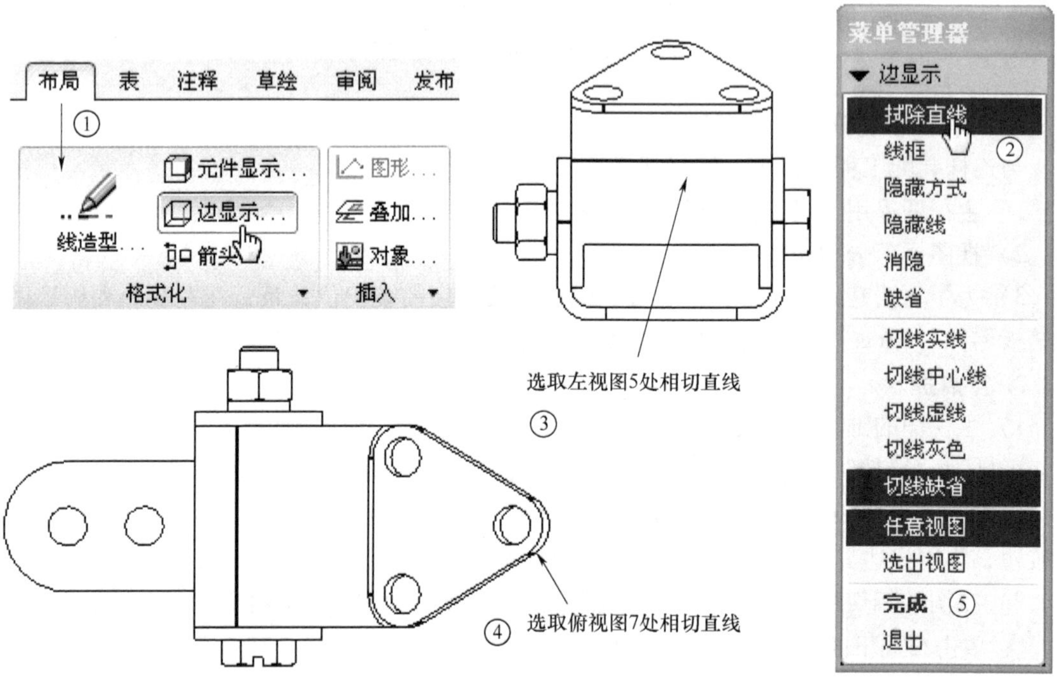

图 6-104 拭除相切线设置

要点提示：

1）按键盘的“Ctrl”键，点取左视图和俯视图中的相切线。

2）边显示设置也可对非相切的轮廓线进行不同显示模式的设置，可以设置为线框、隐藏方式、隐藏线、消隐、缺省等显示模式。

3）左视图和俯视图中铰链板零件的显示设置如图 6-105 所示，图中的①～④为操作步骤。

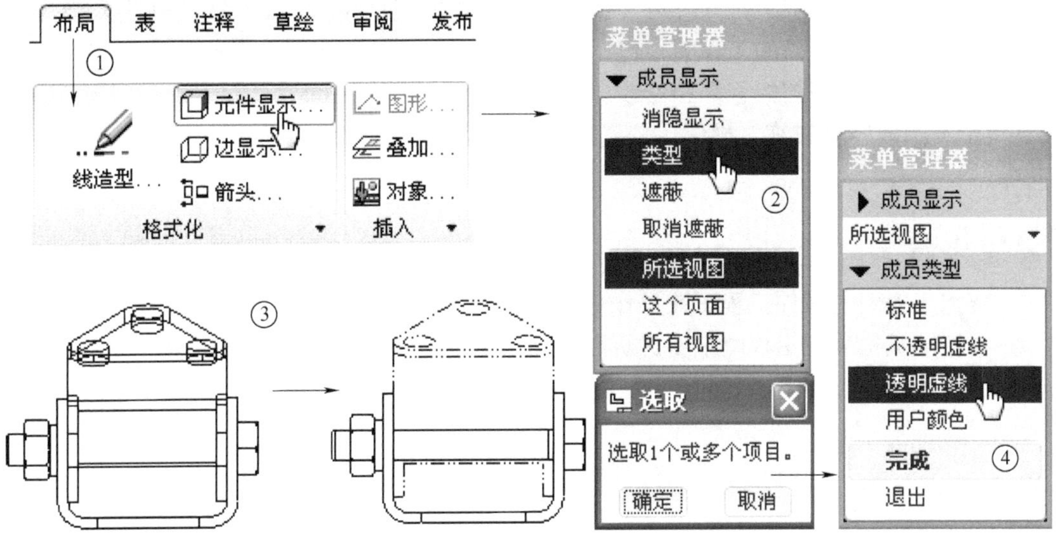

图 6-105　设置铰链板零件为透明虚线显示

① 单击布局下的“元件显示...”，弹出菜单管理器。

② 选择菜单管理器中的“成员显示”为“类型”→“所选视图”。

③ 点取左视图中的铰链板零件，单击“选取”窗口中的“确定”按钮。

④ 设置“成员类型”为“透明虚线”，单击“完成”按钮。

按同样的操作方法，设置俯视图中的铰链板零件为透明虚线显示。

4）尺寸 46.19 和 28 的标注如图 6-106 所示。铰链板上安装孔的位置尺寸需要沿着铰链板斜面方向标注，标注参照的选取是关键，可以借助基准面为参照进行标注。

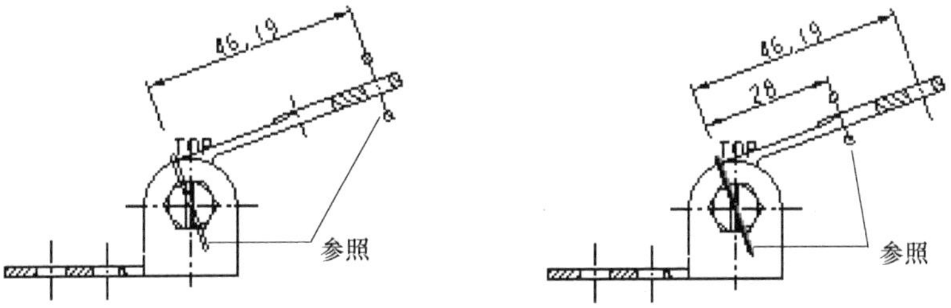

图 6-106　尺寸 46.19 和 28 的标注

知识小结

1）装配工程图也是工程图的重要内容。通过装配工程图，可以读出零件之间的装配关系和重要的装配尺寸。装配工程图的创建步骤与零件工程图的创建步骤基本相同，但装配工程图的内容与零件工程图有几点不同。

① 装配工程图一般需要将轴测图进行分解，以更清楚地表达零件之间的装配关系。

② 装配尺寸一般都是通过手动标注，没有特征尺寸继承。

③ 装配工程图需要创建明细栏和标注球标。

2）创建工程图时，最好把工程图与装配模型和零件模型放在同一工作目录下，一是便于文件的管理，二是工程图打开时可直接在工作目录下调用模型，不会因为找不到模型而导致文件打不开。同一产品的工程图，包括装配工程图和零件工程图，最好创建在同一文档下的不同页中，便于工程图的管理和修改。

3）工程图内容比较细，操作比较繁琐，但并不难，需要耐心细致，多做多练，定会熟能生巧。

思考练习

1. 装配工程图与零件工程图在操作内容上有哪些区别？
2. 在铰链机构装配工程图中新建页面，然后创建铰链机构的零件工程图。

参 考 文 献

［1］林清安．Pro/Engineer 零件设计［M］．北京：北京大学出版社，2000.
［2］张三益，黄圣杰．Pro/Engineer 入门基础实例演练［M］．北京：机械工业出版社，2001.
［3］黄圣杰．实战 Pro/Engineer 工程图［M］．北京：中国铁道出版社，2002.
［4］曾凡亮．Pro/Engineer 项目式实训教程［M］．北京：电子工业出版社，2006.
［5］徐宇明，易楠．Pro/Engineer 野火版使用教程［M］．北京：高等教育出版社，2010.